国防科技图书出版基金

空间飞网机器人动力学与控制

Dynamics and Control of Space Tethered Net Robot

张　帆　黄攀峰　著

国防工業出版社
·北京·

图书在版编目（CIP）数据

空间飞网机器人动力学与控制/张帆，黄攀峰著. —北京：国防工业出版社，2020.11

ISBN 978-7-118-12209-1

Ⅰ.①空… Ⅱ.①张… ②黄… Ⅲ.①空间机器人－动力学－研究 Ⅳ.①TP242.4

中国版本图书馆 CIP 数据核字（2020）第 221345 号

※

国防工業出版社出版发行

（北京市海淀区紫竹院南路 23 号 邮政编码 100048）

三河市腾飞印务有限公司印刷

新华书店经售

*

开本 710×1000 1/16 插页 2 印张 14½ 字数 254 千字

2020 年 11 月第 1 版第 1 次印刷 印数 1—2000 册 **定价** 118.00 元

国防书店：（010）88540777　　书店传真：（010）88540776

发行业务：（010）88540717　　发行传真：（010）88540762

国防科技图书出版基金
2018 年度评审委员会组成人员

致 读 者

本书由中央军委装备发展部**国防科技图书出版基金**资助出版。

为了促进国防科技和武器装备发展，加强社会主义物质文明和精神文明建设，培养优秀科技人才，确保国防科技优秀图书的出版，原国防科工委于1988年初决定每年拨出专款，设立国防科技图书出版基金，成立评审委员会，扶持、审定出版国防科技优秀图书。这是一项具有深远意义的创举。

国防科技图书出版基金资助的对象是：

1. 在国防科学技术领域中，学术水平高，内容有创见，在学科上居领先地位的基础科学理论图书；在工程技术理论方面有突破的应用科学专著。

2. 学术思想新颖，内容具体、实用，对国防科技和武器装备发展具有较大推动作用的专著；密切结合国防现代化和武器装备现代化需要的高新技术内容的专著。

3. 有重要发展前景和有重大开拓使用价值，密切结合国防现代化和武器装备现代化需要的新工艺、新材料内容的专著。

4. 填补目前我国科技领域空白并具有军事应用前景的薄弱学科和边缘学科的科技图书。

国防科技图书出版基金评审委员会在中央军委装备发展部的领导下开展工作，负责掌握出版基金的使用方向，评审受理的图书选题，决定资助的图书选题和资助金额，以及决定中断或取消资助等。经评审给予资助的图书，由中央军委装备发展部国防工业出版社出版发行。

国防科技和武器装备发展已经取得了举世瞩目的成就，国防科技图书承担着记载和弘扬这些成就，积累和传播科技知识的使命。开展好评审工作，使有限的基金发挥出巨大的效能，需要不断探索、认真总结和及时改进，更需要国防科技和武器装备建设战线广大科技工作者、专家、教授，以及社会各界朋友的热情支持。

让我们携起手来，为祖国昌盛、科技腾飞、出版繁荣而共同奋斗！

国防科技图书出版基金
评审委员会

前　言

近年来航天技术迅速发展，人类对于空间科学、空间资源、空间军事的探索需求强烈，各个国家每年发射的卫星总数都在不断攀升；而相应地，空间垃圾的数量也在快速增长，以空间垃圾清理和非合作目标抓捕为对象的在轨服务任务已成为国际空间任务中的重大战略需求。空间飞网机器人是一种面向在轨服务的新型在轨捕获装置，由平台卫星弹射释放，自由飞行展开后根据目标状态机动飞网构型并完成抓捕。由于飞网的大包络，在整个抓捕任务中不需要知道待抓捕卫星的质量、转动惯量、尺寸、物理特征等信息，增加了可被抓捕目标的范围，提升了抓捕可靠性。

本书将结合课题组多年来在项目研究中积累的理论研究成果，全面阐述空间飞网机器人动力学与控制中的关键技术。本书共包括 7 章，具体为：第 1 章为绪论，介绍了空间飞网机器人概念、应用及国内外研究热点问题；第 2 章为空间飞网机器人的动力学建模及分析；第 3 章为空间飞网机器人的释放特性研究，是后续飞行逼近阶段控制研究的前提；第 4 章为欠驱动空间飞网机器人释放后稳定控制；第 5 章为未知不确定干扰下欠驱动空间飞网机器人逼近段稳定控制，给出了集中控制策略下的飞网机器人控制方法；第 6 章为基于分布式一致性的空间飞网机器人逼近段控制研究，是基于多智能体分布式控制策略；第 7 章为立体型空间飞网机器人逼近段协调控制，介绍了一种立体构型的飞网机器人以及其动力学与控制方法。本书从系统概念、任务流程描述、动力学建模与分析、不同阶段和控制策略下的控制器设计，以及不同构型飞网的研究进行了由浅入深、层层递进的讲解，并结合现有的较先进的智能控制算法，从不同角度解决实际问题。既方便非航天类读者入门学习，又有助于相关专业的工程技术人员、在校研究生深入钻研。

除了本书作者张帆和黄攀峰，西北工业大学智能机器人研究中心的刘亚、赵亚坤、张校祯和周合等人为本书的资料收集、文字矫正提供了很多帮助。

限于作者水平，本书难免在内容取材和结构编排上存在错误、遗漏及不妥之处，敬请广大读者不吝赐教，提出宝贵的批评和建议，我们将不胜感激。

作者
2020 年春于西北工业大学

目 录

CONTENTS

第 1 章　绪论

由于航天技术的迅速发展，以及人类对于空间科学、空间资源、空间军事的强烈探索精神，各个国家每年发射的卫星总数都在不断攀升，而相应地，空间垃圾的数量也在快速增长。现在，由于空间垃圾的存在，地球轨道环境已经十分恶劣。现役卫星时刻都有与空间垃圾相撞从而失效的危险。著名的 NASA 科学顾问 Donald Kessler 提出的凯斯勒症候群（Kessler Syndrome）现象，正是在形容拥挤而“脏乱”的空间轨道环境：即使人类从现在开始再也不发射一颗卫星上天，那么也会因为现有空间垃圾与现役卫星的不断相撞而毁掉整个空间轨道[1]。为了缓解空间轨道垃圾，一些公司和机构提出了“25 年计划”，即在卫星退役后的 25 年内，自主地通过降低轨道进入大气层燃烧自毁，或者自主地通过轨道转移进入高轨坟墓轨道[2]。但是由于此计划仅仅是倡议，并不能强制实施，且由于任务末期的变轨燃料消耗等实际问题，无法得到广泛认可和应用，所以根本解决不了日益严重的轨道垃圾问题。NASA 的公开文件表明，根据精密的卫星轨道计算，为了保证重要用途卫星的平稳安全运行，从现在起，每年都需要将大概 5～10 颗垃圾卫星从现行轨道脱离[3]。

在诸多的轨道垃圾中，空间垃圾卫星得到了更多的关注。当前昂贵的高性能航天器已成为太空资产最为重要的组成部分，确保高价值航天器的充分利用是国家重大战略需求。但各种意外导致的航天器失效往往给各国造成巨大的经济损失。首先，航天器时常出现因无法正常入轨或太阳能帆板展开等微小故障发射部署阶段异常情况，从而造成航天器失效，导致重大损失。其次，航天器长时间工作于高真空、高低温、强辐射的恶劣太空环境中，从而使执行器、传感器等不可避免地发生故障。一旦个别传感器或者执行器损坏，就会导致航天器整体功能失效。另外，一些到寿航天器昂贵的任务载荷使用寿命往往长于平台，例如大型通信卫星的高价值天线就有较大的回收利用价值。如果高价值载荷进行回收利用，可以大幅度保存航天器价值。在地球高轨上，尤其是以 GEO 轨道为代表的特殊轨道的轨道资源十分紧张，废弃卫星长期占据轨道，造成了轨道资源的极大浪费，且妨碍新的卫星的发射，影响卫星的部署。这些例子都表明，在当前空间垃圾卫星过多、空间轨道资源紧张的背景下，空间垃圾，尤其是空间垃圾卫星的主动回收问题是亟待攻克的航天难题。

从传统的以刚性抓捕为代表的单臂空间机器人[4-6]、多臂空间机器人[7]、手爪机器人[8-11]，到当下十分热门的柔性连接抓捕装置，如空间绳系机器人[12,13]、空间绳系飞网[12]等，世界各国的大学和研究机构已经提供了很多空间垃圾主动抓捕清除方案，具体的主动抓捕清理装置介绍和对比会在后面详细介绍。本书所提出并展开研究的空间飞网机器人既继承了传统绳系飞网的大包络、易抓捕等特点，又继承了绳系机器人的可机动性，是一种新型的空间垃圾主动抓捕移除装置。

由于空间飞网机器人结构是一个多自由度柔性的空间复杂系统，在加入可机动单元的控制输入后，系统更加复杂，本书研究的释放动力学和控制具有一定的特殊性：①复杂的动力学模型。由于可机动单元的引入，飞网机器人系统的动力学特性更加复杂，不同的飞网构型具有不同的动力学特性，作为一个典型的混沌系统，空间飞网机器人在不同构型下的稳定域解算和动力学分析直接关系到控制器设计，如果分析不当，会导致整个飞网系统发散。②空间飞网机器人的复杂释放特性。空间飞网机器人释放逼近段的所有运动特性都会受到初始弹射条件的影响，初始条件的选择不当会直接决定飞网展开是否成功。③空间飞网机器人的复杂控制问题。空间飞网机器人是一个典型的欠驱动系统，且不可控的飞网又是柔性结构，所以在控制过程中，执行器的每一个输出都会产生一个“波”，借由柔性飞网传递至整个网子，控制算法设计不当会加剧整个系统的柔性振动。除此之外，由于系绳模型建立过程中数学简化而导致的模型误差、空间轨道环境中的未知干扰力，这些不确定因素直接挑战所设计控制器的稳健性。在逼近过程中，空间飞网机器人需要根据目标卫星的机动而改变构型，但是在机动过程中只能保证可机动单元的稳定收敛，飞网的稳定性无法保证，飞网极有可能不稳定发散。鉴于以上这些特性，研究空间飞网机器人的释放动力学和控制问题是十分必要的。

国内外关于空间飞网的研究较少，且主要是集中在机构研究和基于项目的弹射机构地面试验研究，关于其动力学特性分析和控制问题的研究几乎没有。因此，本书的研究具有一定的探索意义。鉴于空间飞网机器人的柔性动力学和控制复杂等特性，本书以空间飞网机器人在轨捕获空间垃圾卫星为背景，旨在研究空间柔性复杂系统的动力学特性、柔性欠驱动系统的控制等相关的科学问题，攻克空间飞网机器人释放后的稳定控制和变结构控制等难点，为未来的空间垃圾清理、非合作目标抓捕等一系列在轨服务提供一定的理论支持。因此，本书具有重要的理论意义和实际应用价值。值得提出的是，空间飞网机器人的在轨抓捕既可用于空间垃圾的主动清理，也可用于敌方航天器的抓捕，具有巨大的商业价值和军事潜力。

1.1 空间目标主动抓捕研究现状

由于空间垃圾问题日益严重，世界各国都将空间垃圾的主动抓捕移除问题列为重点，诸多著名的研究机构和高校都对此展开了相关的项目和课题研究，也提出了很多不同的抓捕机构和抓捕方式。根据末端抓捕执行器和平台卫星之间连接方式的不同，可以分为空间刚性连接的抓捕装置和空间柔性连接的抓捕装置。本节将通过对比介绍，对不同连接方式下的抓捕装置进行综述。

1.2 空间刚性连接抓捕装置的发展与研究现状

作为最早提出的一类空间抓捕装置，无论在理论研究、地面试验还是在轨实验都得到了充分的研究。根据抓捕装置的构型，刚性抓捕可以进一步分为空间机械臂和空间刚性手爪。在本节中，将会对这一类垃圾的主动抓捕移除装置从构型设计、理论研究和轨道试验等方面进行综述。

1.2.1 空间刚性机械臂

空间刚性机械臂通常是指安装在平台卫星上的大型机械臂，多用于航天员的空间作业、自主空间维修，以及空间抓捕等任务。根据安装机械臂数量，通常分为单臂空间机器人和多臂空间机器人。由于单臂机器人与多臂机器人及其在抓捕碰撞、消旋、姿态稳定等共性问题上的解决方法具有相通性，所以本节以单机械臂为主，从地面试验、碰撞优化、消旋和抓捕后姿态稳定几个方面进行综述。

虽然单臂空间机器人已经在很多空间在轨服务中完成抓捕任务，例如日本宇航局（JAXA）的 ETS-7[14]、加拿大宇航局的 Candadarm[15]，以及美国国防部先进研究项目局（DARPA）的轨道快车 Orbital Express[16]等其他项目[17]，但是这些抓捕都是合作目标抓捕。以 ETS-7 为例，首先会在待抓捕的合作目标卫星上安装适合机械臂抓捕的手柄，再在抓捕手柄周围配置 4 个标志点，以供机械臂末端的识别、对接和抓捕。虽然空间机械臂也可以用作非合作目标的抓捕，例如火箭上面级或者遭到空间碰撞后的残余卫星尸体，但是这类非合作目标往往无法提供任何相关信息，没有适合的可抓捕点，甚至是一个翻滚卫星。所以用机械臂做非合作垃圾主动清理比其他合作目标的在轨服务要更具挑战性，也更加困难。

为了解决用刚性机械臂抓捕非合作目标或者翻滚卫星这一难题，德国宇航中心（DLR）计划了一个名叫 Deutsche Orbital Servicing Mission（DEOS）的项目（图 1-1（a）），就是用空间单臂机器人完成对非合作目标的抓捕[4]。整个任务过程是从远距离交会对接开始的，在整个抓捕过程中，非合作目标不会提供给平台卫星任何相关信息，而且待抓捕目标还是一颗翻滚卫星，这也大大增加了抓捕难度。

地面试验：为了能够仿真出整个接触、抓捕过程中机械臂和待抓捕卫星的接触信息，DLR 研发了一套称为 European Proximity Operations Simulator（EPOS）的仿真系统（图 1-1（b））。EPOS 是一套地面的硬件在环仿真系统，可以模拟非合作目标从 0～25m 整个交会对接过程中的动力学特性[18]。用两个 KUKA 机器人分别模拟操作平台为卫星和待抓捕目标卫星。其中一个可以在滑轨上运行来表示交会过程[19]。

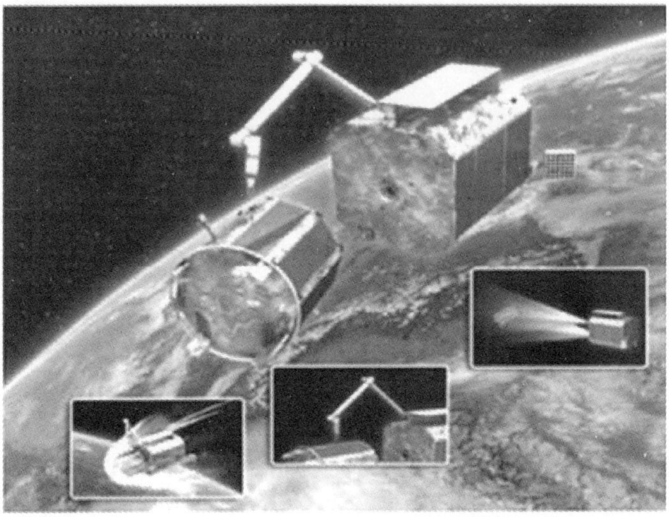

（a）DEOS 项目概念图®

（b）EPOS 地面试验系统®

图 1-1 Deutsche Orbital Servicing Mission（DEOS）项目®

碰撞优化：在用机械臂抓捕未知目标时，由于无法预知抓捕过程中机械臂与待抓捕卫星之间接触面状态，所以如何减少刚性接触也是机械臂抓捕非合作目标项目中的一个重要难点。Flores-Abad 研究了一种方法，通过控制机械臂和待抓捕卫星之间的相对旋转角速度，可以使抓捕过程中姿态扰动最小，由约束下的最优非线性控制可以得到抓捕的最优时间和最优位置，并使用 Morkov Chain Monte Carlo（MCMC）打靶法解决未知的条件边界问题[20]。Huang 推导了机械臂末端与目标卫星之间刚性接触力和平台基座卫星的反馈力之间的映射关系，根据此映射可以优化接触轨迹，减小碰撞力，有效减轻抓捕中接触碰撞对平台基座的姿态影响[21]。Yoshida 通过角动量守恒定理在机械臂的逼近阶段、接触碰撞阶段和抓捕后

3 个不同任务阶段分别最小化了平台基座卫星的姿态干扰[22]。Papadopoulos 提出了冲击点的概念，将碰撞接触最小化，从而将对平台卫星的姿态影响降到最低[23]。Larouche 提出在跟踪抓捕中利用视觉伺服方法，并用卡尔曼滤波来预测待抓捕目标相对平台基座卫星的运动[24]。

抓捕中的消旋：由于残余角动量的存在，空间垃圾卫星通常呈现翻滚状，这为空间机械臂的抓捕增加了难度。根据 JAXA 的研究，3°/s 以下的翻滚卫星是可抓捕的；超过 30°/s 的卫星是无法抓捕的；在 3～30°/s 之间的翻滚卫星可以通过“接触刷”使其消旋，然后再完成抓捕[25]。“接触刷”可以提供与翻滚卫星之间柔性且稳定的接触，通过释放其残余的角动量达到消旋的目的，而接触刷消旋中所产生的反向角动量可以经由机械臂的关节角控制来抵消。

抓捕中的姿态同步：当垃圾卫星的翻滚角速度非常低时，不需要消旋机械臂也可完成抓捕，即采用相对位置和姿态同步的方法来代替消旋。抓捕中的相对位置和姿态同步可以保证抓捕点的相对稳定，也能保证抓捕瞬间机械臂与非合作目标的相对运动为零。An 提出了一个由非线性反馈控制和滑模控制组成的复合控制算法，从而实现了机械臂抓捕非合作目标时的姿态同步[26]。

上述的几个研究方向也是目前刚性机械臂抓捕非合作目标中集中的几个关键问题，包括：由于机械臂的刚性结构，在抓捕过程中与目标卫星的刚性碰撞无法避免；机械臂有限的操作范围也使得平台基座卫星必须足够靠近目标才能展开机械臂实施抓捕，这就大大增加了两颗大型卫星碰撞的可能性；抓捕后，机械臂与复合体的消旋对平台基座卫星的影响等。虽然在以上的研究方向已经呈现了很多研究成果，但是这些往往都是基于某些特定假设，例如抓捕时的相对旋转速度、目标卫星上具备可抓捕点、目标卫星上具有明显地视觉跟踪标记点、待抓捕卫星足够安全等。这些研究上的假设条件已经反映了机械臂抓捕非合作目标在工程应用上的局限性，很难胜任空间垃圾主动抓捕清理任务。虽然研究仍在继续，但是在传统机械臂发展的同时，人类丰富的想象也给空间垃圾主动清理提供了更多的可能。

1.2.2 空间刚性手爪

不同于传统的空间刚性机械臂，空间手爪作为另外一种刚性的抓捕装置（图 1-2），由于其外形结构和抓捕方式更加接近人类抓取物体时的动作，且结构相对简单，于诸多刚性抓捕设计中得到科研工作者青睐，在结构设计、控制研究和工程实践等方面都得到了广泛研究。

欧空局（ESA）首先提出的空间手爪抓捕装置（e.Deorbit）[8]是安装在机械臂末端的执行手爪，在机械臂的配合下作为末端执行器完成空间垃圾卫星的抓捕，再由平台基座卫星加速，实现垃圾卫星的离轨清除。但是经过工程分析，发现此方法的成本过高、总质量和体积也都过大，机构过于复杂，很难搭载和运输，大大增加了实际空间任务难度。所以经过改造，去掉了前段机械臂部分，简化了构型，也提高了效率。后续各国展开研究的空间手爪也都是基于 e.Dedorbit 简化后的构型，即在基座卫星上直接安装抓捕手爪。

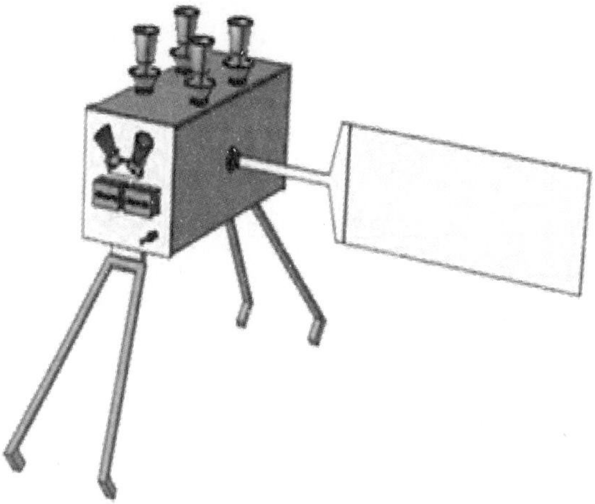

（a）e.Deorbit®

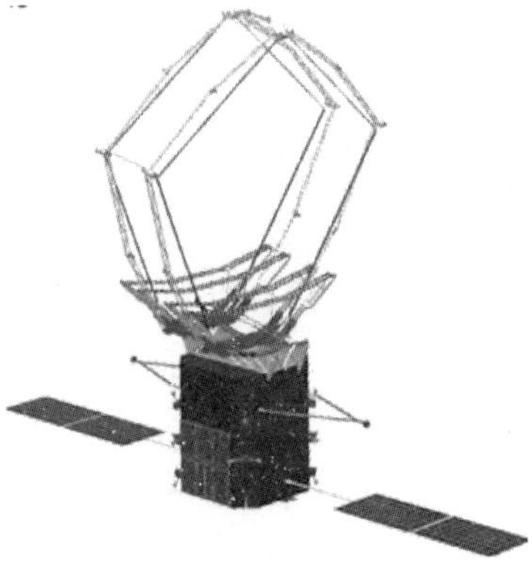

（b）CADET®

图 1-2　空间刚性手爪

Aviospace 公司提出的 CADET 计划也是使用空间手爪抓捕非合作空间垃圾卫星[9]。CADET 手爪为了减小手爪和被抓捕卫星之间的碰撞，设计了一个由刚性材料辅助支撑的橡胶带封闭构型。橡胶带的材料选择为 Zylon 加 Viton 的合成材料，用有限元法对其建模，并完成了抓捕碰撞过程中的动力学特性分析。从 2014 年 6 月起，该项目已经完成了数次地面试验和更多的细节设计，原计划于 2017—2018 年完成空间实验，但由于多方面原因，项目在轨验证被推迟。

还有一类空间手爪是由生物的形态构型所启发的，抓捕过程类似蛇、大象鼻子或者章鱼触角的卷曲过程。Yoshida 和 Nakanishi 提出了 Target Collaborativize Flyer（TAKO）项目[10]，就是在基座卫星上安装一个仿真手爪（图 1-3（a））。因为大部分非合作目标都是翻滚且无可用信息提供的，TAKO 项目在手爪上设计安装了多组推力器，从而实现对翻滚目标的抓捕、消旋和稳定控制。TAKO 的手爪由多个类似人类手指样钢条组成，并由气压控制完成指定动作。但是此项目于 2001 年提出后并未进行太多实质研究，其可行性方案仍处于论证阶段。McMahan 提出了一个连续体机械臂手爪 OctArm[27]，在第 5 版的 OctArm（图 1-3（b））中，手爪部分由 3 个触角组成，每个触角都是由空气肌肉驱动的，并可以实现两个方向的卷曲。

由于此类空间手爪类构型的垃圾主动抓捕装置具有结构简单、地面试验平台易搭建、成本低廉等优点，一直都被认为是空间垃圾卫星的有效解决途径之一。但是空间手爪也有着无法克服的缺点：①与机械臂类似，由于手爪的作用距离有限，基座卫星必须足够靠近待抓捕卫星才可实施抓捕任务，这就大大增加了卫星相撞的几率，十分危险；②由于手爪的自由度有限，如果空间垃圾卫星是翻滚的，很容易在抓捕过程中将基座卫星掀翻，导致任务失败；③即使是慢速翻滚卫星，为了完成抓捕，也需要手爪与垃圾卫星保持相对速度和角度的统一。所以，空间手爪虽然能解决某一类非合作目标的抓捕，但是不具备通用性。相关学者和工程技术人员仍然在空间垃圾卫星抓捕这一问题中不断探索前行。

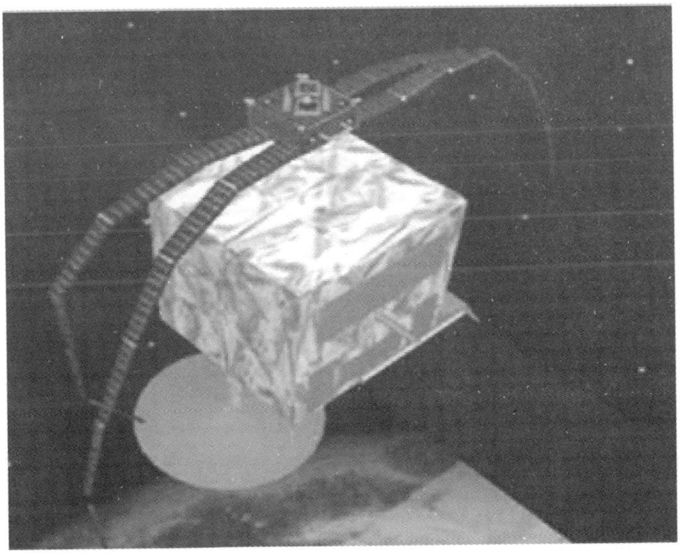

（a）TAKO®

（b）OctArm®

图 1-3　仿生类空间手爪

1.3 空间绳系连接抓捕装置的发展与研究现状

为了解决空间刚性连接抓捕装置存在的固有问题，研究者又提出了空间柔性连接的抓捕装置，即平台卫星与末端抓捕执行器之间的连接方式是柔性的，具体是指一种由空间绳系连接的抓捕装置。随着空间系绳①新概念的提出和空间技术的迅猛发展，工程师们提出了空间柔性连接抓捕装置这一颠覆性的抓捕方式。本节中，将对这种空间柔性连接抓捕方式进行简要综述。

无论是空间机械臂、空间手爪，还是空间柔性机械臂，其基座卫星与末端执行器之间的连接方式都是固定的，末端执行器的作用范围也受到了连接方式的约束，只能在有限小范围内运动。这种类型的空间抓捕方式不够隐蔽，平台卫星必须足够靠近空间垃圾卫星，从而大大增加了相撞的潜在概率。并且，在抓翻滚空间垃圾卫星时，很容易因为平台与末端执行器的连接方式而将平台掀翻。为了突破这些缺点，一种完全突破传统的空间垃圾主动抓捕方式被提出，即空间绳系抓捕方式。

空间绳系抓捕方式是指平台卫星释放出某一可以完成垃圾卫星抓捕任务的装置，且该装置通过绳系与平台卫星相连接。在完成抓捕后通过连接绳系由平台卫星将被抓捕垃圾回收或直接拖曳至坟墓轨道。空间绳系抓捕装置突破了以往抓捕方式作用距离有限的缺点，既保证了平台卫星的绝对安全，又增加了抓捕的灵活性。由于此类抓捕装置通常体积小、质量小、成本低，因此一个平台卫星可携带多个此类装置。

根据绳系末端所连接的抓捕装置的不同，此类空间系绳抓捕装置又可以进一步分成为空间绳系机器人[28]、空间绳系飞网[28]、空间绳系鱼叉[29]等。顾名思义，空间绳系机器人是指系绳末端连接的抓捕装置是一个类似手爪，通过抓取垃圾卫星的太阳翻板与卫星主体之间的连接杆来完成抓捕任务，此类抓捕方式的主要优点是机动性强，主要缺点是接触点（面）之间依旧是刚性碰撞。空间绳系飞网是指系绳末端连接的抓捕装置是一个类似网兜，此类抓捕方式的主要优点是抓捕包络面积大、对待抓捕目标构型无要求，主要缺点是机动能力差。空间绳系鱼叉是指系绳末端抓捕装置是一个类似鱼叉的装置，此类抓捕方式的主要优点是抓捕方式简单、成本极低，主要缺点是机动能力差、易造成空间环境污染。在本节中，只讨论从空间垃圾抓捕方面来看其各自的优缺点，具体的设计问题、动力学和控制问题、地面试验等问题将在 1.3.1～1.3.4 节中具体介绍。

① 在本书中，“系绳”是指柔性绳本身，“绳系”是指柔性绳连接平台卫星和抓捕器这种连接方式。

1.3.1 空间绳系手爪和空间绳系机器人

空间绳系的概念最早是由 Tsiolkovsky 在 1895 年的一本俄语著作中提到的[30]。19 世纪 60 年代，科学家 Artsutanov 受到埃菲尔铁塔的启发设想，将系绳放到空间起到运输作用，即空间电梯[31]。该设想提出以后，虽然很多研究者都纷纷表示兴趣，但仅仅被当作一个科幻故事，因为根本无法找到合适的材料，直到碳管材料的研制成功[32]。半个世纪以来，随着各种各样工程技术和航天技术的突飞猛进，空间垃圾清理、飞行器间的运输传递等越来越多的科幻寓言成为了现实[33]，其中就包括空间绳系。

随着日益严重的空间垃圾问题，尤其是重要轨道上的太空垃圾卫星主动移除问题，作为空间系绳的一个重要的应用分支，空间绳系抓捕装置是近 20 年来的研究热点。为了清理地球同步轨道的垃圾卫星，ESA 所提出的 Robotic Geostationary Orbit Restorer（ROGER）[28]计划中，设计了一个空间绳系手爪系统，在由平台卫星释放后飞向待抓捕目标，当满足抓捕条件时，由系统末端安装的三根手指状装置完成垃圾卫星的捕获[28]。ROGER 计划中的三根手指设计需要待抓捕卫星有适合的明显的可抓捕部件，对抓捕条件要求略高。作为改进，西北工业大学（NPU）黄攀峰教授所带领的团队提出并深入研究了空间绳系机器人系统（Tethered Space Robot，TSR），包括视觉测量[34,35]、逼近段的协调控制和姿态控制[36,37]、抓捕碰撞中及抓捕后的复合体稳定控制[38,39]、复合体消旋控制[40,41]，系统的抓捕原理如图 1-4 所示。视觉跟踪技术是空间绳系机器人在抓捕逼近过程中识别跟踪目标的重要手段，为了在不同的逼近阶段都有良好的跟踪效果，黄攀峰团队特别设计了远距离单目相机跟踪和近距离双目相机识别跟踪的视觉平台。同时，为了保证在最后抓捕过程中超近视场下待辨识特征不会脱离视场，特别设置了相机安装的非平行交角[34,35]。在逼近过程中，由于系绳的干扰存在，绳系机器人的轨道和姿态耦合控制一直都是一个具有挑战性的课题，黄攀峰团队提出了移动系绳点的创新型设计，通过系绳点的位置移动，可以让系绳拉力产生控制算法所需要的力矩，对系绳末端执行器实现控制[38]。绳系机器人在逼近段的最优控制分别由 NSGA-2（Non-dominated Sorting Genetic Algorithm）和 Gauss 伪普法在文献[42,43]中得到解决。超近距离的交会对接控制问题在文献[44]中得以解决。在文献[38]中，推导了碰撞抓捕过程中的动力学方程，并设计了两个控制器和一个最优控制器选择开关，可以根据不同的系统状态选择两个控制器的开关，从而降低燃料消耗。文献[41]研究了空间绳系机器人抓捕非合作目标后的复合体消旋问题，仿真结果表明，复合体在俯仰和偏航角方向上的速度可以更快地被稳定下来。除了抓捕后复合体的稳定控制，被抓捕目标的动力学参数辨识也是抓捕后和回收中需要解决的问题。文献[45]给出了一个完整的系统辨识方案，包括抓捕后阶段的初辨识、回收前半段的目标质量参数辨识和回收后半段的动力学参数精确辨识。在空间绳系机器人回收末端和系统变轨的过程中，由于系绳的弹性拉力可能会导致复合体与平台卫星相撞，所以需要给平台卫星设计合适的回收律或者变轨机动律[46]。

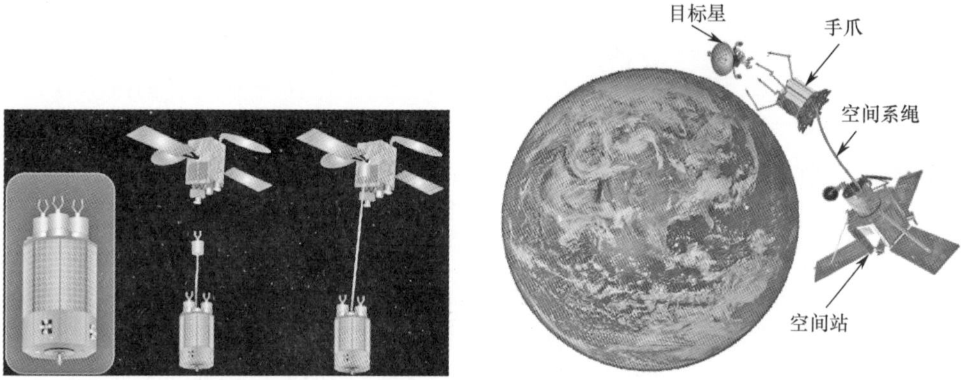

(a) ROGER®原理图　　(b) TSR®原理图

图 1-4　空间绳系手爪和空间绳系机器人

相较于传统刚性机械臂，空间绳系机器人作用范围大、隐蔽性好、体积小，而且成本更加低廉，是非合作空间垃圾卫星主动清理的一个好选择。但是这种机构的最终抓捕方式依旧是传统的刚性−刚性碰撞，传统机械臂在接触抓捕过程中可能存在的问题在空间绳系机器人抓捕非合作目标中依旧存在。除此之外，空间绳系机器人（手爪）只能抓捕卫星与太阳帆板相连接的杆状支撑结构，如果待抓捕目标的太阳帆板是背飞式或者其他非规则安装，则很难实现抓捕。

1.3.2　空间绳系鱼叉

如图 1-5 所示，空间绳系鱼叉类似深海捕鱼装置，在末端装有倒刺，从平台卫星射出后直接高速飞向待抓捕的目标卫星，并在射入目标卫星的瞬间弹出倒刺，继而通过平台卫星的轨道机动将被捕获的目标脱离轨道。因为这种绳系鱼叉抓捕装置结构简单，且对目标卫星的尺寸、构型、有效抓捕点等都没有要求，所以是一种高效的抓捕方式。但是在鱼叉穿透目标星的过程中，可能会产生更多的碎片，这是该系统最大的弊端。文献[29]中给出了绳系鱼叉的设计原理和地面试验，结果表明，确实在每次捕射中都会产生一些微小的碎片，且不同的射中速度、角度和部位会导致不同规格的碎片产生。只要设计好鱼叉弹射的初始速度和角度，可以保证大部分的穿刺碎片都在被抓捕卫星的内部产生，从而不过多污染空间环境。空间绳系鱼叉项目也是 e.Deorbit 项目中的一个备选提案，由于其高效、成本低廉等特点，在方案评选中获得了很高的分数[49]。最终 ESA 通过了鱼叉方案，并进行了大量的地面试验和大气层内飞行试验[47]。

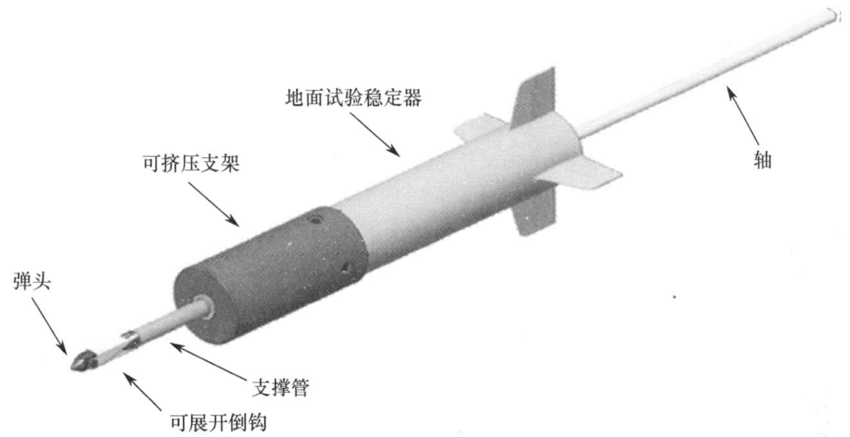

图 1-5 空间绳系鱼叉

1.3.3 空间绳系飞网

为了清理地球同步轨道的空间垃圾卫星，ESA 所提出的 ROGER[28]计划中，除了所携带的绳系手爪，还包括了绳系飞网。ROGER 系统的研制分为 A、B、C、D 四个阶段完成。EADS 已经完成了 A 阶段的概念设计任务（图 1-6）。在 ROGER 平台上，该公司建议了两种空间同步轨道垃圾清理机器人系统：除了 1.3.1 节所提到的空间绳系手爪，还有柔性网系统（Net Capture Mechanism，NCM），图 1-7（a）所示为建议的 NCM 与 TGM 系统示意图。整个绳系飞网的组成如下：平台卫星、连接系绳和飞网，而飞网由网子和飞行质量块构成。飞行质量块安装在网子的几个交角处。因为在发射时，是由安装在平台卫星发射装置上的弹射机构将质量块弹出，从而完成整个飞网的释放，所以质量块也被称作“子弹”，而弹射机构也被称作“枪”。如 1.3.2 节的对比分析，由于飞网的大包络，在整个抓捕任务中不需要知道待抓捕卫星的质量、转动惯量、尺寸、物理特征等信息，增加了可被抓捕目标的范围。

ESA 同时还提出了 e.Deorbit 计划[47]（图 1-7（c）），并作为空间垃圾主动清理任务的首选。在 e.Deorbit 项目中，对空间绳系飞网的定义和设计与 ROGER 计划类似。e.Deorbit 设计团队进行了大量的不同抓捕场景的仿真实验，包括相对抓捕距离、目标的旋转速率、连接主系绳长度、网子编织系绳参数等。ESA 联合 GMV 公司完成了空间绳系飞网的抛射实验，验证了 e.Deorbit 项目中绳系飞网的弹射机构和展开过程[50]。米兰理工的航天学院也与 Astrium 公司联合提出了一个名叫 Debris Collecting Net（D-CoNe）的项目[51]（图 1-7（b））。在这个项目的数字仿真中，用质量–弹簧模型来模拟网子的编织系绳。在地面发射实验中，对不同配比的质量块和气压进行了发射实验[52,53]。设计者在项目报告中提到，只要地面实验的发射速度足够大，就可以忽略地表重力的作用[54]。

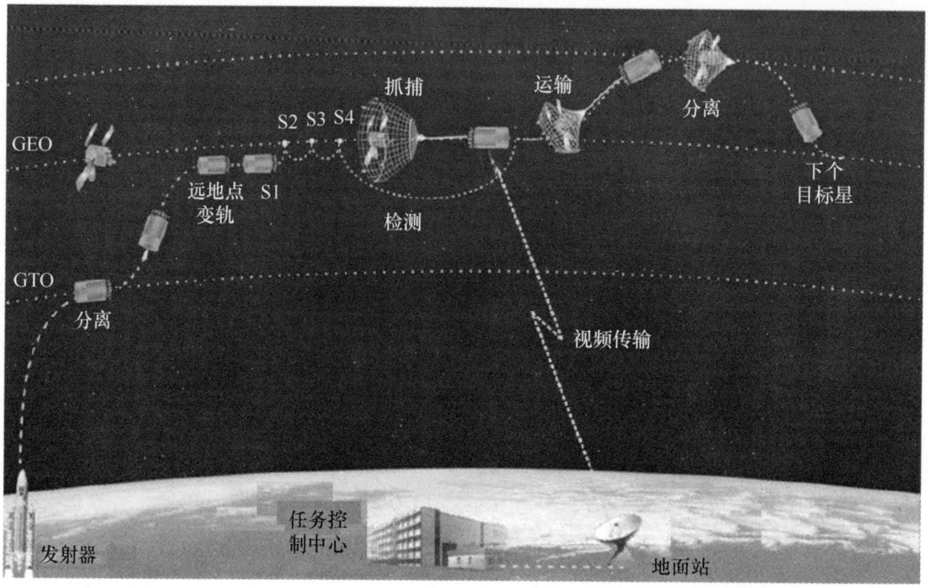

图 1-6 ROGER 演示任务描述

Colorado 大学提出了一个名叫 Research and Development for the Capture and Removal of Orbital Clutter（REDCROC）的计划[62]（图 1-7（d））。该项目是由可充气碰撞结构形成飞网的支撑结构，支撑结构之间由网子相连。由于 REDCROC 项目中的网子最大张口由充气支撑结构的尺寸决定，该项目的全包围构型决定了其不适合抓捕大型卫星。

NASA 支持下的先进概念研究所（NIAC）于 2002 年提出一种新的空间目标捕获方法，图 1-7（e）所示为其建议的捕获概念，该概念基本上采用一种飞行捕获系统完成对目标的跟踪和捕获。NIAC 设计的旋转稳定飞网捕获模式，飞网弹出后依靠平台的低速旋转产生向心力打开飞网，而后形成"篮子"状构型，从而捕获目标，如图 1-7（f）所示[55-57]。NASA 支持的另一空间飞网相关的就是 MXER（Momentum-eXchange Electrodynamic Reboost）项目[58]（图 1-8（a））设想利用绳索为载荷提供从 LEO 到 GEO 的轨道转移服务，并实现系统本身不消耗推进剂的轨道机动和轨道保持。该项目综合了动量交换绳索、电动绳索应用、绳索轨道提升等多个方面的技术，是绳系卫星相关技术的综合应用和发展前沿[59]。MXER 系统可以用两种任务模式工作：在没有发射载荷任务时，系统处于电动绳索推进模式，在导电绳索中通入电流，利用绳索与地球磁场的相互作用修正、提高整个系统的轨道，将太阳能产生的电能转换成高轨道位置的重力势能；在发射载荷时，系统处于动量交换绳索模式，通过动量交换提高载荷的轨道，系统自身的轨道被降低。发射任务完成之后，系统又将进入电动绳索推进状态，完成整个系统能量交换的循环。在 MXER 项目中，初步确定载荷质量为 2500kg，绳索系统通过动量交换至少为载荷提供 2.4km/s 的速度增量，预计在未来将载荷质量扩展至

5000kg[60]。随着 MXER 研究的深入，MXER 系统中绳索终端可靠抓捕载荷并在改变其轨道的过程中保持可靠的连接成为实现 MXER 任务概念的一个关键因素。针对这个问题，商业机构 TU（ITether Unlimited Inc.）经过研究提出了 GRASP 系统[61]（图 1-8（b）），利用绳索在刚性杆件的支撑下形成一个网状结构，在交会的过程中可靠地抓捕载荷，并利用绳索的柔性特性来缓冲 MXER 系统抓捕和轨道转移过程中所产生的数倍重力加速度。

除了以上研究，国内中国空间技术研究院（CASC）也已开展空间飞网的相关研究，并进行了释放装置研制和地面试验测试。

由于空间绳系飞网是本书所提的空间飞网机器人的前身，所以将会从动力学建模、释放过程、抓捕接触和翻滚卫星抓捕后稳定等方面对现有的研究成果进行详细综述。

(a) ROGER®原理图

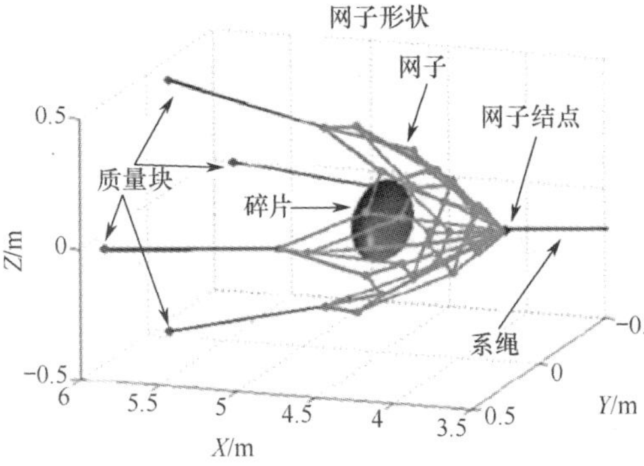

(b) D-CoNe®原理图

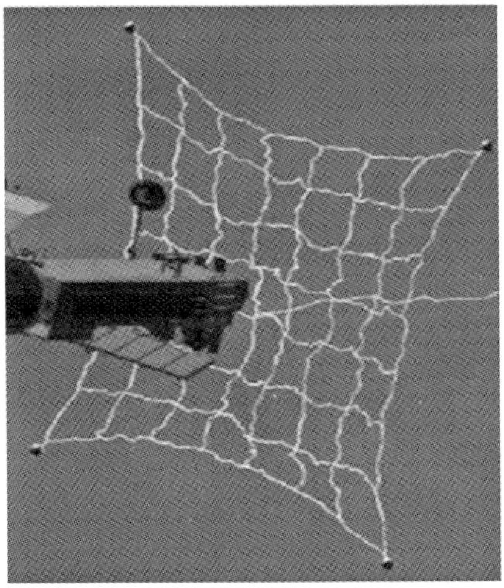

(c) e.Deorbit®原理图

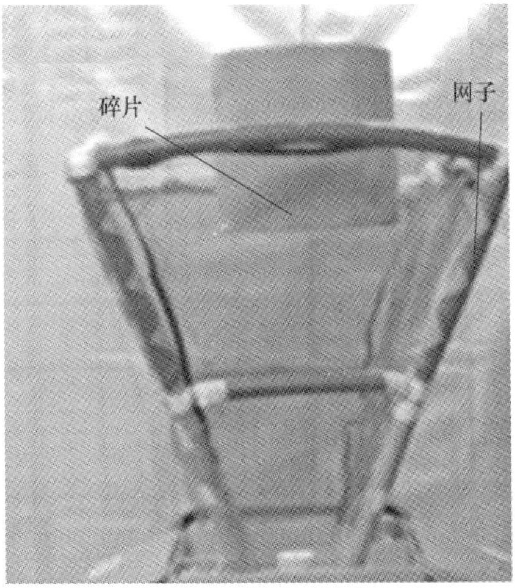

(d) REDCROC®地面实验图

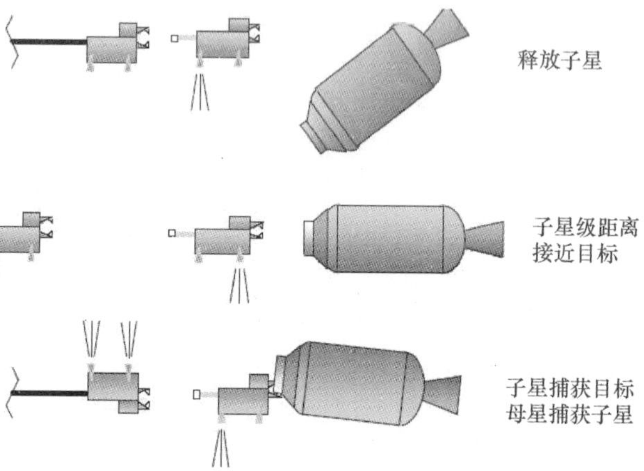

(e) NIAC在轨目标捕获概念

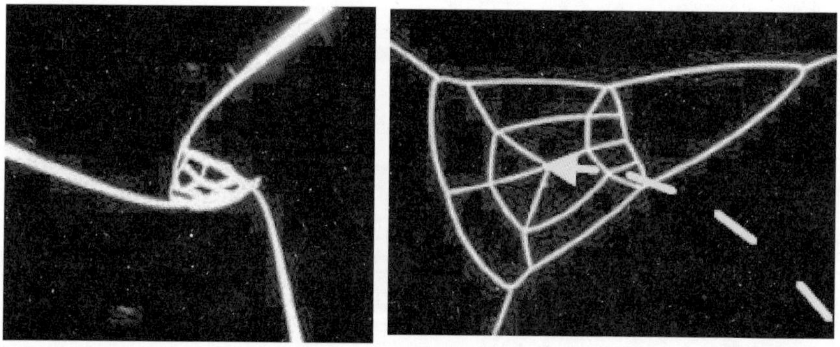

(f) NIAC旋转稳定飞网

图 1-7　空间飞网

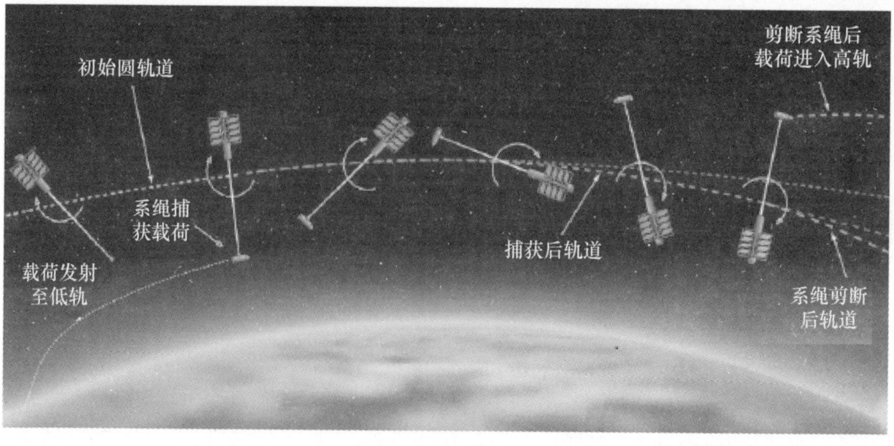

(a) MXER任务概念

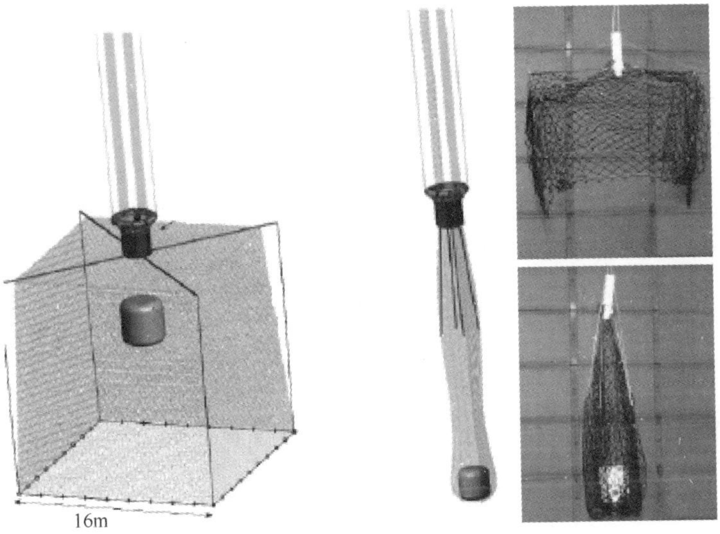

(b) GRASP项目中的捕获网原型

图 1-8　MXER 任务中的捕网项目

1. **动力学建模**

动力学建模是空间绳系飞网研究中必不可少的部分。在数学模型和数字仿真之前，首先要确定网子的物理结构。作为抓捕任务的主要执行器和受力部件，要求网子足够轻质、牢固和坚韧，所以一般选择 Zylon、Dyneema、Kevlar 或者 Vectran 作为候选材料[54]。基于现有研究，正方形的编织网格拓扑结构是考虑了总体质量和网子韧性后的最好选择[63]。动力学建模一直都是空间绳系飞网的一个重要研究点，至今为止已经提出了很多种建模方法，例如质量–弹簧方法[64]（图 1-9（a））、绝对节点坐标系法[65]（图 1-9（b））、弹性连续体方法[66]（图 1-9（c）），三次样条法[67]（图 1-9（d））等。其中，质量–弹簧方法是最常用的一个。在质量–弹簧建模方法中，网子的编织系绳通常被简化成一系列连续的“段”。由于网子是由系绳编织成的小网格组合而成的，所以每一个小网格中的相邻编织节点间的连接系绳，即可简化成一“段”，且这个编织节点就是一个质量点，系绳段就是一个弹簧–阻尼模型。早在 1988 年，Carter 和 Greene 就用质量–弹簧模型对空间绳系系统中的连接系绳进行了建模，并将质点成为珠子，形成了经典的珠子–弹簧模型[68]。Sidorenko 和 Celletti 研究了质量–弹簧模型下的系统周期振动问题[69]。由这种建模方法得到的动力学模型是标准的微分方程形式，便于计算和控制器设计，但是模型本身的精度是与系绳的分段段数密切相关的。为了得到一种更加精确的动力学模型，Liu 提出利用绝对节点坐标系法对系绳进行建模[65]。因为位移和全局斜率被用作元素坐标，这种方法的质点矩阵必须是常数且严格对称。为了再进一步提高系统数学模型精度，Mankala 和 Agrawal 提出了弹性连续体模型，在文献[66]中用 Hamilton 定理和 Newton 定律共建立了以下 3 个系绳模型：地面系绳长度不变

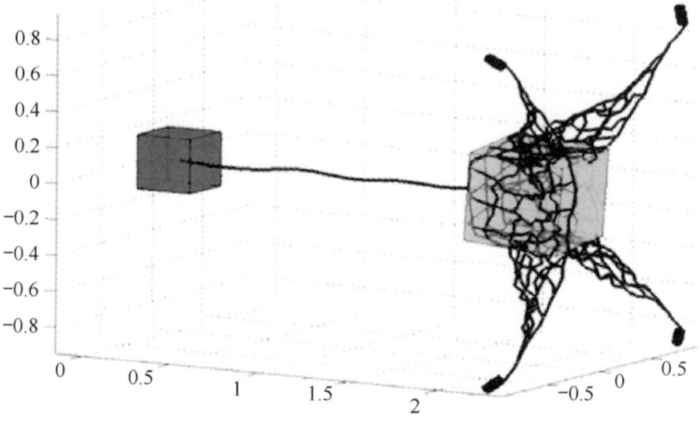

(a) 质量-弹簧方法

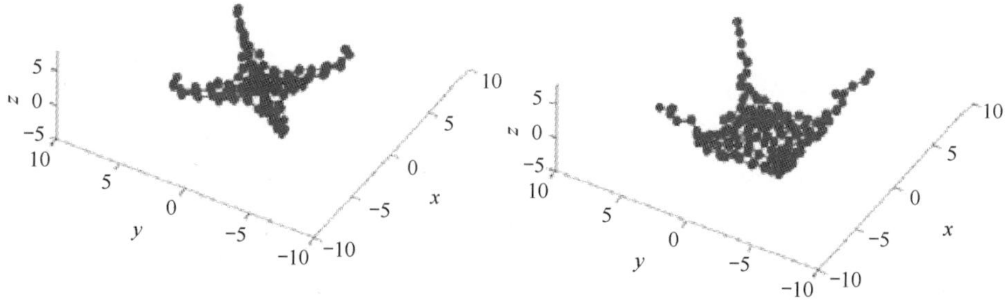

(b) 绝对节点坐标系法

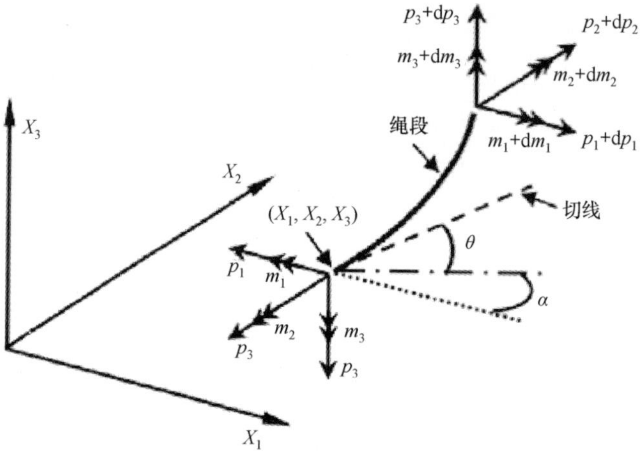

(c) 弹性连续体方法

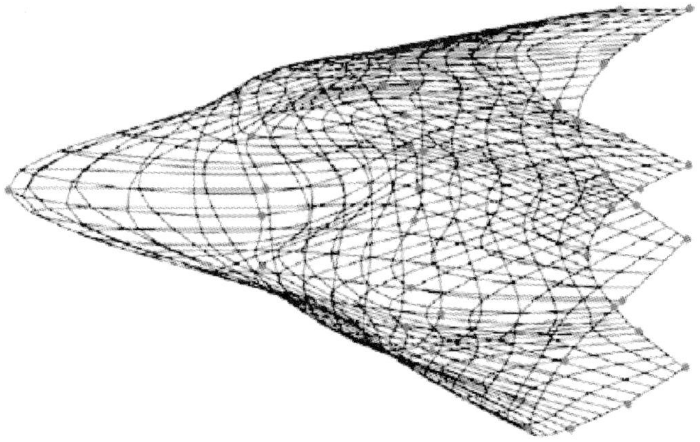

(d) 三次样条法

图 1-9 空间绳系飞网的建模方法

模型；地面系绳长度变化模型；空间轨道系绳长度变化模型。通过仿真结果，证明了弹性连续体模型的准确性。Koh 和 Rong 研究了弹性连续体模型下，长系绳在轨运动的动力学特性，并通过地面实验验证了此结论[70]。但是，因为弹性连续体模型的方程是偏微分方程，求解过程极其复杂；虽然通过实验验证了这种模型的超高精度，但是也仅仅是用于单根系绳的建模和动力学分析中，至今为止还没有任何学术成果表明将此方法用于飞网或者多根系绳系统。模型的复杂性和动力学结算所需要的长时间问题是弹性连续体模型最大的缺点。空间绳系飞网系统最早的设计原型是来自水下的渔网，但是渔网模型中通常将编织系绳简单地当成刚性棒条，而其动辄上百万的节点不利于航天中的实时计算，所以 Bessonneau 等提出了三次样条法[71]。

2. **飞网释放和展开**

在现有的空间绳系飞网的项目或者研究中，飞网系统都是靠安装在平台卫星上的发射筒中的弹射装置弹射释放的。平台卫星以一定的初速度和初始角度弹出飞网上安装的质量块，网子在质量块的飞行下被动展开，质量块的动量与飞网动量进行守恒交换，直至质量块的速度降到零。此时就是实施抓捕的最佳时机，在此刻过后，飞网会因为编织系绳的微弱弹性而收缩，直至系统陷入混乱。所以初始的释放条件的研究分析是十分重要的，直接关系到飞网系统的整个有效飞行时间、非常距离、飞网最终展开的最大面积，而这些都与抓捕条件息息相关。文献[72]中给出了详细的空间飞网机器人在平台内的存储折叠方式、初始弹射条件等对飞网释放和展开过程的影响。目前为止，这方面的研究成果相对较少。

3. **抓捕碰撞**

空间绳系飞网与垃圾卫星的接触碰撞是不可避免的一个研究方向，如果抓捕碰撞方案采取不当，会导致抓捕失败，或者产生更多的空间垃圾，例如质量子弹射入垃圾卫星等。接触碰撞实际是非连续动力学问题，由于碰撞过程作用时间极短、强度大，给系统造成剧烈扰动，引起系统动力学形态发生突变，从而成为系统分析和控制中不可忽略的重要因素。接触碰撞研究中最核心的问题就是柔性的网面与刚性的待抓捕卫星之间的接触效应研究[73]。文献[74]提出了一种能量形变法来描述碰撞过程中的动力学特性。文献[75]中提出用惩罚算法来描述接触碰撞动力学：由先验算法预估接触，如果作用力穿过接触面，则称为两个接触物惩罚。除此之外，还有很多不同的接触动力学分析方法、线性 Hertz 算法，作用力垂直于接触面。Coulomb 摩擦模型用来考虑接触力与接触面相切的情况。

4. 翻滚卫星抓捕后稳定

因为空间绳系飞网的大包络优势，通常在设计时不需要太高的 GNC 精度，在抓捕后也只需要平台卫星提供拖曳速度 Δv 即可完成垃圾主动清理工作。为了简化抓捕碰撞动力学，大多数的研究都假设目标垃圾卫星是一个稳定的且没有相对运动速度的刚体。但是由于残余的角动量，空间垃圾卫星通常都是翻滚卫星，或者说与抓捕装置之间存在相对运动角速度。翻滚的垃圾卫星一直都是主动空间垃圾抓捕中的难题，无论是机械臂抓捕还是空间手爪抓捕，都需要有姿态一致的机动过程，但是空间绳系飞网可以很好地解决这个问题[76]。但是需要注意的是，对于一个非合作的翻滚垃圾卫星，如果它的翻滚角速度超过飞网可允许的上限值，可能会引起连接主系绳的缠绕，从而导致任务失败。

相较于传统的刚性连接抓捕方式和空间绳系手爪、空间绳系鱼叉几种抓捕方式来说，空间绳系飞网系统由于其大包络、易抓捕等优势，在针对任意构型的非合作目标卫星的抓捕方面有着十分突出的优势。但是空间绳系飞网的最大劣势就是它的不可机动性。在整个释放、展开、抓捕、回收过程中，飞网的网形和质量块位置都是不可机动的，其运动轨迹和动力学特性只能依靠初始的弹射条件，所有的运动过程在飞网弹射出的一瞬间都已成定局。这就大大降低了飞网系统的可操作性。除此之外，因为编织系绳的微弱弹性，飞网在释放过程中完全展开后，必然会因为能量守恒和动量交换而逐渐收缩，这就会导致飞网完全陷入混沌。这也是空间飞网机器人作为升级版的传统绳系飞网被提出的原因。

1.3.4 空间绳系飞网机器人

表 1-1 所列为 1.3.2 节和 1.3.3 节所介绍的现有几种空间非合作目标抓捕方式的优劣对比，包括了空间刚性机械臂、刚性手爪、空间绳系机器人（绳系手爪）、空间绳系鱼叉、空间绳系飞网和空间飞网机器人。可以看到，如果忽略地面试验难度、技术成熟度等技术发展所带来的限制，对于空间垃圾主动清理问题，空间绳系飞网是现有方式中通用性最强的，因为其对被抓捕目标的尺寸、大小和构型等均没有具体要求，而且被抓捕目标不需要有明确的抓捕点，抓捕方式安全，远离平台卫星，不会产生碎片。

表 1-1 现有空间非合作目标抓捕方式对比

抓捕方式	优势	劣势	项目名称	研发机构
空间刚性机械臂	1. 刚性结构； 2. 易于地面试验； 3. 更高的技术成熟度	1. 平台卫星与目标星有相撞几率； 2. 需要精确的抓捕点； 3. 交会对接过程较复杂	DEOS EPOS FREND	DLR DLR DARPA
刚性手爪	1. 刚性结构； 2. 易于地面试验； 3. 更高的技术成熟度	1. 交会对接过程较复杂； 2. 抓捕翻滚目标卫星后有被掀翻的危险； 3. 抓捕时要求精准的相对位置和相对角速度	e.Deorbit CADET TAKO	ESA 爱唯欧太空公司（Aviospace） 日本
空间绳系机器人	1. 作用范围大； 2. 任务执行时间短； 3. 质量小、费用低	1. 地面试验难度较大； 2. 需要精确抓捕点； 3. 碰撞接触点仍未刚性碰撞	ROGER TSR	ESA NPU
空间绳系鱼叉	1. 无需抓捕点； 2. 作用隐蔽，平台卫星远离目标卫星； 3. 适用于各种空间垃圾（火箭上面级或卫星）	1. 可能会产生更多的空间碎片； 2. 抓捕后复合体有解体的危险； 3. 没有机动能力	GS e.Deorbit	阿斯特里姆公司（Astrium） ESA
空间绳系飞网	1. 作用范围大； 2. 对抓捕精度要求低； 3. 适用于各种尺寸和类型的空间垃圾	1. 释放后完全不可操控； 2. 混沌系统容易产生系统振动； 3. 飞网完全展开后即收缩，抓捕窗口小	ROGER，e.Deorbit REDCROC 空间飞网	ESA 意大利 CASC
空间飞网机器人	1. 可机动； 2. 适用于各种尺寸和类型的空间垃圾	1. 可机动单元综合设计较难； 2. 相较于空间绳系飞网，成本略高	TSNR	西北工业大学

但是现有的空间绳系飞网的设计也是存在缺陷的：首先的问题就是释放后不可操控，无法在逼近过程中根据目标卫星的姿态和轨道等再次调节构型和网口朝向，从而更好地完成抓捕；其次，飞网在释放后，一旦完全展开，就会由于微小弹性的存在而开始自然收缩，所以抓捕窗口较小，一旦错过即任务失败。所以，本书在传统的空间绳系飞网的基础上进行了改进，提出了空间飞网机器人，将传统飞网中的飞行质量块替换成了可机动单元。改进后的飞网机器人克服了上述的两个缺点，既继承了传统飞网的大包络、易实施抓捕的通用性，又继承了空间绳系机器人的可机动性。

文献[77]中，西北工业大学黄攀峰教授团队首次提出了空间飞网机器人概念，给出了系统的结构构成，对各个任务阶段进行了定义，并研究了飞行过程中的不同飞网构型，但是仅仅分类讨论了合适的飞网抓捕构型。文献[77]研究了释放过程中的飞网协调控制问题，但是由于动力学建模中考虑的系绳编织节点有限，不能体现飞网的柔性特点，控制算法也没有针对柔性振动提出有效的抑制方法。文献[72]对飞网的释放特性进行了分析，也提出了抑制飞网振动的控制算法，但是对系统动力学特性分析不足。

综上，空间飞网机器人提出时间较短，至今为止并没有文章、学位论文或者专著系统地对这一空间垃圾抓捕方式进行构型设计、动力学建模与分析、释放特性分析、稳定性控制、构型机动控制等方面进行统一的递进式研究。

1.4 现有空间非合作目标抓捕方式总结

在 1.3 节中，分别介绍了空间刚性连接和柔性连接的几种抓捕装置。由于各种抓捕方式之间的机构设计、控制方法和抓捕方式有着本质区别，所以其各自的优点和缺点也十分突出，所适用的抓捕对象也各不相同，具体对比结果见表 1-1。

1.5 本书内容介绍

空间飞网机器人具有大包络、易抓捕、机动性强等优点，适于在轨非合作/合作目标的捕获与移除，在未来的空间在轨服务与维护方面有巨大应用前景。围绕空间飞网机器人的动力学与控制问题，本书将分为 7 章对其相关问题进行详细介绍。

第 1 章对空间目标主动抓捕技术、空间飞网机器人动力学与控制的国内外研究现状进行了综述。第 2 章首先给出了空间飞网机器人抓捕非合作目标的一个典型任务流程，并在此基础上对飞网及可机动单元的设计进行了详细介绍；随后推导了系统的动力学模型以及模型验证，并进行了柔性飞网在轨道科氏力作用下的动力学分析。第 3 章详细介绍了飞网折叠的选择方式以及 3 个典型的折叠样式，并研究了不同释放条件下，飞网在空间自由展开的效果。第 4 章初步给出了空间飞网机器人释放后的稳定控制方法。第 5 章研究了在空间未知环境下的空间飞网机器人逼近段稳定控制，分别用模糊自适应滑模和基于非齐次观测器的滑模控制算法解决了飞网机器人的欠驱动问题。第 6 章从分布式控制的角度研究了飞网机器人的一致性问题，分别从 Leader-follower 模式、无飞网连接约束模式和飞网连接约束模式进行深入探讨。最后在第 7 章提出了一种立体型的空间飞网机器人，在动力学建模的基础上研究了连接主系绳和飞网的协调控制方法。

第 2 章　空间飞网机器人的动力学建模及分析

空间飞网机器人主要由与平台卫星相连的主系绳、柔性飞网和刚性可机动单元三部分组成，是典型的刚–柔混合体。在本章中，首先给出了一个典型的利用空间飞网机器人完成空间失效卫星抓捕的任务流程。在此基础上，明确各个任务阶段中，飞网和可机动单元需要满足的特性要求，再针对此特性要求完成飞网构型设计和可机动单元设计。其中，飞网构型设计部分又包括了编织材料的选择、网型选择和网格拓扑构型选择三部分。通过本章对飞网和可机动单元的设计，可以得到一个确定构型的空间飞网机器人，并在此确定构型的基础上完成动力学建模和分析。

2.1　空间飞网机器人典型任务流程

空间飞网机器人的主要任务是捕获并移除空间垃圾卫星。相较于地球中低轨道，在高轨道运行的卫星，尤其是地球同步轨道为代表的特殊轨道的轨道资源十分紧张，废弃卫星长期占据轨道，造成了轨道资源的极大浪费，且妨碍新卫星的发射，影响卫星的部署。所以本书所提出的空间飞网机器人的主要任务背景是在地球同步轨道上。

如图 2-1 所示，空间飞网机器人的任务流程与空间绳系机器人类似，空间飞网机器人的任务从平台卫星的发射开始。平台卫星由大型火箭（如长征 3 号运载火箭）装载并发射至深空。当平台卫星达到一定高度，会与最后一级火箭推力器分离，并通过远地点轨道机动进入附近预计的地球同步轨道。在平台卫星进入稳定运行期间，一旦发现需要捕获拖曳的空间垃圾卫星，就会进行轨道机动，从而完成与待抓捕目标卫星的交会，并在完成交会后于恰当时机释放飞网机器人，从而完成抓捕任务。整个的平台卫星交会和空间飞网机器人完成抓捕将会被分解成若干次的机动，如下所述。

1. **变轨机动**

在平台卫星完成轨道倾角的跟踪机动后，即拥有与目标垃圾卫星相同的轨道倾角，但与目标卫星的轨道高度并不相同。此时的平台卫星大约位于目标卫星下 230km、后 500km 的位置。这次变轨机动是在地面站的导航指令下完成的。

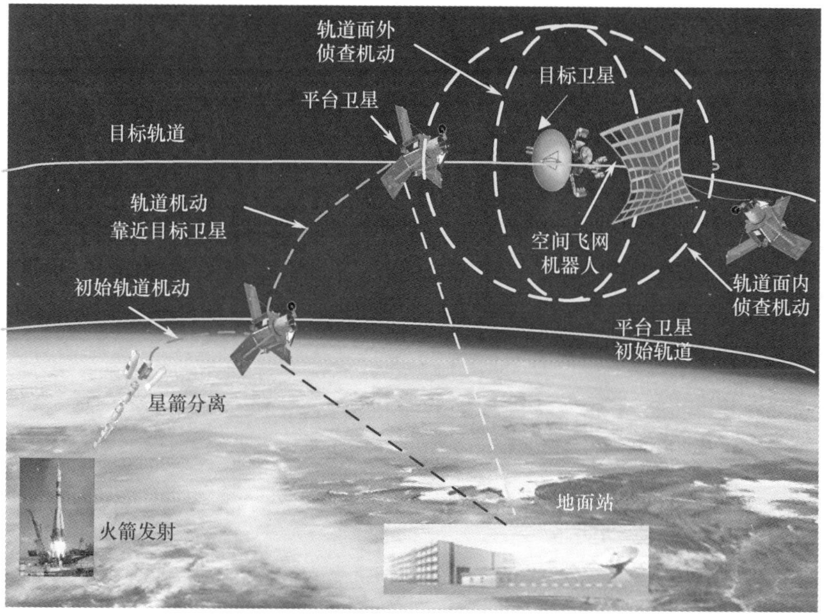

图 2-1　空间飞网机器人的任务总流程

2. **归航机动**

在归航机动后，平台卫星达到目标卫星的轨道高度，但是仍然落后目标卫星约 15km 左右。这次机动仍然是在地面站的导航指令下完成的，但是一旦机动完成，目标卫星即可出现在平台卫星的传感器观测和侦察范围内。

3. **接近机动**

此次机动的目的就是让平台卫星更加接近目标卫星。在机动完成后，平台卫星只落后大约 1km。

4. **监视机动**

为了侦察待抓捕卫星的几何尺寸等基本参数，从而在后续的抓捕中使用，平台卫星需要在轨道面内绕弧线机动，同时逐渐靠近待抓捕卫星。在本次机动完成后，平台卫星距目标卫星只有大约 100m。在此次机动完成后，平台已经足够靠近目标卫星，飞网机器人具备了释放条件，可以发射。

5. **抓捕机动**

此次机动意味着空间飞网机器人抓捕空间垃圾卫星的主体任务正式开始。主体任务一共分成释放前储存阶段、释放及自由飞行阶段、机动逼近飞行阶段、碰撞抓捕阶段和拖曳回收阶段。如图 2-2 所示，在飞网机器人被平台卫星弹射释放后，首先要经历一段自由飞行，即被动飞行阶段。在此期间，可机动单元仅仅依靠弹射的初速度沿既定的方向飞行，飞网被动展开，可机动单元与飞网完成动量交换后，可机动单元的速度降到 0，达到临界点，而此刻的飞网也会展开到本阶段的最大值。在此临界点，可机动单元开始工作，按照控制指令进行机动，使得系统稳定而快速地飞向目标卫星，这就是机动逼近阶段。在此阶段中，控制器要根据目标卫星的姿态和大小给出控制指令，通过可机动单元的推力器控制飞网完成位置、姿态和构型的机动，以最佳抓捕状态靠近目标。在碰撞抓捕阶段，由于柔性飞网与刚性目标之间的接触碰撞会导致飞网系统的振荡，需要可机动单元在控制器指令下完成系统的稳定控制，并跟踪最优合拢轨迹完成对目标的柔性包络，从而完成整个抓捕任务。

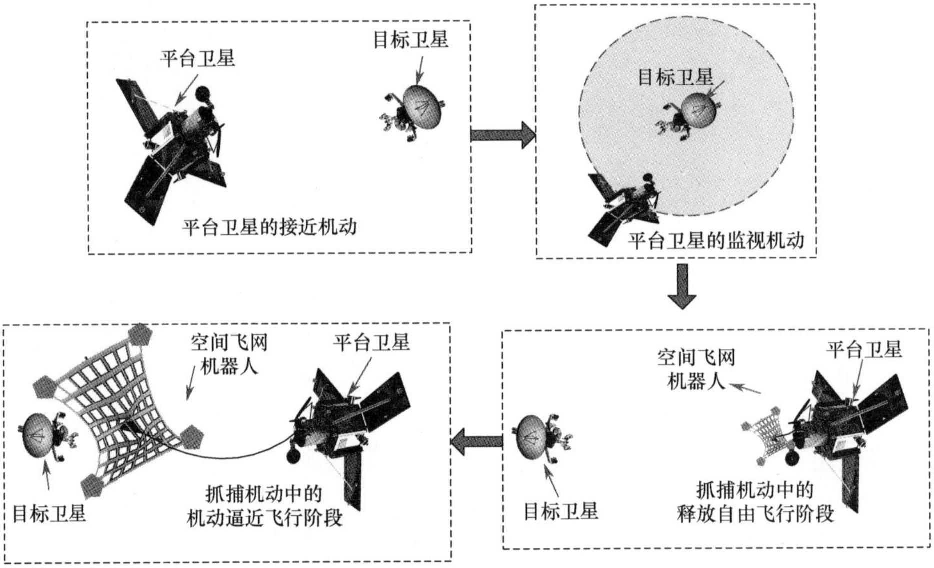

图 2-2　典型任务中的不同各阶段

6. 变轨机动

在抓捕成功后，可机动单元和连接主系绳配合平台卫星按照预计的规划变轨，共同将目标卫星脱离有用轨道，进入坟墓轨道。

在本节中，对空间飞网机器人的典型任务进行了描述，并详细介绍了不同阶段的具体任务。本节的研究背景就是 2.1 节中介绍的典型任务中的（5）抓捕机动，具体的研究内容即为机动抓捕（主体任务）中的释放前储存、释放及自由飞行、机动逼近飞行这 3 个阶段中所遇到的动力学问题和控制问题。

2.2　空间飞网机器人的飞网及可机动单元设计

2.2.1　飞网的编织材料选择

如 2.1 节所述，整个任务流程分为释放前储存阶段、释放及自由飞行阶段、机动逼近飞行阶段、碰撞抓捕阶段、拖曳回收阶段。在不同阶段中对飞网编织材料的特性需求如下。

在释放前储存阶段，需要飞网具有良好的柔性，以完成设计构想中所需要的任意折叠方式；同时，飞网需要足够轻，这样才能尽可能减少整体质量，使得平台卫星可以携带更多的空间飞网机器人载荷；除此之外，飞网的编织系绳不能过细，以防止编织系绳互相缠绕而导致的任务失败。

在释放及自由飞行阶段和逼近飞行阶段，需要飞网具有一定的刚度。因为释放过程中可机动单元会根据控制指令完成空间飞网机器人的稳定、机动等一系列动作。而可机动单元上执行机构的每一次指令执行，都会产生一个“波浪”，由这个可机动单元“传递”到整个飞网机器人，从而使系统发散。所以在机动逼近阶段，为了尽可能减少此类的“波浪传递”，除了在后续的控制研究中针对此问题进行深入探索，还需要在最初的设计中就充分考虑飞网机器人的这个特性。根据纤维材料力学的研究成果，由于纤维编织材料存在天然阻尼，刚度越强的纤维材料对波的传递效果越差，而柔性越强的纤维材料对波的传递效果越好。所以，针对逼近阶段的控制问题，需要飞网的编织系绳具有较高的刚度。

在碰撞抓捕阶段，需要飞网具有较大的韧性。由于抓捕过程中，被抓捕目标与飞网机器人之间可能存在相对速度，以及抓捕后目标卫星可能存在挣脱自救，需要飞网的编织材料具有较大的韧性，从而防止飞网的编制系绳断裂所导致的任务失败。

回收拖曳阶段对飞网编织材料的特性需求与碰撞抓捕阶段类似，需要编织系绳具有较强的韧性，不易断裂。

所以综上所述，飞网需要的是一种轻质的、坚韧的、具有一定刚度的柔性纤维材料。根据这些要求，首先确定选出备选的飞网编织纤维材料，4 种备选材料的商品名称分别为：Zylon®，Dyneema®，Kevlar®和 Vectran®。这 4 种材料的特性参数已在表 2-1 中给出，其中：σ_u 为抗拉伸强度，单位为GPa；E 为可伸长模量，单位为GPa；ε_u 为编织系绳断裂时刻的伸长率，用百分数表示；ρ 为编织系绳的密度，单位为 $\mathrm{g/cm^3}$。表格中的最后一列的参数 $\sigma_u/\rho g$，是决定整个飞网质量的关键。但是空间飞网机器人的任务背景是地球同步轨道，所以这一项的重要性低于前 4 个参数。

表 2-1　备选纤维材料特性参数[80]

商品名称	通用名称	σ_u % GPa	E % GPa	ε_u % %	ρ % （$\mathrm{g/cm^3}$）	$\sigma_u/\rho g$ % km
Zylon®	PBO	5.8	180	3.5	1.54	384
Dyneema®	HPPE	3.7	116	3.8	0.97	389
Kevlar®	Aramid	3.6	130	2.8	1.44	255
Vectran®	TLCP	2.9	65	3.3	1.40	211

除了表 2-1 中所列出的 5 个特性参数，另外两个重要的评价指标就是构成飞网的编织材料对光的应变性和对温度的应变性。通常来说，当纤维材料裸露在强光下时，其抗拉伸强度迅速降低。以 Kevlar®为例：Kevlar®对太阳光、紫外线辐射光（UV）和可见光都有十分敏感，在裸露环境下的外太空，如果没有任何防晒罩，经过 6 个月的强光照射，其抗拉伸强度会迅速减少到发射时的 65%，经过 12 个月的强光照射，其抗拉伸强度减少到 45%。但是在同样的照射时长下（12 个月），如果对飞网加装防护罩（如黑色聚乙烯薄膜），则抗拉伸强度仅仅减少 13%。除了抗拉伸性能的减少，纤维材料还会在长时间的强光照射下减少微弱的质量（12 个月减少约 7%[81]）。除了光照条件，Kevlar®的抗拉伸强度和刚度还是温度的函数：其在 200 °C 的抗拉伸强度和刚度分别是地球常温（16°C）下测量的 75%和 90%。在实际任务中，由于大部分时间飞网机器人都存储在发射平台卫星上装载的发射筒内，完全裸露在空间环境下的时间相对较短，不会导致纤维材料性能的大幅度恶化，所以光照和温度两个性能指标仅做参考，而表 2-1 中的 5 个特性参数起决定性作用。

由于最终所选的纤维材料还会通过设计好的网格拓扑构型进行编织才能构成完整的飞网，编织后的节点处于网格拓扑构型的“环”状处的拉力比也应当充分考虑。对于 Kevlar®，这个比为 30%[82]。虽然 Kevlar®的这个比值低于 Zylon®，但是高于另外两种材料[82]。

综合空间飞网机器人的任务背景所决定的材料需求，即轻质的、坚韧的、具有一定刚度的柔性纤维材料。Kevlar®的柔性和刚度都适中，相对较轻且具有很好的韧性，是飞网编织材料的最终选择。再根据表 2-2 中所列的 Phillystran®公司提供的 Kevlar®在不同尺寸下的特性参数，最终选定直径为 0.91mm 的 K150 作为飞网编织材料。

表 2-2　不同尺寸下的 Kevlar®特性参数

材料型号	K15	K45	K75	K105	K150	K180
直径/ mm	0.43	0.74	0.82	0.86	0.91	1.02
T_u / N	535	1601	2669	3559	4804	5783
E / GPa	145	145	138	131	124	124
$A\rho$ /（kg/km）	0.19	0.61	0.98	1.41	2.04	2.44

2.2.2　飞网的网形设计

空间飞网机器人完成失效卫星捕获的关键就是在控制器的指令下由可机动单元牵引飞网包络待抓捕目标。为了能完成抓捕包络，飞网的网形设计十分重要。本研究首先提出了两个常规的候选网形，即正方形和三角形。根据这两种不同的网形，相对应的可机动单元的数目也分别为 4 个和 3 个，分别装在飞网的各个角上。为了简化模型，在本节中，可机动单元视为质点。这样，飞网机器人即可表示成由中心点（飞网几何图形的中心）、可机动单元所在的点和若干连接线组成的简化模型，如图 2-3 所示。而其中连接线可分成射线连接线（中心点和可机动单元点之间的连线）和边线连接线（可机动单元点之间的连线）。

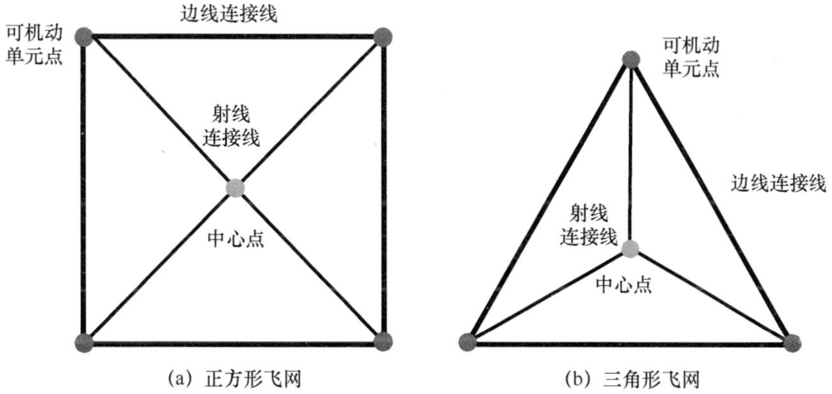

图 2-3　飞网简化模型示意图

当飞网在释放且完全展开后，在可机动单元推力器的作用下，可近似认为，飞网的射线连接线是直线，而边线连接线是一个半径为 R 的圆弧。对于一个长度为 S 的边线连接线，其弧度可表示为

$$R=\frac{1+4\sigma^2}{8\sigma}S \tag{2-1}$$

式中：σ 为垂跨比；S 为飞网边长。

对于一个给定的垂跨比，飞网的总面积可表示为

$$A_{\mathrm{net}}=nS^2\left[\frac{1}{4}\cot\frac{\pi}{n}+\frac{1-4\sigma^2}{16\sigma}-\left(\frac{1+4\sigma^2}{8\sigma}\right)^2\arcsin\left(\frac{4\sigma}{1+4\sigma^2}\right)\right] \tag{2-2}$$

式中：n 为飞网形状的边数。

由于本研究中的空间飞网机器人采用弹射而非自旋的发射方式，其边线连接线上的受力随着可机动单元的机动而变化，且非均匀分布。在此情况下，边线连接线很难达到直线这一理想状态。所以，式（2-2）可以在此前提下进行简化：

$$\lim_{\sigma\to 0}A_{\mathrm{net}}=\frac{1}{4}nS^2\cot\frac{\pi}{n} \tag{2-3}$$

针对正方形和三角形这两种被选网形，其在不同的垂跨比下，飞网的实际面积已展现在图 2-4 中。如图所示，当垂跨比增加，飞网网形的相对面积（A_{net}/S^2）呈线性迅速减小。其中最大垂跨比（$\sigma_{\max}$）是指当射线连接线与边线连接线相切时所对应的垂跨比。当垂跨比在此数值上继续增加，则飞网的有效面积过小，不具备实际意义。

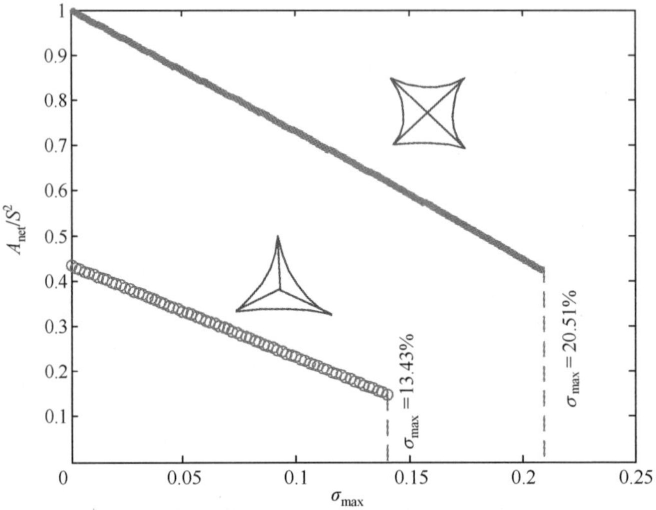

图 2-4　不同垂跨比下飞网网形的相对面积

如图 2-5 所示，当 $n=3$ 时，飞网的最大垂跨比 $\sigma_{max}=13.43\%$；当 $n=4$ 时，$\sigma_{max}=20.51\%$。可以看到，最大垂跨比越大，其边角点（即可机动单元所在点）越尖，这是设计中所不希望看到的。

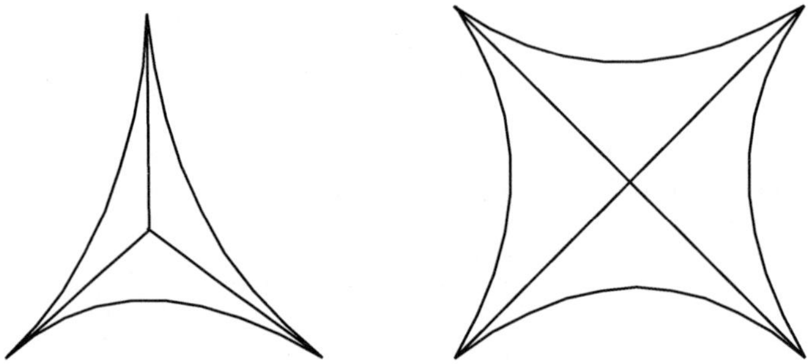

（a）$\sigma_{max}=13.43\%$　　（b）$\sigma_{max}=20.51\%$

图 2-5　最大垂跨比时飞网网形

通过上述分析，最大垂跨比可表示为

$$\sigma_{max}=\frac{1}{2}\left(\frac{1}{\sin\left(\frac{\pi}{2}-\frac{\pi}{n}\right)}-\sqrt{\frac{1}{\sin^2\left(\frac{\pi}{2}-\frac{\pi}{n}\right)}-1}\right) \tag{2-4}$$

式中：n 为飞网形状的边数。

射线连接线的总长度可表示为

$$S_{\text{rt}} = nS\frac{1}{2\sin\frac{\pi}{n}} = \begin{cases} \sqrt{3}S & (n=3) \\ 2\sqrt{2}S & (n=4) \end{cases} \tag{2-5}$$

而边线连接线的圆弧总长度为

$$S_{\text{et}} = nS\left(\frac{1+4\sigma^2}{4\sigma^2}\right)\arcsin\left(\frac{4\sigma}{1+4\sigma^2}\right) \tag{2-6}$$

综上所述，正方形具有更大的最大垂跨比、更长的射线连接总长度和边线连接总长度，具有更大的有效网形面积，亦即具有更大的抓捕包络面积，所以最终正方形被选为飞网的网形。除了以上分析，正方形对应的 4 个角恰好可装配 4 个可机动单元，中心对称；从经济角度考虑，此方案所配置的 4 个可机动单元数量适中，不会大幅度增加制造成本。在 2.2.3 节中，结合网格的拓扑结构，本节中网形的选择将被进一步证明。

2.2.3 飞网的网格拓扑构型设计

飞网是由纤维系绳编织而成的，其编织网格关系到飞网内部的力的分布，同时也决定了其在静止和运动状态下的特性。所以在本节中，通过对比分析，飞网网格的拓扑结构将会确定。

根据地面传统渔网的编织经验[83]，首先给出了 3 种经典的飞网网格拓扑构型，即三角形、正方向、正六边形。根据 2.2.2 节提出的正方形和正三角形两种网形，所有网形和网格拓扑结构可以组合成如图 2-6 中所示的 6 种组合。

飞网编织所需要的总纤维系绳的长度与网格拓扑结构的关系可表示为

$$B_{n,\mu} = \lg\left(\frac{\sum l}{S}\right) - A_{n,\mu}\lg\left(\frac{l}{S}\right) \tag{2-7}$$

式中：l 为网格的设计边长（由于在本研究中，所有的网格拓扑构型均为正多边形，所以网格的所有边长均相等）；S 为飞网网形的总边长；$A_{i,j}$ 为对应构型的面积。

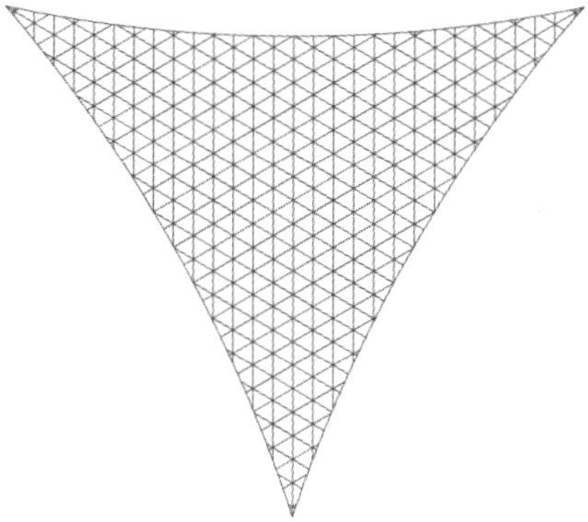

（a）$n=3$，μ=3

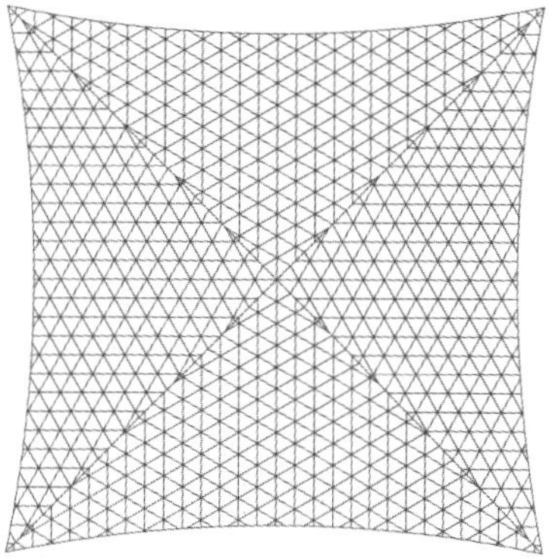

（b）$n=4$，μ=3

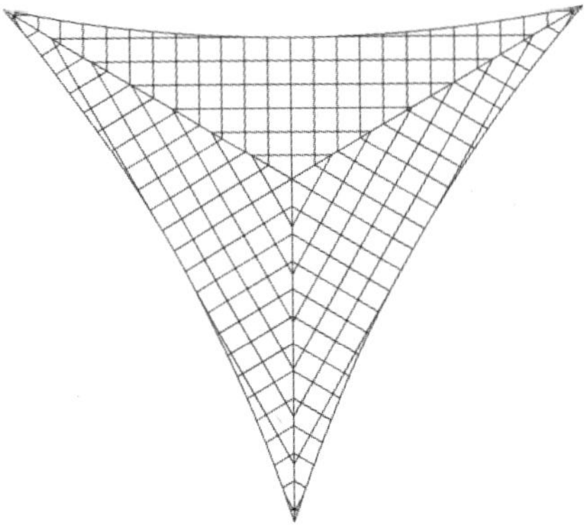

（c）$n=3$， μ=4

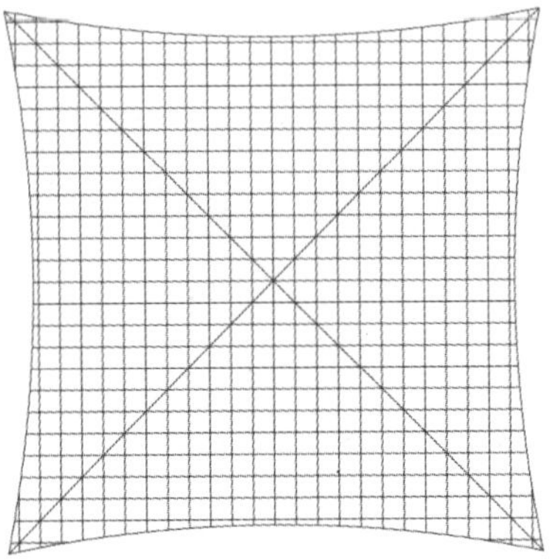

（d）$n=4$， μ=4

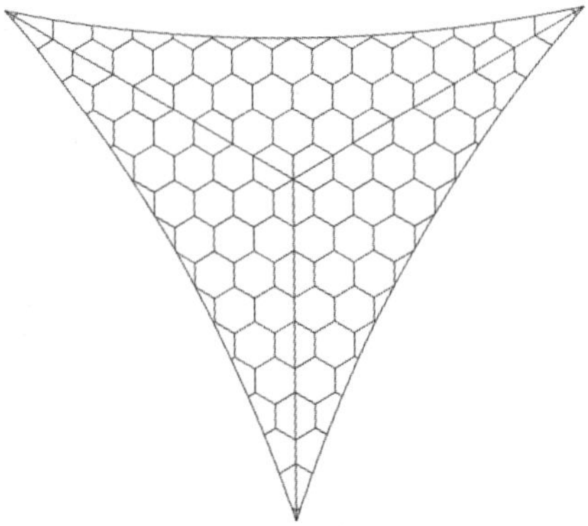

（e）$n=3$， μ=6

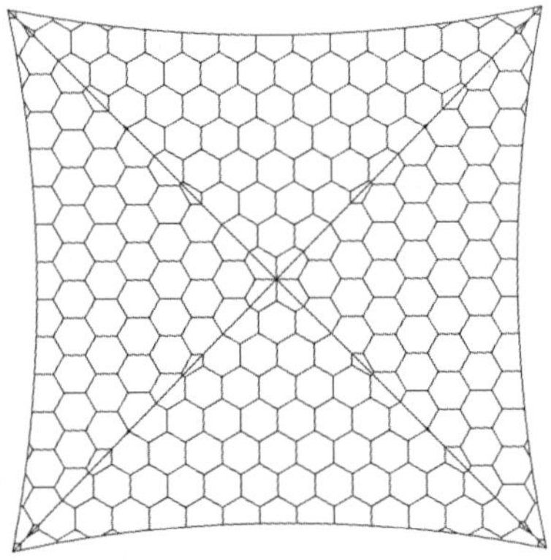

（f）$n=4$， μ=6

图 2-6　可能的飞网网形和网格

以正方形飞网和正三角形网格的组合（图 2-6（b））为例，一个（10×10）m^2、30mm 网格边长的飞网，即使选取表 2-2 中最细的材料，也需要质量近 12.7kg 的材料才能完成飞网的编织。所以由飞网的总质量角度考虑，首先删除图 2-6（b）选项。再由数学建模和仿真计算的角度考虑，正六边形较正方形和正三角形模型都较复杂，且在目前为止的相关学术论文和报告中，也未出现正六边形的网格拓扑构型，所以图 2-6（e）和（f）也不考虑。对于正三角形飞网和正方形网格的组合（图 2-6（c）），由于这两种构型的不一致性，不能保证飞网最边缘一圈的网格构型完整，故也放弃。

正方形网格（Quad，图 2-6（a））和三角形网格（Tri，图 2-6（d））之间的对比分析已经由 Hedgepeth 在文献[83]中进行了充分分析，并得到了比 Quad 更适合的结论，理由如下。

（1）正方形网格拓扑结构在释放后的整个逼近过程中，由对角节点所决定的剪切刚度并不比由可机动单元的机动所导致的飞网编织纤维的刚度效应大太多，而且不期望的面外运动（振动能量）可以通过传递，由危害较小的面内形变来体现。

（2）正方形的网格拓扑结构可以承受更大的剪切形变，不需要面内应变或折皱，从而更加易于折叠存储。

（3）正方形网格所构成的飞网，其总编织纤维系绳长度比正三角形短，所以在同样的纤维材料下，正方形网格的飞网总质量较小，便于携带和储藏。

综上所述，空间飞网机器人的飞网部分最终选择为：飞网的编织纤维材料选择 Kevlar®的 K45；飞网网形是一个 5m×5m 的正方形；飞网的网格拓扑结构是 0.5m×0.5m 的正方形。5m×5m 的正方形飞网可以保证中小型空间垃圾的全包裹以及大型卫星的主体包裹[63,88]；0.5m×0.5m 的正方形网格拓扑结构既能体现飞网的柔性，也便于计算仿真和控制器设计。

2.2.4 可机动单元设计及布局

如本章开篇所述，空间飞网机器人由飞网和可机动单元构成（图 2-7），在 2.2.3 节中已详细分析研究了飞网的编织材料、整体形状和网格拓扑结构，从而完成了网子部分的设计。在本节中，主要完成可机动单元的设计和布局。

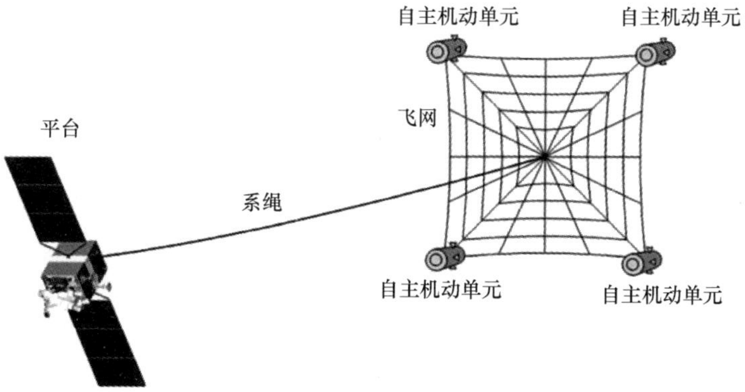

图 2-7　空间飞网机器人

根据任务需求，空间飞网机器人的可机动单元主要任务就是完成各种指令机动，从而保证飞网稳定快速地飞向目标，在完成抓捕任务后，再将其拖曳至坟墓轨道，与空间绳系机器人中的主体结构子系统的作用几乎相同。所以在设计和布局中，借鉴了空间绳系机器人的设计构想[84]。

如图 2-8 所示，可机动单元共由 3 个子系统组成，分别为测量分系统、控制分系统、电子分系统。

各个分系统的具体职能如下。

1. 测量分系统

测量分系统主要在逼近、抓捕、拖曳等过程中为导航、制导、控制、抓捕等模块提供各种参数信息的输入，包括本体测量子系统、目标测量子系统和位姿解算子系统。目标测量子系统包含相机子系统、补光光源和其他辅助目标测量传感器等，主要提供飞网机器人相对目标的相对方位角、高低角、位置和姿态等信息，并在任务过程中自动提取非合作目标、智能识别出抓捕部件并跟踪。本体测量子系统包括速率陀螺和星敏感器，主要用于实时测量可机动单元的姿态信息。位姿解算子系统包括嵌入式图像处理板、软件算法和图像处理及信息融合方法等，主要用于完成测量系统中传感器的驱动、控制和采集数据的计算，并将不同传感器所采集的数据信息进行筛选、融合等处理，提高系统的容错性和可靠性。

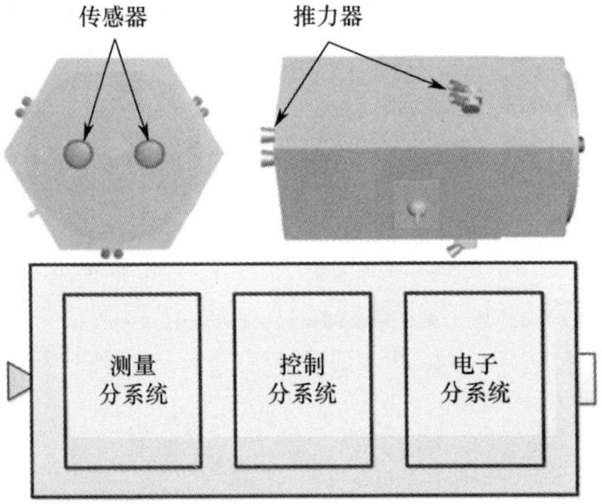

图 2-8　可机动单元分系统

2. **控制分系统**

可机动单元的控制分系统的主要任务是根据空间飞网机器人发射前所装订的信息、综合各种导航信息以及平台卫星所提供的导航信息，控制飞网机器人按照预装订的时序，逼近到一定目标区域，对目标实施包络抓捕，并将其脱离地球同步轨道，完成指定任务。

根据图 2-1 中所给出的典型任务的流程设计，平台卫星绕飞目标卫星停靠后发射飞网机器人，在飞网机器人发射后会有一段自由飞行阶段。在此之后，可机动单元开始工作，此时需要飞网机器人在控制分系统控制下具有快速稳定的能力。如果根据目标卫星的姿态尺寸和相对位置，需要飞网机器人进行构型姿态和飞行速度的调整，则需要飞网机器人在控制分系统控制下具有快速机动且快速稳定的能力。对目标实施抓捕后，飞网机器人需对抓捕后的目标复合体进行消旋稳定控制。在拖曳过程中，控制分系统通过对可机动单元进行控制，使抓捕复合体不会产生较大的摆动等不稳定现象，达到拖曳过程中的稳定。

可机动单元的控制分系统的硬件包括：飞控组件（包含姿轨控制计算机、视觉测量组件、星敏感器、惯测组件，供配电组件等）、执行机构控制系统（包含执行机构控制器和 12 个推力器）、电池和热控。

姿轨控制计算机进行轨道姿态算法处理的任务，从而完成目标发射稳定控制、逼近、抓捕、拖曳等任务是控制分系统的核心部分；推力器执行机构主要由执行机构控制器和推力器组成，通过接收姿轨控制计算机的控制指令，通过控制信号驱动推进执行机构，从而产生任务所需的控制力合控制力矩，实现逼近及抓捕过程中的轨道和姿态控制；控制算法系统主要包括组合导航子系统、制导子系统、控制子系统和推力子系统 4 部分；组合导航子系统对测量分系统测量到的信息，根据不同的任务阶段的需求，运用组合导航算法对测量信息进行处理，得到需要的位置、姿态等信息；制导子系统根据组合导航系统的导航信息，结合制导策略，生成合适的逼近制导指令。

3. **电子分系统**

可机动单元的综合电子分系统承担着空间飞网机器人的综合管理、通信、数传、温度控制以及电源供应、电能分配和电源管理等功能，包括数据管理子系统、通信子系统、热控子系统和电源子系统 4 部分。数据管理子系统主要用于可机动单元的综合管理、各分系统间的数据、指令传输及可机动单元各分系统间的组网通信，主要用于测量分系统、控制分系统、抓捕分系统与综合电子分系统间的数据、指令传输；通信子系统具备与平台卫星通信以及与平台卫星之间的数据和指令传输功能，该系统接收平台卫星的控制指令和数据，并向相关分系统转发，同时向平台卫星发送空间飞网机器人的工作状态信息和指令执行情况，此外，通信子系统将测量分系统通过相机采集的图像信息传输至平台卫星；热控子系统通过对可机动单元内外的热交换进行控制，保证可机动单元各个分系统在整个任务期间都处于正常工作的温度范围，其工作温度范围需根据各个分系统的设备温度需求加以确定；电源子系统承担着各个系统的电源供应与电能分配任务，并根据任务需要实现各分系统的电源管理，由蓄电池、电源控制子系统和电源转换子系统构成。蓄电池容量和充放电电流由可机动单元各分系统的功率预算估计。电源控制子系统实现将电能分配到可机动单元各分系统，并通过传感器监测电池的电压、电流和温度控制蓄电池的充放电电流。电源转换子系统实现直流电压的转换，将蓄电池提供的电压转换成适合各用电设备和分系统的电压。

综上所述，空间飞网机器人的可机动单元是一个 $500\text{mm} \times \phi 300\text{mm}$ 的可机动小卫星，可以根据任务需要，使飞网稳定快速地飞向目标，在完成抓捕任务后，再配合主系绳将其拖曳至坟墓轨道。

2.3 空间飞网机器人的动力学建模

2.3.1 单系绳模型

由于经典的空间“质点（卫星）–系绳–质点（卫星）”系统丰富的应用背景，已经被各国学者充分研究，各种简化假设和各种数学模型都被应用到此物理模型。其中经典的简化模型有：质点–无质量弹性杆–质点模型（图 2-9），此模型是最早提出的空间系绳的模型[91]，至今仍广泛使用在理论研究[92]和工程研究中[93]（SED-1,2 空间实验）；珠点模型可以看成是在第一个模型上的延伸，即把一根系绳分成有限多段的质点–弹簧–质点模型，当每一段的系绳足够短，即成了珠点模型[89,90]；利用汉密尔顿变分原理对柔性系绳建模，再采用 Ritz 法将动力学方程离散并求解；利用微元法和拉格朗日力学建立系绳的动力学模型，再利用 Galerkin 法将连续的动力学方程进行离散化并求解；使用牛顿–欧拉法建立系统较为完整的动力学模型，再应用有限单元法对系绳离散并求解。

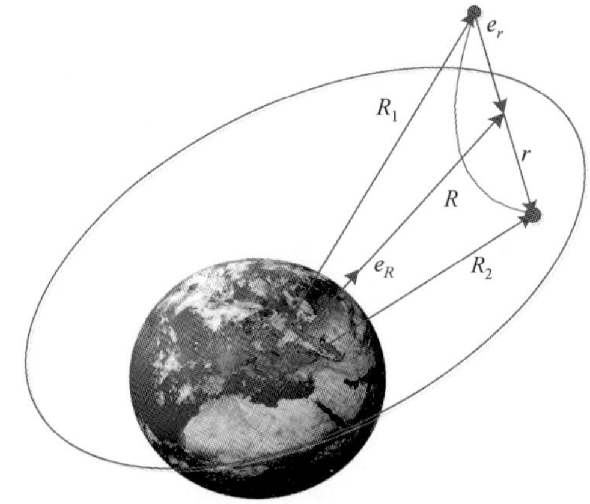

图 2-9　单系绳的质点–无质量弹性杆–质点模型

在上述的 5 种方法中：无质量杆模型过于简化，不能准确表达空间系绳的动力学特性；Ritz 和 Galerkin 离散求解法虽然计算速度较快，但由于需要人为定义全局模态函数，很难保证求解精度；有限单元法虽然可以实现空间系绳的高精度离散求解，但模型十分复杂，且求解的稳定性较差，算法的数学基础非常严谨；珠点模型作为一种非常经典的集中质量模型，虽然对于系绳释放与回收过程的近似处理过于简单，且求解速度很慢，但却具有形式简单、计算稳定性高等优点，因此在空间绳系系统仿真方面使用最多。

本书的飞网机器人动力学模型推导使用的是“质点–无质量弹性杆–质点”模型和珠点模型的结合，即从飞网整体来看使用的是改良珠点模型，从飞网的每一个网格来看，则使用的是无质量杆模型。所以作为基础知识，本节中推导的单根系绳也使用的是此模型。其中，两个质点在牛顿引力场中的运动学公式为

$$
\begin{aligned}
m_1\ddot{\boldsymbol{R}}_1 &= -\frac{\mu m_1 \boldsymbol{R}_1}{R_1^{\ 3}} + T_1\boldsymbol{e}_r + \boldsymbol{F}_1 \\
m_2\ddot{\boldsymbol{R}}_2 &= -\frac{\mu m_2 \boldsymbol{R}_2}{R_2^{\ 3}} - T_1\boldsymbol{e}_r + \boldsymbol{F}_2
\end{aligned}
\qquad (2\text{-}8)
$$

式中：m_i（$i=1,2$）为系绳连接的两个质点；$\boldsymbol{R}_i$（$i=1,2$）分别为两个质点相对

牛顿惯性系的位置向量；$T_1\boldsymbol{e}_r$ 为沿系绳的作用力，即弹性力；$\boldsymbol{e}_r$ 为沿质点 1 指向质点 2 的单位向量；$\boldsymbol{F}_i$（$i=1,2$）分别为作用在各个质点上的其他外力和；μ 为地球引力常数。

根据式（2-8），可以得到质点间的相对运动和系绳质心的运动方程分别为

$$\ddot{\boldsymbol{r}}=\ddot{\boldsymbol{R}}_2-\ddot{\boldsymbol{R}}_1=-T\boldsymbol{e}_r+\boldsymbol{F} \tag{2-9}$$

$$\ddot{\boldsymbol{R}}=-\frac{\mu\boldsymbol{R}}{R^3}+\boldsymbol{F}^* \tag{2-10}$$

式中：$\boldsymbol{R}=\left(m_1\boldsymbol{R}_1+m_2\boldsymbol{R}_2\right)/M$，为系统质心相对于惯性系的位置向量，且

$$\begin{cases}M=m_1+m_2\\T=T_1M/\left(m_1m_2\right)\\\boldsymbol{F}=\boldsymbol{F}_2/m_2-\boldsymbol{F}_1/m_1+\boldsymbol{F}_{\mathrm{gr}}\\\boldsymbol{F}_{\mathrm{gr}}=\mu\left(\boldsymbol{R}_1/R_1^{\ 3}-\boldsymbol{R}_2/R_2^{\ 3}\right)\\\boldsymbol{F}^*=\left(\boldsymbol{F}_1+\boldsymbol{F}_2\right)/M+\boldsymbol{F}_{\mathrm{gr}}^{\ *}\\\boldsymbol{F}_{\mathrm{gr}}^{\ *}=\mu\boldsymbol{R}/R^3-\left[\sum\limits_{i=1}^{2}\left(\mu m_i\boldsymbol{R}_i\right)\right]\Big/M\end{cases} \tag{2-11}$$

因为系绳间连线 $r=|\boldsymbol{r}|$ 相对于系统质心相对地心距离 R 非常小，所以可以将式（2-11）中 $\boldsymbol{F}_{\mathrm{gr}}^{\ *}$ 和 $\boldsymbol{F}_{\mathrm{gr}}$ 进一步表示为

$$\boldsymbol{F}_{\mathrm{gr}}^{\ *}=\frac{\mu}{R^2}\left(\frac{r}{R}\right)^2\frac{m_1m_2}{M^2}\left\{3\left(\boldsymbol{e}_r,\boldsymbol{e}_R\right)\boldsymbol{e}_r+\frac{3}{2}\left[1-5\left(\boldsymbol{e}_r,\boldsymbol{e}_R\right)^2\right]\boldsymbol{e}_R\right\} \tag{2-12}$$

$$\boldsymbol{F}_{\mathrm{gr}}=\frac{\mu}{R^2}\frac{r}{R}\left\{-\boldsymbol{e}_r+3\left(\boldsymbol{e}_r,\boldsymbol{e}_R\right)\boldsymbol{e}_R+3\frac{m_1m_2}{M}\frac{r}{R}\left[\left(\boldsymbol{e}_r,\boldsymbol{e}_R\right)\boldsymbol{e}_r+\frac{1}{2}\left(1-5\left(\boldsymbol{e}_r,\boldsymbol{e}_R\right)^2\right)\boldsymbol{e}_R\right]\right\} \tag{2-13}$$

式中：$(\cdot,\cdot)$ 为两个向量的数量积。对变量 $\boldsymbol{R}_1$、$\boldsymbol{R}_2$、$\boldsymbol{r}$ 做了如下数学代换：$\boldsymbol{R}_1=\boldsymbol{R}-\boldsymbol{\rho}_1$，$\boldsymbol{R}_2=\boldsymbol{R}+\boldsymbol{\rho}_2$，$\boldsymbol{r}=\boldsymbol{\rho}_2-\boldsymbol{\rho}_1$，$\boldsymbol{\rho}_2m_2+\boldsymbol{\rho}_1m_1=0$。

2.3.2 系统简化及坐标系定义

在 2.2 节中，已经给出了空间飞网机器人的材料、网形和网格拓扑结构的设计思路和最终选择：飞网的编织纤维材料选择 Kevlar®的 K45，飞网网形是一个 5m×5m 的正方形，飞网的网格拓扑结构是 5cm×5cm 的正方形。如图 2-10 所示，对本书的动力学建模进行如下假设。

（1）相较于飞网尺寸（5m×5m），可机动单元的尺寸（ϕ0.3m×0.5m）可忽略不计，所以将可机动单元视为质点，并位于飞网的 4 个交角处；

（2）飞网中编织网格的每一段系绳（网格的变长）简化成为 2.3.1 节中的经典“质点–无质量弹性杆–质点”模型；

（3）系统的质心运行在圆形的 Keplerian 轨道上；

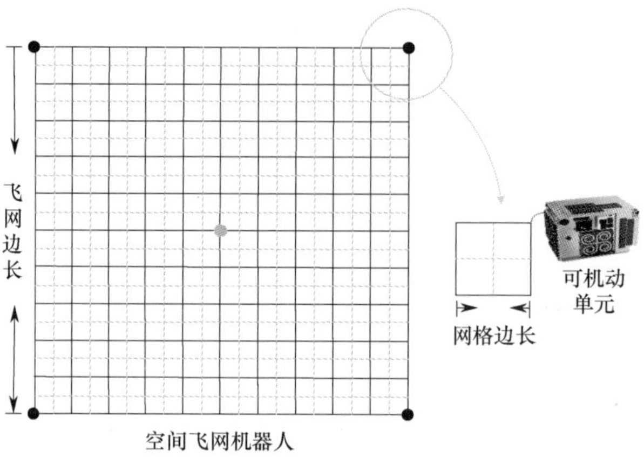

图 2-10　空间飞网机器人简化系统示意图

（4）因为相对于 4 个可机动单元，网子的质量可忽略不计，故假设系统的质心只由 4 个可机动单元决定；

（5）由于飞网尺寸远远小于 GEO 轨道高度，故忽略飞网中不同质点之间的重力梯度，其重力都由系统中心点对应的重力代替；

（6）由于在整个释放过程中，连接平台卫星和飞网的主系绳都处于松弛状态。根据传统空间飞网连接主系绳与飞网的运动分析可知[52]，连接主系绳对飞网运动影响较小，故忽略不计。

在介绍坐标系之前，先介绍几个本书中会用到的概念

（1）飞网中心点：飞网完全展开成一平面时的质心，也是正方形飞网的中心点，用 A 表示。

（2）发射平面：飞网机器人发射瞬间，与 4 个可机动单元初始弹射速度向量的和垂直的平面。

（3）参考平面：一个经过飞网中心点且与发射平面平行的动态平面。

（4）飞网姿态：飞网机器人本体坐标系与参考平面之间的夹角即为飞网的整体姿态，其中坐标轴 y_n 与参考平面间的夹角为飞网的俯仰角，坐标轴 x_n 与参考平面间的夹角为飞网的偏航角。

（5）飞网有效面积：4 个可机动单元之间的连线所包络的面积。

（6）飞网网深：飞网中心点到可机动单元所在平面的距离。

空间飞网机器人数学模型的坐标系示意图如图 2-11 所示。根据假设条件第 4 条，系统的质心运行在地球同步轨道的圆形 Keplerian 轨道上，所以系统质心在惯性坐标系下的位置可以用真近地点角 γ 、轨道倾角 δ 和径向坐标 R_C 来表示。用旋转矩阵($C\text{-}x_O y_O z_O$)来表示系统质心的轨道坐标系，其中：坐标系原点 C 位于系统质心所在的圆轨道上；坐标轴 x_O 沿坐标系原点与地球质心的连线并指向地心的反方向；坐标轴 y_O 沿坐标系原点当地的轨道切线方向并指向系统运动方向；坐标轴 z_O 垂直于轨道平面并满足右手定则。

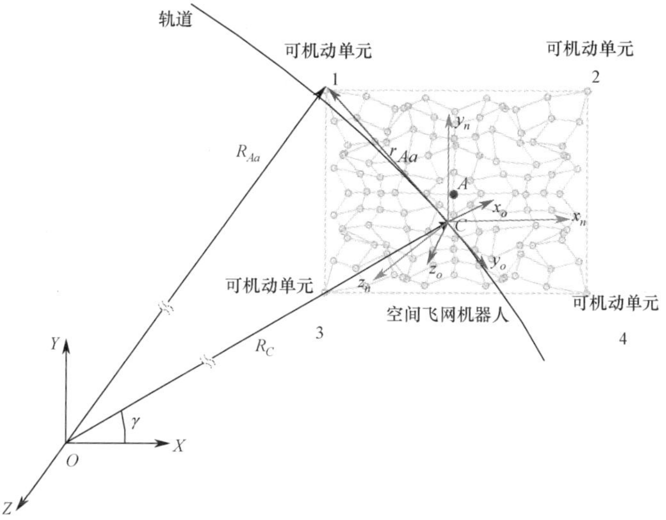

图 2-11　空间飞网机器人系统坐标

旋转矩阵 $(C\text{-}x_n y_n z_n)$ 定义为空间飞网机器人系统的本体坐标系。坐标系原点与轨道坐标系重合，位于系统质心（根据假设 5 和 6，可知此点与位于可机动单元平面的质心点重合）。坐标轴 x_n 垂直于可机动单元 1 和 2 之间的连接直线，坐标轴 y_n 垂直于可机动单元 2 和 4 之间的连接直线。从轨道坐标系到飞网本体坐标系的旋转矩阵 $(\psi\ \varphi\ \theta)$ 分别为飞网构型的 3 个姿态角：俯仰、偏航和滚转。

为了清晰地推导各个编织节点的运动学和动力学方程，一种特殊的标记方式被引用。如图 2-12 所示，每一个编织节点在惯性系下的位置向量都是由上一个节

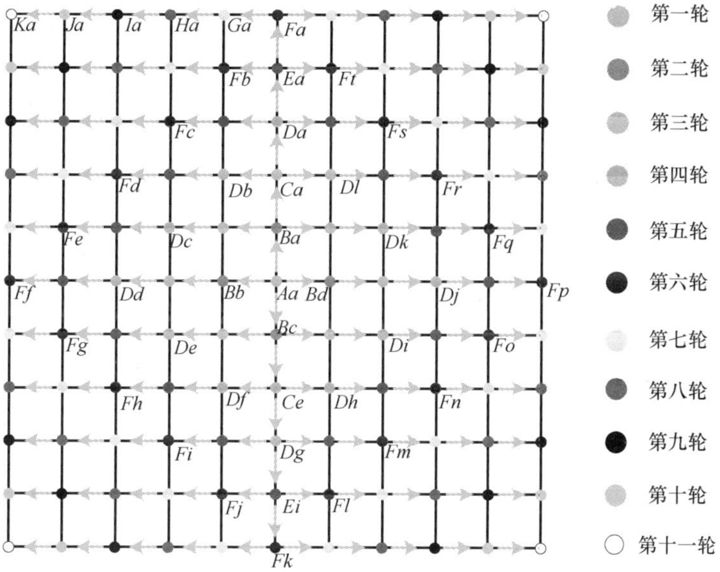

图 2-12　飞网网格计算顺序图（见彩插）

点在惯性系下的位置向量加上两个节点间的相对位置得到的。而整个网格的首个计算节点被选在了网子的中心点，即图 2-12 中的 Aa 点。而为了每个点都有唯一的计算路径，为所有的编织节点编号，并从 Aa 点起，先经过径向向量的相加，从而到达每一“轮”的起始节点（Aa，Ba（Bc），Ca（Ce），Da（Dg），Ea（Ei），Fa（Fk），Ga，Ha，Ia，Ja，Ka），再根据图中灰色箭头的指示，进行相对向量的相加，从而得到需要的编织节点在惯性坐标系下的位置向量。

2.3.3 运动学和动力学建模

飞网中心点 Aa 在惯性系下的位置为

$$ {}^{I}\boldsymbol{R}_{Aa} = {}^{I}\boldsymbol{R}_{C} + {}^{I}\boldsymbol{r}_{\Delta} \tag{2-14} $$

式中：${}^{I}\boldsymbol{R}_{C}$ 为系统质心在惯性系下的位置向量；${}^{I}\boldsymbol{r}_{\Delta}$ 为系统质心到飞网中心点 Aa（飞网完全展开成平面时的质心和中心，如图 2-11 所示）的位置向量。${}^{I}\boldsymbol{r}_{\Delta}$ 可进一步表示为

$$ {}^{I}\boldsymbol{r}_{\Delta} = \boldsymbol{\Psi}_{o}^{I\mathrm{T}}\boldsymbol{\Psi}_{n}^{o\mathrm{T}}\,{}^{n}\boldsymbol{r}_{\Delta} \tag{2-15} $$

式中：$\boldsymbol{\Psi}_{o}^{I}$ 和 $\boldsymbol{\Psi}_{n}^{o}$ 分别为惯性坐标系到轨道坐标系、轨道坐标系到飞网机器人本体坐标系之间的旋转矩阵，可分别表示为

$$ \boldsymbol{\Psi}_{o}^{I} = \begin{pmatrix} \cos\gamma & \sin\gamma & 0 \\ -\sin\gamma & \cos\gamma & 0 \\ 0 & 0 & 1 \end{pmatrix} \tag{2-16} $$

$$ \boldsymbol{\Psi}_{n}^{o} = \begin{pmatrix} 1 & 0 & 0 \\ 0 & \sin\psi & \cos\psi \\ 0 & \cos\psi & -\sin\psi \end{pmatrix} \begin{pmatrix} \cos\varphi & 0 & -\sin\varphi \\ 0 & 1 & 0 \\ \sin\beta & 0 & \cos\varphi \end{pmatrix} \begin{pmatrix} \cos\theta & \sin\theta & 0 \\ -\sin\theta & \cos\theta & 0 \\ 0 & 0 & 1 \end{pmatrix} \tag{2-17} $$

式中：γ 为轨道真近地点角。

飞网中除了点 Aa 之外的所有质点在惯性下的位置向量可表示为

$$ {}^{I}\boldsymbol{R}_{i} = {}^{I}\boldsymbol{R}_{C} + \boldsymbol{\Psi}_{o}^{I\mathrm{T}}\boldsymbol{\Psi}_{n}^{o\mathrm{T}} \left({}^{n}\boldsymbol{r}_{\Delta} + \sum_{j=1}^{r(i)-1} {}^{n}\boldsymbol{r}_{j\_j+1} \right) \tag{2-18} $$

式中：$i = Ba,\cdots,Ft,\cdots,Kd$；变量 j 和 $r(\cdot)$ 均表示图 2-12 中的“轮”数；向量 ${}^{n}\boldsymbol{r}_{j\_j+1}$ 的具体表示已在图 2-12 中给出。

根据上述所有质点的位置向量表达式，可以得到系统的质心定理为

$$ \sum_{i=Aa}^{Kd} m_i \left[{}^{I}\boldsymbol{R}_{C} + \boldsymbol{\Psi}_{o}^{I\mathrm{T}}\boldsymbol{\Psi}_{n}^{o\mathrm{T}} \left({}^{n}\boldsymbol{r}_{\Delta} + \sum_{j=1}^{r(i)-1} {}^{n}\boldsymbol{r}_{j\_j+1} \right) \right] = M\,{}^{I}\boldsymbol{R}_{C} \tag{2-19} $$

式中：m_i 分别为飞网中各个编织质点的质量（其中 $i \neq Ka,Kb,Kc,Kd$），以及 4 个可机动单元的质量（$i = Ka,Kb,Kc,Kd$）。${}^{I}\boldsymbol{R}_{C}$ 为系统质心在惯性坐标系下的位置向量，可具体表示为

$$ {}^{I}\boldsymbol{R}_{C} = R\cos\delta\cos\gamma\boldsymbol{i} + R\cos\delta\sin\gamma\boldsymbol{j} + R\sin\delta\boldsymbol{k} \tag{2-20} $$

式中：$\boldsymbol{i}$、$\boldsymbol{j}$ 和 $\boldsymbol{k}$ 为惯性坐标系下 3 个坐标轴的单位向量。

根据式（2-19），可以得到系统质心到飞网中心点之间的距离在惯性坐标系下的表达式，即

$$^{I}\boldsymbol{r}_{\Delta}=\boldsymbol{\Psi}_{o}^{I\mathrm{T}}\boldsymbol{\Psi}_{n}^{o\mathrm{T}}\,{}^{n}\boldsymbol{r}_{\Delta}=-\frac{1}{M}\sum_{i=Aa}^{Kd}m_{i}\boldsymbol{\Psi}_{o}^{I\mathrm{T}}\boldsymbol{\Psi}_{n}^{o\mathrm{T}}\sum_{j=1}^{r(i)-1}{}^{n}\boldsymbol{r}_{j\_j+1} \tag{2-21}$$

所以式（2-15）可以改写为

$$^{I}\boldsymbol{r}_{\Delta}=\boldsymbol{\Psi}_{o}^{I\mathrm{T}}\boldsymbol{\Psi}_{n}^{o\mathrm{T}}\,{}^{n}\boldsymbol{r}_{\Delta}=-\frac{1}{M}\sum_{i=Aa}^{Kd}m_{i}\boldsymbol{\Psi}_{o}^{I\mathrm{T}}\boldsymbol{\Psi}_{n}^{o\mathrm{T}}\sum_{j=1}^{r(i)-1}{}^{n}\boldsymbol{r}_{j\_j+1} \tag{2-22}$$

由单系绳的经典质点–弹性杆–质点模型（图 2-13），本书中的空间飞网机器人的飞网部分中的每一段编织系绳，均可以简化成一个“质点–弹簧”模型。此简化后的数学模型既可以保留原飞网的柔性、编织系绳的弹性，还可以简化模型计算量，且便于后续的动力学分析和控制器研究。可以得到，飞网中的每一段编织系绳（可以理解成一个飞网网格由 4 段系绳编织而成）的拉伸应变为

$$^{I}\boldsymbol{F}_{ij}=\begin{cases}(-EA|\xi|-a\dot{r}_{ij})\,{}^{I}\hat{\boldsymbol{r}}_{ij} & (\xi>0)\\ 0 & (\xi\leqslant 0)\end{cases} \tag{2-23}$$

式中：$\xi=r_{ij}-l$，l 为每个飞网网格系绳的名义长度（可理解为网格编织系绳的实际长度）；r_{ij} 为飞网网格中相邻两个编织节点 i 和 j 间的空间距离；α 为飞网编织系绳的材料阻尼；A 为飞网编织系绳的横截面积；E 为飞网编织系绳的 Young's 模量；$^{I}\hat{\boldsymbol{r}}_{ij}$ 为飞网编织节点 i 到 j 的向量。

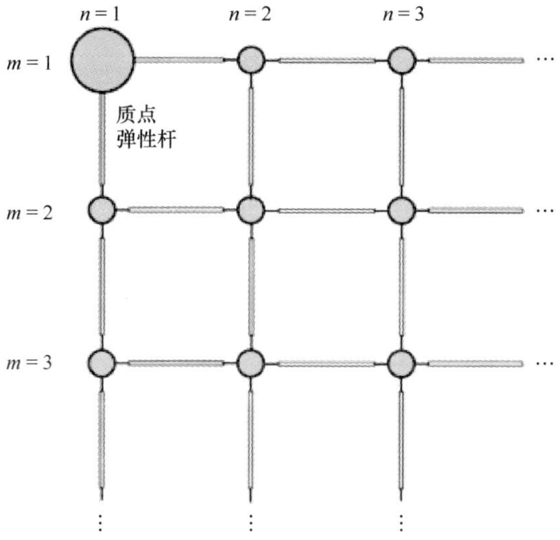

图 2-13　质点–弹性杆–质点模型

飞网内部的拉伸应变力的和为

$$\sum_{i=1}^{n}\sum_{j=1}^{n}\boldsymbol{F}_{ij}=0 \tag{2-24}$$

式中：i 和 j 分别为飞网质点矩阵中各个质点的坐标。

飞网上任意质点的动力学方程可表示为

$$\boldsymbol{p}=\sum_{i=1}^{n}m_i\left(\boldsymbol{v}_o+\dot{\boldsymbol{r}}_i\right)=m\boldsymbol{v}_o+\dot{\boldsymbol{c}} \tag{2-25}$$

式中：$\boldsymbol{p}$ 为系统动量；$\boldsymbol{c}=\sum_{i=1}^{n}m_i\boldsymbol{r}_i$。在本书中，所有的轨道摄动都被理解为外部干扰，此问题会在后面的控制章节中具体讨论。

所以根据式（2-23），可以得到系统中任意质点的动力学公式为

$$\dot{\boldsymbol{p}}_{ij}=\sum f_{ij}+\boldsymbol{G}+\boldsymbol{F}_e+\boldsymbol{d} \tag{2-26}$$

式中：$\boldsymbol{f}_{ij}$ 为作用在第 i 个质点上的拉伸应变力；$\boldsymbol{G}$ 为地球对任意质点的引力；$\boldsymbol{F}_e$ 为作用在 4 个可机动单元上的控制输入力，对于飞网上的其他普通编织节点，$\boldsymbol{F}_e=0$；$\boldsymbol{d}$ 为可能存在的轨道摄动等外界干扰力。

根据 2.3.1 节中的单根系绳模型，可以得到在图 2-12 中，没有轨道摄动等外界干扰情况下，任意相邻编织节点间的相对运动方程和系统质心的动力学方程分别为

$$\ddot{\boldsymbol{r}}_{ij}={}^{I}\ddot{\boldsymbol{R}}_i-{}^{I}\ddot{\boldsymbol{R}}_j=-T\boldsymbol{e}_r+\boldsymbol{F} \tag{2-27}$$

$${}^{I}\ddot{\boldsymbol{R}}_{\boldsymbol{C}}=-\mu\frac{{}^{I}\boldsymbol{R}_c}{{}^{I}R_c^{\,3}}+\boldsymbol{F}^{*} \tag{2-28}$$

式中：${}^{I}\boldsymbol{R}_{\boldsymbol{C}}=\left(\sum_{i=Aa}^{Kd}m_i\,{}^{I}\boldsymbol{R}_i\right)\Big/M$，为系统质心相对于惯性系的位置向量，具体表达式见式（2-20），且

$$\begin{cases}T=T_{ij}/m_i+T_{ij}/m_j\\ \boldsymbol{F}=\boldsymbol{F}_i/m_i-\boldsymbol{F}_j/m_j+\boldsymbol{F}_{\text{gr}}\\ \boldsymbol{F}_{\text{gr}}=\mu\left(\boldsymbol{R}_i/R_i^3-\boldsymbol{R}_j/R_j^{\,3}\right)\\ \boldsymbol{F}^{*}=\tilde{\boldsymbol{F}}/M+\boldsymbol{F}_{\text{gr}}^{\;*}\\ \tilde{\boldsymbol{F}}=\sum\limits_{i=Ka}^{Kd}\boldsymbol{F}_i\\ \boldsymbol{F}_{\text{gr}}^{\;*}=\mu\,{}^{I}\boldsymbol{R}_c/{}^{I}R_c^{\,3}-\dfrac{\mu}{M}\sum\limits_{i=Aa}^{Kd}\dfrac{m_i\,{}^{I}\boldsymbol{R}_i}{{}^{I}R_i^{\,3}}\end{cases} \tag{2-29}$$

式中：$\boldsymbol{F}_i$（$i=Ka,Kb,Kc,Kd$）为系统的 4 个可机动单元的控制力。

由式（2-18）、式（2-19）和式（2-27），可进一步得到任意两个相邻的可机动单元之间的相对运动为

$$\ddot{\boldsymbol{r}}_{ij} = \mu\left(\boldsymbol{R}_i / R_i^3 - \boldsymbol{R}_j / R_j^3\right) + \sum \boldsymbol{T}_i + \sum \boldsymbol{T}_j + \sum \boldsymbol{F}_i + \sum \boldsymbol{F}_j \tag{2-30}$$

式中：$\sum \boldsymbol{T}_i$（$\sum \boldsymbol{T}_j$）为可机动单元所在的编织节点所受到的来自系绳拉伸应变力的和；$\sum \boldsymbol{F}_i$（$\sum \boldsymbol{F}_j$）为可机动单元的控制力。

如前面在任务描述中所述，空间飞网机器人在对目标实施捕获前需要与目标处于同一轨道，此时的抓捕动力学系统（含目标）的坐标系如图 2-14 所示。

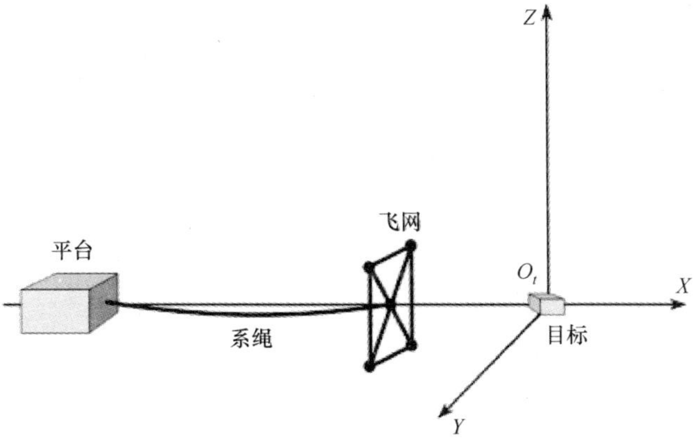

图 2-14　抓捕动力学系统

根据希尔方程的使用规则，在轨道相对短距离逼近（交会对接）过程中的 Hill 方程为

$$\begin{cases} \ddot{x} - 2\omega\dot{z} = a_x \\ \ddot{y} + \omega^2 y = a_y \\ \ddot{z} + 2\omega\dot{x} - 3\omega^2 z = a_z \end{cases} \tag{2-31}$$

式中：a_x、a_y 和 a_z 分别为空间飞网机器人系统的加速度；ω 为平均轨道速度。

2.3.4　动力学模型仿真验证

LS-Dyna 为一款材料非线性、几何非线性、接触非线性的有限元分析软件，现属于 ANSYS 旗下。软件以拉格朗日算法为主，辅以欧拉算法和 ALE 算法，显示求解为主，兼有隐式求解的功能。空间飞网机器人属于典型的非线性系统，主要表现在材料和接触的非线性。LS-Dyna 仿真步骤主要分为前处理、求解、后处理 3 个部分，具体方法和内容如图 2-15 所示。

LS-Dyna 仿真的前处理节点包括：单元属性、材料、实参数的选择和设定；仿真实体 3D 或 2D 模型的建立；对实体进行网格的划分；定义接触类型和初始条件；导出 *k* 文件等过程。前处理完成后，将导出的 *k* 文件导入 LS-Dyna 求解器中求解。最后，将求解结果导入后处理软件中，可以查看仿真动画、节点位移、速度、加速度、单元的应力应变状态等特性。

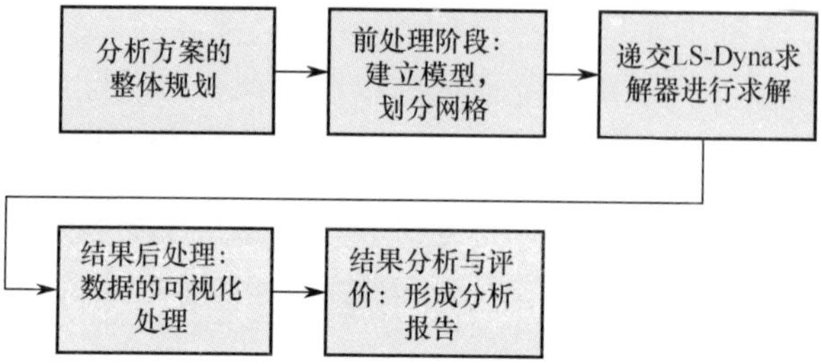

图 2-15　LS-Dyna 仿真流程

ANSYS/LS-Dyna 有两种操作方式：软件界面操作模式和命令流操作模式。命令流操作模式使用 ANSYS 自带的 APDL 语言进行编写。命令流的操作模式使用起来更加方便，可以减少重复性的工作，对软件的版本也没有限制。特别是对于本书所研究的飞网模型，每两个节点之间连接的系绳即为一个单元，使用 APDL 编写程序大大减少了绘制模型所带来的工作量。

为了验证本章中所推导的空间飞网机器人动力学模型，现分别通过 MATLAB/Simulink 和 ANSYS/LS-Dyna 两种仿真软件，对飞网模型在无控状态下的运动进行仿真。飞网材料和可机动单元材料的参数见表 2-3 和表 2-4。

表 2-3　飞网材料及几何属性

属性	密度 ρ / (kg/m^3)	弹性模量 E / Gpa	泊松比 ν	截面半径 R / m	阻尼比 ζ	单元长度 l_0/m
值	1440	70	0.36	0.001	0.106	0.5

表 2-4　可机动单元材料及几何属性

属性	密度 ρ / (kg/m^3)	弹性模量 E / Gpa	泊松比 ν	质量 m_c/kg
值	2700	69	0.33	4

LS-Dyna 中的飞网使用的是 Link167 杆单元，特点是只受单向轴向拉力，可以模拟绳索的特性。可机动单元使用的是 Solid164 单元，设定为刚性材料。图 2-16、图 2-17 所示为 MATLAB/Simulink 和 ANSYS/LS-Dyna 的动力学仿真结果，其中，4 个可机动单元的初始速度均为 0.5m/s 。

图 2-16 和图 2-17 所示为飞网分别在 0s、1s、3s、4s 时的仿真状态，从直观上来看，在相同参数条件下，两种仿真方式中的飞网构型仿真结果基本一致。ANSYS 仿真算法是其软件本身自带的算法，而 MATLAB 仿真算法则是本章所推导的质量–弹簧模型算法。由此可见，质量–弹簧模型在飞网动力学建模上具有较高的准确性。为了使仿真结果更具说服力，图 2-18 中，飞网节点的位置曲线又分别给出了两种仿真结果下不同飞网节点的位置曲线图。

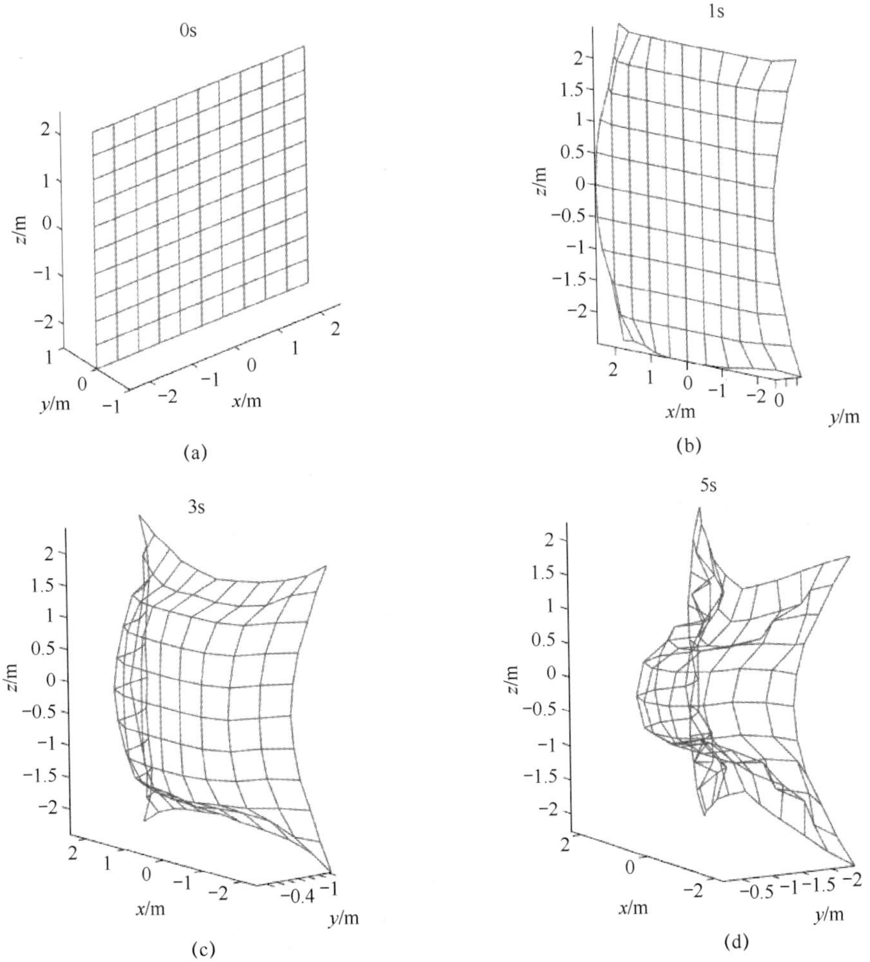

图 2-16　MATLAB/Simulink 下飞网构型仿真结果

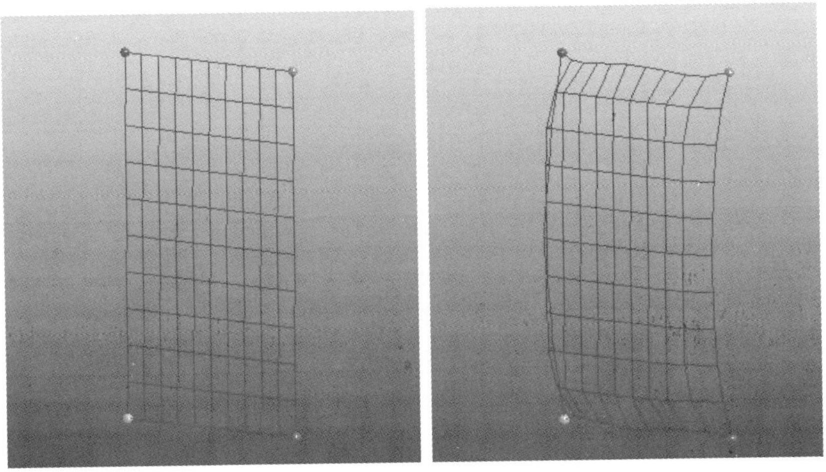

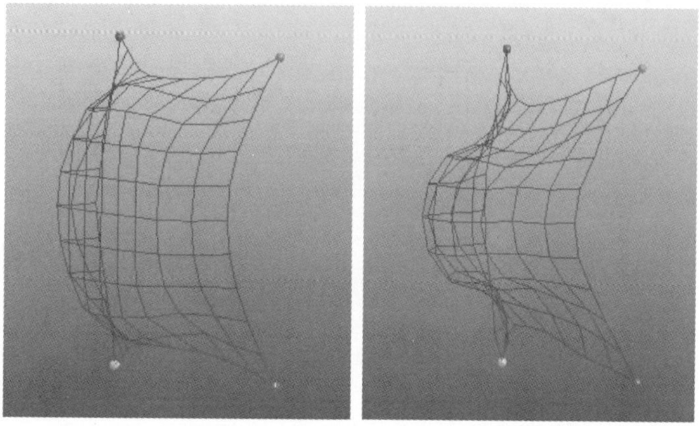

图 2-17　ANSYS/LS-Dyna 下飞网构型仿真结果

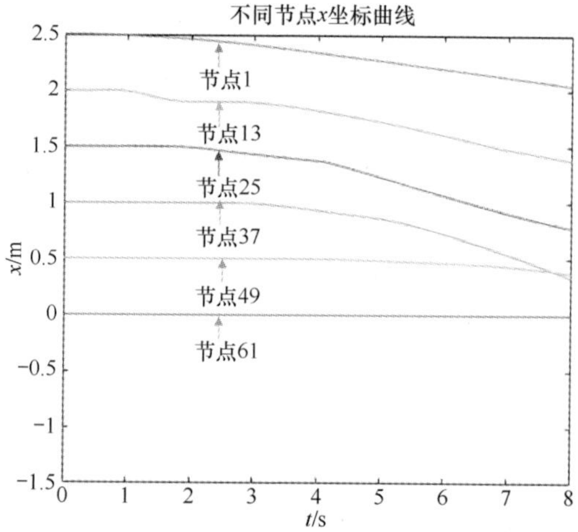

(a) MATLAB/Simulink仿真结果

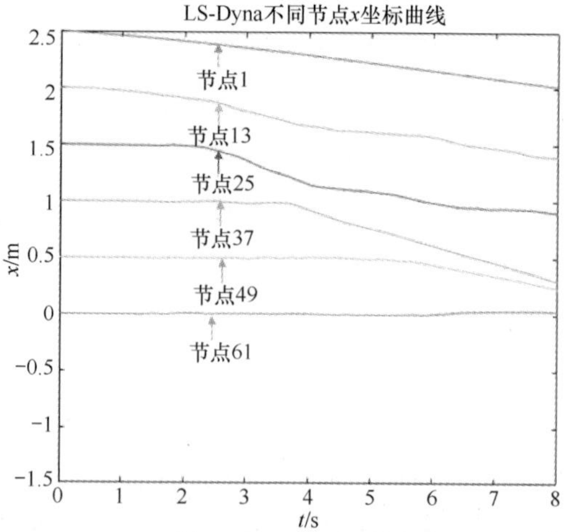

(b) ANSYS/LS-Dyna仿真结果

图 2-18　不同仿真方法下飞网节点的位置曲线

图 2-19 所绘制的是飞网节点 1、13、25、37、49、61 在不同时刻的 x 坐标和 y 坐标位置图。根据图 2-19，除个别节点外，其余节点位置及走势基本一致，最大误差也基本在 ±5% 范围内。

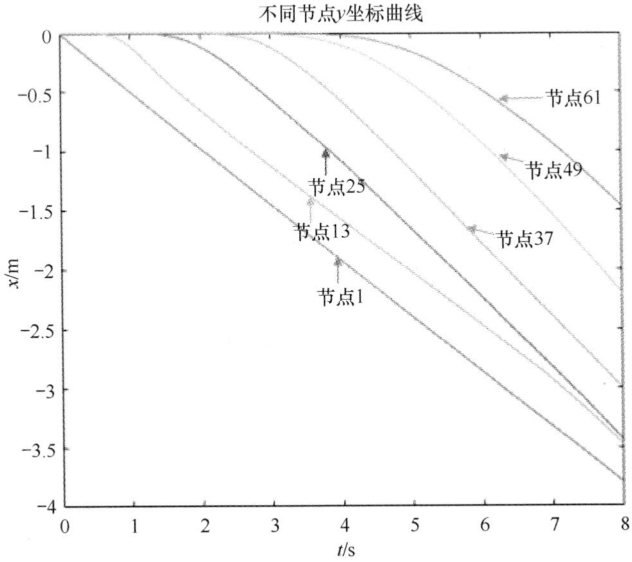

(a) MATLAB/Simulink仿真结果

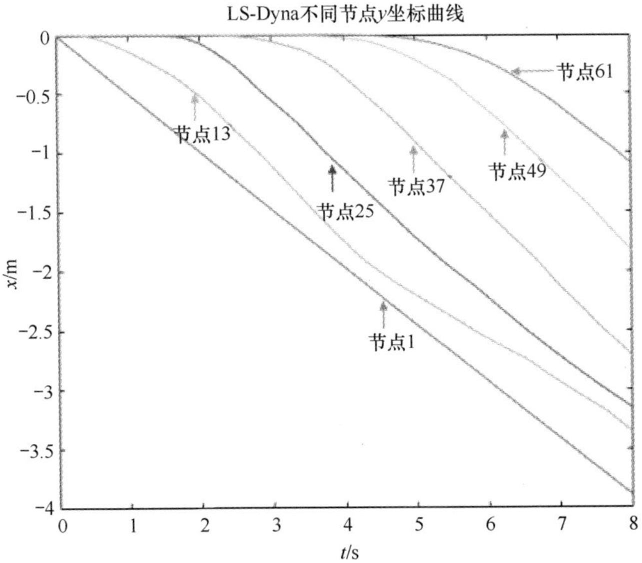

(b) ANSYS/LS-Dyna仿真结果

图 2-19　飞网节点的位置曲线

除了飞网本身动力学建模的验证，也对逼近相对运动中飞网的各种运动状态和对标逼近的过程进行了验证，在本部分仿真中，自主机动单元均处于无控状态，且自主机动单元与柔性网具有相同初速度。空间飞网机器人逼近过程中，其柔性网网型必须保持一定的覆盖面，以清理途经空间范围内的空间垃圾，因此逼近目标过程中的网型保持关系到空间垃圾清理任务的成功与否，有必要对逼近过程中柔性网网型变化趋势进行分析。逼近过程中自主机动单元可能存在的运动包括加速、减速、轨迹偏差等。下面分别对自主机动单元加速、减速以及轨迹偏差情况下柔性网网型变化趋势进行仿真。假设空间飞网机器人向目标逼近过程沿图 2-14 中的 $O_t x$ 方向逼近，逼近开始时空间飞网机器人柔性网已完全展开，各自主机动单元与柔性网具有完全相同的初速度，并定义 4 个自主机动单元所围的四边形面积为网口面积用 S 表示。主要仿真参数见表 2-5。

表 2-5　仿真参数

仿真参数	参数值
目标轨道高度/km	700
自主机动单元质量/kg	10
组成飞网各质点质量/kg	0.1
弹性模量 E/GPa	4
弹性杆标称长度 d/m	0.5
弹性杆半径 r/mm	1
自主机动单元 1 初始位置	$[-500, 2.5, 2.5]^{\mathrm{T}}$
自主机动单元 2 初始位置	$[-500, -2.5, 2.5]^{\mathrm{T}}$
自主机动单元 3 初始位置	$[-500, -2.5, -2.5]^{\mathrm{T}}$
自主机动单元 4 初始位置	$[-500, 2.5, -2.5]^{\mathrm{T}}$
自主机动单元初速	$[2.0, 0.0, 0.0]^{\mathrm{T}}$

假设逼近开始时各自主机动单元在 x 轴正方向同时产生1m/s 的速度增量，逼近速度由 $[2.0,0.0,0.0]^{\mathrm{T}}$ 变成了 $[3.0,0.0,0.0]^{\mathrm{T}}$，即各自主机动单元产生了加速运动。图 2-20 所示为加速时空间飞网机器人网型变化以及网口面积变化。可以看到，加速后柔性网向逼近方向产生了收口运动，网口面积呈不断缩小趋势。这是由于自主机动单元加速运动时，柔性网并未获得相同的速度增量。柔性网必然会对自主机动单元产生弹性力的作用，导致自主机动单元加速后在 y 和 z 方向偏离了原来的运动轨迹。柔性网在自主机动单元的牵引作用下也开始加速，其速度增量小于自主机动单元速度增量。因此，自主机动单元加速运动时，空间飞网机器人柔性网将产生收口运动趋势。

假设各自主机动单元在逼近开始时，各自主机动单元在 x 轴负方向同时产生1m/s 的速度增量，逼近初速由 $[2.0,0.0,0.0]^{\mathrm{T}}$ 变成了 $[1.0,0.0,0.0]^{\mathrm{T}}$，即各自主机动单元产生了减速运动。图 2-21 所示为减速时空间飞网机器人网型变化以及网口面积变化。与加速运动类似，减速运动时柔性网也会产生收口运动趋势，不同的是收

口运动的方向是 x 轴负方向。自主机动单元减速时，由于柔性网没有获得同样的速度增量，其速度比减速后的自主机动单元快，在柔性网弹性力作用下，自主机动单元在 y 轴和 z 轴方向也偏离了原来的运动轨迹，从而导致收口运动的产生。

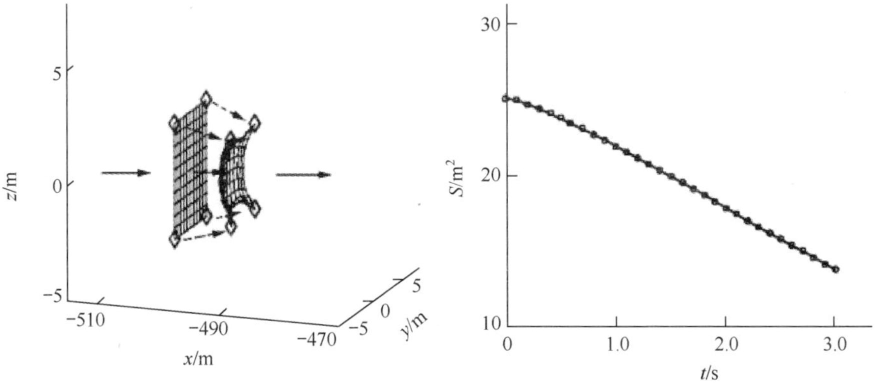

(a) 网型变化　　(b) 网口面积变化

图 2-20　加速状态下网型变化和网口面积变化

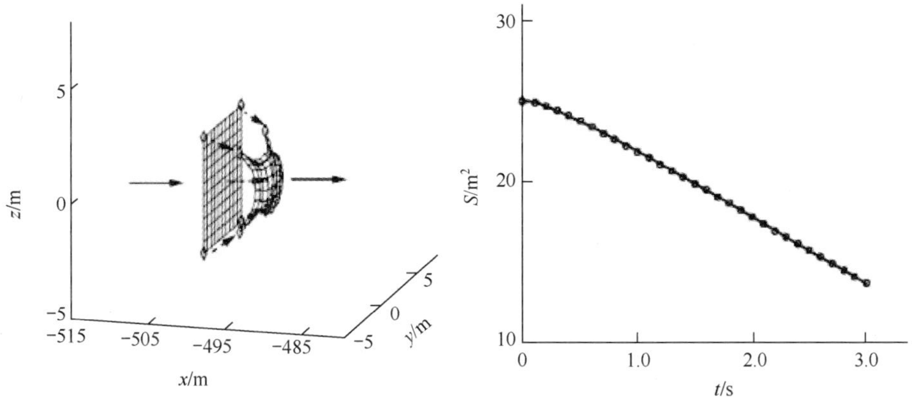

(a) 网型变化　　(b) 网口面积变化

图 2-21　减速状态下网型变化和网口面积变化

假设空间飞网机器人向目标逼近过程中，单个自主机动单元 1 在 y 和 z 正方向产生1m/s的速度增量，即逼近速度由 $[2.0,0.0,0.0]^{\mathrm{T}}$ 变为 $[2.0,1.0,1.0]^{\mathrm{T}}$，此时空间飞网机器人柔性网网型变化趋势如图 2-22（a）所示。从图 2-22（a）中可以看到，单个自主机动单元 1 在 y 轴和 z 轴正方向产生速度增量后，其他自主机动单元和柔性网均不能保持原来的运动轨迹，柔性网网型不再保持展开状态。造成这一现象的原因是柔性网在展开状态下，当单个自主机动单元在 y 轴和 z 轴正方向偏离原来运动轨迹时，立刻通过柔性网影响到其他自主机动单元的运动，使得柔性网网型发生变化。

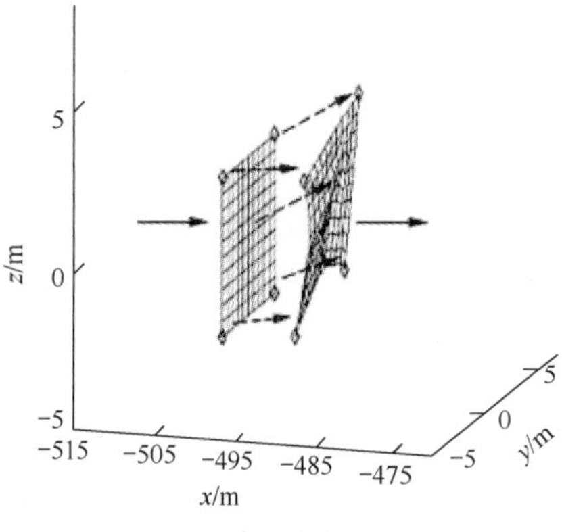

(a) y轴正方向加速

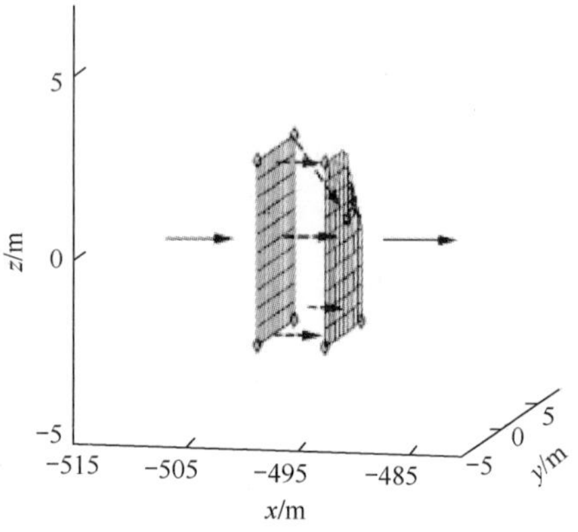

(b) y轴负方向加速

图 2-22　y 轴和 z 轴正方向和负方向加速对网型的影响

假设空间飞网机器人向目标逼近过程中，自主机动单元 1 在 y 轴和 z 轴负方向产生了 1m/s 的速度增量，逼近速度由 $[2.0,0.0,0.0]^{\mathrm{T}}$ 变为 $[2.0,-1.0,-1.0]^{\mathrm{T}}$ ，其他自主机动单元的逼近速度不变。此时空间飞网机器人柔性网的运动趋势如图 2-22（b）所示。从图 2-22（b）中可见，单个自主机动单元 1 在 y 轴和 z 轴负方向产生速度增量后，其他自主机动单元能够保持原来的运动轨迹，而柔性网网型在自主机动单元 1 的方向产生折叠缩小现象。这是由于单个自主机动单元偏离在 y 轴和 z 轴负方向原来运动轨迹时，由于柔性网只受拉不受压的特性，其运动暂时不会影响到其他自主机动单元的运动，但会造成柔性网网型缩小。

此外，从图 2-23 中可以看到，自主机动单元在无控状态下时，自主机动空间绳网机器人的运动轨迹将偏离目标。以上分析表明，自主机动单元产生加速、减速、位置偏离等运动时，空间飞网机器人柔性网网型将发生变化，其中加速、减速运动时柔性网将产生收口运动趋势，偏离运动时柔性网网型将产生不规则的形变。因此必须通过自主机动单元的自主控制力。

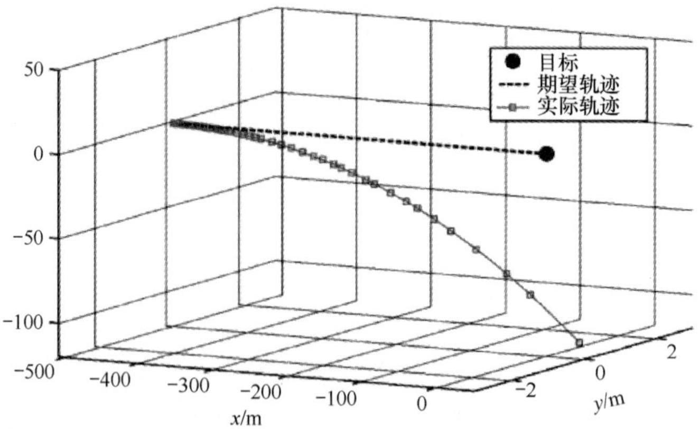

图 2-23　无控状态下的逼近轨迹

2.4 空间飞网机器人的动力学分析

2.4.1 模型简化

由于在 2.3 节中得到的动力学方程过于复杂（11×11 个状态变量），不利于动力学分析，故在进行飞网的构型分析之前，先将动力学模型进一步简化。假设现有一个 3×3 个编织节点组成的飞网，即只存在图 2-12 中的 Aa 、Ba 、Bb 、Bc 、Bd 、Cb 、Cd 、Cf 、Ch 9 个点（可根据图 2-12 中的飞网节点命名顺序推导得到）。为了便于计算，将动力学公式进行无量纲简化：

$$\Lambda = l/L_r,\quad \tau = \dot{\gamma}t,\quad ()' = \mathrm{d}()/\mathrm{d}\tau \tag{2-32}$$

式中：L_r 为飞网网格中每一段编织系绳的参考长度；Λ 为每一段编织系绳的无量纲长度；τ 为无量纲时间。

无量纲时间 τ 的具体定义和推导如下：因为已假设系统的质心作用在开普勒圆轨道上，故有真近地点角 γ 对时间的一阶导数为 $\dot{\gamma}=\sqrt{\mu/R_C{}^3}$ ，这也是系统质心的轨道角速度。令 $\tau=\Omega t$ ，其中 $\Omega=\dot{\gamma}$ 表示圆轨道下的轨道角速度，则系统中任意质点对时间的导数可以转化成为对轨道的导数，即 $\dfrac{\mathrm{d}()}{\mathrm{d}t}=\dfrac{\mathrm{d}()}{\mathrm{d}\tau}\dfrac{\mathrm{d}\tau}{\mathrm{d}t}=()'\Omega$ 。根据定义 $\tau=\Omega t$ 可知，τ 为轨道的个数，故通常称作无量纲时间。对系统动力学进行无量纲化处理的意义是可以消除动力学方程中的 $\dot{\gamma}=\sqrt{\mu/R_C{}^3}$ 项，从而消除微分方程解算中“吞小数”现象。

所以按照 2.3.2 节中的坐标系定义，3×3 个网格的飞网机器人的 4 个可机动单元的轨道面内、面外角可以分别表示为

$$\begin{aligned}
&\frac{m_i}{M}\left(\sum_{j=1}^{4}m_j\right)L_r^2\alpha_i''\cos^2\beta_i - m_iL_r^2\cos\beta_i\left[\sum_{\substack{j=1\\ j\neq i}}^{4}\alpha_j''m_j\cos\beta_j\right]-\\
&2\frac{m_i}{M}\left(\sum_{\substack{j=1\\ j\neq i}}^{4}m_j\right)L_r^2(1+\alpha_i')\beta_i'\sin\beta_i\cos\beta_i+\\
&m_iL_r^2\left\{\beta_i'\sin\beta_i\left[\sum_{\substack{j=1\\ j\neq i}}^{4}m_j(1+\alpha_j')\cos\beta_j\right]+\cos\beta_i\left[\sum_{\substack{j=1\\ j\neq i}}^{4}m_j(1+\alpha_j')\beta_j'\sin\beta_j\right]\right\}+\\
&2\frac{m_i}{M}\left\{\sin\alpha_i\left[\sum_{\substack{j=1\\ j\neq i}}^{4}m_j\cos\alpha_j\cos\left(\beta_i-\beta_j\right)\right]-\cos\alpha_i\left[\sum_{\substack{j=1\\ j\neq i}}^{4}m_j\sin\alpha_j\right]\right\}\\
&=Q_{\alpha_i}\big/\Omega^2
\end{aligned}\tag{2-33}$$

$$\frac{m_i}{M}\left(\sum_{j=1}^{4}m_j\right)L_r^2\beta_i''-m_iL_r^2\left[\sum_{\substack{j=1\\j\neq i}}^{4}m_j\beta_j''\right]+\frac{m_i}{M}\left(\sum_{\substack{j=1\\j\neq i}}^{4}m_j\right)L_r^2(1+\alpha_i')^2\sin\beta_i\cos\beta_i-$$

$$m_iL_r^2(1+\alpha_i')\sin\beta_i\left[\sum_{\substack{j=1\\j\neq i}}^{4}m_j(1+\alpha_j')\cos\beta_j\right]- \tag{2-34}$$

$$2\frac{m_i}{M}\cos\alpha_i\left[\sum_{\substack{j=1\\j\neq i}}^{4}m_j\cos\alpha_j\sin\left(\beta_i-\beta_j\right)\right]$$

$$=Q_{\beta_i}\Big/\Omega^2$$

式中：$i=1,2,3,4$，分别为飞网机器人的 4 个可机动单元；Ω 为真近地点角速度。

为了更直接地得到可机动单元的轨道面内（面外）角对系统稳定性的影响，首先分别假设飞网仅仅是在轨道面内运动（$\beta_i=0$），或者仅仅是在轨道面的垂直面内运动（$\alpha_i=0$）。在此两种不同的平面运动下，可机动单元的无控制动力学方程为

$$\alpha_i''=\Phi_1\left(\sin\alpha_i\sum_{\substack{j=1\\j\neq i}}^{4}\cos\alpha_j-\cos\alpha_i\sum_{\substack{j=1\\j\neq i}}^{4}\sin\alpha_j\right)+$$

$$\Phi_2\sum_{k=1}^{4}\left(\sin\alpha_k\sum_{\substack{j=1\\j\neq k}}^{4}\cos\alpha_j-\cos\alpha_k\sum_{\substack{j=1\\j\neq k}}^{4}\sin\alpha_j\right) \tag{2-35}$$

$$(i=1,2,3,4)$$

式中：$\Phi_1=\dfrac{2\left(m+2m_l\right)^2}{m\left(4m+\frac{1}{4}m_l\right)}$；$\Phi_2=\dfrac{2\left(m+2m_l\right)^2}{\frac{1}{4}m_l\left(4m+\frac{1}{4}m_l\right)}$。

$$\beta_i''=\Phi_1\left(2\cos\beta_i\sum_{\substack{j=1\\j\neq i}}^{4}\sin\beta_j-3\sin\beta_i\sum_{\substack{j=1\\j\neq i}}^{4}\cos\beta_j\right)+$$

$$\Phi_1\sum_{k=1}^{4}\left(2\cos\beta_k\sum_{\substack{j=1\\j\neq i}}^{4}\sin\beta_j-3\sin\beta_k\sum_{j=1}^{4}\cos\beta_j\right) \tag{2-36}$$

$$(i=1,2,3,4)$$

式中：$\Phi_1=\dfrac{\left(m+2m_l\right)^2}{m\left(4m+\frac{1}{4}m_l\right)}$；$\Phi_2=\dfrac{\left(m+2m_l\right)^2}{\frac{1}{4}m_l\left(4m+\frac{1}{4}m_l\right)}$。

可以看到，在没有控制力输入和轨道摄动的情况下，可机动单元在面内（面

外）的自由运动是有着相似动力学方程的。所以在后续的动力学分析中，均以面内运动式（2-35）为例，进行理论和数字仿真分析。

2.4.2 动力学分析

Poincaré 在文献[94]中已经对混沌系统做出了定义：混沌系统是一个十分依赖初始状态的非线性系统，对于不同的初始状态，会有不同运动。由经典的空间“质点–系绳–质点”系绳系统，可以知道空间的系绳运动是一个典型的混沌运动，推导混沌系统的平衡点是动力学分析中的关键问题。

首先对可机动单元面内运动的初始状态 $\left(a_1' \ a_2 \ a_2' \ a_3 \ a_3' \ a_4 \ a_4'\right)^{\mathrm{T}}$ 赋值为 $\left(\pi/4 \ 0 \ -\pi/4 \ 0 \ 3\pi/4 \ 0 \ -3\pi/4 \ 0\right)^{\mathrm{T}}$。式（2-35）对应上述的初始状态，所得到的系统相平面轨迹如图 2-24 所示。从相平面图可以看到，在这组初始状态下，空间飞网机器人系统可以保持运动稳定。

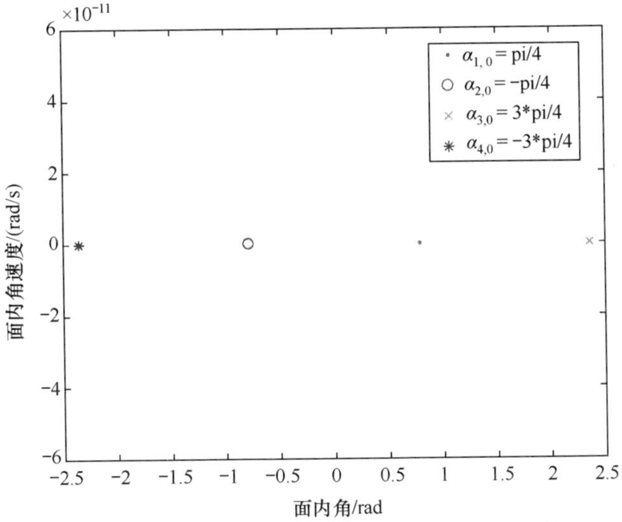

图 2-24　相平面轨迹

对于此构型的空间飞网机器人系统，其初始状态可以表示为

$$\begin{cases} \alpha_{1,0} = \hat{\alpha} \\ \alpha_{2,0} = -\hat{\alpha} \\ \alpha_{3,0} = \pi - \hat{\alpha} \\ \alpha_{4,0} = -\left(\pi - \hat{\alpha}\right) \\ \alpha_{1,0}' = \alpha_{2,0}' = \alpha_{3,0}' = \alpha_{4,0}' = 0 \end{cases} \tag{2-37}$$

式中：$\hat{\alpha}$ 为任意角度。

根据式（2-35）给出了系统相平面轨迹的微分方程：

$$\frac{\partial\alpha_i'}{\partial\alpha_i}=\frac{\alpha_i''}{\alpha_i'}\ (i=1,2,3,4) \tag{2-38}$$

令 $\partial\alpha_i'$ 和 $\partial\alpha_i$ 均等于零，可以得到式（2-38）的一个特殊解：

$$\begin{cases}\alpha_1+\alpha_2=0\\\alpha_1+\alpha_3=\pi\\\alpha_1-\alpha_4=\pi\end{cases} \tag{2-39}$$

这个解被称为相平面轨迹微分方程的奇异解，也是空间飞网机器人在无外界干扰下面内运动的一个平衡点。根据非线性系统的稳定性分析[95]，在无外界作用且系统输出的各阶导数均为零的情况下，可以得到系统处于平衡状态的结论。

在平衡点结论的基础上，给空间飞网机器人系统可机动单元的初始状态 $\left(a_{1,0}'\ a_{2,0}\ a_{2,0}'\ a_{3,0}\ a_{3,0}'\ a_{4,0}\ a_{4,0}'\right)^{\mathrm{T}}$ 上加一组小扰动，所以可机动单元 1 $\alpha_{1,0}$ 的初始状态分别设为 $\pi/4.001$、$\pi/4.003$、$\pi/4.007$、$\pi/4.011$、$\pi/4.015$，而其他状态的初始值和奇异解的构型一样。

根据图 2-25 中给出的相平面轨迹，可以得到飞网机器人系统很多有趣的动力学特性。首先，不同初始状态下的可机动单元 1 的面内角运动看起来似乎都是周期运动，而且都经过同一个点，这个点恰好是“最相近的一个稳定构型”，也是 2.4.1 节中可机动单元 1 的初始状态 $\alpha_{1,0}$。但是，经过图 2-25 中的两个放大图的仔细观察，发现可机动单元 1 的面内角运动并不是真正的周期运动，因为每一周期的运动都与上（下）一个周期的运动有微小的偏差。同时，可机动单元 1 面内角所谓的周期运动，并没有真正的经过稳定点 $\pi/4$，而是从其周围的临近域内经过，而且随着时间的增加，相平面轨迹越来越远离稳定点。所以可以从图 2-25 得到一个初步的结果：当给平衡点构型下的飞网机器人系统初始状态加入小扰动后，可机动单元的轨道面内运动在没有控制器输入的情况下是发散的。

为了进一步证实此结论，在图 2-25 的基础上，挑选初始状态为 $(\pi/4.015\ 0\ -\pi/4\ 0\ 3\pi/4\ 0\ -3\pi/4\ 0)^{\mathrm{T}}$ 的一组，仅仅延长这一组的仿真时间到 200 NT（无量纲时间），并观察可机动单元 1 的相平面轨迹。如图 2-26 所示，可以看到，相平面轨迹在所截选的 4 个 Poincaré 截面中，除了 $a_{1,0}=\pi/4$，其他相平面的运动均是随时间逐渐发散的。

由图 2-26 可以发现，可机动单元 1 的相平面轨迹相交于 A、B、C 三个点。而且这三个点发生在 $\alpha_1'=0$ 的时刻。从此角度来说，可机动单元 1 的运动虽然不是严格意义上的周期运动，却有着某种特殊规律，即在一段时间之后，就会经过 $\alpha_1'=0$ 点。

对于此特殊规律运动，进行更深入的研究。对式（2-35）进行积分，可以得

到系统的能量方程为

$$\frac{\alpha_i'^2}{2}+W_{\alpha_i}(\alpha_1,\alpha_2,\alpha_3,\alpha_4)=E_i \quad (i=1,2,3,4) \tag{2-40}$$

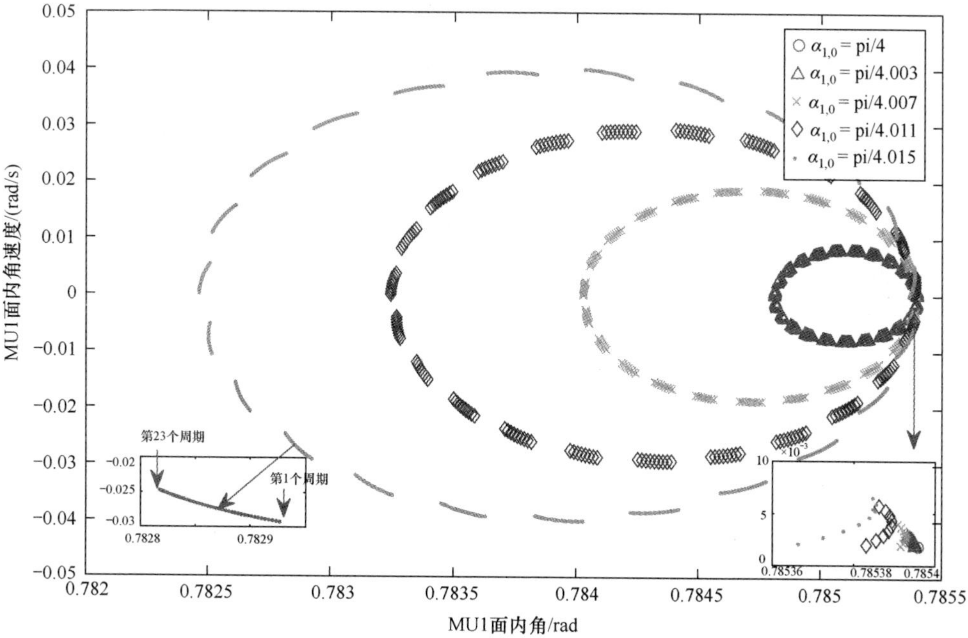

图 2-25　可机动单元 1 的相平面轨迹

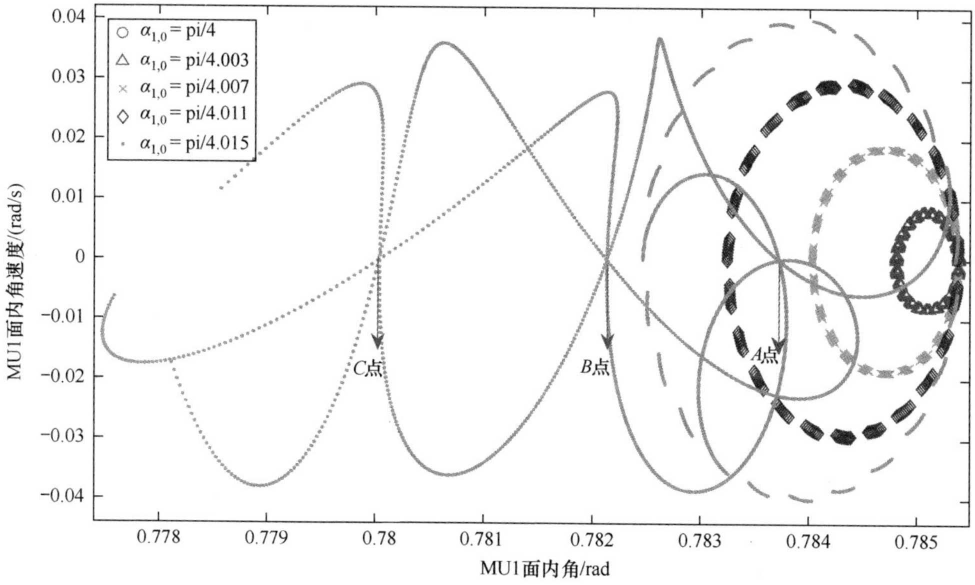

图 2-26　可机动单元 1 的相平面轨

式中：$W_{\alpha_i}(\alpha_1,\alpha_2,\alpha_3,\alpha_4)=\sum_{j=1,j\neq i}^{4}\cos(\alpha_i-\alpha_j)$ 为各个可机动单元的无量纲势能，而系统的总能量（无量纲化的）则由 E_i 表示。可机动单元 1 的无量纲化势能图如图 2-27 所示，初始状态依旧是 $(\pi/4.015\ 0\ -\pi/4\ 0\ 3\pi/4\ 0\ -3\pi/4\ 0)^{\mathrm{T}}$。

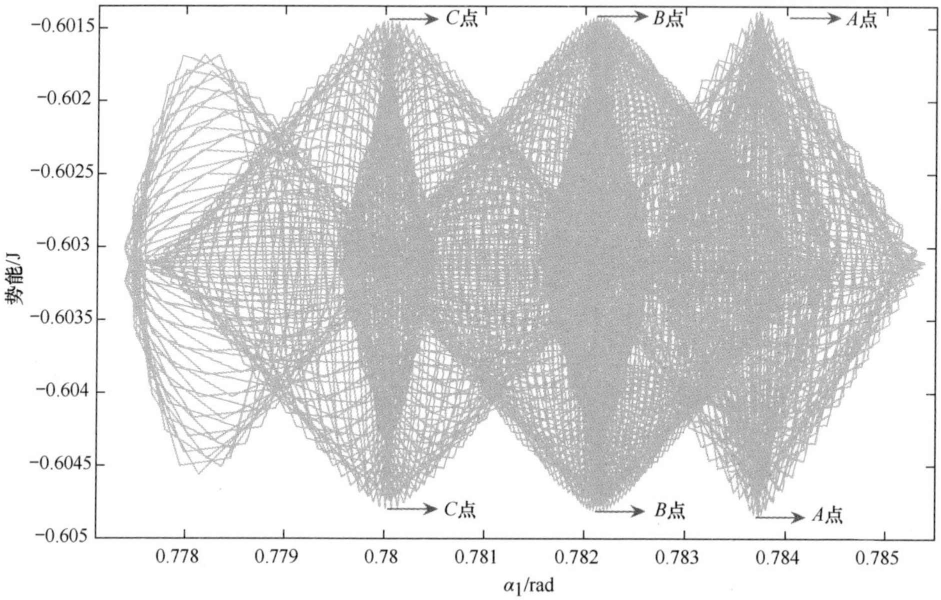

图 2-27　可机动单元 1 的无量纲势能图

根据非线性分析动力学可知，系统的能量决定了其运动，并且与之一一对应。理论上来说，势能的最低点对应于相平面轨迹中的中心交点，而势能最高点则对应了相平面轨迹中的鞍点。但是本书中的空间飞网机器人系统更加复杂，因为其势能图中有三对最大值和最小值，且每一对最大（最小）值对应着相平面图中的一个中心交点（$\alpha_1'=0$）。所以，最大的势能点不再对应相平面中的鞍点。飞网机器人系统中每一个可机动单元的势能都由初始状态决定。

如前所述，图 2-26、图 2-27 中的系统仿真结果对应的初始状态为 $(\pi/4.015\ 0\ -\pi/4\ 0\ 3\pi/4\ 0\ -3\pi/4\ 0)^{\mathrm{T}}$。相对于平衡点对应的系统构型，很显然此构型的初始状态仅仅是在平衡点构型的基础上，给可机动单元 1 的初始条件（$\alpha_{1,0}$）加了一个微小的偏差。图 2-25～图 2-27 中所给出的都是可机动单元 1 在非平衡点初始状态下的各种运动分析结果，而其本身的轨道面内运动图和其他 3 个的可机动单元的面内运动并未给出。在图 2-28 和图 3-10 中，分别给出了全部 4 个可机动单元的轨道面内运动。可以发现，可机动单元 1 和 4（α_1 和 α_4）的面内振荡是自激发的，而可机动单元 2 和 3（α_2 和 α_3）的面内振荡运动则是被激励的。为了证明此结论的通用性，做了更多的相关动力学分析仿真。将同样的偏差分别加到可机动单元 2（$\alpha_{2,0}$）、3（$\alpha_{3,0}$）和 4（$\alpha_{4,0}$）上，可以得到与图 2-28、图 3-10 中类似的结论。

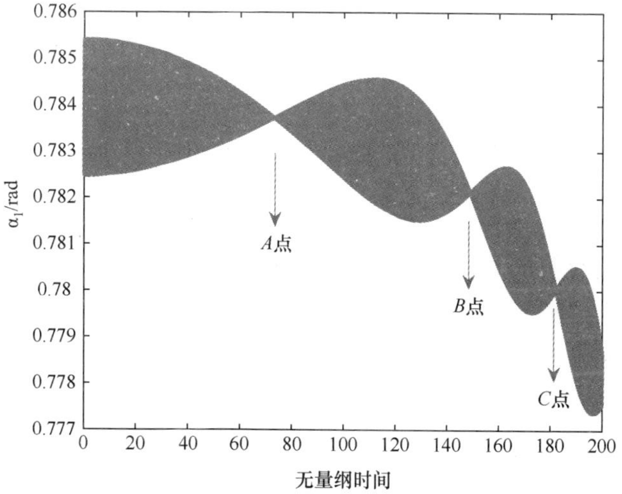

图 2-28　可机动单元 1 的面内角运动

如果初始状态的偏差加在可机动 1（$\alpha_{1,0}$）或者 4（$\alpha_{4,0}$）上，则可机动单元 4（α_4）和 1（α_1）的振荡运动是立即存在的，即自激发的，且振动幅度与初始的状态偏差值相同；而可机动单元 2（α_2）和 3（α_3）的振荡则是从振幅为 0 开始被动激励的。

如果初始状态的偏差加在可机动 2（$\alpha_{2,0}$）或者 3（$\alpha_{3,0}$）上，则可机动单元 3（α_3）和 2（α_2）的振荡运动是立即存在的，即自激发的，且振动幅度与初始的状态偏差值相同；而可机动单元 1（α_1）和 4（α_4）的振荡则是从振幅为 0 开始被动激励的。

以上所有的仿真，进一步证明了空间飞网机器人是混沌系统，且在系统平衡初始状态条件下加一微小扰动，所有可机动单元的运动都是发散的。此扰动可能是由于平台卫星的弹射造成的，可能是由飞行过程中的未知轨道摄动等干扰造成的，甚至可能是由微小的装配误差造成的。这些平衡点处的微小干扰都会导致飞网在无控状态下的运动逐渐发散。结合式（2-38）和式（2-39）的奇异解，可以进一步得到：式（2-39）所对应的一组奇异解是式（2-35）的一组平衡非稳定点。

在本章的动力学分析中，所使用的简化模型是将动力学模型中的11×11个飞网编织节点简化成为3×3个节点，并在此简化模型下，求解并推导了系统的一组平衡非稳定状态。根据简化模型下非稳定平衡点的推导分析过程可知，在空间飞网机器人系统中，任意外界扰动都会通过编织节点间，连接系绳的弹性导致外界扰动的在网内的传递，从而导致整个飞网的运动发散。所以在11×11的飞网模型下，任意的外界干扰同样都会通过系绳的弹性振荡传递至整个飞网，并在系绳不断地

“拉伸–收缩–拉伸”下使飞网系统进入运动发散状态。

在实际的任务中，飞网机器人的整个释放、逼近时间相较于本章中的仿真时间 200NT 是非常短暂的，所以即使飞网不处于平衡点构型，也不会出现图 2-28 或者图 2-29 中这样极端的振荡情况。假设整个任务（地球同步轨道）的自由飞行时间是 0.5h，则通过计算可知，可机动单元在初始状态为 $(\pi/4.015\ 0\ -\pi/4\ 0\ 3\pi/4\ 0\ -3\pi/4\ 0)^{\mathrm{T}}$ 时的振动周期约为 0.23NT，则在此自由飞行期间内，可机动单元最多完成 0.01 个振动周期的振动。虽然此振动并不显著，但是这仅仅是在 3×3 个编织节点的极简模型中，而扩展到 11×11 个编织节点模型或者更加密集编织的飞网中，任何微小的振动都会通过“传递”使整个系统不再稳定。所以即使在较短的任务时间内，可机动飞网的振动较小，但仍然会使整个飞网陷入不稳定状态，控制器的引入是必不可少的。

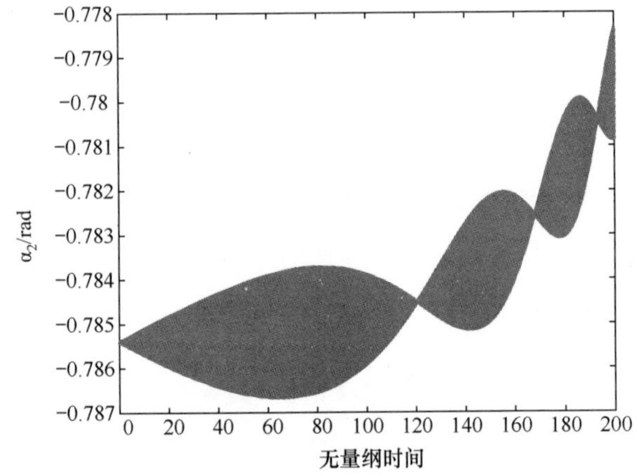

(a) 可机动单元2

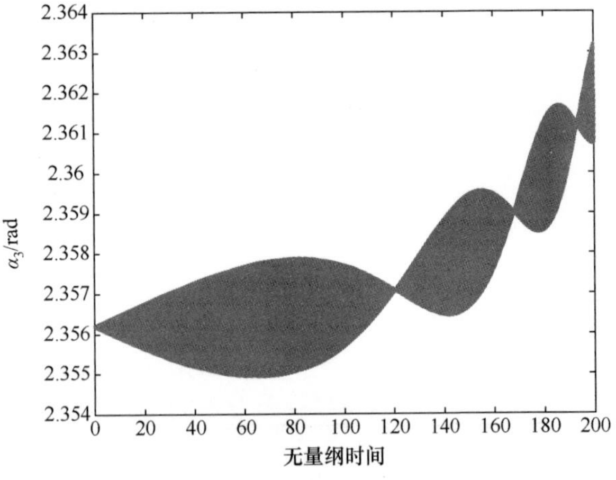

(b) 可机动单元3

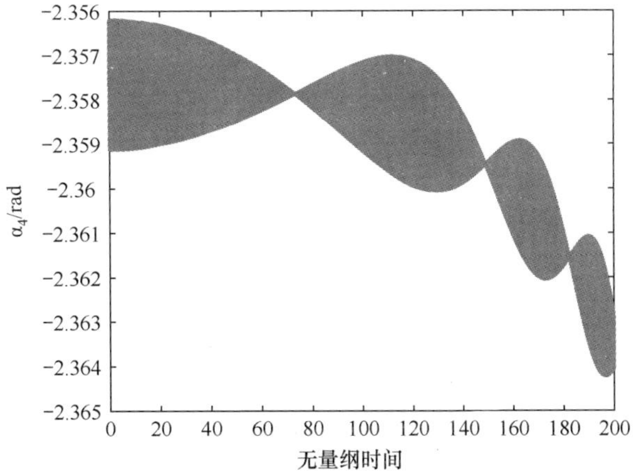

（c）可机动单元4

图 2-29　可机动单元面内角

第 3 章　空间飞网机器人的释放特性研究

3.1　空间飞网机器人释放的自然运动研究

空间飞网机器人在发射前被储藏在平台卫星的发射筒中，当平台卫星足够靠近待抓捕的空间垃圾卫星并满足释放条件后，会将空间飞网机器人弹射释放。在正式研究飞网机器人的释放特性前，在本节中首先研究了飞网在空间“非折叠”状态下的自然运动特性。

在平台卫星调整姿态后，空间飞网机器人系统是面向目标卫星发射的，这样可以最大限度地减少空间飞网机器人消耗燃料调整姿态。如果在飞行过程中，目标卫星因为自身机动改变相对位置，则飞网机器人也会根据实时的测量数据进行构型姿态机动，完成待抓捕准备。但是在初始释放阶段，平台卫星是面向目标卫星弹射飞网机器人的。

图 3-1 所示为空间飞网机器人的释放坐标系，其中：平面 $y-O_{\mathrm{MSNR}}-z$ 表示飞网的释放平面，也是飞网折叠后的平面；y 轴位于释放平面内且垂直于折叠后的可机动单元 1 和 4 之间的连线；z 同样位于飞网释放平面内，并垂直于 y 轴；x 轴垂直于飞网的释放平面，指向空间垃圾飞行，并完成坐标系的右手定则。

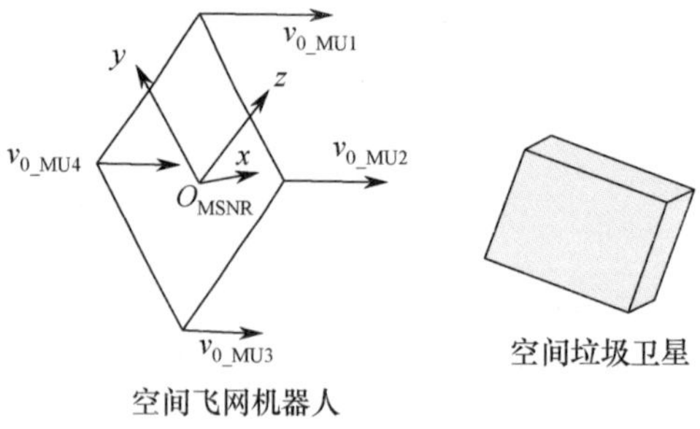

图 3-1　空间飞网机器人的释放坐标系

在第 2 章中已经给出了空间飞网机器人的运行轨道、编织系绳的材料选择和网格拓扑结构的选择，也给出了本书研究的空间飞网机器人的具体编织节点个数及分布情况，所以在本章的研究初始，给出本书所研究的空间飞网机器人的轨道环境以及结构等相关参数，具体见表 3-1。

表 3-1　空间飞网机器人系统参数

系统参数	值
单个可机动单元质量/kg	20
整个飞网质量/kg	2
飞网边长/m	5
飞网网格的边长/m	0.5
飞网的编织材料	Kevlar®
编织系绳的横截面直径/mm	1
编织系绳的弹性模量/MPa	124000
编织系绳的阻尼	0.01
轨道高度/km	36000

假设空间飞网机器人在轨道上完全展开，并通过可机动单元的弹射完成飞网的释放，可机动单元的初始弹射角度完全垂直于飞网平面，弹射速度为 0.5m/s。平台卫星释放飞网机器人 7s 后，系统的网形如图 3-2 所示，可以看到，虽然飞网在释放瞬间是完全展开的，但是由于编织系绳的弹性存在以及弹射速度方向的作用，导致 4 个可机动单元构成的网口迅速缩减。图 3-3（a）为释放后飞网可机动单元的运动轨迹，可以明显看到，在释放后，4 个可机动单元一直沿着飞网聚拢的方向飞行。

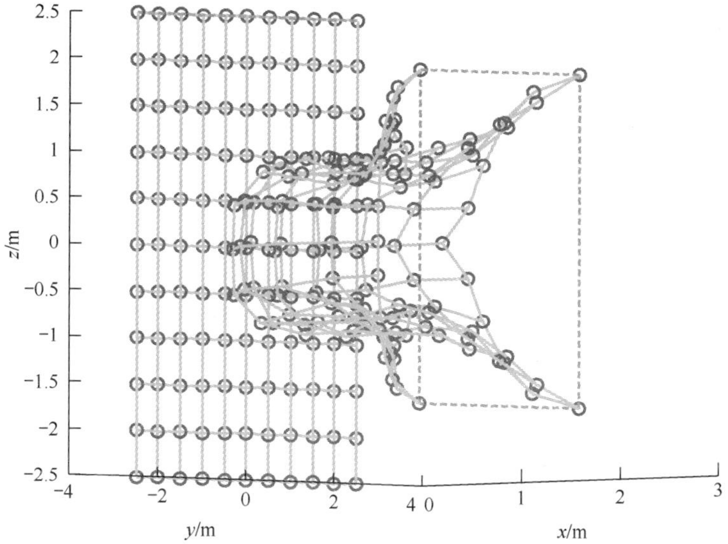

图 3-2　飞网机器人在发射瞬间和 7s 时的网形对比

尽管已经选择了弹性较小的 Kevlar®材料，但是由于平台的弹射释放仅仅是给 4 个可机动单元初始速度，所以飞网只能被动向前。在释放过程中，飞网中的编织系绳肯定处于张紧状态，而编织系绳中的弹性就会导致“张紧–收缩”现象在释放过程中一直存在。所以，在式（2-23）飞网中每一段编织系绳（构成飞网网格的每一段系绳）在各个方向上的拉伸可以进一步表示为

$$-EA|\xi| - a\dot{r}_{ij} = \alpha_0/2 + \sum_{j=1}^{\infty}\left(\alpha_j \cos(j\omega t) + \beta_j \sin(j\omega t)\right) \tag{3-1}$$

式中：α_0、α_j 和 β_j 的定义为 $\begin{cases} \alpha_j = \dfrac{2}{T}\displaystyle\int_{-T/2}^{T/2} F(t)\cos(j\omega t)\mathrm{d}t \ \left(j = 0,1,2,\cdots\right) \\ \beta_j = \dfrac{2}{T}\displaystyle\int_{-T/2}^{T/2} F(t)\sin(j\omega t)\mathrm{d}t \ \left(j = 1,2,\cdots\right) \end{cases}$。

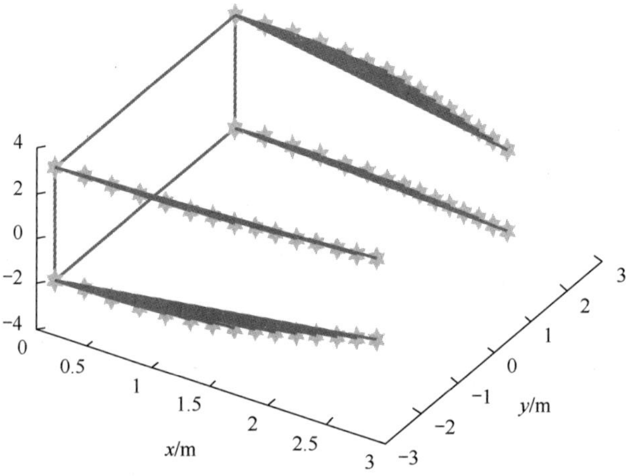

(a) 释放后飞网可机动单元的运动轨迹

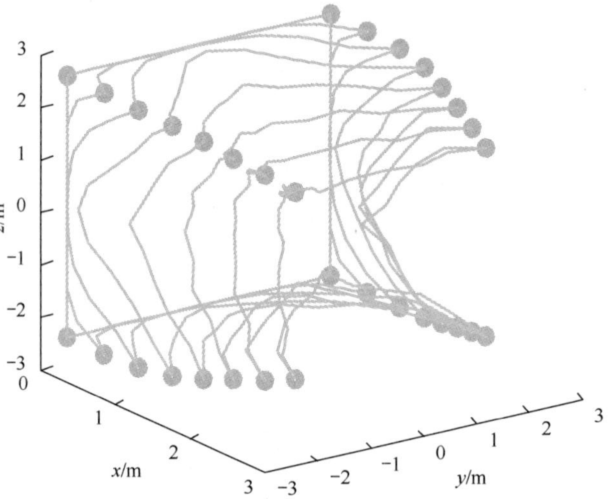

(b) 释放后飞网边网的运动轨迹

图 3-3 空间飞网机器人的运动轨迹

从式（3-1）中可以看到，飞网的“张紧–收缩”现象会在整个释放过程中一

直存在，而且拉力呈三角函数状，在 0 到最大张力之间循环往复。在这样的飞网运动特性下，如果不适当地设计释放条件，则空间飞网机器人系统会在释放后迅速陷入混沌，无法完成既定的抓捕任务。

所以将在 3.2 节、3.3 节中，针对飞网的存储折叠方式以及可机动单元弹射释放的初始角度和速度等问题进行深入研究，从而得到一套最佳的空间飞网机器人弹射释放方法。

3.2 空间飞网机器人折叠方式研究

如同古老却具有极高研究价值的折纸术[98]，飞网机器人的飞网在释放前的存储折叠方式也同样关系着飞网机器人的释放特性。首先，飞网折叠后，4 个可机动单元必须在最外层，这样才能保证释放装置将其弹射出平台卫星；其次，由于一个平台卫星不只携带一个空间抓捕机构，给每个机构配备的发射装置空间有限，需要将一个 5m×5m 的柔性飞网折叠成有限尺寸并存储在发射装置中；最后，飞网的折叠必须“可展开”。飞网的随意压缩折叠只会使其构型混乱，互相缠绕，甚至在释放过程中互相打结，这无疑会导致抓捕任务的失败。所以，一种适合的飞网折叠方式是保证任务成功的必要因素。

3.2.1 飞网折叠方式的选择

在本节中，根据经典折纸力学和几何学的知识，结合平台卫星弹射释放飞网机器人的必要条件，给出候选的飞网折叠方式。

首先给出折叠过程中几个定义[99]。

（1）山顶–山谷：山顶是指折叠过程中所使用的凸起折痕，而山谷则是指折叠过程中使用的凹陷折痕。

（2）折痕：所有的山顶和山谷都会产生一个折痕，在折叠过程中，每一个折痕都意味着被折叠对象的任意一面的指向已被改变。

（3）顶点：在折叠过程中，每两个非平行的折痕都会产生一个顶点，垂直的两个折痕会产生平面顶点，而非垂直的两个折痕则会产生非平面顶点。

（4）所有的折叠和折叠后状态必须符合物理意义，例如：将一张白纸 P 等分成 9 份，且让第 2 段和第 8 段重合，如图 3-4（a）所示，图 3-4（b）和（c）分别表示两种折叠方式，明显图 3-4（b）的折叠方式并不符合实际意义，折纸过程中不同的纸层不能互相穿透，所以只有图 3-4（c）的方法是可行的。

其他的一些数学定义如下。

（1）直线图 P 的 N 等分点。

已知一个直线段的起始点 (x_1, y_1)、终止点 (x_2, y_2)、N 等分点 (x_0, y_0)，则可以得到以下结论：

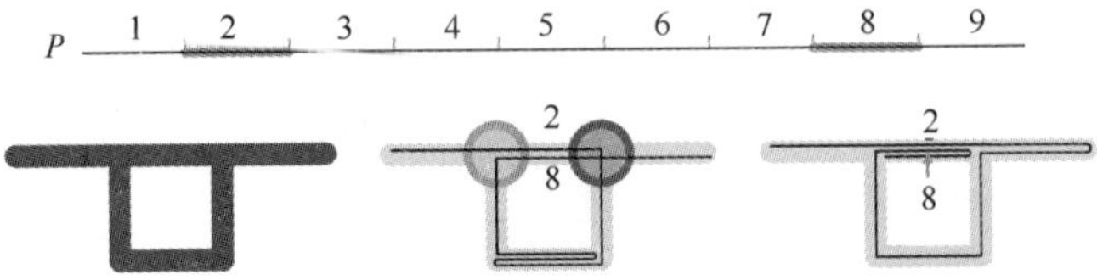

图 3-4　折叠状态

若 $x_1 \neq x_2$ 且 $y_1 \neq y_2$，则

$$x_0 = \frac{(n-1)x_1 + x_2}{n}, y_0 = \frac{(n-1)y_1 + y_2}{n} \tag{3-2}$$

若 $x_1 \neq x_2$ 且 $y_1 = y_2$，则

$$x_0 = \frac{(n-1)x_1 + x_2}{n}, y_0 = y_1 \tag{3-3}$$

若 $x_1 = x_2$ 且 $y_1 = y_2$，则

$$x_0 = x_1, y_0 = \frac{(n-1)y_1 + y_2}{n} \tag{3-4}$$

（2）平面移动的几何变换。

平面 P 上的点 $p(x,y)$ 移动到 $p(x',y')$，所对应的 x 轴方向移动量是 $\mathrm{d}x$， y 轴方向的移动量是 $\mathrm{d}y$，则平移矩阵变换为

$$[x' \ y' \ 1] = [x \ y \ 1]\begin{bmatrix} 1 & 0 & 0 \\ 0 & 1 & 0 \\ \mathrm{d}x & \mathrm{d}y & 1 \end{bmatrix} \tag{3-5}$$

（3）平面伸缩的几何变换。

通过对平面 P 进行伸缩几何变换，点 $p(x,y)$ 移动到 $p(x',y')$，所对应的 x 轴向上的拉伸（或压缩）倍数为 s_x，对应的 y 轴向上的拉伸（或压缩）倍数为 s_y，则拉伸矩阵变换为

$$[x' \ y' \ 1] = [x \ y \ 1]\begin{bmatrix} s_x & 0 & 0 \\ 0 & s_y & 0 \\ 0 & 0 & 1 \end{bmatrix} \tag{3-6}$$

（4）平面旋转的几何变换。

通过对平面 P 进行 θ 角的旋转几何变换，将点 $p(x,y)$ 移动到 $p(x',y')$，则旋转矩阵变换为

$$[x' \ y' \ 1] = [x \ y \ 1]\begin{bmatrix} \cos\theta & \sin\theta & 0 \\ -\sin\theta & \cos\theta & 0 \\ 0 & 0 & 1 \end{bmatrix} \tag{3-7}$$

为了顺利完成飞网机器人的弹射释放及展开，避免网子或编织系绳打结、过

度纠缠，对其空间飞网机器人的折叠方式有以下几个基本要求。

（1）折叠后的飞网机器人，4 个可机动单元所在的正四边形的 4 个交角必须位于整个折叠包裹的最上层，从而可以通过弹射的释放方式，带领整个飞网完成展开任务。

（2）由于一个平台卫星不只携带一个空间抓捕机构，给每个机构配备的发射装置空间有限，需要将一个 5m×5m 的柔性飞网折叠成有限尺寸并存储在发射装置中，故折叠后的飞网包裹面积和体积都要足够小。

（3）折叠方式完全对称，从而保证空间飞网中所有的连接系绳受力对称。

（4）折叠后的飞网包裹不能是中空构型的（包裹内部为空，周围封闭），这样无法完成中空部分的内部支撑。

（5）飞网的折叠必须“可展开”的。

为了保证要求的最后一条中所提到的“可展开”性，飞网在折叠过程中不能“卷轴”式折叠。例如，如图 3-5 所示为一个待折叠飞网平面的侧视直线图，需要将其中的标注点 c_{i-1} 和点 c_{j+1} 通过折叠的方式重合到空间的同一个点（忽略由于飞网的厚度而产生的误差距离）。如果通过“山顶–山谷”折叠法，可以轻易地将相隔偶数个节点的点 c_{i-1} 和点 c_{j+1} 重合到空间的同一点。图 3-6 所示的 3 种“卷轴”式折叠方法虽然也完成了既定要求，但是这种卷轴方式会造成折叠后的卷轴中心点的折叠次数过多，在展开过程中成为滞后点，所以此方法在本书中并不推荐。

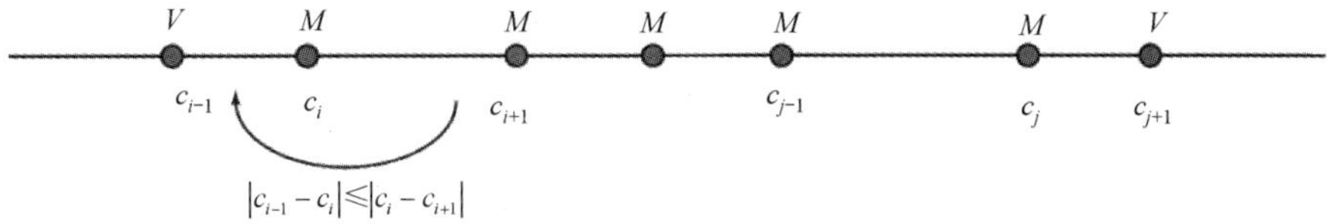

图 3-5　待折叠的飞网平面的侧视直线图

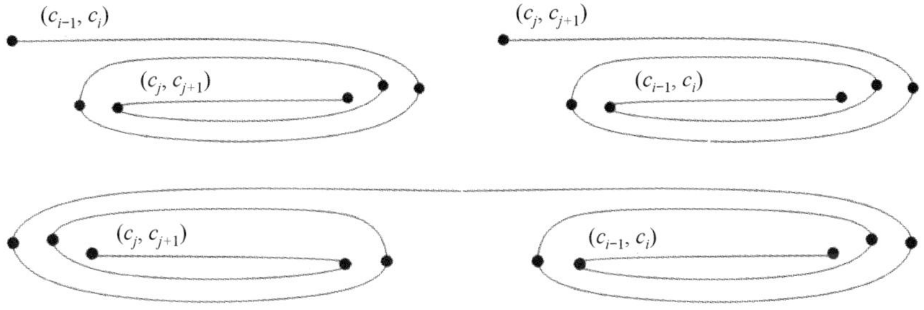

图 3-6　“卷轴”式折叠方法

根据以上的基本折叠要求，对现有的一些常见折叠方法进行筛选，最终选择的折叠方式有 3 种，根据折叠特点分别对各个折叠方式命名为：“方块”式折叠、“星星”式折叠、“十字”式折叠。3.2.2～3.2.4 节分别对比分析这 3 种折叠方式的具体折叠步骤以及飞网展开情况。

为了在对比分析中统一量化评价标准，首先给出 3 个评价标准的定义。

（1）最大展开面积：飞网在自由飞行阶段所能达到的最大网口面积，由 4 个可机动单元组成的四边形面积决定。

（2）最大网深：飞网达到最大展开面积时飞网的有效深度，由飞网的 4 个可机动单元组成的平面到飞网释放距离最短点之间的距离决定。

（3）最大有效体积：飞网达到最大展开面积时飞网的有效体积，由飞网的所有编织节点构成的立体多边形的有效体积决定。

对于不同的抓捕目标类型，上述评价标准的排序和侧重不同：对太阳帆板类的空间垃圾需要根据碎片漂浮状态考虑最大展开面积或最大网深；对卫星主体类的空间垃圾需要考虑最大有效体积。在 3 种折叠方式的对比分析中，将会给出每一种折叠方式所对应的这 3 个指标。

3.2.2 “方块”式折叠

图 3-7 所示为“方块”式折叠法的具体折叠步骤。图 3-7 中：所有实线折痕表示“山顶”折痕，即以飞网平面为基准，向平面外侧凸起的折痕；虚线表示“山谷”折痕，即以飞网平面为基准并向面内凹陷的折痕；4 个可机动单元已在图中用飞网四角的正六边形标示。首先，如图 3-7（a）所示，正四边形的飞网按照“山顶–山谷”折痕完成纵向的第一次折叠，成为图 3-7（b）中的样子。再继续按照“山顶–山谷”折痕完成横向的第一次折叠（图 3-7（c）），即可完成全部折叠，形成图 3-7（d）所示的最终版飞网折叠包裹。

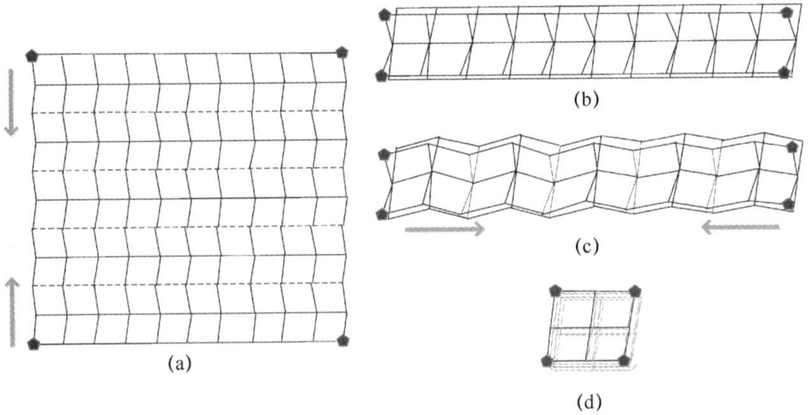
(a) (b) (c) (d)

图 3-7 “方块”式折叠法

注 3-1：本书中所有关于飞网折叠部分的研究内容意在说明折叠方法，并通过展开过程中各项数据指标的对比，选择合适的飞网折叠方式。所以为了更直观清晰地给出折叠步骤，本书中的折叠尺寸并未压缩至最小。在实际工程装载中，可以根据发射筒存储空间的有效体积，对飞网以本书中所述的折叠方式进行进一步折叠压缩，从而实现最小尺寸。

由以上的折叠过程描述可知，整个折叠过程清晰简单，可根据最终的发射筒尺寸大小任意增加折叠折痕，从而达到想要的尺寸。而且折叠后的飞网包裹依旧是一个完全对称的正四边形，4 个可机动单元分别位于 4 个交角处。在现有的最终包裹尺寸（$0.5\text{m}\times0.5\text{m}$，且为了对比有效，后面的两种折叠方式下的最终飞网包裹都为此尺寸）下，根据式（3-2）～式（3-7）共产生过程折痕 $4\times2\times2=16$ 个，包裹的实际折痕 176 个，以网格为单位的总翻转面积 $\sum_{i=1}^{100}180^\circ\zeta(i)$，其中 i 为飞网的每一个网格，$\zeta(i)$ 为每一个网格从最初的平面到最终的包裹中所经历的翻转次数。

假设平台卫星对飞网机器人的 4 个可机动单元的初始弹射速度严格相同，弹射角度是 45°。图 3-8 所示为“方块”式折叠的飞网包裹的整个展开过程。其中，图 3-8（a）～（f）是由时间排列的飞网展开的不同阶段。可以看到，在这种折叠方式下，飞网展开的每一时刻都是严格构型对称的。

表 3-2 所列为“方块”式折叠的飞网包裹在展开过程中，自由飞行阶段所能达到的最大展开面积、最大网深和最大有效体积。在其他两种折叠方式分析完后，会对这 3 组数据进行对比。

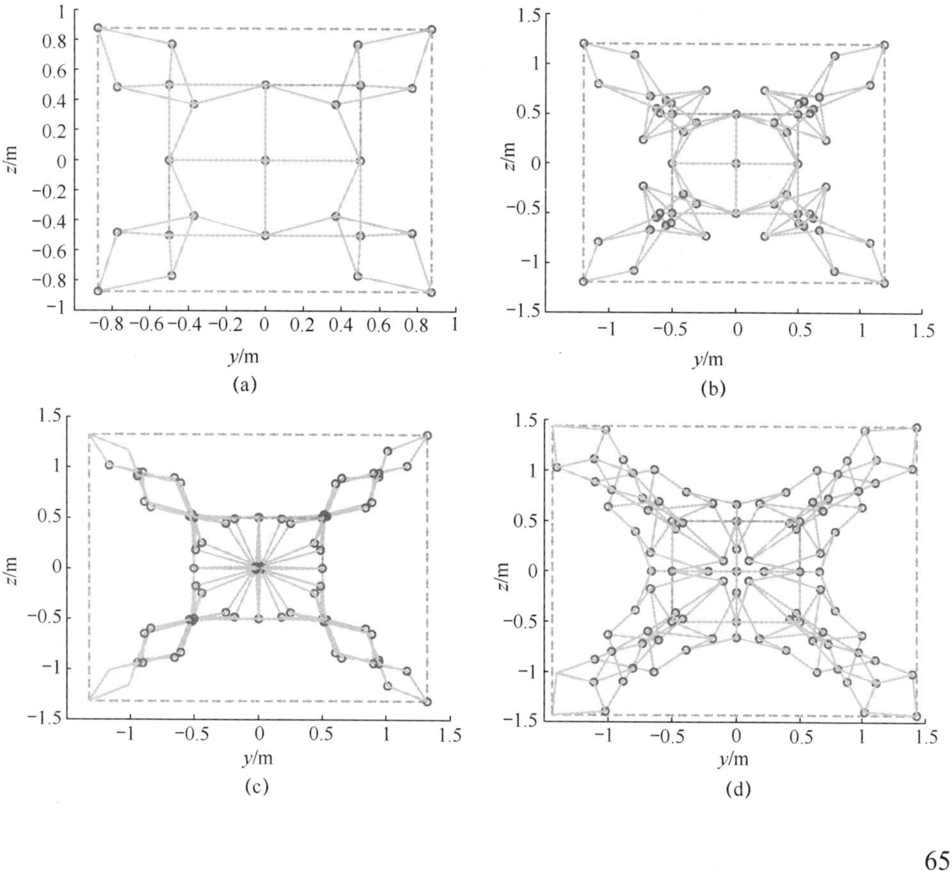

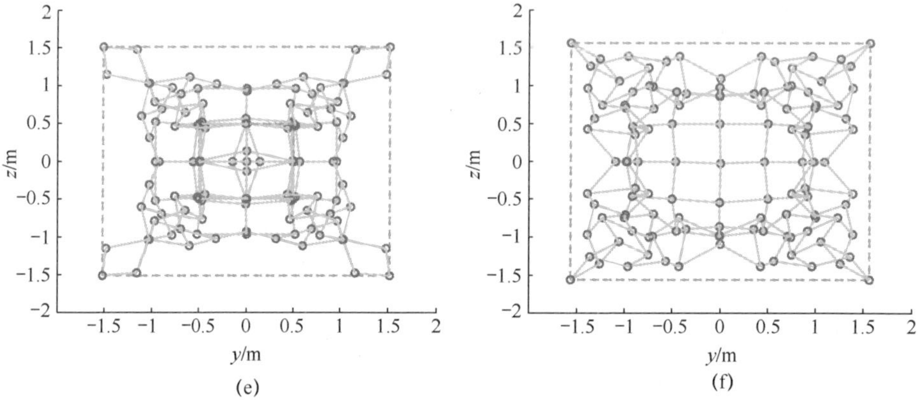

图 3-8 “方块”式折叠飞网的展开过程

表 3-2 “方块”式折叠飞网展开特性

评价标准	最大展开面积/m^2	最大网深/m	最大有效体积/m^3
“方块”式折叠	10.6010	1.1101	6.0284

3.2.3 “星星”式折叠

图 3-9 所示为“星星”式折叠法的具体折叠步骤。与前面的折叠规则相同，所有实线折痕表示“山顶”折痕，虚线表示“山谷”折痕，4 个可机动单元已在图中用飞网四角的正六边形标示。首先，如图 3-9（a）所示，正四边形的飞网按照“山顶-山谷”折痕完成折叠，成为图 3-9（b）中一个类似“星星”的立体构型。再继续按照“山顶-山谷”折痕，将“星星”的 4 个分支折叠收缩至主体，即可完成全部折叠，形成图 3-9（c）所示的最终版飞网折叠包裹。表 3-3 所列为“星星”式折叠飞网展开特性。

需要注意的是，这种折叠方式完成后的飞网包裹是一个底部开口，内部为空的立体构型。在前面的要求中已经明确指出，四周封闭内部为空的中空构型不能作为飞网的折叠包裹构型，因为内部中空部分无法支承。但是“星星”式折叠的半中空构型可以轻易地通过一个凸起结构完成支承。除此之外，与“方块”式一样，整个折叠过程清晰简单，可根据最终的发射筒尺寸大小任意增加折叠折痕，从而达到想要的尺寸。当第一步的折痕足够多时，飞网折叠后的包裹厚度可以忽略不计，所谓的中空问题并不会困扰实际的发射筒设计。

而且折叠后的飞网包裹依旧是一个完全对称的正四边形，4 个可机动单元分别位于 4 个交角处。最终包裹尺寸（$0.5\text{m}\times0.5\text{m}\times0.5\text{m}$）与“方块”式折叠包裹的发射表面积相同。共产生过程折痕 $4\times4+4\times4=32$ 个，包裹的实际折痕 192 个，以网格为单位的总翻转面积 $\sum_{i=1}^{100}180^\circ\zeta(i)$，其中 i 为飞网的每一个网格，$\zeta(i)$ 为每一个网格从最初的平面到最终的包裹中所经历的翻转次数。

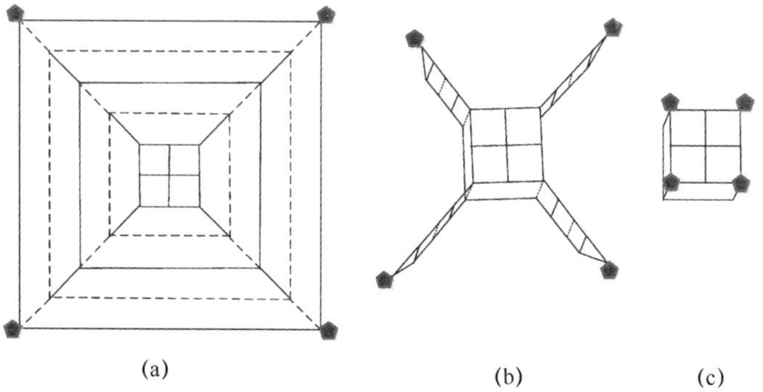

图 3-9 “星星”式折叠法

与 3.2.2 节相同，平台卫星对飞网机器人的 4 个可机动单元的初始弹射速度严格相同，弹射角度为 45°。如图 3-10 所示为“星星”式折叠的飞网包裹的整个展开过程。其中，图 3-10（a）～（f）是由时间排列的飞网展开的不同阶段。可以看到，在这种折叠方式下，飞网展开的每一时刻都是严格构型对称的。

表 3-3 所列为“星星”式折叠的飞网包裹在展开过程中，自由飞行阶段所能达到的最大展开面积、最大网深和最大有效体积。

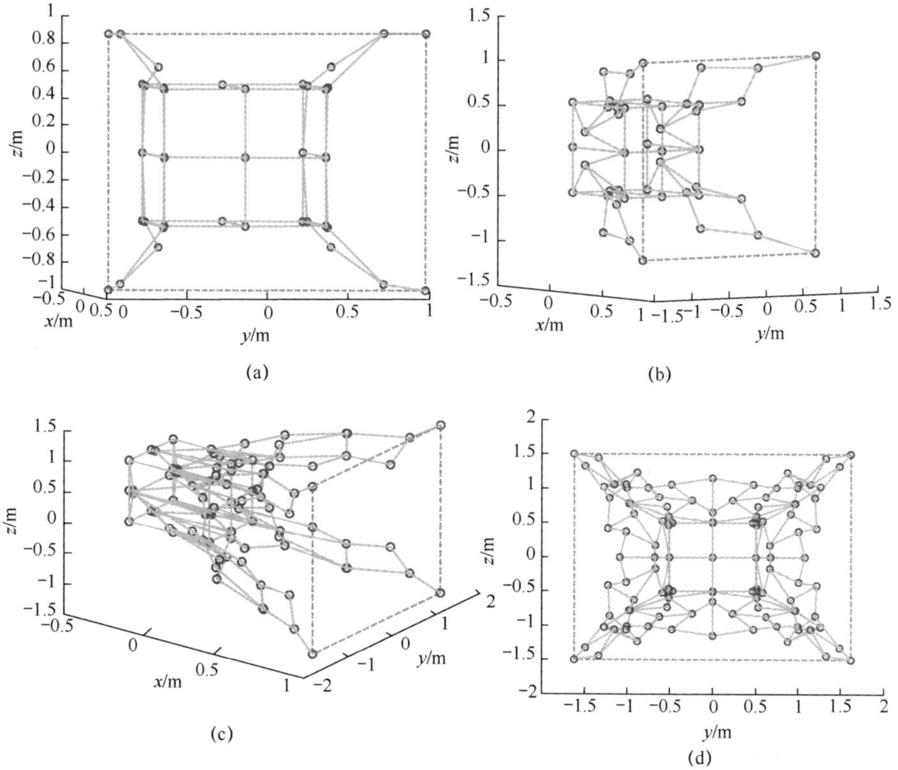

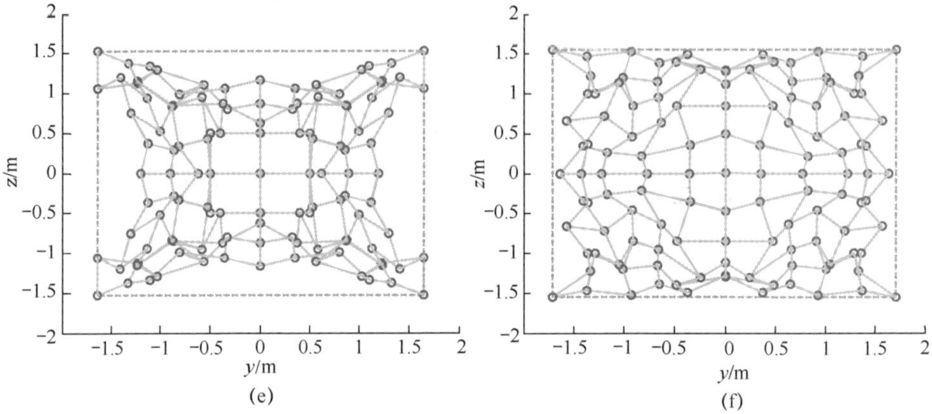

图 3-10 “星星”式折叠飞网的展开过程

表 3-3 “星星”式折叠飞网展开特性

评价标准	最大展开面积/m^2	最大网深/m	最大有效体积/m^3
“星星”式折叠	9.8734	1.1490	7.1048

3.2.4 “十字”式折叠

图 3-11 所示为“十字”式折叠法的具体折叠步骤。与前面的折叠规则相同，所有实线折痕表示“山顶”折痕，虚线表示“山谷”折痕，4 个可机动单元已在图中用飞网四角的正六边形标示。首先，如图 3-11（a）所示，正四边形的飞网按照“山顶-山谷”折痕完成折叠，成为图 3-11（b）中一个类似“十字”的立体构型。再继续按照“山顶-山谷”折痕，将“十字”的 4 个分支折叠收缩至主体，即可完成全部折叠，形成图 3-11（c）所示的最终版飞网折叠包裹。

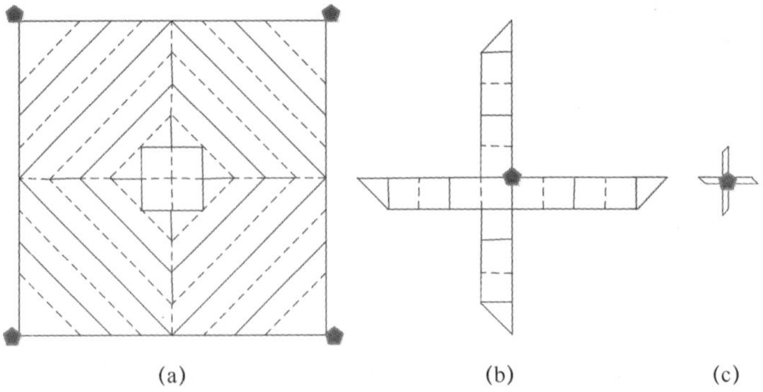

图 3-11 “十字”式折叠法

值得注意的是，在图 3-11（b）和图 3-11（c）中，只有一个象征着可机动单元的六边形标识。这是因为，在”十字”式折叠方式下，如果忽略飞网的折叠厚度，则 4 个可机动单元点重合，只用一个标识即可。将此折叠方式选择为候选折叠的原因是，前两种折叠方式下，可机动单元在发射瞬间是“分散”式的。而此方法下，可机动单元在发射瞬间是“十字”式的。这种方式可以跟前两种方式对比，从而得到更准确的折叠准则。

与 3.2.3 节相同，平台卫星对飞网机器人的 4 个可机动单元的初始弹射速度和弹射角度与前两个折叠方式的仿真条件一致。图 3-12（a）所示为“十字”式折叠的飞网包裹的整个展开过程。其中，图 3-12（a）～（f）是由时间排列的飞网展开的不同阶段。可以看到，在这种折叠方式下，飞网展开的每一时刻都是严格构型对称的。这种折叠方式，折叠过程较前两个更加复杂，且折痕数量较大。对比前两种折叠方式，可以发现，前两种折叠方式是先展开边缘飞网，再继续展开中心区域飞网。而“十字”式折叠方法下的可机动单元集中在折叠后的飞网构型最中间，所以在展开过程中势必会导致飞网中心区域和飞网的边缘区域一起展开。从理论上来说，可机动单元在折叠后越靠近边缘，越能最大限度地利用弹射速度。但通过对集中式折叠的分析可以看到，此类的折叠构型也是有优势的，就是可以在最初阶段就“带动”飞网快速展开。

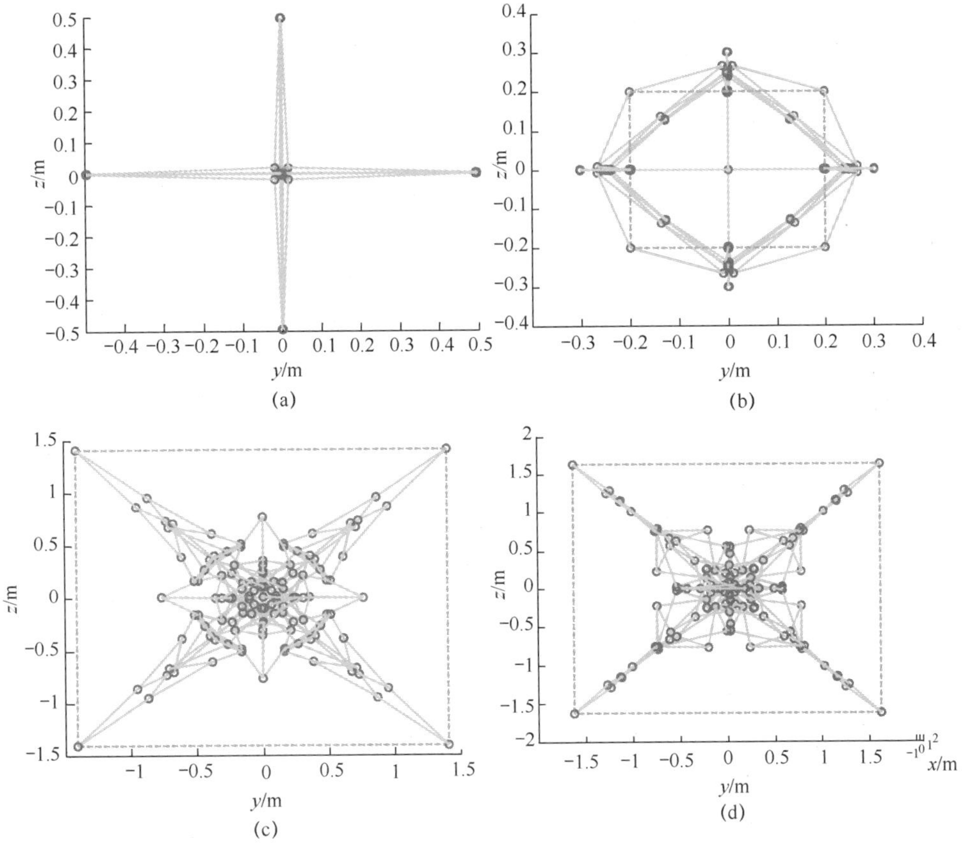

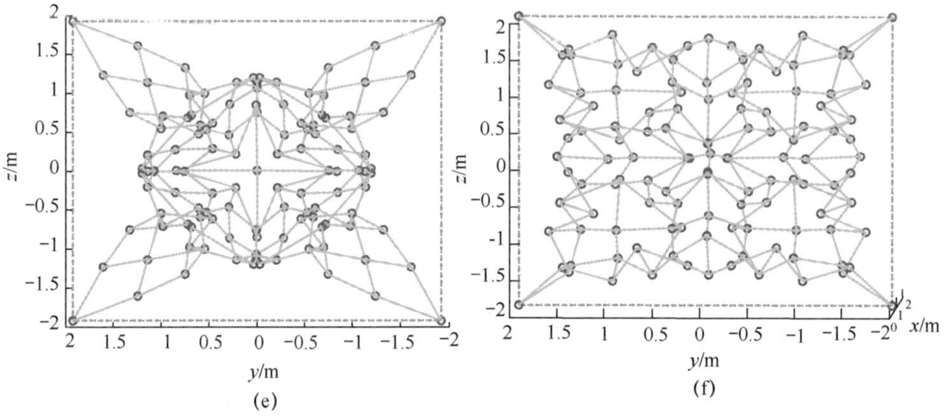

图 3-12 “十字”式折叠飞网的展开过程

表 3-4 所列为“十字”式折叠的飞网包裹在展开过程中，自由飞行阶段所能达到的最大展开面积、最大网深和最大有效体积。

表 3-4 “十字”式折叠飞网展开特性

评价标准	最大展开面积/m^2	最大网深/m	最大有效体积/m^3
“十字”式折叠	14.3801	0.7150	5.8815

3.2.5 飞网折叠方式小结

通过以上 3 种候选折叠方式的仿真分析对比，可以看到：这 3 种候选折叠方式在最大展开面积指标下的排列关系是十字>方块>星星；在最大网深指标下的排列关系是“星星”>“方块”>“十字”；在最大有效体积指标下的排列关系是：“星星”>“方块”>“十字”。不难理解，飞网展开面积越大，则网子构型的深度就越小，反之亦然。“星星”构型的网深较大是因为它初始折叠构型就是一个三维构型，飞网中心点落后于可机动单元的发射平面；“十字”构型的最大展开面积大，是因为可机动单元发射点在折叠飞网的最中间，飞网包裹在其周围，可机动单元的弹射可以带动飞网的迅速展开。

从评价标准的具体数值上来看，作为仅有的 3 个候选折叠方式，其差别并不悬殊，都满足飞网发射的折叠要求，且均表现良好。所以在具体的实际工程操作中，可以根据发射筒的具体设计、待抓捕目标卫星类型和尺寸等选择适合的折叠方式。在本书的后续控制研究中，采用的均是“星星”式折叠。

3.3 空间飞网机器人的释放条件研究

除了空间飞网的折叠方式，可机动单元的弹射角度和角速度也是影响飞网展开的另一关键因素。在本节中，将会对此问题进行研究。

3.3.1 空间飞网机器人的释放角度

在第 2 章的动力学建模中，已经详细定义了飞网的坐标系和发射平面。空间飞网机器人的释放角度就是指可机动单元的初始弹射角度与飞网释放平面之间的外侧夹角。因为释放弹射是为了将飞网展开而非聚拢，所以释放角度通常在［0°，90°］之间，0° 表示飞网沿着发射平面直接展开，但是飞网沿着目标逼近方向的速度是 0。90° 表示飞网直接沿着目标逼近方向弹出，但是弹射平面两个方向上的速度是 0，飞网构型没有任何变化（忽略外界干扰）。这两种极端弹射都不是所希望的，所以释放角度进一步缩小范围到（0°，90°）。通过前面的极端弹射分析可以得到结论：飞网弹射角度接近 0°，表示弹射是飞网展开优先的；飞网弹射角度接近 90°，表示弹射是飞网快速逼近目标优先的。

在本节的算例分析中，给出的弹射角度分别为 30°、45° 和 60°。在 3.2 节中提出了 3 个飞网展开的评价标准，即最大展开面积、最大网深和最大有效体积。在本节中提出一个新的评价标准——最大展开时间（t_{d}），即飞网达到最大展开面积时所对应的时间。在相同的弹射速度和折叠方式下，当弹射角度分别为 30°、45° 和 60° 时，对应的最大展开时间分别为 $t_{\mathrm{d}} = 35.87\mathrm{s}$、$t_{\mathrm{d}} = 21.91\mathrm{s}$ 和 $t_{\mathrm{d}} = 19.86\mathrm{s}$。

除了最大展开时间，可机动单元在展开后的运动轨迹也是另一个需要考虑的因素。通常来说，飞网在达到最大展开面积的一瞬间，可机动单元在飞网展开的两个方向上的速度已经降到 0，初始动量已经全部转移给网子。如果飞网继续飞行，则因为编织系绳的弹性，飞网将会逐渐收缩，直至陷入一团混乱。可机动单元在飞网展开后再收缩的整个运动过程和仿真结束时飞网的构型示意图如图 3-13 所示。和最大展开时间相对应的是：t_{d} 越小，则有飞网展开的拐点出现得越早，仿真结束时飞网的构型越混乱，如 60° 弹射角；反之，t_{d} 越大，则有飞网展开的拐点出现得越晚，仿真结束时飞网的构型相较来说不太混乱，如 30° 弹射角。飞网

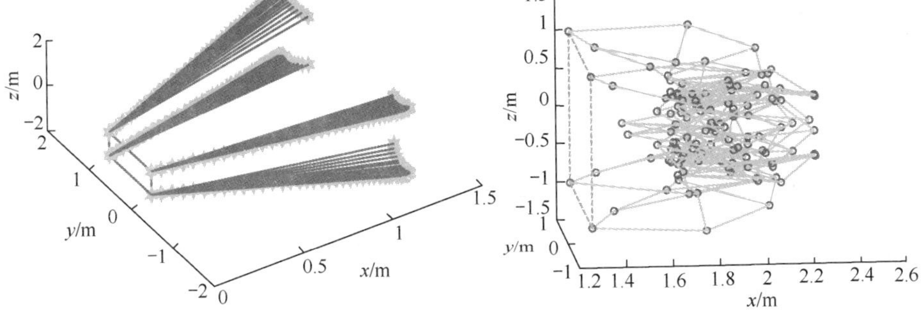

(a) 发射角度30°的可机动单元运动轨迹　　(b) 发射角度30°仿真结束时飞网的构型

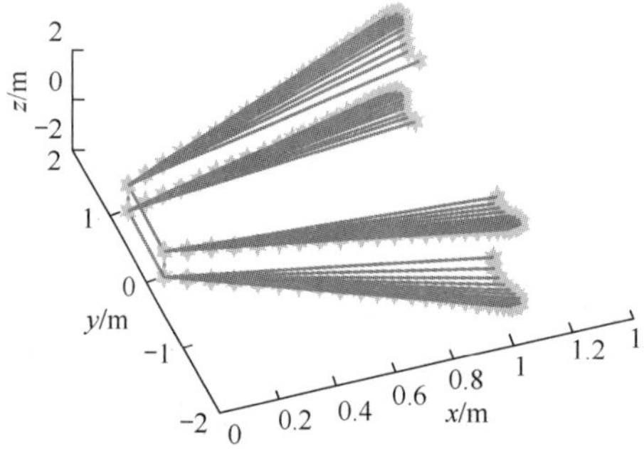

(c) 发射角度45°的可机动单元运动轨迹

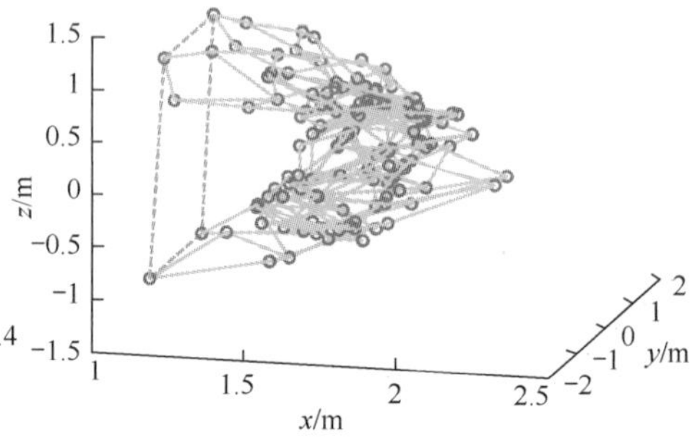

(d) 发射角度45°仿真结束时飞网的构型

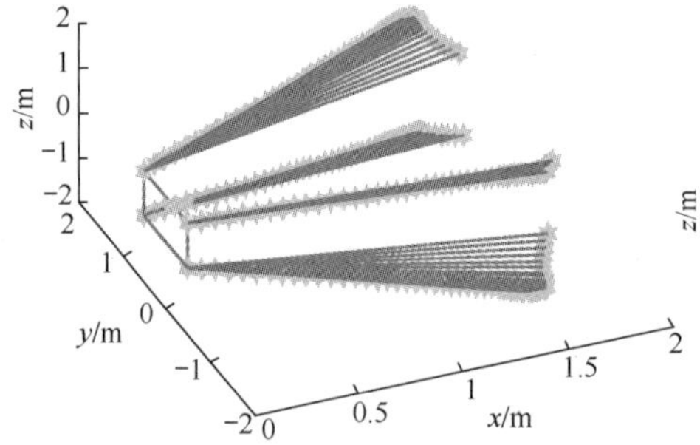

(e) 发射角度60°的可机动单元运动轨迹

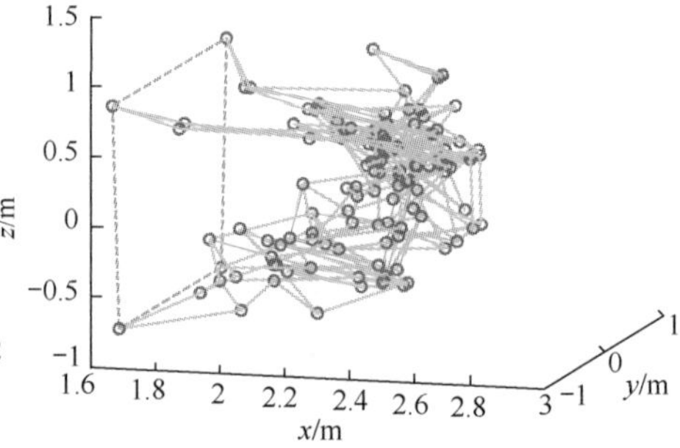

(f) 发射角度60°仿真结束时飞网的构型

图 3-13　可机动单元运动轨迹和飞网构型

的发射角度并没有一定的优劣，需要根据目标卫星的尺寸、相对距离、可机动单元的有效工时等条件合理地选择发射角度。在本书的后续控制研究中，选择的发射角是 60°。

3.3.2　空间飞网机器人的释放速度

由于传统的空间绳系飞网不具备空间机动能力，为了选择合适的释放速度，需要根据目标卫星的尺寸、相对距离、飞网的材料弹性等条件求得最优解，才能使飞网展开到最佳时刻时恰好到空间垃圾卫星的抓捕点，即一个多约束优化问题。下面将以飞网自由飞行结束点恰好是抓捕点为例解释此问题。系统的动力学方程（式（2-26））可以改写为

$$\dot{\boldsymbol{x}}(t)=\boldsymbol{f}\left[\boldsymbol{x}(t),t\right]+\boldsymbol{B}\left[\boldsymbol{x}(t),t\right]\boldsymbol{u}(t) \tag{3-8}$$

式中：$\boldsymbol{x}(t)\in\mathbf{R}^n$，为空间飞网机器人系统中的各状态变量；$\boldsymbol{u}(t)\in\mathbf{R}^m$，为可机动单元控制输入；$\boldsymbol{B}\left[\boldsymbol{x}(t),t\right]$ 为一个 $n\times m$ 的输入矩阵。在本书动力学简化的假设条件下，$n=121$，$m=4$。终端约束就是飞网在最大展开面积时刻同时处于抓捕时刻 $\boldsymbol{\xi}\left[\boldsymbol{x}(t_f),t_f\right]=0$。所以最优的初始释放速度可以等价于最优控制器 $\boldsymbol{u}^*(t)$ 弹射瞬间

工作，之后即控制器关闭这种条件下的最优解。最优控制的初始条件为

$$x(t_0)=x_0 \tag{3-9}$$

终止状态为$x(t_f)$，目标方程是使得函数

$$J[u(t)]=\int_{t_0}^{t_f}\mathrm{d}t \tag{3-10}$$

取最小值。

但是，这种方法并不是任何条件都有效，因为终端约束$\xi[x(t_f),t_f]=0$只能保证传统空间绳系飞网的有效质量块所决定的网口面积满足约束，却不能保证飞网中的所有编织节点都满足条件，即飞网的构型无法保证。所以式(3-8)～式(3-10)再次验证了本书所提出的空间飞网机器人相较于传统空间绳系飞网的优越性。

给定飞网的折叠方式为“星星”式，初始释放角度是60°，表3-5所列为空间飞网机器人的可机动单元释放速度分别为$|v_{MUi}|=0.1\text{m/s}$、$|v_{MUi}|=0.5\text{m/s}$和$|v_{MUi}|=1\text{m/s}$时，3个评价标准所对应的仿真值。

表3-5 空间飞网机器人的可机动单元释放速度比较

评价标准	$\|v_{MUi}\|=0.1\text{ m/s}$	$\|v_{MUi}\|=0.5\text{ m/s}$	$\|v_{MUi}\|=1\text{ m/s}$
最大展开面积/m^2	9.8470	8.9433	9.1729
最大网深/m	0.8971	1.0701	1.0690
最大有效体积/m^3	6.9037	6.7496	6.6708
最大展开时间/s	38.09	19.86	12.46

从仿真结果对比可以得到，当其他释放初始条件相同时，可机动单元的弹射速度越大，则飞网达到最大展开面积所用的时间越短，控制器打开时间也越早，反之亦然。在实际任务中，应根据目标卫星与平台卫星的相对距离、飞网折叠方式、弹射机构的弹射极限等多方面问题，综合考虑选择合适的弹射速度。在本书的控制仿真中，选择的飞网机器人可机动单元释放速度为$|v_{MUi}|=0.1\text{m/s}$。

第 4 章　欠驱动空间飞网机器人释放后稳定控制

在第 3 章的空间飞网机器人释放特性研究中已经分析，平台卫星弹射可机动单元后，飞网机器人会自由飞行一段时间，直至飞网展开至此阶段的最大值。在飞网达到最大展开后，就会在编织系绳的弹性作用下，逐渐收缩最终导致整个网子陷入混沌。所以，在飞网展开到最大值时，需要可机动单元开启控制模式。因为在控制器开始前的一瞬间，可机动单元的自由飞行速度已经降到零（只有可机动单元的动量完全转换到飞网上，网子才能展开到最大），在此时打开控制器并由推力器完成第一条指令，必然会导致可机动单元位置和速度的一个小跳变。此跳变会因为飞网特殊的柔性和编织系绳的弹性而“传递”至整个飞网，且之后的每一个控制指令都会产生同样的系统运动。每个可机动单元控制器所产生的每一个“波”都会以外界干扰的形式作用在其他可机动单元上。所以在空间飞网机器人的整个逼近阶段，可机动单元要一直面临这个时变有界振动。所以如何巧妙地用控制指令抵消飞网振动，保证飞网的稳定飞行是一个重要的研究问题。

这类抑制有界振动的控制问题恰好是滑模变结构控制所擅长的。自从苏联科学家在 20 世纪 50 年代首次提出变结构控制理论，并由 Emelyanov[100]、Itkis[101]和 Utkin[102]三位学者将其系统化并加以数学证明，滑模变结构控制至今都是非线性控制中的一个重要分支，被国内外大批学者探索研究。同时，由于其简单的数学结构和工程可实现性，在航天、机器人、工业控制等行业被大量使用。

滑模变结构控制算法的优缺点都十分鲜明：由于独特的设计理念，该算法对模型不确定、外界干扰等未知的动力学部分具有极强的稳健性，可以抵抗因为系统模型不精确或者外界干扰而产生的误差，而且可实施性强，易于工程实践。但是，由于早期的滑模变结构算法所得的控制输入都是不连续项，这必然会产生被控状态的抖振（抖动），而高频的控制器开关也会大大增加控制指令执行器的物理磨损，减少硬件的使用寿命。由于这个致命缺陷，变结构理论在 20 世纪 70 年代以前都没有得到足够的重视。直至 20 世纪 70 年代末，由于著名学者 Utkin[102] 发表在 *IEEE Transactions on Automatic Control* 上的一篇关于变结构的系统性文章，数字计算机仿真才得以发展，实验硬件系统的升级、变结构算法才重新受到重视。

为了消除滑模控制算法中的抖振现象，几十年来，全世界的学者们对传统的滑模进行了各种各样的改进，例如终端滑模面设计、滑模面到达速率设计等。Levent于 1993 年首次提出了扭转滑模变结构算法（Twisting Sliding Mode Control）[103]，作为第一个被提出的二阶滑模控制器（Second-order Sliding Mode Control），扭转滑模变结构算法标志着变结构算法的研究新方向，同时也正式拉开了高阶滑模（High-order Sliding Mode Control）的大门[104-107]。由于二阶滑模算法既保留了一阶滑模的高鲁棒性和易于实施的工程性，又大大改善了传统算法高频抖振问题，所以得到了工业诸多领域的认可。

在本章中，针对飞网机器人所特有的柔性振动问题，创新性地剥离了系统状态方程的可控部分和不可控部分，将所有系统振动视为作用在 4 个可机动单元上的外界干扰，以经典的超扭二阶滑模（Super Twisting Sliding Mode Control）为基础加以改进，采用了基于补偿项的自适应超扭二阶滑模控制器，既可以快速抑制上述的柔性振动，不需要知道准确的振动上界，还能最大程度地降低控制抖振。最后，通过稳定性分析和飞网机器人的仿真验证，完成了该算法的数学和计算验证。

4.1 变结构控制器基本原理

4.1.1 一阶滑模算法

对于一个给定的系统状态方程：

$$\begin{cases}\dot{x}_1 = x_2 \\ \dot{x}_2 = u + f\left(x_1, x_{2,} t\right)\end{cases} \tag{4-1}$$

式中：u 为控制输入；$f\left(x_1,x_2,t\right)$ 为作用在系统上的外界干扰，且假设此干扰有界，即$\left|f\left(x_1,x_2,t\right)\right| \leqslant L>0$。系统的初始状态为：$x_1(0)=x_{10}$，$x_2(0)=x_{20}$。研究内容是设计一个控制器$u=u\left(x_1,x_2\right)$在未知的干扰$f\left(x_1,x_2,t\right)$存在下，使得被控对象状态达到 0，即$\lim\limits_{t\to\infty} x_1,x_2=0$。

设计系统的滑模变量为

$$\sigma=\sigma\left(x_1,x_2\right)=cx_1+x_2, c>0 \tag{4-2}$$

则式（4-1）关于σ的动力学方程为

$$\dot{\sigma}=cx_2+f\left(x_1,x_2,t\right)+u, \sigma(0)=\sigma_0 \tag{4-3}$$

建立关于σ的动力学方程的 Lyapunov 方程为

$$V=\frac{1}{2}\sigma^2 \tag{4-4}$$

为了保证式（4-3）在平衡点$\sigma=0$的稳定性，需要满足以下 2 个条件：

（1）对于任意的$\sigma \neq 0$，都有$\dot{V}<0$；

（2）$\lim\limits_{|\sigma|\to\infty} V=\infty$。

由于第二个条件可以根据式（4-4）永远保证，所以只需要证明第一个条件即可。为了保证全局渐进稳定，将条件（1）进一步推导，得

$$\dot{V} \leqslant -\alpha V^{1/2}, \alpha > 0 \tag{4-5}$$

将式（4-5）分离状态变量，并对时间 $0 \leqslant \tau \leqslant t$ 积分，可以得

$$V^{1/2}(t) \leqslant -\frac{1}{2}\alpha t + V^{1/2}(0) \tag{4-6}$$

$V(t)$ 在有限时间 t_{r} 内达到零：

$$t_{\mathrm{r}} \leqslant \frac{2V^{1/2}(0)}{\alpha} \tag{4-7}$$

所以，控制器 u 可以在有限时间内将滑模变量 σ 控制到零，而 Lyapunov 方程对时间的导数为

$$\dot{V} = \sigma\dot{\sigma} = \sigma\left(cx_2 + f\left(x_1, x_2, t\right) + u\right) \tag{4-8}$$

假设 $u = -cx_2 + v$ 并代入式（4-8），可得

$$\dot{V} = \sigma\left(f\left(x_1, x_2, t\right) + v\right) = \sigma f\left(x_1, x_2, t\right) + \sigma v \leqslant |\sigma| L + \sigma v \tag{4-9}$$

令 $v = -\rho \operatorname{sgn}(\sigma)$，其中

$$\operatorname{sgn}(x) = \begin{cases} 1 & (x > 0) \\ -1 & (x < 0) \end{cases} \tag{4-10}$$

以及

$$\operatorname{sgn}(0) \in [-1, 1] \tag{4-11}$$

对于任意的 $\rho > 0$ 并代入式（4-9），可得

$$\dot{V} \leqslant |\sigma| L - |\sigma| \rho = -|\sigma|(\rho - L) \tag{4-12}$$

根据式（4-4）以及式（4-5），可得

$$\dot{V} \leqslant -\alpha V^{1/2} = -\frac{\alpha}{\sqrt{2}}|\sigma| \quad (\alpha > 0) \tag{4-13}$$

结合式（4-12）和式（4-13），可得

$$\dot{V} \leqslant -|\sigma|(\rho - L) = -\frac{\alpha}{\sqrt{2}}|\sigma| \tag{4-14}$$

从而得到控制器增益 ρ：

$$\rho = L + \frac{\alpha}{\sqrt{2}} \tag{4-15}$$

最终得到一阶的滑模算法为

$$u = -cx_2 - \rho \operatorname{sgn}(\sigma) \tag{4-16}$$

4.1.2 滑模的阶

可以看到在式（4-16）中，包含了不连续项 $\operatorname{sgn}(\sigma)$，这是抖振的根本原因。控制器的目的是将滑模变量 σ 控制到 0，但是只有在滑模变量的一阶导数中才出现

控制u，所以最好的办法就是将控制器的导数当成一个新的控制器。

注 4-1：滑模的阶数实际上是指相对阶。

一个普通的系统为

$$\dot{x}=a(t,x)+b(t,x)u \tag{4-17}$$

式中：$x\in\mathbf{R}^n$。系统输出为

$$\sigma=\sigma(t,x) \tag{4-18}$$

函数a、b、σ都具备所需要的导数阶。为了简单，就考虑最简单的情况，$\sigma,u\in\mathbf{R}$。

σ对时间的全导数为

$$\dot{\sigma}=\sigma_t'+\sigma_x'\alpha+\sigma_x'bu \tag{4-19}$$

假设$\sigma_x'b\equiv 0$，则σ对时间的二阶全导数为

$$\ddot{\sigma}=\sigma_{tt}''+2\sigma_{tx}''\alpha+\sigma_x'a_t'+\left[\sigma_{xx}''(a+bu)\right]a+\sigma_x'\left[a_x'(a+bu)\right] \tag{4-20}$$

所以有：

$$\begin{cases}\ddot{\sigma}=h(t,x)+g(t,x)u\\ h(t,x)=\sigma_{tt}''+2\sigma_{tx}''\alpha+\sigma_x'a_t'+(\sigma_{xx}''a)a+\sigma_x'(a_x'a)\\ g(t,x)=(\sigma_{xx}''b)a+\sigma_x'(a_x'b)\end{cases} \tag{4-21}$$

由式(4-19)～式(4-21)可以得到：当$\sigma_x'b\neq 0$时，系统的相对阶是1；当$\sigma_x'b\equiv 0$且$(\sigma_{xx}''b)a+\sigma_x'(a_x'b)\neq 0$ 时，系统的相对阶是2。

假设系统的相对阶确实存在，构成了σ的控制函数u是一个不连续的反馈。当系统的相对阶是1，那么σ是连续的，但$\dot{\sigma}$是不连续的。当系统的相对阶是2，那么$\dot{\sigma}$是连续的，而$\ddot{\sigma}$是不连续的。所以传统的滑模控制是相对一阶，而二阶滑模需要相对不连续控制器的二阶才能实现。

4.1.3 二阶滑模算法

仍然是式（4-17）和式（4-18）所构成的动力学系统，其中$x\in\mathbf{R}^n$是系统状态，$u\in\mathbf{R}$是控制输入，σ是唯一的一个测量量，函数a、b、σ光滑且具备所需要的导数阶。控制器设计目的是在有限时间内让$\sigma\equiv 0$。

假设可测量输出$\sigma=\sigma(t,x)$对时间二阶可导，且$\sigma_x'b\equiv 0$，以及$(\sigma''b)a+\sigma_x'(a_x'b)\neq 0$。根据式（4-17）对式（4-18）求二阶导数，由式（4-21）可得

$$\ddot{\sigma}=h(t,x)+g(t,x)u \tag{4-22}$$

式中：$h=\ddot{\sigma}|_{u=0}$，$g=\dfrac{\partial}{\partial u}\ddot{\sigma}\neq 0$，$h$和$g$都是光滑的函数。

假设存在如下的不等式：

$$0<K_{\mathrm{m}}\leqslant g\leqslant K_{\mathrm{M}}\quad (|h|\leqslant C) \tag{4-23}$$

很显然，没有任何一个反馈控制器$u=\varphi(\sigma,\dot{\sigma})$可以解决上述的控制问题。实际上，

满足 $\sigma \equiv 0$ 就必须也满足 $\ddot{\sigma} \equiv 0$。这表明 $\varphi(0,0) = -h(t,x)/g(t,x)$，且 $\sigma = \dot{\sigma} = 0$。但是系统中干扰的存在让 $\sigma = \dot{\sigma} = 0$ 很难实现，因为控制器在 $\ddot{\sigma} = c + ku$、$K_{\mathrm{m}} \leqslant k \leqslant K_{\mathrm{M}}$、$|c| \leqslant C$、$\varphi(0,0) \neq -c/k$ 这个简单的线性系统中根本没有效果。

假设式（4-23）可以全局保证，式（4-21）和式（4-23）意味着动力学公式是一个由包含关系组成的微分方程：

$$\ddot{\sigma} \in [-C, C] + [K_{\mathrm{m}}, K_{\mathrm{M}}]u \tag{4-24}$$

式(4-24)的控制器可以考虑使用二阶滑模算法驱使状态 σ、$\dot{\sigma}$ 到零。式(4-24)中的包含关系表示方程并不能“记住”式（4-17）的初始状态。

所以，控制问题是找到一个反馈控制器：

$$u = \varphi(\sigma, \dot{\sigma}) \tag{4-25}$$

使得式（4-24）中的状态轨迹都在有限时间内收敛到截面 $\sigma = \dot{\sigma} = 0$。

二阶滑模控制算法已经取得了很多开拓性的研究。比较常见的二阶算法包括扭转滑模控制器（Twisting Cotnroller）、半最优滑模控制器（Suboptimal Controller）、半连续滑模控制器（Quasi-Continues Controller）。这 3 种轨迹如图 4-1 所示。

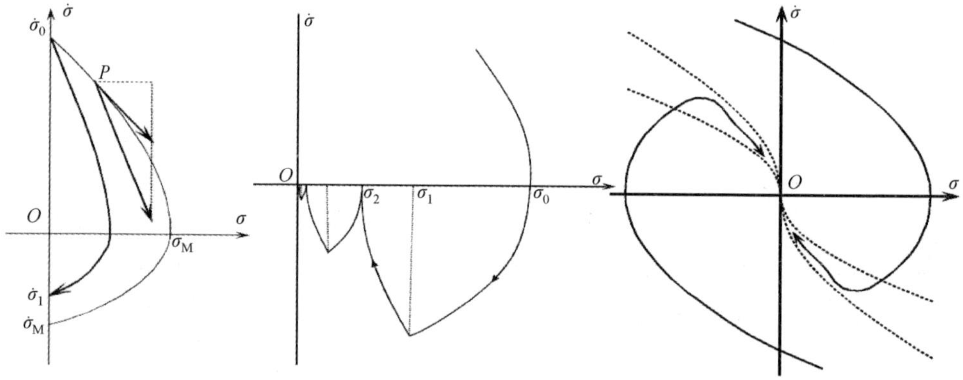

(a) 扭转滑模　(b) 半最优滑模　(c) 半连续滑模

图 4-1　二阶滑模轨迹

但是以上 3 种二阶滑模算法都需要实时测量 $\dot{\sigma}$ 或者至少是 $\mathrm{sgn}(\dot{\sigma})$，也就是为了保证 $\sigma = \dot{\sigma} = 0$，$\sigma$ 和 $\dot{\sigma}$ 都必须可实时测量。这个条件虽然合理，但是在很多情况下不能保证。而超扭二阶滑模控制算法（图 4-2）则只需要知道一阶滑模所需要的测量量 σ，但是却有二阶滑模算法的效果。在 4.2 节中，将会提出一个改进的超扭自适应滑模控制算法，通过 Lyapunov 函数证明了其全局收敛稳定性。

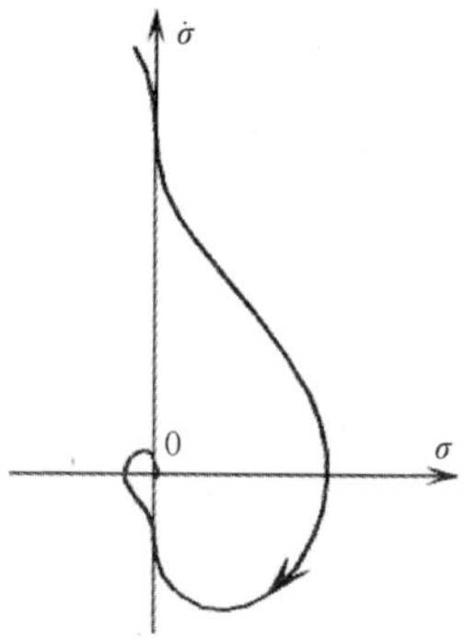

图 4-2　超扭二阶滑模

4.2 改进的超扭自适应滑模变结构控制

4.2.1 控制问题描述

在第 2 章中完成了对飞网机器人系统的动力学建模和分析，其中系统任意编织节点和可机动单元的动力学方程如式（2-26）所示。为了方便控制器设计，将动力学公式重新写成如下形式：

$$\begin{cases}\dot{\boldsymbol{x}}_{\mathrm{I}}=f\left(\boldsymbol{x}_{\mathrm{I}},\boldsymbol{x}_{\mathrm{II}},t\right)\\ \dot{\boldsymbol{x}}_{\mathrm{II}}=f\left(\boldsymbol{x}_{\mathrm{I}},\boldsymbol{x}_{\mathrm{II}},t\right)+g\left(\boldsymbol{x}_{\mathrm{II}},t\right)u\left(t\right)\\ \boldsymbol{y}=\boldsymbol{x}_{\mathrm{II}}\left(t\right)\end{cases} \tag{4-26}$$

式中：$\boldsymbol{x}_{\mathrm{I}}\in\mathbf{R}^{n-m}$（$n>m$）为飞网机器人系统中除了 4 个可机动单元外的所有系绳编织节点；$\boldsymbol{x}_{\mathrm{II}}\in\mathbf{R}^{m}$ 为 4 个可机动单元；$\boldsymbol{y}$ 为系统输出，即为 4 个可机动单元的状态；$u\left(t\right)$ 为控制器输入；$g\left(\boldsymbol{x},t\right)$ 为控制函数。

可机动单元的约束可表示为

$$\begin{aligned}\boldsymbol{\Psi}=\Big\{\boldsymbol{x}_{\mathrm{II}}\Big|&\boldsymbol{x}_{\mathrm{II}}=\left[\boldsymbol{x}_{n-3}\ \ \boldsymbol{x}_{n-2}\ \ \boldsymbol{x}_{n-1}\ \ \boldsymbol{x}_{n}\right]^{\mathrm{T}}\in\mathbf{R}^{m},\\ &\left\|\boldsymbol{x}_{i}-\boldsymbol{x}_{i+1}\right\|_{2}\leqslant l+\varepsilon,i=n-3,n-2,n-1,\\ &\left\|\boldsymbol{x}_{n-3}-\boldsymbol{x}_{n}\right\|_{2}\leqslant l+\varepsilon\Big\}\end{aligned} \tag{4-27}$$

式中：$l+\varepsilon$ 为每两个相邻可机动单元的最大边长；l 为相邻两个可机动单元之间的自然绳长；ε 为连接系绳的最大弹性伸长量。

将式（4-26）进一步改写为

$$\begin{cases}\dot{\boldsymbol{x}}=\boldsymbol{F}\left(\boldsymbol{x},t\right)+\boldsymbol{G}\left(\boldsymbol{x},t\right)\boldsymbol{u}\left(t\right)\\ \boldsymbol{y}=\boldsymbol{x}_{\mathrm{II}}\left(t\right)\end{cases} \tag{4-28}$$

所以每个可机动单元都当作一个单独的子系统而独立存在，所有飞网动力学的振动都当作外界干扰，其具体表达式会在后面改写的系统动力学方程中给出。

选取滑模控制的滑模参数为

$$\boldsymbol{s}_{i}=\boldsymbol{s}_{i}\left(x_{i1},x_{i2}\right)=\sum_{j=1}^{2}c^{j-1}x_{ij} \tag{4-29}$$

式中：$i=1,2,3,4$，为 4 个可机动单元；c 为滑模面参数；x_{i1} 和 x_{i2} 分别为 x_i 的位置状态和速度状态。由于各个可机动单元的控制算法相同，在后续的控制算法推导中，为了表示简洁，将所有的下角标 i 都省略。

将滑模参数对时间求导，可表示为

$$\dot{\boldsymbol{s}} = \underbrace{\frac{\partial \boldsymbol{s}}{\partial t} + \left(\frac{\partial \boldsymbol{s}}{\partial \boldsymbol{x}}\right)^{\mathrm{T}} \boldsymbol{f}(\boldsymbol{x})}_{a(\boldsymbol{x},t)} + \underbrace{\left(\frac{\partial \boldsymbol{s}}{\partial \boldsymbol{x}}\right)^{\mathrm{T}} \boldsymbol{g}(\boldsymbol{x})\boldsymbol{u}(t)}_{b(\boldsymbol{x},t)}$$
$$= a(\boldsymbol{x},t) + u(\boldsymbol{x},t) \tag{4-30}$$

在前面已经提到，本控制问题的关键就是复杂的干扰项，此干扰即具化为由于飞网的柔性而带来的系统振动。在本章中，如不特别提及，所谓的干扰即代表系绳柔性所带来的振动叠加的和。所以对式（4-30）加入干扰项：

$$\dot{\boldsymbol{s}} = a(\boldsymbol{x},t) + u(\boldsymbol{x},t) + d(\boldsymbol{x},t) \tag{4-31}$$

为了对此干扰项进行约束，做了如下假设。

假设 4-1：式（4-31）中的干扰项 $d(\boldsymbol{x},t)$ 满足 $\|d(\boldsymbol{x},t)\| \leqslant \sum_{i=1}^{\tau} c_i \|\boldsymbol{x}\|^i$，其中 τ 和 c_i 都是已知项。

注 4-2：根据文献[108-109]和假设 4-1，可以将干扰 $d(\boldsymbol{x},t)$ 归类为可消失的扰动项，且此干扰是状态 $\boldsymbol{x}$ 的函数。$d(\boldsymbol{x},t)$ 的上限可以改写为

$$\begin{aligned} \|d(\boldsymbol{x},t)\| &\leqslant \sum_{i=1}^{\tau} c_i \|\boldsymbol{x}\|^i \\ &\leqslant c_1\|\boldsymbol{x}\| + c_2\left(\|\boldsymbol{x}\| + \|\boldsymbol{x}\|^{\tau_1}\right) + \cdots + c_{\tau-1}\left(\|\boldsymbol{x}\| + \|\boldsymbol{x}\|^{\tau_1}\right) + c_\tau \|\boldsymbol{x}\|^{\tau_1} \\ &\leqslant c_{a1}\|\boldsymbol{x}\| + c_{a2}\|\boldsymbol{x}\|^{\tau_1} \end{aligned} \tag{4-32}$$

式中：$c_{a1} \triangleq \sum_{i=1}^{\tau-1} c_i$。

定义系统的状态跟踪误差 $\boldsymbol{e} \in \mathbf{R}^m$ 为

$$\boldsymbol{e} = \boldsymbol{x}_{\mathrm{II}} - \boldsymbol{x}_{\mathrm{II},c} \tag{4-33}$$

所以式（4-31）可以进一步写为

$$\begin{aligned} \dot{\boldsymbol{s}} &= a(\boldsymbol{e},t) + u(\boldsymbol{e},t) + d(\boldsymbol{e},t) \\ &= \tilde{a}(\boldsymbol{e},t) + u(\boldsymbol{e},t) \end{aligned} \tag{4-34}$$

假设 4-2：根据假设 4-1 和注 4-2，$d(\boldsymbol{x},t)$ 可以表述为 $d(\boldsymbol{x},t) \leqslant g\left[\phi_1(s)\right]$。根据式（4-32）的推导，可得

$$g\left[\phi_1(s)\right] = c_{a1}\|\boldsymbol{x}\| + c_{a2}\|\boldsymbol{x}\|^{\tau_1} \tag{4-35}$$

式中：$\phi_1(s)$ 为滑模变量的函数，将会在后面算法设计中给出具体定义。

假设 4-3：假设飞网机器人系统中所有状态均可测。

所以，本章的研究内容就是，需要设计一组控制器，保证飞网机器人系统的滑模变量输入–输出动力学方程（式（4-34））在存在上界的干扰 $d(\boldsymbol{x},t) \leqslant g\left[\phi_1(s)\right]$（此上界未知但确实存在）作用下，稳定地飞向待抓捕的目标卫星。

4.2.2 控制器设计及闭环系统稳定性证明

本节所提出的算法是受到 Moreno 等[110]、Nagesh 等[111]和 Wang[112]启发，并在此基础上改进而产生的。提出的改进超扭自适应滑模算法为

$$
\begin{cases}
u=-\alpha_1\left(\nu_1|s|^{\frac{1}{2}}\operatorname{sgn}(s)+\nu_2 s\right)+w \\
\dot{w}=-\alpha_2\left(\dfrac{1}{2}\nu_1^{2}\operatorname{sgn}(s)+\dfrac{3}{2}\nu_1\nu_2|s|^{\frac{1}{2}}\operatorname{sgn}(s)+\nu_2^{2}s\right) \\
\dot{\alpha}_1=\begin{cases}\dfrac{2\kappa+\varepsilon}{1+4\varepsilon^{2}}\phi_1^{2}(s)\dfrac{\partial}{\partial s}\phi_1(s) & (|s|>0) \\ 0 & (|s|=0)\end{cases} \\
\alpha_2=\chi+2\varepsilon\alpha_1-\dfrac{2\varepsilon\chi}{\theta_1}-\dfrac{2\varepsilon}{\theta_2}
\end{cases}
\tag{4-36}
$$

式中：u 为系统关于滑模参数的动力学方程（式（4-34））的控制输入；常数 $\theta_1>0$，$\theta_2>0$ 均为正数；结构参数 $\nu_1>0$，$\nu_2\geqslant 0$，$\chi>0$ 也均为正数；α_1 和 α_2 是自适应标量增益；$\phi_1(s)$ 可具体定义为 $\phi_1(s)=\nu_1|s|^{\frac{1}{2}}\operatorname{sgn}(s)+\nu_2 s$；$\varepsilon$ 为一个任意小的正常数。与 $\phi_1(s)$ 的定义类似，为了更加简洁优雅的数学表达，定义 $\phi_2(s)=\dfrac{1}{2}\nu_1^{2}\operatorname{sgn}(s)+\dfrac{3}{2}\nu_1\nu_2|s|^{\frac{1}{2}}\operatorname{sgn}(s)+\nu_2^{2}s$。

定理 4-1：假设确实存在未知常数 $\varpi>0$，所以干扰 $d(\boldsymbol{x},t)$ 满足假设 4-1 和假设 4-2。对于任意的系统初始状态 $\boldsymbol{x}(0)$ 和 $\boldsymbol{\sigma}(0)$，在式（4-36）的作用下，系统的滑模参数 s 可以在有限时间内到达滑模面 $\boldsymbol{\sigma}=\dot{\boldsymbol{\sigma}}=\boldsymbol{0}$ 并保持在滑模面。

证明：

将式（4-36）代入式（4-34）中，并根据 $\phi_1(s)$ 和 $\phi_2(s)$ 的定义，可以得到简化版的动力学方程为

$$
\begin{cases}
\dot{s}=-\alpha_1\phi_1(s)+w \\
\dot{w}=-\alpha_2\phi_2(s)
\end{cases}
\tag{4-37}
$$

根据 $\phi_1(s)$ 和 $\phi_2(s)$ 的定义，可得

$$
\frac{\partial}{\partial s}\phi_1(s)=\frac{1}{2}\nu_1|s|^{-\frac{1}{2}}+\nu_2 \tag{4-38}
$$

在式（4-36）已经对参数 ν_1 和 ν_2 进行了定义，所以可得

$$
\frac{\partial}{\partial s}\phi_1(s)\geqslant 0 \tag{4-39}
$$

$$\phi_2(s)=\phi_1(s)\frac{\partial}{\partial s}\phi_1(s) \tag{4-40}$$

定义$\xi=[\phi_1(s)\ 0]^{\mathrm{T}}$，则可以得到$\boldsymbol{\xi}$关于时间的导数：

$$\dot{\xi}=\begin{bmatrix}\dot{\phi}_1(s)\\0\end{bmatrix}=\frac{\partial}{\partial s}\phi_1(s)\left\{\begin{bmatrix}-\alpha_1 & 1\\0 & 0\end{bmatrix}\begin{bmatrix}\phi_1(s)\\0\end{bmatrix}+\begin{bmatrix}w\\0\end{bmatrix}\right\}=\frac{\partial}{\partial s}\phi_1(s)(\boldsymbol{A\xi}+\boldsymbol{\rho}) \tag{4-41}$$

式中：$\boldsymbol{A}=\begin{bmatrix}-\alpha_1 & 1\\0 & 0\end{bmatrix}$；$\boldsymbol{\rho}=\begin{bmatrix}\rho_1\\0\end{bmatrix}=\begin{bmatrix}w\\0\end{bmatrix}$。

根据假设 4-1、假设 4-2、式（4-27），可以推导出式（4-41）中的$\boldsymbol{\rho}$为$\|\boldsymbol{\rho}\|=\|\rho_1\|=\|w\|\leqslant g[\phi_1(s)]$。

定义一个正定对称的矩阵$\boldsymbol{P}$为$\boldsymbol{P}=\begin{bmatrix}\chi & -2\varepsilon\\-2\varepsilon & 1\end{bmatrix}$，其中$\chi$是一个正常数（标量）。为了满足 Lyapunov 方程，构造了如下的一个等式：

$$\boldsymbol{A}^{\mathrm{T}}\boldsymbol{P}+\boldsymbol{PA}+\delta\boldsymbol{I}+g^2\boldsymbol{C}^{\mathrm{T}}\boldsymbol{C}+P\boldsymbol{\Theta}^{-1}\boldsymbol{P}=\boldsymbol{Q} \tag{4-42}$$

式中：$\boldsymbol{C}=[1\ 0]^{\mathrm{T}}$；$\boldsymbol{\Theta}=\begin{bmatrix}1 & 0\\0 & 0\end{bmatrix}$。

所以，可以得到$\boldsymbol{Q}$为

$$\boldsymbol{Q}=\begin{bmatrix}-2\alpha_1\chi+4\varepsilon\alpha_2+\delta+g^2+\chi+4\varepsilon^2 & \chi+2\varepsilon\alpha_1-\alpha_2-2\varepsilon\chi\\ \chi+2\varepsilon\alpha_1-\alpha_2-2\varepsilon\chi & -4\varepsilon+4\varepsilon^2+\delta\end{bmatrix} \tag{4-43}$$

构造 Lyapunov 方程为$V_1=\boldsymbol{\xi}^{\mathrm{T}}\boldsymbol{P\xi}$，可以得到其对时间的导数为

$$\begin{aligned}\dot{V}_1&=\dot{\boldsymbol{\xi}}^{\mathrm{T}}\boldsymbol{P\xi}+\boldsymbol{\xi}^{\mathrm{T}}\boldsymbol{P}\dot{\boldsymbol{\xi}}\\&=\left[\frac{\partial}{\partial s}\phi_1(s)(\boldsymbol{A\xi}+\boldsymbol{\rho})\right]^{\mathrm{T}}\boldsymbol{P\xi}+\boldsymbol{\xi}^{\mathrm{T}}\boldsymbol{P}\left[\frac{\partial}{\partial s}\phi_1(s)(\boldsymbol{A\xi}+\boldsymbol{\rho})\right]\\&=\frac{\partial}{\partial s}\phi_1(s)\left[(\boldsymbol{A\xi}+\boldsymbol{\rho})^{\mathrm{T}}\boldsymbol{P\xi}+\boldsymbol{\xi}^{\mathrm{T}}\boldsymbol{P}(\boldsymbol{A\xi}+\boldsymbol{\rho})\right]\\&=\frac{\partial}{\partial s}\phi_1(s)\left[\boldsymbol{\xi}^{\mathrm{T}}\boldsymbol{A}^{\mathrm{T}}\boldsymbol{P\xi}+\boldsymbol{\rho}^{\mathrm{T}}\boldsymbol{P\xi}+\boldsymbol{\xi}^{\mathrm{T}}\boldsymbol{PA\xi}+\boldsymbol{\xi}^{\mathrm{T}}\boldsymbol{P\rho}\right]\\&=\frac{\partial}{\partial s}\phi_1(s)\left[\boldsymbol{\xi}^{\mathrm{T}}(\boldsymbol{A}^{\mathrm{T}}\boldsymbol{P}+\boldsymbol{PA})\boldsymbol{\xi}+\boldsymbol{\rho}^{\mathrm{T}}\boldsymbol{P\xi}+\boldsymbol{\xi}^{\mathrm{T}}\boldsymbol{P\rho}\right]\\&=\frac{\partial}{\partial s}\phi_1(s)\left\{\begin{bmatrix}\boldsymbol{\xi}\\\boldsymbol{\rho}\end{bmatrix}^{\mathrm{T}}\begin{bmatrix}\boldsymbol{A}^{\mathrm{T}}\boldsymbol{P}+\boldsymbol{PA} & \boldsymbol{P}\\\boldsymbol{P} & 0\end{bmatrix}\begin{bmatrix}\boldsymbol{\xi}\\\boldsymbol{\rho}\end{bmatrix}\right\}\end{aligned} \tag{4-44}$$

若根据 Lyapunov 系统渐进稳定定理，由构造的式（4-42）和式（4-44）可知，系统渐进稳定需要满足$Q\leqslant 0$，即

$$\begin{cases}\alpha_1 \leqslant \dfrac{1}{2\left(\chi-4\varepsilon^2\right)}\left[\delta+g^2+\chi^2+4\varepsilon\chi-8\varepsilon^2\chi+4\varepsilon^2\right] \\ \alpha_2=\chi+2\varepsilon\alpha_1-2\varepsilon\chi \\ \delta<4\varepsilon-4\varepsilon^2\end{cases} \tag{4-45}$$

根据 g 、$\boldsymbol{C}$ 和 $\boldsymbol{\Theta}$ 的定义，所推导的 Lyapunov 方程的导数式（4-44）可以进一步推导为

$$\dot{V}_1 \leqslant \frac{\partial}{\partial s}\phi_1(s)\left\{\begin{bmatrix}\boldsymbol{\xi} \\ \boldsymbol{\rho}\end{bmatrix}^{\mathrm{T}}\left(\begin{bmatrix}\boldsymbol{A}^{\mathrm{T}}\boldsymbol{P}+\boldsymbol{P}\boldsymbol{A} & \boldsymbol{P} \\ \boldsymbol{P} & 0\end{bmatrix}+\begin{bmatrix}g^2\boldsymbol{C}^{\mathrm{T}}\boldsymbol{C} & 0 \\ 0 & -\boldsymbol{\Theta}\end{bmatrix}\right)\begin{bmatrix}\boldsymbol{\xi} \\ \boldsymbol{\rho}\end{bmatrix}\right\} \tag{4-46}$$

因为 $\begin{bmatrix}\boldsymbol{\xi} \\ \boldsymbol{\rho}\end{bmatrix}^{\mathrm{T}}\begin{bmatrix}g^2\boldsymbol{C}^{\mathrm{T}}\boldsymbol{C} & 0 \\ 0 & -\boldsymbol{\Theta}\end{bmatrix}\begin{bmatrix}\boldsymbol{\xi} \\ \boldsymbol{\rho}\end{bmatrix}=\boldsymbol{\xi}^{\mathrm{T}}g^2\boldsymbol{C}^{\mathrm{T}}\boldsymbol{C}\boldsymbol{\xi}-\boldsymbol{\rho}^{\mathrm{T}}\boldsymbol{\Theta}\boldsymbol{\rho}=\left(\phi_1^{\,2}(s)+w^2\right)g^2-w^2 \geqslant 0$（由假设 4-2 和式（4-41）得到），所以 Lyapunov 方程导数可以进一步写为

$$\begin{aligned}\dot{V}_1 &\leqslant \frac{\partial}{\partial s}\phi_1(s)\left\{\begin{bmatrix}\boldsymbol{\xi} \\ \boldsymbol{\rho}\end{bmatrix}^{\mathrm{T}}\begin{bmatrix}\boldsymbol{A}^{\mathrm{T}}\boldsymbol{P}+\boldsymbol{P}\boldsymbol{A}+g^2\boldsymbol{C}^{\mathrm{T}}\boldsymbol{C} & \boldsymbol{P} \\ \boldsymbol{P} & -\boldsymbol{\Theta}\end{bmatrix}\begin{bmatrix}\boldsymbol{\xi} \\ \boldsymbol{\rho}\end{bmatrix}\right\} \\ &=\frac{\partial}{\partial s}\phi_1(s)\left\{\begin{bmatrix}\boldsymbol{\xi} \\ \boldsymbol{\rho}\end{bmatrix}^{\mathrm{T}}\begin{bmatrix}\boldsymbol{Q} & \boldsymbol{P} \\ \boldsymbol{P} & -\boldsymbol{\Theta}\end{bmatrix}\begin{bmatrix}\boldsymbol{\xi} \\ \boldsymbol{\rho}\end{bmatrix}\right\} \\ &\leqslant -\frac{\partial}{\partial s}\phi_1(s)\varpi\|\xi\|^2\end{aligned} \tag{4-47}$$

定义完整的 Lyapunov 方程为 $V(\xi,\alpha_1,\alpha_2)=V_1(\xi)+\dfrac{1}{2\gamma_1}\left(\alpha_1-\alpha_1^{\,*}\right)^2+\dfrac{1}{2\gamma_2}\cdot\left(\alpha_2-\alpha_2^{\,*}\right)^2$，其中 $\alpha_1^{\,*}$ 与 $\alpha_2^{\,*}$ 分别为正常数，且是 $\alpha_1(t)$ 和 $\alpha_2(t)$ 的上限。则有 $\dot{V}(\xi,\alpha_1,\alpha_2)$ 为

$$\begin{aligned}\dot{V}(\xi,\alpha_1,\alpha_2)&=-rV_1^{\frac{1}{2}}(\xi)+\frac{1}{\gamma_1}\left(\alpha_1-\alpha_1^{\,*}\right)\dot{\alpha}_1+\frac{1}{\gamma_2}\left(\alpha_2-\alpha_2^{\,*}\right)\dot{\alpha}_2 \\ &=-rV_1^{\frac{1}{2}}(\xi)-\frac{\omega_1}{\sqrt{2r_1}}\left|\alpha_1-\alpha_1^{\,*}\right|-\frac{\omega_2}{\sqrt{2r_2}}\left|\alpha_2-\alpha_2^{\,*}\right| \\ &\quad+\frac{1}{\gamma_1}\left(\alpha_1-\alpha_1^{\,*}\right)\dot{\alpha}_1+\frac{1}{\gamma_2}\left(\alpha_2-\alpha_2^{\,*}\right)\dot{\alpha}_2+\frac{\omega_1}{\sqrt{2r_1}}\left|\alpha-\alpha^{*}\right|+\frac{\omega_2}{\sqrt{2r_2}}\left|\alpha_2-\alpha_2^{\,*}\right| \\ &\leqslant -\min(r,\omega_1,\omega_2,\omega_3)\left[V_1(\xi)+\frac{1}{2r_1}\left(\alpha_1-\alpha_1^{\,*}\right)^2+\frac{1}{2r_2}\left(\alpha_2-\alpha_2^{\,*}\right)^2\right]^{\frac{1}{2}} \\ &\quad+\frac{1}{\gamma_1}\left(\alpha_1-\alpha_1^{\,*}\right)\dot{\alpha}_1+\frac{1}{\gamma_2}\left(\alpha_2-\alpha_2^{\,*}\right)\dot{\alpha}_2+\frac{\omega_1}{\sqrt{2r_1}}\left|\alpha_1-\alpha_1^{\,*}\right|+\frac{\omega_2}{\sqrt{2r_2}}\left|\alpha_2-\alpha_2^{\,*}\right|\end{aligned} \tag{4-48}$$

因为对于任意 $\forall t \geqslant 0$ 都有 $\alpha(t)-\alpha^{*}<0$ 和 $\beta(t)-\beta^{*}<0$，所以可得

$$\dot{V}(\xi,\alpha_1,\alpha_2) \leqslant -\min(r,\omega_1,\omega_2)V^{\frac{1}{2}}+\Pi \tag{4-49}$$

式中：$\Pi=-\left|\alpha_1-\alpha_1^{*}\right|\left(\frac{1}{\gamma_1}\dot{\alpha}_1-\frac{\omega_1}{\sqrt{2r_1}}\right)-\left|\alpha_2-\alpha_2^{*}\right|\left(\frac{1}{\gamma_2}\dot{\alpha}_2-\frac{\omega_2}{\sqrt{2r_2}}\right)$。只需要令 $\Pi=0$ 且仔细选择参数 ω_1、γ_1、ω_2 和 γ_2，即可得到式（4-36）中的辨识率，且有 $\dot{V}(\xi,\alpha_1,\alpha_2,\vartheta) \leqslant -\min(r,\omega_1,\omega_2)V^{\frac{1}{2}}$。

至此，完成了整个控制算法的稳定性证明。对于任意的起始状态 $\boldsymbol{x}(0)$ 和 $\boldsymbol{s}(0)$，以及给定的合适自适应增益 α_1 和 α_2，采用式（4-36）中的超扭自适应滑模控制算法以及相应的自适应律，可以驱使系统状态达到既定的滑模面 $s=\dot{s}=0$。

注 4-3：在式（4-36）中，使用的是标量表示。这是因为在 4.2.1 节控制问题描述中，已经将第 2 章中所推导的系统动力学公式进行了重新归纳，即只提取了 4 个可机动单元的状态方程，而其他系绳编织节点动力学仅仅作为干扰项。所以根据图 2-12 中的节点标号可以确定 $\boldsymbol{x}_{Aa}$、$\boldsymbol{x}_{Ak}$、$\boldsymbol{x}_{Ka}$ 和 $\boldsymbol{x}_{Kk}$ 分别表示 4 个可机动单元的状态向量，则基于控制器设计的动力学公式可以重新写为

$$\begin{cases}
\ddot{x}_{Aa}=f\begin{pmatrix} x_{Ba},x_{Bb},x_{Bc},x_{Bd},y_{Ba},y_{Bb},y_{Bc},y_{Bd},z_{Ba},z_{Bb},z_{Bc},z_{Bd}, \\ \dot{x}_{Ba},\dot{x}_{Bb},\dot{x}_{Bc},\dot{x}_{Bd},\dot{y}_{Ba},\dot{y}_{Bb},\dot{y}_{Bc},\dot{y}_{Bd},\dot{z}_{Ba},\dot{z}_{Bb},\dot{z}_{Bc},\dot{z}_{Bd},t \end{pmatrix} \\
\ddot{y}_{Aa}=f\begin{pmatrix} x_{Ba},x_{Bb},x_{Bc},x_{Bd},y_{Ba},y_{Bb},y_{Bc},y_{Bd},z_{Ba},z_{Bb},z_{Bc},z_{Bd}, \\ \dot{x}_{Ba},\dot{x}_{Bb},\dot{x}_{Bc},\dot{x}_{Bd},\dot{y}_{Ba},\dot{y}_{Bb},\dot{y}_{Bc},\dot{y}_{Bd},\dot{z}_{Ba},\dot{z}_{Bb},\dot{z}_{Bc},\dot{z}_{Bd},t \end{pmatrix} \\
\ddot{z}_{Aa}=f\begin{pmatrix} x_{Ba},x_{Bb},x_{Bc},x_{Bd},y_{Ba},y_{Bb},y_{Bc},y_{Bd},z_{Ba},z_{Bb},z_{Bc},z_{Bd}, \\ \dot{x}_{Ba},\dot{x}_{Bb},\dot{x}_{Bc},\dot{x}_{Bd},\dot{y}_{Ba},\dot{y}_{Bb},\dot{y}_{Bc},\dot{y}_{Bd},\dot{z}_{Ba},\dot{z}_{Bb},\dot{z}_{Bc},\dot{z}_{Bd},t \end{pmatrix} \\
\qquad\qquad\qquad\vdots \\
\ddot{x}_{Ka}=f\left(x_{Ja},x_{Jb},y_{Ja},y_{Jb},z_{Ja},z_{Jb},\dot{x}_{Ja},\dot{x}_{Jb},\dot{y}_{Ja},\dot{y}_{Jb},\dot{z}_{Ja},\dot{z}_{Jb},t\right)+u_{Ka_x} \\
\ddot{y}_{Ka}=f\left(x_{Ja},x_{Jb},y_{Ja},y_{Jb},z_{Ja},z_{Jb},\dot{x}_{Ja},\dot{x}_{Jb},\dot{y}_{Ja},\dot{y}_{Jb},\dot{z}_{Ja},\dot{z}_{Jb},t\right)+u_{Ka_y} \\
\ddot{z}_{Ka}=f\left(x_{Ja},x_{Jb},y_{Ja},y_{Jb},z_{Ja},z_{Jb},\dot{x}_{Ja},\dot{x}_{Jb},\dot{y}_{Ja},\dot{y}_{Jb},\dot{z}_{Ja},\dot{z}_{Jb},t\right)+u_{Ka_z} \\
\qquad\qquad\qquad\vdots \\
\ddot{x}_{Kd}=f\left(x_{Jg},x_{Jh},y_{Jg},y_{Jh},z_{Jg},z_{Jh},\dot{x}_{Jg},\dot{x}_{Jh},\dot{y}_{Jg},\dot{y}_{Jh},\dot{z}_{Jg},\dot{z}_{Jh},t\right)+u_{Kd_x} \\
\ddot{y}_{Kd}=f\left(x_{Jg},x_{Jh},y_{Jg},y_{Jh},z_{Jg},z_{Jh},\dot{x}_{Jg},\dot{x}_{Jh},\dot{y}_{Jg},\dot{y}_{Jh},\dot{z}_{Jg},\dot{z}_{Jh},t\right)+u_{Kd_y} \\
\ddot{z}_{Kd}=f\left(x_{Jg},x_{Jh},y_{Jg},y_{Jh},z_{Jg},z_{Jh},\dot{x}_{Jg},\dot{x}_{Jh},\dot{y}_{Jg},\dot{y}_{Jh},\dot{z}_{Jg},\dot{z}_{Jh},t\right)+u_{Kd_z}
\end{cases} \tag{4-50}$$

超扭自适应滑模变结构控制算法的控制结构框图如图 4-3 所示。

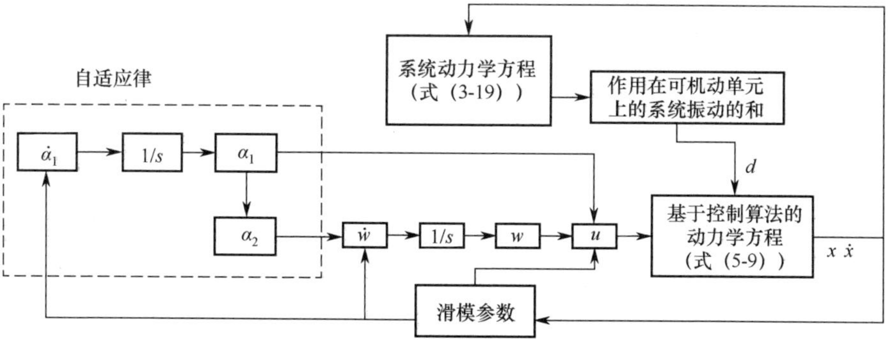

图 4-3　控制结构框图

4.2.3　仿真验证及分析

根据第 3 章中对空间飞网机器人释放特性的研究，选取可机动单元的初始弹射条件为：弹射角度$\alpha = 60^\circ$，弹射速度$\left|\boldsymbol{v}_{\mathrm{MU}i}\right| = 0.1\mathrm{m/s}$，飞网在发射筒中的折叠方式为“星星”式折叠。具体的空间仿真环境为：地球同步轨道的轨道高度为 36000mm，角速度为$\omega = 9.2430\times10^{-5}\mathrm{rad/s}$，轨道倾角为 0°。飞网机器人的相关仿真参数见表 4-1。

表 4-1　空间飞网机器人系统参数

系统参数	值
单个可机动单元质量/kg	20
整个飞网质量/kg	2
飞网边长/m	5
飞网网格的边长/m	0.5
飞网的编织材料	Kevlar®
编织系绳的横截面直径/mm	1
编织系绳的弹性模量/MPa	124000
编织系绳的阻尼	0.01

如 2.1 节所设计的典型任务流程，空间飞网机器人的可机动单元在由平台卫星弹射释放后，先自由飞行，在此阶段飞网会被动展开。在自由飞行的最终点，可机动单元在展开平面上两个方向的速度降到零，表明飞网的自由飞行段结束。此刻，可机动单元的执行器打开，进入控制飞行段。飞网机器人的弹射释放和逼近飞行中，相对目标卫星的坐标系定义如图 4-4 所示。在本章中，可机动单元在$t = 38.09\mathrm{s}$时刻打开执行器，而飞网 4 个可机动单元在自由飞行终点时刻的位置依次为$(1.4378,1.4390,1.4390)$、$(1.4378,1.4390,-1.4390)$、$(1.4378,-1.4390,1.4390)$和$(1.4378,-1.4390,-1.4390)$。对应此初始状态，4 个可机动单元的期望状态依次为

$\left(1.4378+0.1(t-38.09),1.7,1.7\right)$、$\left(1.4378+0.1(t-38.09),1.7,-1.7\right)$、$\left(1.4378+0.1\cdot(t-38.09),-1.7,1.7\right)$和$\left(1.4378+0.1(t-38.09),-1.7,-1.7\right)$。对 4 个可机动单元在 x 方向上的期望速度为 0.1m/s，而 y 和 z 方向上的期望速度均为 0。

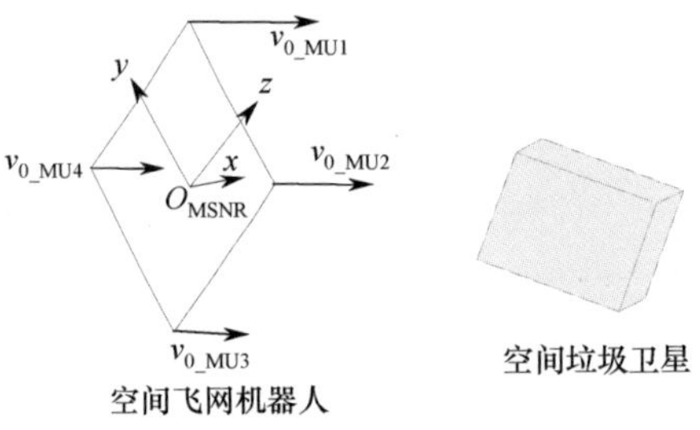

图 4-4　空间飞网机器人的释放坐标系

基于上述仿真环境，对基于控制算法（式（4-36））下的系统动力学方程（式（2-26））进行数字模拟仿真。图 4-3 所示为系统的控制结构框图，为了充分利用滑模控制器的强鲁棒性，也同时简便控制器设计，将系统的动力学方程分化成为可机动单元的动力学方程部分和飞网运动的运动部分，且飞网的运动部分则作为干扰输入。图 4-3 中的虚线方框内所示为超扭自适应滑模算法中的滑模参数自适应律，w 作为二阶滑模部分构成了整个的控制算法 u。图 4-3 中的滑模参数具体如式（4-29）所示。

图 4-5～图 4-7 所示为飞网机器人系统分别在一阶滑模控制器和本章所提出的改进超扭自适应滑模控制器下，4 个可机动单元在整个释放和初始逼近段的位置运动。图 4-5～图 4-7 中灰色实线均表示一阶滑模算法，黑色实线表示本章所提出的算法。从 3 个仿真结果可以看出，无论是在哪个位置方向上，本章所提出的改进控制算法均表现良好。但是一阶滑模在 y、z 两个方向上的表现结果优于 x 方向。这是因为在本仿真中，y、z 两个方向上的期望状态均为定值，而 x 方向的期望状态为一条光滑曲线，这就使得一阶滑模算法下的可机动单元状态一直在“追赶”期望状态，而由于不可自适应的控制器输出，难免会“追过”，从而继续反向追赶期望状态。而本章所提出的算法则可以保证系统状态在任意运动方向上都达到并稳定在期望状态。

值得注意的是，可以看到在 3 个方向的仿真结果中都存在一个现象，就是在本章所提出算法下的仿真结果中，可机动单元状态没有超调。在通常的控制器设计中，没有超调往往表示了状态的响应时间过慢，并不是一个完美的结果，适当的超调可以保证状态的快速响应。但是这个结果并不适用于本书的被控对象。在本章的引言和控制问题描述中已经阐述过飞网机器人柔性所带来的振动“传递”问题。可机动单元控制执行器的正、负两个输出就会产生一个振动源由飞网作为介质传递向整个飞网。所以，在飞网机器人控制算法仿真的参数调节中要特别注意，状态变量应稳定地靠近期望值。

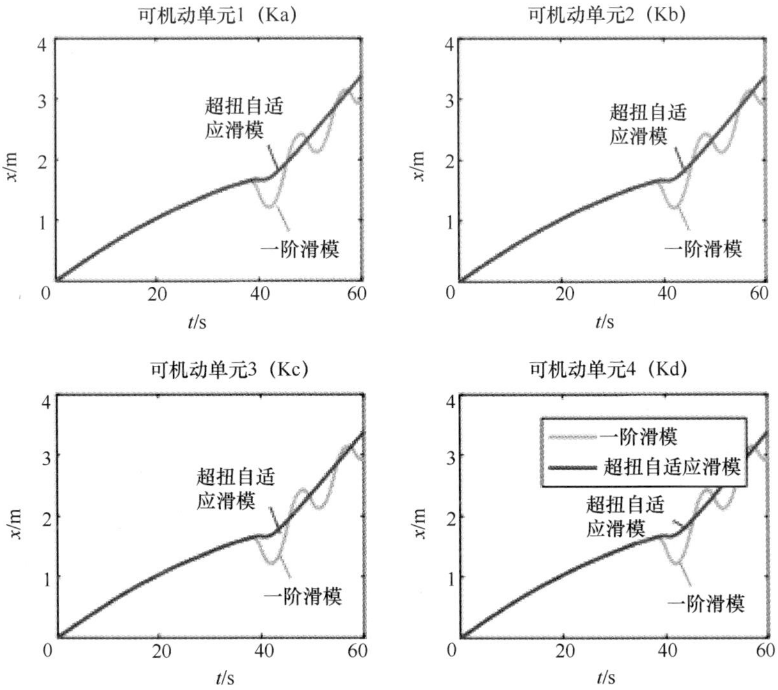

图 4-5　可机动单元在 x 方向的位置运动

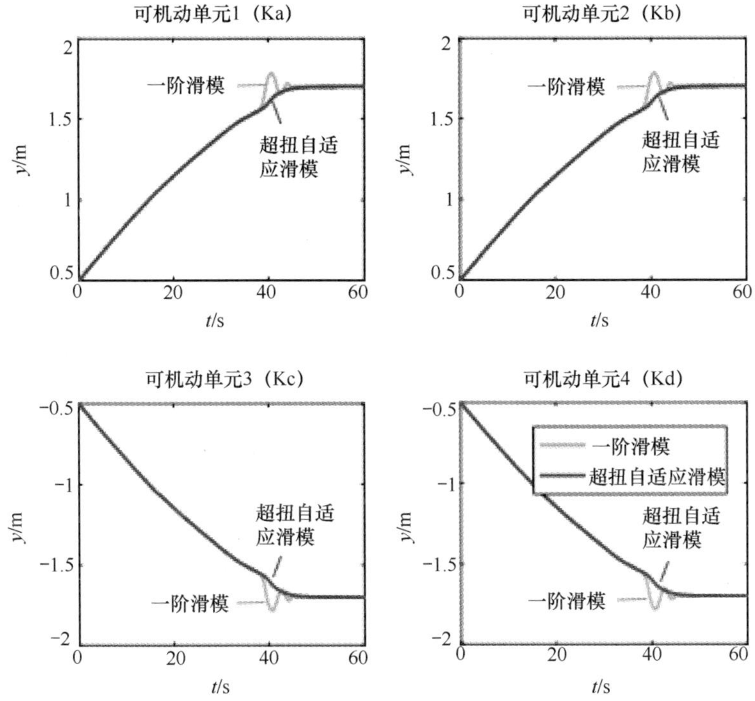

图 4-6　可机动单元在 y 方向的位置运动

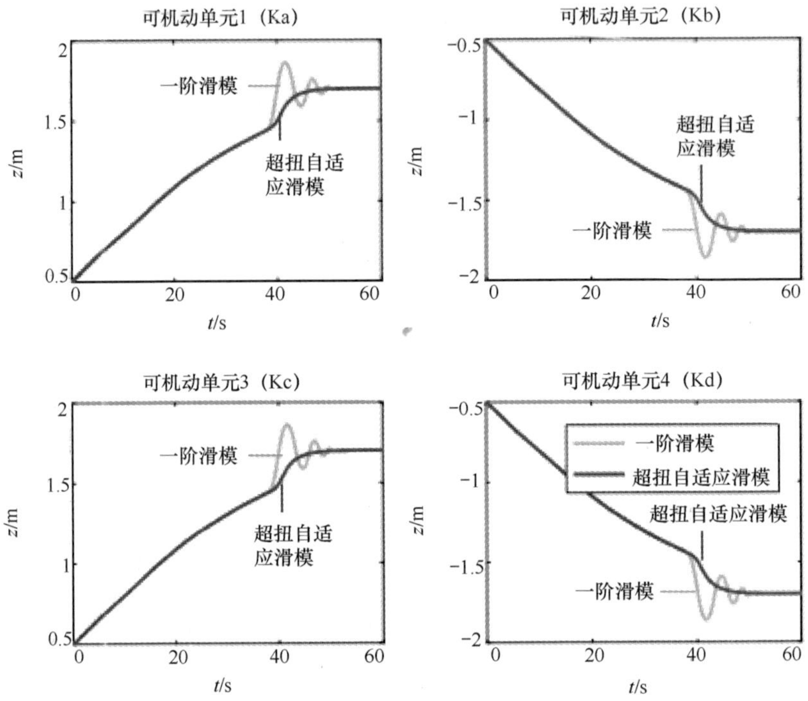

图 4-7　可机动单元在 z 方向的位置运动

图 4-8～图 4-10 所示分别为不同算法下可机动单元在飞网展开平面上的控制力对比。可以看到，虽然在图 4-6 和图 4-7 中飞网在一阶滑模算法的控制下也能快速展开，并在展开后稳定在期望滑模面上，但是再配合图 4-9 和图 4-10，就可知此稳定状态是以牺牲控制器的高频工作为前提的。这是一个典型的一阶滑模算法。作为对比，可以看到本章所提出的控制算法可以大大降低控制器的输出幅值和频率。相较于前面的可机动单元状态仿真结果，这部分的控制输入仿真结果更能说明改进算法的优越性。

图 4-11～图 4-13 所示为可机动单元在 3 个方向上的速度变化仿真结果。由式（4-29）的定义 $\boldsymbol{s}_i = \boldsymbol{s}_i\left(x_{i1}, x_{i2}\right) = \sum_{j=1}^{2} c^{j-1} x_{ij}$ 可知，滑模面是由状态位置信息和速度信息共同构成的。在控制器的作用下，系统要达到此滑模面的条件就是系统状态（误差）和状态（误差）的一阶导数都为零。由仿真结果可知，可机动单元在 x 方向上可以达到期待状态 0.1m/s，在 y 和 z 方向上可以达到速度为零，并在零的周围有微小振动。这说明可机动单元在达到期望状态后几乎可以保持速度为零的稳定状态。另外，可以看到在 t=38.09s 之前，飞网机器人在 y 和 z 方向上的速度已经达到零，说明飞网已经在自由飞行阶段展开到了极限，如果推力器再不引入，飞网将会收缩陷入混沌，这一结论与之前的分析结果一致。

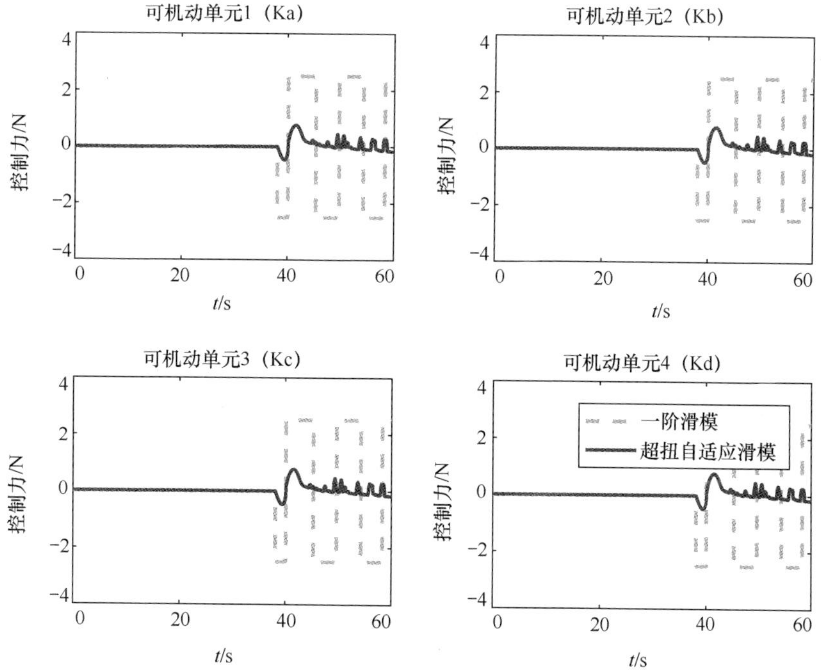

图 4-8 可机动单元在 x 方向的控制力

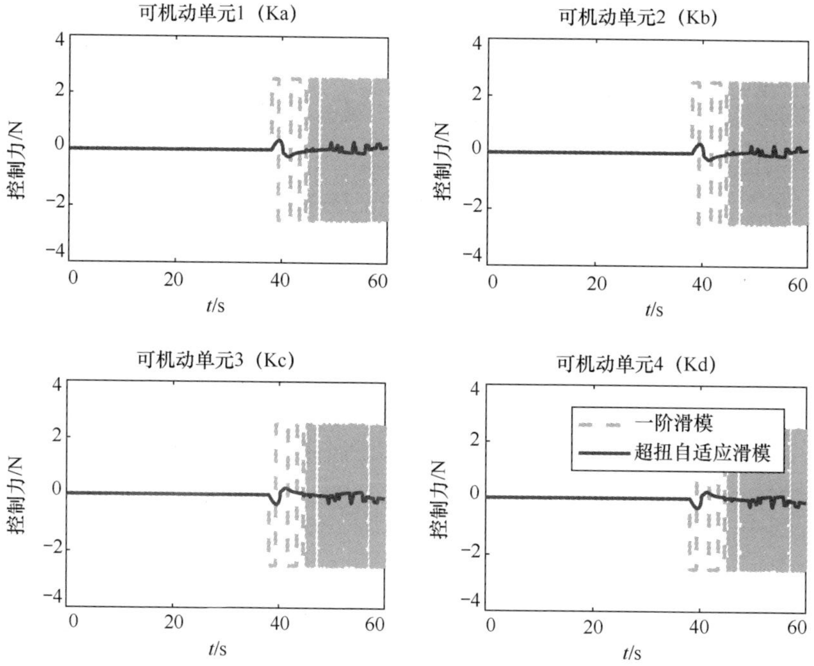

图 4-9 可机动单元在 y 方向的控制力

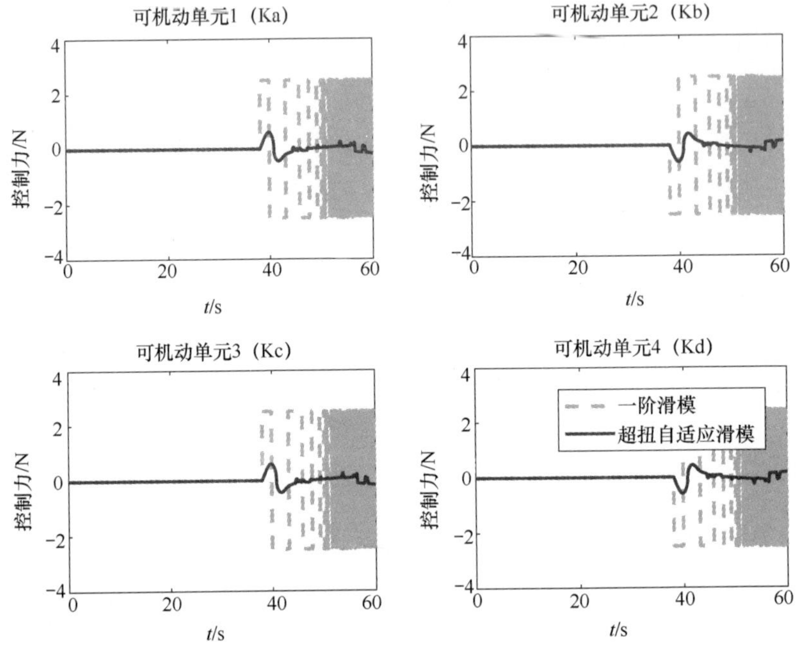

图 4-10　可机动单元在 z 方向的控制力

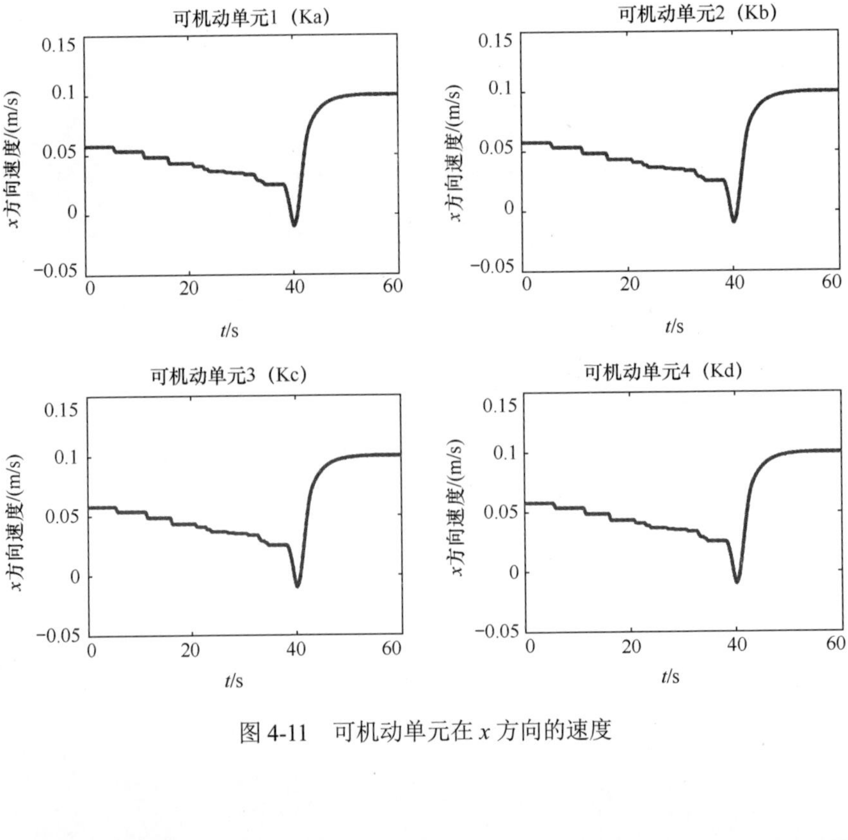

图 4-11　可机动单元在 x 方向的速度

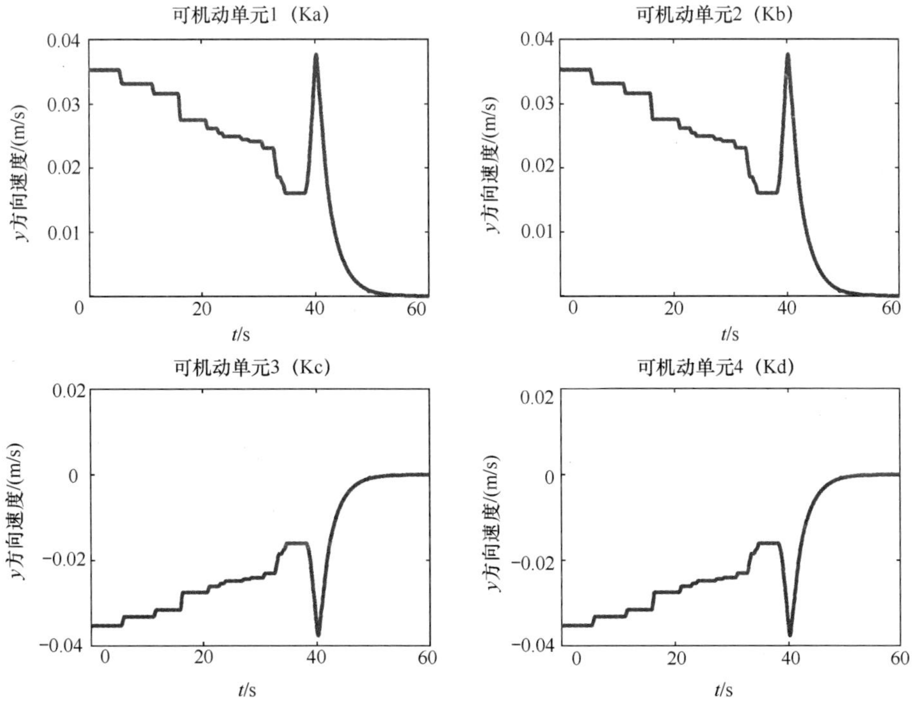

图 4-12　可机动单元在 y 方向的速度

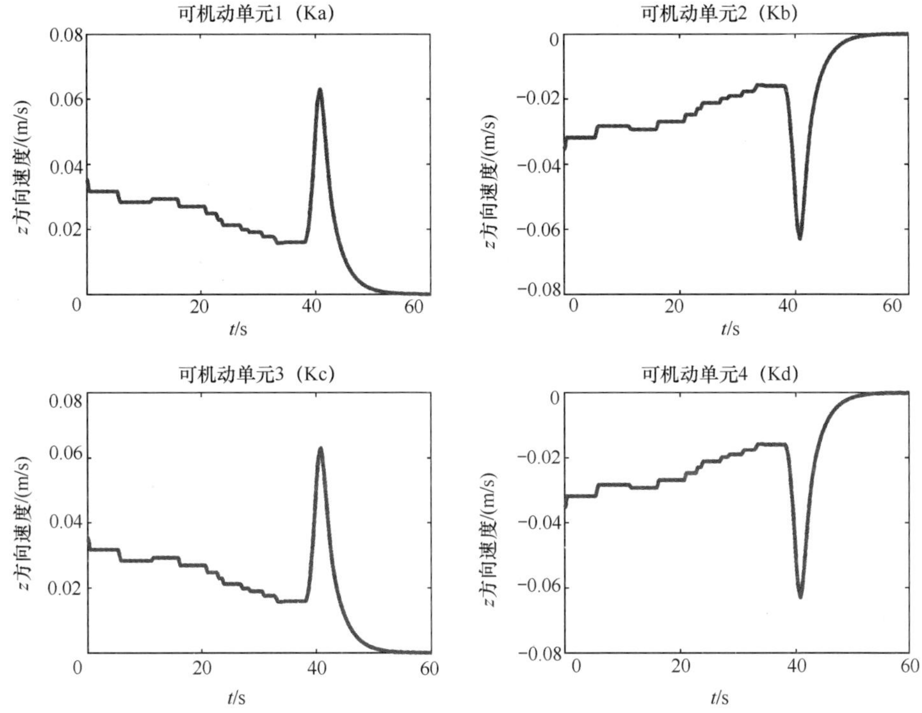

图 4-13　可机动单元在 z 方向的速度

虽然由滑模参数的定义$\boldsymbol{s}_i = \boldsymbol{s}_i\left(e_{i1}, e_{i2}\right) = \sum_{j=1}^{2} c^{j-1} e_{ij}$可知，只要状态及其一阶导数都为零，即表示达到滑模面，但是选择不同的滑模面参数c，会有不同性质的滑模面。在本章中的滑模面参数选择为c=0.4。飞网机器人在t=38.09s时开始引入控制器并由可机动单元的执行器执行控制指令，在t=38.09s这一时刻，由系统初始误差状态$\left(e_0, \dot{e}_0\right)$组成的相平面图上，选择相对最靠近$\left(e_0, \dot{e}_0\right)$点的，且尽量对$e$和$\dot{e}$同等权重的滑模面。同时，根据不同系统，对$e$和$\dot{e}$的权重不同。图4-14～图4-16所示为4个可机动单元在3个方向上的滑模参数s_x、s_y和s_z。由仿真结果可以看到，在改进超扭自适应滑模算法的控制下，可以快速达到所设计的滑模面，并几乎可以保持在滑模面上。

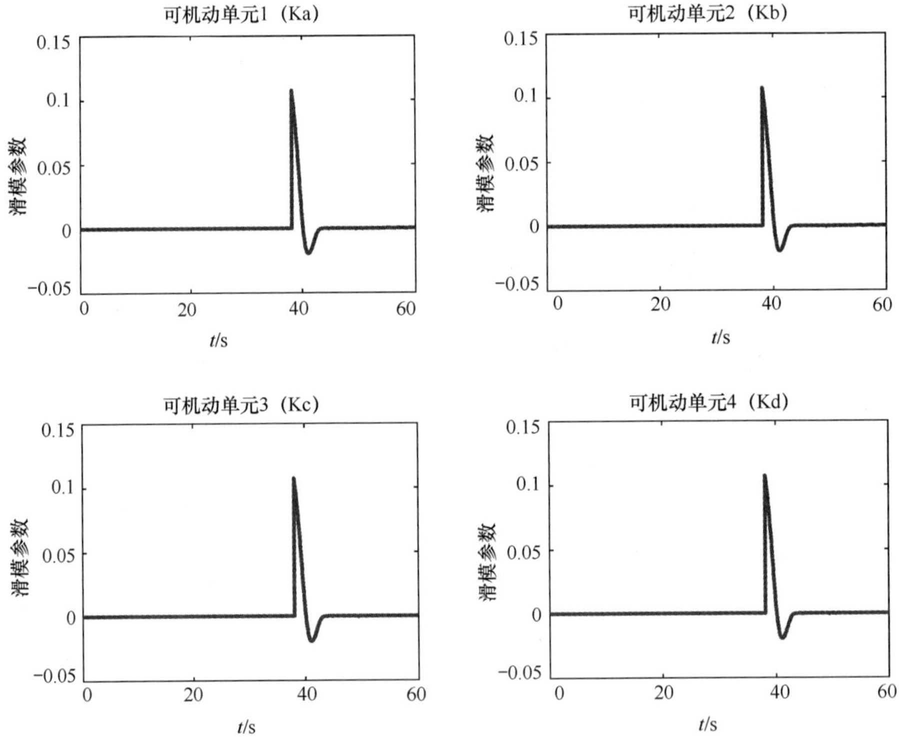

图4-14　滑模参数s_x

图4-17（a）～（c）所示分别为飞网在$t = 38.09$s和$t = 60$s时，飞网机器人在本章所提算法和一阶滑模算法下的全系统构型。图4-17中的所有红色圆圈表示飞网的系绳编织节点，蓝色的实线表示飞网的编织系绳，图4-17中：相邻蓝色实线之间构成的四边形即为飞网的编织网格；飞网的4个交角处的红色圆圈即表示4个可机动单元；绿色虚线所构成的四边形即为可机动单元构成的有效飞网张口，

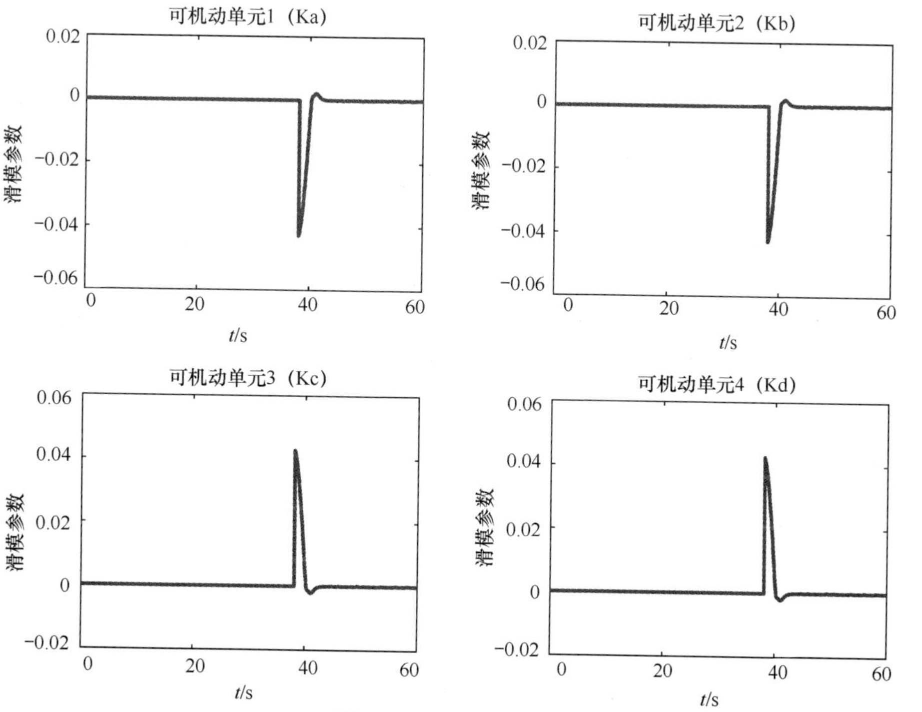

图 4-15　滑模参数 s_y

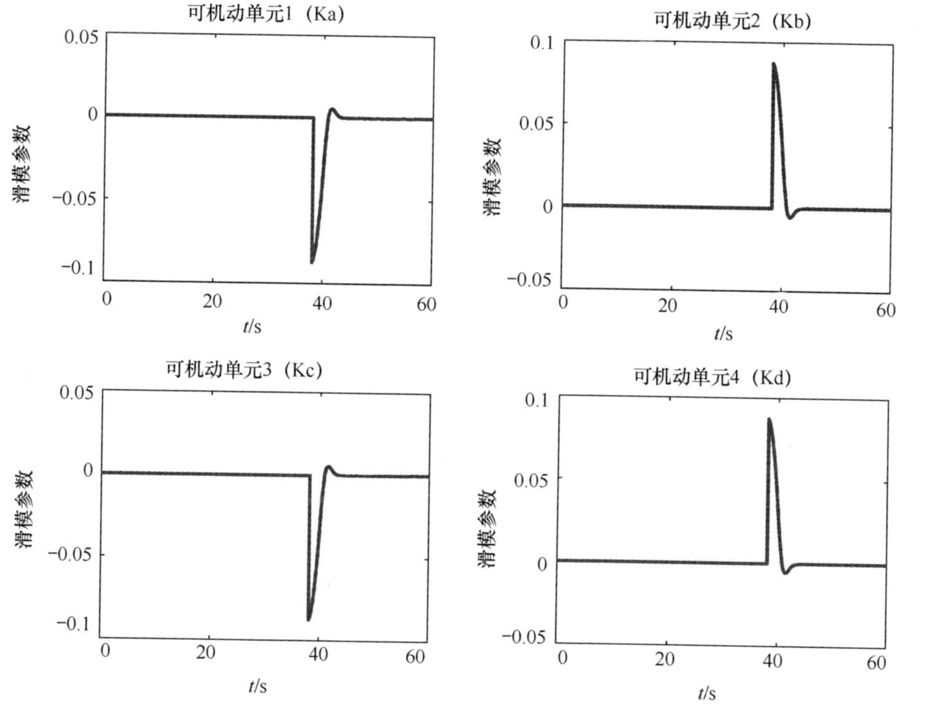

图 4-16　滑模参数 s_z

由目标卫星的主体卫星尺寸决定。在实际的抓捕任务中，飞网机器人逼近段的最终有效飞网张口是任务能否完成的关键之一。由图 4-17（a）和（b）之间的对比可知，在 $t=38.09$s 时，虽然飞网可机动单元在 y 和 z 的方向上的速度已经为零，但是飞网显然并没有完全展开。在本章所提出算法的控制下，飞网继续在 x 方向上飞向目标卫星，并在 y 和 z 的方向上继续展开，直至达到期望的状态。如图 4-17（b）所示，在 $t=60$s 时，飞网已完全展开。由图 4-17（b）和（c）之间的对比可知，虽然一阶滑模算法下，飞网的可机动单元也能达到期望值，但是飞网构型反而没有 $t=38.09$s 时的展开。利用第 4 章中所提到的 3 个评价准则可知，虽然图 4-17（b）和（c）的有效面积相同，但图 4-17（b）中构型的有效体积约为 19.8m^3，而

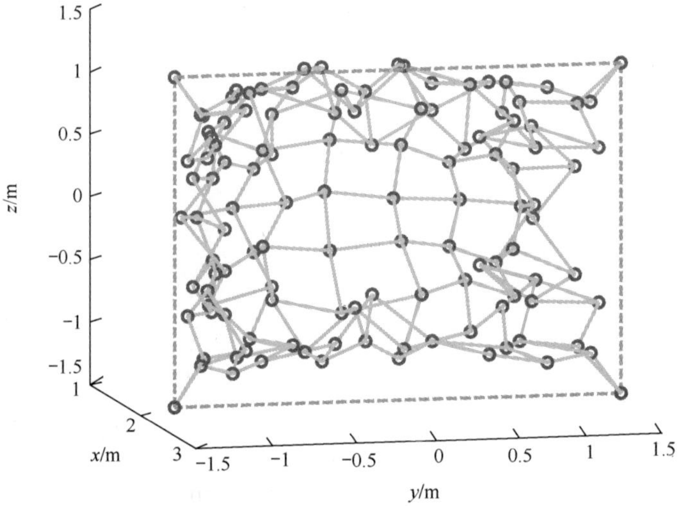

（a）t=38.09s

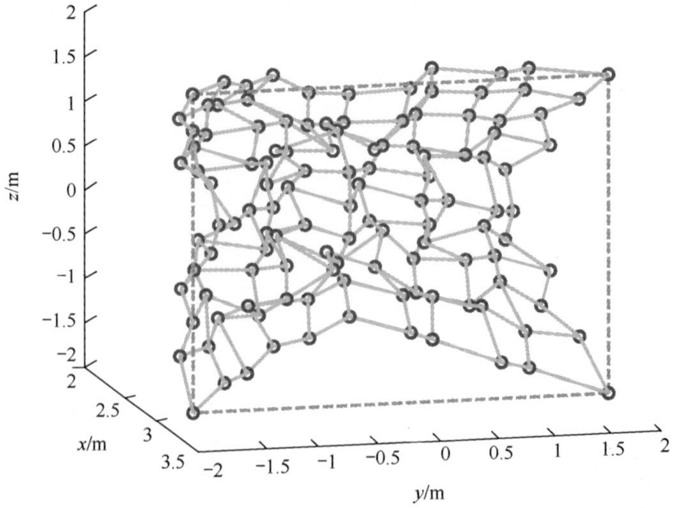

（b）t=60s

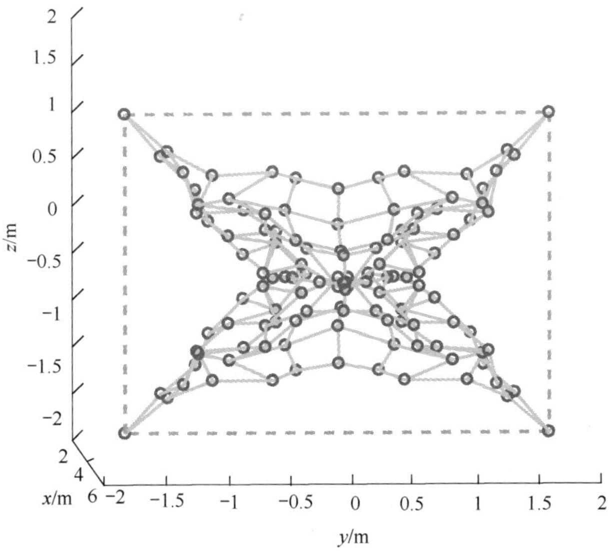

(c) t=60s

图 4-17　飞网构型（见彩插）

图 4-17（b）中构型的有效体积只有约 4.1m^3。所以本章所提出的控制算法不仅可以保证飞网机器人的可机动单元达到期望状态，还能使不可控的飞网部分保持较好的构型。值得注意的是，虽然飞网的设计边长为 5m，而期望状态只有 3.4m，但是飞网几乎已达到了展开极限。这是因为如果飞网完全展开成 5m×5m 的平面，则编织系绳完全张紧，并不利于控制。为了保证飞网的稳定以及浅 U 形立体构型，相邻两个可机动单元间的直线连接距离不要超过 3.5m。

第 5 章　未知不确定干扰下欠驱动空间飞网机器人逼近段稳定控制

在第 4 章中，已经解决了可机动单元执行器打开瞬间，状态跳变所带来的整个系统稳定控制问题。但是，该问题没有考虑可能存在的连接主系绳等的外界干扰，同时依赖于外界干扰存在上界这一假设。根据空间绳系机器人的相关研究可知，在绳系抓捕装置的释放中，平台卫星释放机构的失误会造成连接主系绳张力的高频变化。在本章的逼近段稳定控制研究中，考虑了一个更加复杂的被控对象，即由连接主系绳的突然绷紧所带来的高频振动干扰下的空间飞网机器人。根据第 2 章的系统动力学建模可知，空间飞网机器人系统是一个典型的混沌系统，且任意的外界干扰都能通过编织系绳的弹性作用激励整个飞网的所有编织节点振动，从而导致整个飞网机器人的运动发散。所以，如何在只有 4 个可机动单元可控的欠驱动情况下，在持续存在且变化的外力和动力学建模误差的作用下，完成飞网机器人的系统稳定控制问题是本章的研究重点。

为了解决此问题，在第 4 章超扭自适应滑模控制算法的基础上，创新性地引入了自适应模糊辨识器，利用其通用的非线性逼近能力，辨识由飞网不可控部分的振动叠加和外界的持续变化干扰力，以及系统动力学方程的模型误差共同构成的控制干扰。文章提出的模糊自适应超扭滑模控制算法，既继承了滑模算法的强鲁棒性、易于设计等优点，又能利用模糊算法的通用非线性逼近能力辨识控制干扰，从而解决滑模算法中的“控制过量”问题，达到精准控制的要求，最大程度地减少滑模算法中所固有的抖振问题，减少燃料消耗，延长执行器使用寿命。

模糊系统是以模糊集合理论为基础，能够利用人类的经验和知识，把直觉推理纳入决策中的一类智能系统。从信息的观点来看，模糊系统是一类基于规则的专家系统；从数学的本质上看，它又是一类通用非线性逼近器，即在理论上模糊系统能够以任意精度逼近任意连续非线性函数[113-114]。模糊系统是数学家 Zadeh 在 20 世纪 60 年代早期提出的，但是由于早期的模糊控制算法稳定性无法证明，并没有得到太多关注和认可。真正将模糊系统带到大众视野的是 Takagi 和 Sugeno[115]、Wang[116]、Jang 等[117]分别于 1985 年、1994 年和 1996 年发表的 3 篇文章。Takagi 和 Sugeno 将解模糊过程加以改进，把系统动力学方程引入解模糊过程，使得控制系统的稳定性可分析。Wang 用 Gaussian 成员函数、乘机推理机和中心平均解模糊方法构建了一个完整且标准的“模糊化–模糊推理机–解模糊”模糊系统基本结构，成为了后续很多研究的参考方法。Jang 提出了一种全新的 neuro-fuzzy 推理机，并且将多项式用于解模糊过程，从而构造了另外一种“模糊化–模糊推理机–解模糊”模糊系统基本结构，此结构至今都被广泛研究。

虽然模糊控制也得到了很多学者的关注，并作为人工智能算法的一个分支逐渐被壮大，但是其过度依赖人类的先验知识以及稳定性分析的困难性，使得模糊算法一直在寻求与其他算法的结合。而滑模变结构算法与模糊算法的结合就是一个完美的尝试，因为滑模算法的设计简单，工程实践性强，易于稳定性证明等优点正是模糊算法所缺少的。而模糊算法的加入恰恰可以帮滑模算法降低抖振，解决经典一阶滑模算法中的控制输入不连续等问题。所以模糊滑模控制算法（Fuzzy Sliding Mode Control）一经提出就备受关注。Hwang 和 Lin 在 1992 年第一次将这两个算法结合到一起，并在文献[118]中提出了这样一种算法，将滑模参数 s 和其导数 $\dot{s}$ 作为模糊控制器的输入，并将模糊控制控制增量 Δu 作为系统的最终控制输入。这种简单的组合不仅实现了非线性系统的渐进稳定，同时结合了两种算法的优势。在此之后，很多学者，例如 Wang[119]、Palm[120]、Yi 和 Chung[121]、Chang[122]、Liang[123]等都在模糊滑模控制领域贡献了很多优秀的成果。目前为止，模糊滑模控制算法有两大类：第一类是在对被控找对象进行模糊逼近后加入滑模控制作为补偿项，从而保证了闭环系统的稳定性和稳健性；第二类是在滑模控制中加入模糊概念，使得滑模系统具有语言处理能力。方法一是将控制动力学方程中的未知干扰项模糊逼近，方法二是直接用模糊算法代替滑模控制中的不连续项，从而减轻或避免开关抖振。

本章中采用的是第二类中的方法一，用自适应滑模算法逼近代替连接主系绳干扰下的飞网柔性振动，并将此模糊化后的干扰项直接引入超扭滑模算法中的参数自适应律中，使得滑模算法的控制输入可以根据干扰精准变化，从而减少控制算法抖振，延长了执行器寿命，减少了燃料消耗。

5.1 控制问题描述

由于空间飞网机器人系统只有 4 个可机动单元可以执行控制指令，所以这是一个典型的欠驱动系统。类似于 4.2.1 节的做法，为了方便控制器设计，将动力学公式重新写为如下形式：

$$
\begin{cases}
\ddot{\boldsymbol{x}}_{Ka} = f\left(\boldsymbol{x}_{Ka}, \boldsymbol{x}_{Ja}, \boldsymbol{x}_{Jb}, \dot{\boldsymbol{x}}_{Ka}, \dot{\boldsymbol{x}}_{Ja}, \dot{\boldsymbol{x}}_{Jb}, t\right) + \boldsymbol{u}_{Ka} + \tilde{\boldsymbol{d}}_{Ka} \\
\ddot{\boldsymbol{x}}_{Kb} = f\left(\boldsymbol{x}_{Kb}, \boldsymbol{x}_{Jc}, \boldsymbol{x}_{Jd}, \dot{\boldsymbol{x}}_{Kb}, \dot{\boldsymbol{x}}_{Jc}, \dot{\boldsymbol{x}}_{Jd}, t\right) + \boldsymbol{u}_{Kb} + \tilde{\boldsymbol{d}}_{Kb} \\
\ddot{\boldsymbol{x}}_{Kc} = f\left(\boldsymbol{x}_{Kc}, \boldsymbol{x}_{Je}, \boldsymbol{x}_{Jf}, \dot{\boldsymbol{x}}_{Kc}, \dot{\boldsymbol{x}}_{Je}, \dot{\boldsymbol{x}}_{Jf}, t\right) + \boldsymbol{u}_{Kc} + \tilde{\boldsymbol{d}}_{Kc} \\
\ddot{\boldsymbol{x}}_{Kd} = f\left(\boldsymbol{x}_{Kd}, \boldsymbol{x}_{Jg}, \boldsymbol{x}_{Jh}, \dot{\boldsymbol{x}}_{Kd}, \dot{\boldsymbol{x}}_{Jg}, \dot{\boldsymbol{x}}_{Jh}, t\right) + \boldsymbol{u}_{Kd} + \tilde{\boldsymbol{d}}_{Kd}
\end{cases}
\tag{5-1}
$$

式中：$\tilde{\boldsymbol{d}}_i$ 为作用在第 i 个可机动单元上除了控制力之外的动力学方程式（2-26）中

的推导的合外力。以 $\tilde{\boldsymbol{d}}_{Ka}$ 为例，作用在可机动单元 Ka 上的所有外力可以写为 $\tilde{\boldsymbol{d}}_{Ka} = \tilde{\boldsymbol{f}}_{Ja} + \tilde{\boldsymbol{f}}_{Jb} + \boldsymbol{G}_{Ka} = \ddot{\boldsymbol{x}}_{Ja} m_{Ja} + \ddot{\boldsymbol{x}}_{Jb} m_{Jb} - \mu\, {}^{I}\boldsymbol{R}_{Ka} / {}^{I}R_{Ka}{}^{3}$。所以式（5-1）可以进一步以各个可机动单元单独为例，写为

$$\begin{cases} \ddot{\boldsymbol{x}}_i = f(\boldsymbol{x}) + g(\boldsymbol{x})\boldsymbol{u}_i + \tilde{\boldsymbol{d}}_i \\ \boldsymbol{y}_i = \boldsymbol{x}_i(t) \end{cases} \tag{5-2}$$

式中：$\boldsymbol{x} \subset \mathbf{R}^n \in X$，为被控系统状态变量，$X$ 为一个紧集；$\boldsymbol{x}_i \in \mathbf{R}^3$，为飞网机器人系统中的可控状态变量；$\boldsymbol{u}_i \subset \mathbf{R}^3 \in U$，为每个可控状态的控制算法函数，$U$ 为一个紧集；$X \times U$ 为包含原点在内的 $\mathbf{R}^n \times \mathbf{R}^3$ 上的紧集；$f(\boldsymbol{x}) \in \mathbf{R}^3$，为一个可微分的且只有部分可知的由系统状态构成的函数。

虽然在第 3 章中推导得到了飞网机器人系统的一个 11×11 个系绳编织节点的动力学方程，但是此方程是建立在诸多假设基础上的数学近似模型，与原始的物理模型相比，必然存在了模型误差。所以，才定义 $f(\boldsymbol{x}) \in \mathbf{R}^3$ 是一个部分可知的系统状态函数。除了模型误差，还存在空间环境中的各种未知外界干扰，比如地球偏扁率所导致的轨道摄动就是主要的外界干扰，除此之外还有太阳光压、微小的大气阻力等。基于以上两个原因，将式（5-2）进一步改写为

$$\begin{aligned} \ddot{\boldsymbol{x}}_i &= \left[\bar{f}(\boldsymbol{x}) + \Delta f(\boldsymbol{x})\right] + \left[\bar{g}(\boldsymbol{x}) + \Delta g(\boldsymbol{x})\right]\boldsymbol{u}_i + \tilde{\boldsymbol{d}}_i + \boldsymbol{d}_o \\ &= \bar{f}(\boldsymbol{x}) + \bar{g}(\boldsymbol{x})\boldsymbol{u}_i + \bar{\bar{\boldsymbol{d}}}_i \end{aligned} \tag{5-3}$$

式中：“$-$”为动力学方程中可知的部分，即已推导的数学模型；Δ 为未知的动力学模型误差；$\boldsymbol{d}_o$ 为飞网机器人运行的空间未知环境所存在的外界干扰；$\bar{\bar{\boldsymbol{d}}}_i$ 为包括了模型计算误差、飞网不可控部分的振动叠加和空间环境未知干扰的总和，具体表示为 $\bar{\bar{\boldsymbol{d}}}_i = \Delta f(\boldsymbol{x}) + \Delta g(\boldsymbol{x})\boldsymbol{u}_i + \tilde{\boldsymbol{d}}_i + \boldsymbol{d}_o$。

本章控制算法推导所用的假设如下。

假设 5-1：假设已选定一个合适的滑模参数 $\sigma_i = \sigma_i(\boldsymbol{x}, t) \in \mathbf{R}$（$i$ 表示第 i 个可机动单元，具体选择方法见式（4-29）），由滑模参数所决定的滑模面 $\sigma = \sigma(\boldsymbol{x}, t) = 0$ 是在控制驱动下可达的。

飞网机器人系统关于滑模参数（$u_i \to \sigma_i$）的动力学方程与滑模参数的相对阶为 1。所以，系统新的输入–输出动力学方程可表示为

$$\begin{aligned} \dot{\sigma}_i &= \frac{\partial \sigma_i}{\partial t} = \frac{\partial \sigma_i}{\partial \boldsymbol{x}_i}\frac{\partial \boldsymbol{x}_i}{\partial t} + \frac{\partial \sigma_i}{\partial t} \\ &= \underbrace{\frac{\partial \sigma_i}{\partial t} + \frac{\partial \sigma_i}{\partial \boldsymbol{x}_i}\bar{f}(\boldsymbol{x}, t)}_{\varphi_i(\boldsymbol{x}_i, t)} + \underbrace{\frac{\partial \sigma_i}{\partial \boldsymbol{x}_i}\bar{g}(\boldsymbol{x}, t)}_{b_i(\boldsymbol{x}_i, t)} u_i + \underbrace{\frac{\partial \sigma_i}{\partial \boldsymbol{x}_i}\bar{\bar{\boldsymbol{d}}}_i(\boldsymbol{x}, t)}_{\gamma_i(\boldsymbol{x}_i, t)} \\ &= \bar{w}_i(\boldsymbol{x}_i, t) + \gamma_i(\boldsymbol{x}_i, t) \end{aligned} \tag{5-4}$$

式中：$\overline{w}_i(\boldsymbol{x}_i,t)=\varphi_i(\boldsymbol{x}_i,t)+b_i(\boldsymbol{x}_i,t)u_i$；$\gamma_i(\boldsymbol{x}_i,t)$ 为复杂的控制干扰，即模型计算误差、飞网不可控部分的振动叠加和空间环境未知干扰的总和。定义 $\overline{w}_i(\boldsymbol{x}_i,t)$ 为控制器的名义输入。

假设 5-2：复杂的控制干扰 $\gamma_i(\boldsymbol{x}_i,t)$ 可以进一步用滑模参数表示为 $|\gamma_i(\boldsymbol{x}_i,t)|\leqslant\xi|\sigma_i|^{\frac{1}{2}}$，表示 $\gamma_i(\boldsymbol{x}_i,t)$ 具有一个未知但确实存在的上限 ξ。

假设 5-3：假设飞网机器人系统中所有状态均可测。

所以，本章的研究内容就是，需要设计一组控制器，保证飞网机器人系统的滑模变量输入–输出动力学方程式（5-4）在存在上界的复杂非对称干扰 $|\gamma_i(\boldsymbol{x}_i,t)|\leqslant\xi|\sigma_i|^{\frac{1}{2}}$（此上界未知但确实存在）作用下，稳定地飞向待抓捕的目标卫星。

5.2 基于模糊算法的自适应超扭滑模控制

根据 5.1 节的控制问题描述，本节中，提出了一个基于自适应模糊算法的超扭自适应滑模变结构控制算法，并具体给出了控制器的设计步骤，该控制器既继承了传统滑模控制器的高鲁棒性、结构简单、易于工程实践的特点，又具有模糊算法的通用逼近性，减少状态抖振，保证飞网机器人在复杂外界干扰下的稳定飞行。在本节中，首先介绍了模糊算法的基本知识和一个传统模糊滑模控制器的设计及稳定性证明方法，继而给出本章提出的算法，并完成了稳定性证明。

5.2.1 模糊算法原理和基本概念

模糊算法是一种基于人类先验知识的智能控制算法。图 5-1 所示为一个典型的模糊算法系统。假设模糊系统的输入和输出分别用 $x_i\in X_i$（$i=1,2,\cdots,n$）和 $y_i\in Y_i$（$i=1,2,\cdots,n$）表示，其中输入 x_i 和输出 y_i 均为实际存在的数值，称为“清晰集”。图 5-1 中的模糊化表示将输入清晰集转化成为模糊论域中的成员函数值，推理机表示利用推理规则产生模糊结论，解模糊化表示将模糊结论转换成清晰集输出。在这里，用到的一些模糊算法基本概念如下。

定义 5-1 清晰集：对于一个普通集合或者“清晰”集合 $x_i\in X_i$（$i=1,2,\cdots,n$）和 $y_i\in Y_i$（$i=1,2,\cdots,n$），称 X_i 和 Y_i 分别为 x_i 和 y_i 的清晰集。

定义 5-2 特征函数：设 X_i 是论域 S 上的一个集合，如果 $x_i\in X_i$，那么集合 X_i 的特征函数 $\mu_{X_i}(x_i)=1$。

定义 5-3 隶属度函数和模糊集合：设 X_i 是论域 S 上的一个集合，集合 X_i 的隶属函数 $\mu_{X_i}(x_i)$ 给每个 $x_i\in X_i$ 分配值或隶属度，$\mu:X\to[0,1]$。那么集合 X_i 称为模糊集合。

由以上定义可知，隶属度函数取值域 $[0,1]$，而特征函数仅仅取区间上的边界值。因此，清晰集可视为模糊集的特例[124,125]。隶属度函数的选择有很多种，常用的几种包括三角隶属度函数、梯形隶属度函数、Gaussian 隶属度函数。隶属度函数是一个非负的函数（$0 \leqslant \mu(x) \leqslant 1$），而隶属度函数的选择则取决于人类先验知识。

定义 5-4　语言规则：也称为推理规则，是模糊算法中从输入到输出之间遵守的一组条件–结论式的规则，例如

$$\textbf{IF} \text{ premise } \textbf{THEN} \text{ consequent} \tag{5-5}$$

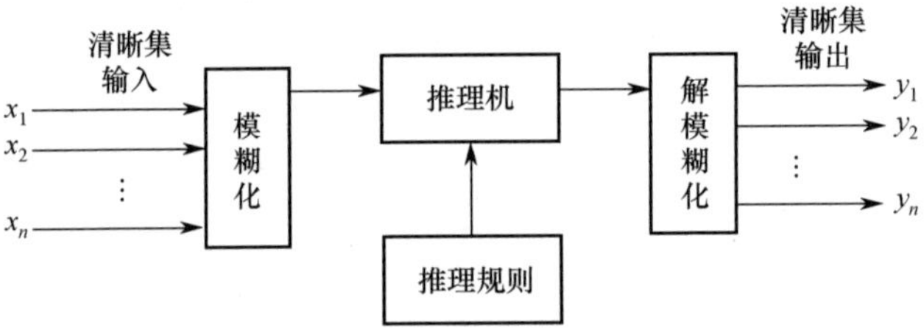

图 5-1　一个典型的模糊算法

5.2.2　经典模糊滑模控制器

首先给出一个经典的模糊滑模控制器。存在一个普通的 n 阶的单输入单输出系统，可以表示为

$$\begin{aligned} &x^{(n)} = f\left(x, \dot{x}, \cdots, x^{(n-1)}\right) + b\left(x, \dot{x}, \cdots, x^{(n-1)}\right)u + d(t) \\ &y = x \end{aligned} \tag{5-6}$$

式中：$\boldsymbol{x} = (x_1, x_2, \cdots, x_n)^{\mathrm{T}} = \left(x, \dot{x}, \cdots, x^{(n-1)}\right)^{\mathrm{T}} \in \boldsymbol{X} \subset \mathbf{R}^n$ 为一个可测量的状态向量；$f(\boldsymbol{x})$ 和 $b(\boldsymbol{x})$ 为未知的连续函数（光滑无奇点）；$d(t)$ 为未知的外界干扰；u 和 y 为控制输入和系统输出。为了使得式（5-6）可控，需要 $b(\boldsymbol{x}) \neq 0$ 且有界，假设 $0 < b_{\min} \leqslant b(\boldsymbol{x}) \leqslant b_{\max}$ 且边界已知。除此之外，需要假设未知干扰 $d(t)$ 必须有界，$|d(t)| \leqslant D$，且 D 已知。

选取滑模参数：

$$s(t) = \boldsymbol{c}^{\mathrm{T}} \boldsymbol{e} = \sum_{i=1}^{n} c_i e^{(i-1)} \tag{5-7}$$

式中：$\boldsymbol{c}^{\mathrm{T}} = \left[c_1, c_2, \cdots, c_{(n-1)}, 1\right]$ 为滑模参数的系数，且满足 Hurwitzian 多项式，即等式 $h(p) = p^n + c_{(n-1)} p^{(n-1)} + \cdots + c_1$（$p$ 是 Laplace 算子）的全部根均在左半平面。$s(t) = 0$ 即为滑模面。

为了解决系统状态的跟踪控制问题，需要保证在控制算法的作用下，系统的

状态跟踪误差 $\boldsymbol{e}$ 在所有 $t \geqslant 0$ 时刻保持在滑模面 $s(t)=0$ 上。

选择 Lyapunov 候选方程为

$$V=\frac{1}{2}s^2(t) \tag{5-8}$$

为了保证系统的渐进稳定，需要满足：

$$\frac{1}{2}\frac{\mathrm{d}}{\mathrm{d}t}\left(s^2(t)\right)\leqslant -\eta\left|s(t)\right| \tag{5-9}$$

或者将式（5-9）进一步写为

$$s(t)\dot{s}(t)\leqslant -\eta\left|s(t)\right| \quad 或 \quad \dot{s}(\boldsymbol{e})\operatorname{sgn}\left(s(\boldsymbol{e})\right)\leqslant -\eta \tag{5-10}$$

由式（5-7）可知，滑模参数 $s(t)$ 的导数为

$$\begin{aligned}\dot{s}(t)&=\boldsymbol{c}^{\mathrm{T}}\dot{\boldsymbol{e}}\\&=c_1\dot{e}+c_2\ddot{e}+\cdots+c_{(n-1)}e^{(n-1)}+x^{(n)}-x_d^{(n)}\\&=\sum_{i=1}^{n-1}c_ie^{(i)}+x^{(n)}-x_d^{(n)}\\&=\sum_{i=1}^{n-1}c_ie^{(i)}+f(\boldsymbol{x})+b(\boldsymbol{x})u+d(t)-x_d^{(n)}\end{aligned} \tag{5-11}$$

所以，控制问题就转换为设计一个合适的控制器 $u=u^*$，从而保证滑模参数的稳定条件：

$$s(t)\dot{s}(t)=s(t)\left(\sum_{i=1}^{n-1}c_ie^{(i)}+f(\boldsymbol{x})+b(\boldsymbol{x})u^*+d(t)-x_d^{(n)}\right)\leqslant -\eta|s| \tag{5-12}$$

在此，首先假设系统动力学方程完全可知，即 $f(\boldsymbol{x})$、$b(\boldsymbol{x})$ 以及 $d(t)$ 均可直接代入式（5-12），求得使系统装填稳定在滑模面上 $\dot{s}(t)=0$ 所需要的等价控制输入 u_{eq} 为

$$u_{\mathrm{eq}}=b^{-1}(\boldsymbol{x})\left(-\sum_{i=1}^{n-1}c_ie^{(i)}-f(\boldsymbol{x})-d(t)+x_d^{(n)}\right) \tag{5-13}$$

但如果系统状态并没有到达滑模面，那么只会有两种情况，即 $s>0$ 或者 $s<0$。当 $s>0$ 时：

$$u^*\leqslant b^{-1}(\boldsymbol{x})\left(-\sum_{i=1}^{n-1}c_ie^{(i)}-f(\boldsymbol{x})-d(t)+x_d^{(n)}-\eta_\Delta\right) \tag{5-14}$$

当 $s<0$ 时：

$$u^*\geqslant b^{-1}(\boldsymbol{x})\left(-\sum_{i=1}^{n-1}c_ie^{(i)}-f(\boldsymbol{x})-d(t)+x_d^{(n)}+\eta_\Delta\right) \tag{5-15}$$

根据式（5-13）～式（5-15），可得控制输入为

$$u^* = b^{-1}(\boldsymbol{x})\left(-\sum_{i=1}^{n-1} c_i e^{(i)} - f(\boldsymbol{x}) - d(t) + x_d^{(n)} - h\operatorname{sgn}(s)\eta_\Delta\right) \tag{5-16}$$

式中：$h = \begin{cases} 1 & (s \neq 0) \\ 0 & (s = 0) \end{cases}$。

但是，在控制问题提出阶段已经强调，系统动力学方程未知。所以需要通过引入模糊算法来逼近被控对象，$\hat{f}(\boldsymbol{x} \mid \boldsymbol{\theta}_f)$、$\hat{b}(\boldsymbol{x} \mid \boldsymbol{\theta}_b)$ 和 $\hat{h}(s \mid \boldsymbol{\theta}_h)$ 分别为 $f(\boldsymbol{x})$、$b(\boldsymbol{x})$ 以及滑模开关项的逼近结果。于是，式（5-16）被重新改写为

$$u = \hat{b}^{-1}(\boldsymbol{x} \mid \boldsymbol{\theta}_b)\left(-\sum_{i=1}^{n-1} c_i e^{(i)} - \hat{f}(\boldsymbol{x} \mid \boldsymbol{\theta}_f) - d(t) + x_d^{(n)} - \hat{h}(s \mid \boldsymbol{\theta}_k)\right) \tag{5-17}$$

式中：

$$\begin{cases} \hat{f}(\boldsymbol{x} \mid \boldsymbol{\theta}_f) = \boldsymbol{\theta}_f{}^{\mathrm{T}} \boldsymbol{\xi}(\boldsymbol{x}) \\ \hat{b}(\boldsymbol{x} \mid \boldsymbol{\theta}_b) = \boldsymbol{\theta}_b{}^{\mathrm{T}} \boldsymbol{\xi}(\boldsymbol{x}) \\ \hat{h}(s \mid \boldsymbol{\theta}_h) = \boldsymbol{\theta}_h{}^{\mathrm{T}} \boldsymbol{\Phi}(s) \end{cases} \tag{5-18}$$

其中模糊逼近算法的自学习律为

$$\begin{cases} \dot{\boldsymbol{\theta}}_f = \gamma_1 s \boldsymbol{\xi}(\boldsymbol{x}) \\ \dot{\boldsymbol{\theta}}_b = \gamma_2 s \boldsymbol{\xi}(\boldsymbol{x}) \\ \dot{\boldsymbol{\theta}}_h = \gamma_3 s \boldsymbol{\Phi}(s) \end{cases} \tag{5-19}$$

假设式（5-18）中逼近参数向量 $\boldsymbol{\theta}_f$、$\boldsymbol{\theta}_b$、$\boldsymbol{\theta}_h$ 的最优向量 $\boldsymbol{\theta}_f^*$、$\boldsymbol{\theta}_b^*$、$\boldsymbol{\theta}_h^*$ 分别为

$$\begin{cases} \boldsymbol{\theta}_f^* = \arg\min\limits_{\boldsymbol{\theta}_f \in \Omega_f}\left[\sup\limits_{\boldsymbol{x} \in \mathbf{R}^n}\left|\hat{f}(\boldsymbol{x} \mid \boldsymbol{\theta}_f) - f(\boldsymbol{x})\right|\right] \\ \boldsymbol{\theta}_b^* = \arg\min\limits_{\boldsymbol{\theta}_b \in \Omega_b}\left[\sup\limits_{\boldsymbol{x} \in \mathbf{R}^n}\left|\hat{b}(\boldsymbol{x} \mid \boldsymbol{\theta}_b) - b(\boldsymbol{x})\right|\right] \\ \boldsymbol{\theta}_h^* = \arg\min\limits_{\boldsymbol{\theta}_h \in \Omega_h}\left[\sup\limits_{s \in \mathbf{R}}\left|\hat{h}(s \mid \boldsymbol{\theta}_h) - h(s)\right|\right] \end{cases} \tag{5-20}$$

式中：Ω_f、Ω_b、Ω_h 分别为逼近参数向量 $\boldsymbol{\theta}_f$、$\boldsymbol{\theta}_b$、$\boldsymbol{\theta}_h$ 的约束集，且最小逼近估计误差分别表示为

$$\begin{cases} \omega_f = f(\boldsymbol{x}) - \hat{f}(\boldsymbol{x} \mid \boldsymbol{\theta}_f^*) \\ \omega_b = \left(b(\boldsymbol{x}) - \hat{b}(\boldsymbol{x} \mid \boldsymbol{\theta}_b^*)\right)u \\ \omega_h = h(s) - \hat{h}(s \mid \boldsymbol{\theta}_h^*) \end{cases} \tag{5-21}$$

所以由式（5-11）进一步可得

$$
\begin{aligned}
\dot{s} &= \sum_{i=1}^{n-1} c_i e_i + e^{(n)} \\
&= \sum_{i=1}^{n-1} c_i e_i + x^{(n)} - x_d^{(n)} \\
&= \sum_{i=1}^{n-1} c_i e_i + f(\boldsymbol{x}) + b(\boldsymbol{x})u + d(t) - x_d^{(n)} \\
&= \sum_{i=1}^{n-1} c_i e_i + f(\boldsymbol{x}) - \hat{f}(\boldsymbol{x} \mid \boldsymbol{\theta}_f) + \left(b(\boldsymbol{x}) - \hat{b}(\boldsymbol{x} \mid \boldsymbol{\theta}_b)\right)u \\
&\quad + \hat{f}(\boldsymbol{x} \mid \boldsymbol{\theta}_f) + \hat{b}(\boldsymbol{x} \mid \boldsymbol{\theta}_b)u + d(t) - x_d^{(n)} \\
&= \sum_{i=1}^{n-1} c_i e_i + f(\boldsymbol{x}) - \hat{f}(\boldsymbol{x} \mid \boldsymbol{\theta}_f) + \left(b(\boldsymbol{x}) - \hat{b}(\boldsymbol{x} \mid \boldsymbol{\theta}_b)\right)u - \\
&\quad \sum_{i=1}^{n-1} c_i e_i - d(t) + x_d^{(n)} - \hat{h}(s \mid \boldsymbol{\theta}_h) + d(t) - x_d^{(n)} \\
&= \left(\hat{f}(\boldsymbol{x} \mid \boldsymbol{\theta}_f^*) - \hat{f}(\boldsymbol{x} \mid \boldsymbol{\theta}_f)\right) + \left(\hat{b}(\boldsymbol{x} \mid \boldsymbol{\theta}_b^*) - \hat{b}(\boldsymbol{x} \mid \boldsymbol{\theta}_b)\right)u + \\
&\quad \left(\hat{h}(s \mid \boldsymbol{\theta}_h^*) - \hat{h}(s \mid \boldsymbol{\theta}_h)\right) + \omega_f + \omega_b + \omega_h - \hat{h}(s \mid \boldsymbol{\theta}_h^*) \\
&= \boldsymbol{\varphi}_f^{\mathrm{T}} \xi(\boldsymbol{x}) + \boldsymbol{\varphi}_b^{\mathrm{T}} \xi(\boldsymbol{x}) + \boldsymbol{\varphi}_h^{\mathrm{T}} \boldsymbol{\Phi}(s) + \omega - h(s)
\end{aligned}
\tag{5-22}
$$

式中：$\omega = \omega_f + \omega_b + \omega_h$，且

$$
\begin{cases}
\boldsymbol{\varphi}_f = -\left(\boldsymbol{\theta}_f - \boldsymbol{\theta}_f^*\right) \\
\boldsymbol{\varphi}_b = -\left(\boldsymbol{\theta}_b - \boldsymbol{\theta}_b^*\right) \\
\boldsymbol{\varphi}_h = -\left(\boldsymbol{\theta}_h - \boldsymbol{\theta}_h^*\right)
\end{cases}
\tag{5-23}
$$

根据 Lyapunov 候选方程 $V = \dfrac{1}{2}\left(s^2 + \dfrac{1}{\gamma_1}\boldsymbol{\varphi}_f^{\mathrm{T}}\boldsymbol{\varphi}_f + \dfrac{1}{\gamma_2}\boldsymbol{\varphi}_b^{\mathrm{T}}\boldsymbol{\varphi}_b + \dfrac{1}{\gamma_3}\boldsymbol{\varphi}_h^{\mathrm{T}}\boldsymbol{\varphi}_h\right)$，其中 γ_1、γ_2 和 γ_3 均为正常数自适应参数。将 Lyapunov 方程对时间求导，可得

$$
\dot{V} = s\dot{s} + \frac{1}{\gamma_1}\boldsymbol{\varphi}_f^{\mathrm{T}}\dot{\boldsymbol{\varphi}}_f + \frac{1}{\gamma_2}\boldsymbol{\varphi}_b^{\mathrm{T}}\dot{\boldsymbol{\varphi}}_b + \frac{1}{\gamma_3}\boldsymbol{\varphi}_h^{\mathrm{T}}\dot{\boldsymbol{\varphi}}_h
\tag{5-24}
$$

将式（5-20）~式（5-22）带入式（5-24），可得

$$
\begin{aligned}
\dot{V} &= s\left(\boldsymbol{\varphi}_f^{\mathrm{T}} \xi(\boldsymbol{x}) + \boldsymbol{\varphi}_b^{\mathrm{T}} \xi(\boldsymbol{x}) + \boldsymbol{\varphi}_h^{\mathrm{T}} \boldsymbol{\Phi}(s) + \omega - \hat{h}(s \mid \boldsymbol{\theta}_h^*)\right) + \frac{1}{\gamma_1}\boldsymbol{\varphi}_f^{\mathrm{T}}\dot{\boldsymbol{\varphi}}_f + \frac{1}{\gamma_2}\boldsymbol{\varphi}_b^{\mathrm{T}}\dot{\boldsymbol{\varphi}}_b + \frac{1}{\gamma_3}\boldsymbol{\varphi}_h^{\mathrm{T}}\dot{\boldsymbol{\varphi}}_h \\
&= s\boldsymbol{\varphi}_f^{\mathrm{T}} \boldsymbol{\xi}(\boldsymbol{x}) + \frac{1}{\gamma_1}\boldsymbol{\varphi}_f^{\mathrm{T}}\dot{\boldsymbol{\varphi}}_f + s\boldsymbol{\varphi}_b^{\mathrm{T}} \boldsymbol{\xi}(\boldsymbol{x}) + \frac{1}{\gamma_2}\boldsymbol{\varphi}_b^{\mathrm{T}}\dot{\boldsymbol{\varphi}}_b + s\boldsymbol{\varphi}_h^{\mathrm{T}} \boldsymbol{\Phi}(s) + \frac{1}{\gamma_3}\boldsymbol{\varphi}_h^{\mathrm{T}}\dot{\boldsymbol{\varphi}}_h + s\omega - s\hat{h}(s \mid \boldsymbol{\theta}_h^*) \\
&\leqslant s\boldsymbol{\varphi}_f^{\mathrm{T}} \boldsymbol{\xi}(\boldsymbol{x}) + \frac{1}{\gamma_1}\boldsymbol{\varphi}_f^{\mathrm{T}}\dot{\boldsymbol{\varphi}}_f + s\boldsymbol{\varphi}_b^{\mathrm{T}} \boldsymbol{\xi}(\boldsymbol{x}) + \frac{1}{\gamma_2}\boldsymbol{\varphi}_b^{\mathrm{T}}\dot{\boldsymbol{\varphi}}_b + s\boldsymbol{\varphi}_h^{\mathrm{T}} \boldsymbol{\Phi}(s) + \frac{1}{\gamma_3}\boldsymbol{\varphi}_h^{\mathrm{T}}\dot{\boldsymbol{\varphi}}_h + s\omega - \\
&\quad s(D + \eta_\Delta)\operatorname{sgn}(s)
\end{aligned}
$$

$$< \boldsymbol{\varphi}_f^{\mathrm{T}}\left(s\boldsymbol{\xi}(\boldsymbol{x})+\frac{1}{\gamma_1}\dot{\boldsymbol{\varphi}}_f\right)+\boldsymbol{\varphi}_b^{\mathrm{T}}\left(s\boldsymbol{\xi}(\boldsymbol{x})+\frac{1}{\gamma_2}\dot{\boldsymbol{\varphi}}_b\right)+\boldsymbol{\varphi}_h^{\mathrm{T}}\left(s\boldsymbol{\Phi}(s)+\frac{1}{\gamma_3}\dot{\boldsymbol{\varphi}}_h\right)+s\omega-\eta_\Delta|s| \tag{5-25}$$

只要恰当的选择自适应律，从而使

$$\begin{cases} s\boldsymbol{\xi}(\boldsymbol{x})+\dfrac{1}{\gamma_1}\dot{\boldsymbol{\varphi}}_f=0 \\ s\boldsymbol{\xi}(\boldsymbol{x})+\dfrac{1}{\gamma_2}\dot{\boldsymbol{\varphi}}_b=0 \\ s\boldsymbol{\Phi}(s)+\dfrac{1}{\gamma_3}\dot{\boldsymbol{\varphi}}_h=0 \end{cases} \tag{5-26}$$

即可得到 Lyapunov 方程的导数为

$$\dot{V}< s\omega-\eta_\Delta|s| \tag{5-27}$$

根据式（5-23），可得 $\dot{\boldsymbol{\varphi}}_f=-\dot{\boldsymbol{\theta}}_f$、$\dot{\boldsymbol{\varphi}}_b=-\dot{\boldsymbol{\theta}}_b$ 以及 $\dot{\boldsymbol{\varphi}}_h=-\dot{\boldsymbol{\theta}}_h$。

根据模糊算法的全局通用逼近定理可知，所以可认为定义的逼近误差 $\omega=\omega_f+\omega_b+\omega_h$ 非常小，而式（5-27）中的 $s\omega$ 项同样可以认为非常小。所以可以得到结论：

$$\dot{V}< s\omega-\eta_\Delta|s|<0 \tag{5-28}$$

因为已经假设系统所有状态均有界，所以由状态和状态一阶导数构成的滑模参数 s 也有界，初始跟踪误差 $\boldsymbol{e}(0)$ 和实时跟踪误差 $\boldsymbol{e}(t)$ 均有界。为了保证跟踪误差收敛到零，需要证明 $\lim\limits_{t\to\infty}|s(t)|=0$。假设 $|s|<\eta_s$，那么式（5-28）可以进一步被写为

$$\dot{V}\leqslant|s||\omega|-\eta_\Delta|s|\leqslant\eta_s|\omega|-\eta_\Delta|s| \tag{5-29}$$

式（5-29）对时间积分，可得

$$\int_0^t\dot{V}\mathrm{d}t\leqslant\int_0^t(|\eta_s||\omega|-\eta_\Delta|s|)\mathrm{d}t \tag{5-30}$$

于是可得

$$\int_0^t|s(t)|\,\mathrm{d}t\leqslant\frac{1}{\eta_\Delta}\big[|V(0)|-|V(t)|\big]+\frac{\eta_s}{\eta_\Delta}\int_0^t|\omega|\,\mathrm{d}t \tag{5-31}$$

如果 $\omega\in L_1$，那么根据式（5-31）可得 $s\in L_1$。根据式（5-28）可知，滑模参数 s 有界，所以 $s\in L_\infty$。因为已经证明 Lyapunov 候选方程 $V=\dfrac{1}{2}\left(s^2+\dfrac{1}{\gamma_1}\boldsymbol{\varphi}_f^{\mathrm{T}}\boldsymbol{\varphi}_f+\dfrac{1}{\gamma_2}\boldsymbol{\varphi}_b^{\mathrm{T}}\boldsymbol{\varphi}_b+\dfrac{1}{\gamma_3}\boldsymbol{\varphi}_h^{\mathrm{T}}\boldsymbol{\varphi}_h\right)$ 中等式右边的所有变量均有界，所以可得 $\dot{s}\in L_\infty$。根据 Barbalat 引理（如果 s，$\dot{s}\in L_\infty$，$s\in L_p$，而 $p\in[0,\infty)$，那么 $\lim\limits_{t\to\infty}|s(t)|=0$）可得 $\lim\limits_{t\to\infty}|s(t)|=0$，

那么自然可以进一步得到$\lim\limits_{t\to\infty}\left|e(t)\right|=0$。

注 5-1：在上述的讨论中，给出了一个非直接模糊滑模控制算法以及其相应的证明。整个推导过程思路清晰，所以在本章所提出的基于模糊逼近的超扭自适应滑模控制算法的证明中，也用到了类似的模糊逼近部分的证明和自学习律的推导。但是式（5-16）和式（5-17）可知，虽然用模糊算法$\hat{h}(s\mid\boldsymbol{\theta}_k)$逼近开关控制项$h\operatorname{sgn}(s)\eta_\Delta$可以有效减少由于控制器不连续所导致的控制输入抖动问题，但是从滑模控制部分看来，这终究只是一个普通的一阶滑模控制算法。其在对未知干扰的鲁棒性和对抖动频率、幅值降低的性能都远远不如二阶滑模算法。所以在5.2.3节中，将模糊逼近算法和自适应超扭二阶滑模算法相结合，将滑模算法的优点真正突出。

5.2.3 改进的模糊自适应超扭滑模控制器设计及稳定性证明

1. 经典超扭自适应滑模控制算法

Shtessel 在文献[126]中首次提出了自适应超扭滑模算法（Adaptive Super-Twisting Sliding Mode Controller），并在文献[127]中将该算法加以完善。该控制算法表示如下：

$$w=-\alpha\left|\sigma\right|^{\frac{1}{2}}\operatorname{sgn}(\sigma)+\int_0^t-\beta\operatorname{sgn}(\sigma)\mathrm{d}\tau \tag{5-32}$$

式中：$\alpha=\alpha(\sigma,\dot{\sigma},t)$和$\beta=\beta(\sigma,\dot{\sigma},t)$分别为自适应参数。

由于超扭自适应滑模算法的强鲁棒性和相对的低抖振，已经得到很多工程应用。本章中所提出的模糊自适应超扭滑模控制算法就是基于式（5-32）提出的。

2. 模糊自适应滑模控制算法

本章提出的模糊自适应滑模控制算法为

$$\begin{cases}\overline{w}_i=-k_{i1}(t)\left[\sigma_i\Big/\left\|\sigma_i\right\|_2^{\frac{1}{2}}+k_{i3}\sigma_i\right]+v_i\\ \dot{v}_i=-k_{i2}(t)\left[\dfrac{1}{2}\sigma_i/\left\|\sigma_i\right\|_2+\dfrac{3}{2}k_{i3}\sigma_i\Big/\left\|\sigma_i\right\|_2^{\frac{1}{2}}+k_{i3}{}^2\sigma_i\right]\end{cases} \tag{5-33}$$

式中：$k_1(t)=k_1(\sigma_i,\dot{\sigma}_i,t)$和$k_2(t)=k_2(\sigma_i,\dot{\sigma}_i,t)$为自适应参数；$k_3$为一个正常数控制增益；$\|\cdot\|_2$为 Euclidean 范数。

定理 5-1：根据假设 5-2 可知，一直存在一位置常数$\xi>0$，使得包含了模型计算误差、连接主系绳干扰下的飞网不可控部分的振动叠加组成的未知不确定$\gamma(\boldsymbol{x},t)$满足假设 5-2。对于任意的初始状态$\boldsymbol{x}(0)$以及对应的初始滑模参数$\boldsymbol{\sigma}(0)$，在式（5-33）的驱动下，可以使式（5-4）在有限时间内达到滑模面$\boldsymbol{\sigma}=\dot{\boldsymbol{\sigma}}=\boldsymbol{0}$，且式（5-33）中的自适应参数的自适应律为

$$
\dot{k}_1(t)=\begin{cases}\omega_1\sqrt{\rho_1/2}\ (\sigma_i\neq 0)\\ 0\ \ \sigma_i=0\end{cases}
$$

$$
k_2(t)=2\varepsilon k_1(t)+\left[\hat{\boldsymbol{\theta}}_\gamma\delta(\boldsymbol{x})\right]\Big/(\eta'\eta_1)+\chi+4\varepsilon^2 \tag{5-34}
$$

式中：η_1、η_1'、$\hat{\boldsymbol{\theta}}_\gamma$、$\delta(\boldsymbol{x})$将会在后续的定理证明中陆续给出；$\omega_1$、$\rho_1$、$\chi$为任意给定的正常数；$\varepsilon$为任意给定的实数。

证明：将式（5-33）带入式（5-4）中，可得

$$
\begin{cases}\dot{\sigma}_i=-k_{i1}(t)\left[\sigma_i\Big/\|\sigma_i\|_2^{\frac{1}{2}}+k_{i3}\sigma_i\right]+v_i+\gamma_i\\ \dot{v}_i=-k_{i2}(t)\left[\dfrac{1}{2}\sigma_i/\|\sigma_i\|_2+\dfrac{3}{2}k_{i3}\sigma_i\Big/\|\sigma_i\|_2^{\frac{1}{2}}+k_{i3}{}^2\sigma_i\right]\end{cases} \tag{5-35}
$$

因为在前面的分析中已经多次强调，由于干扰γ_i的复杂性，根本无法通过计算或测量等方式得到。所以在本章中，应用自适应模糊算法逼近未知不确定γ_i。

定义模糊论域$A_i^{l_j}$，其中$l_j=1,2,\cdots,p_j$，$j=1,2,\cdots,m$（m为控制输入个数），l_1，l_2，…，l_n表示元素l_1，l_2，…，l_n的排列。采集乘法机模糊规则$\prod_{j=1}^{n}p_j$来逼近未知的干扰γ_i，即将模糊推理前的干扰γ_i经过推理机的模糊逻辑运算得到结论$E_i^{l_j}$，将自适应模糊算法逼近后的未知不确定表示为$\hat{\gamma}_i\left(\boldsymbol{x}\middle|\hat{\boldsymbol{\theta}}_\gamma\right)$。乘法机模糊规则可具体表示为

$$
\Re^i:\text{IF}\quad x_1\quad\text{is}\quad A_1^{l_1}\quad\text{and}\quad\cdots\quad\text{and}\quad x_n\quad\text{is}\quad A_1^{l_n},
$$

$$
\text{THEN}\quad\hat{\gamma}_i\quad\text{is}\quad E^{l_1,l_2,\cdots,l_n}.
$$

可以得到模糊逻辑运算后得到的逼近的未知不确定γ_i为

$$
\hat{\gamma}_i\left(\boldsymbol{x}\middle|\hat{\boldsymbol{\theta}}_\gamma\right)=\frac{\sum_{l_1=1}^{p_1}\sum_{l_2=1}^{p_2}\cdots\sum_{l_n=1}^{p_n}\bar{y}_\gamma^{l_1,l_2,\cdots,l_n}\left(\prod_{i=1}^{n}\mu_{A_i^{l_j}}(x_i)\right)}{\sum_{l_1=1}^{p_1}\sum_{l_2=1}^{p_2}\cdots\sum_{l_n=1}^{p_n}\left(\prod_{i=1}^{n}\mu_{A_i^{l_j}}(x_i)\right)} \tag{5-36}
$$

式中：$\mu_{A_i^{l_j}}(x_i)$为状态x_i的隶属度函数；自由参数$\bar{y}_\gamma^{l_1,l_2,\cdots,l_n}$组成了论域$\hat{\boldsymbol{\theta}}_\gamma\in\mathbf{R}^{\prod_{i=1}^{n}p_i}$，且将一个$\prod_{i=1}^{n}p_i$维的关于$\boldsymbol{x}$的向量在模糊算法下表示为$\delta(\boldsymbol{x})$。所以式（5-36）可以进一步写为

$$
\hat{\gamma}_i\left(\boldsymbol{x}\middle|\boldsymbol{\theta}_\gamma\right)=\hat{\boldsymbol{\theta}}_\gamma{}^{\mathrm{T}}\delta(\boldsymbol{x}) \tag{5-37}
$$

式中：

$$\delta_{l_1,l_2,\cdots,l_n}\left(x\right)=\frac{\prod\limits_{i=1}^{n}\mu_{A_i^{l_j}}\left(x_i\right)}{\sum\limits_{l_1=1}^{p_1}\sum\limits_{l_2=1}^{p_2}\cdots\sum\limits_{l_n=1}^{p_n}\left(\prod\limits_{i=1}^{n}\mu_{A_i^{l_j}}\left(x_i\right)\right)} \tag{5-38}$$

所以，基于模糊算法的未知不确定 γ_i 的逼近项为 $\hat{\gamma}_i\left(\boldsymbol{x}\middle|\hat{\boldsymbol{\theta}}_\gamma\right)=\hat{\boldsymbol{\theta}}_\gamma{}^{\mathrm{T}}\delta\left(\boldsymbol{x}\right)$，其中，最优辨识向量 $\hat{\boldsymbol{\theta}}_\gamma{}^{\mathrm{T}}$ 可以标记为 $\boldsymbol{\theta}_\gamma^{*\mathrm{T}}$，其具体表达式为

$$\boldsymbol{\theta}_\gamma^{*}=\arg\min_{\theta_\gamma\in\Omega_\gamma}\left\{\sup_{\boldsymbol{x}\in\mathbf{R}^n}\left|\hat{\gamma}_i\left(\boldsymbol{x}\middle|\hat{\boldsymbol{\theta}}_\gamma\right)-\gamma_i\right|\right\} \tag{5-39}$$

式中：Ω_γ 为 $\boldsymbol{\theta}_\gamma$ 的集合（论域）。

所以未知不确定 γ_i 可以表示为

$$\gamma_i\left(\boldsymbol{x}\middle|\boldsymbol{\theta}_\gamma\right)=\boldsymbol{\theta}_\gamma^{*\mathrm{T}}\delta\left(\boldsymbol{x}\right)+\varepsilon_\gamma \tag{5-40}$$

式中：ε_γ 为自适应模糊算法对未知不确定的逼近误差。

基于式（5-37）和式（5-40），本章所提出的式（5-33）可以进一步写为

$$\begin{cases}\dot{\sigma}_i=-k_1\left(t\right)\left[\sigma_i\Big/\left\|\sigma_i\right\|_2^{\frac{1}{2}}+k_3\sigma\right]+v_i+\boldsymbol{\theta}_\gamma^{*\mathrm{T}}\boldsymbol{\delta}\left(\boldsymbol{x}\right)+\varepsilon_\gamma\\ \dot{v}_i=-k_2\left(t\right)\left[\dfrac{1}{2}\sigma_i/\left\|\sigma_i\right\|_2+\dfrac{3}{2}k_3\sigma_i\Big/\left\|\sigma_i\right\|_2^{\frac{1}{2}}+k_3{}^2\sigma_i\right]\end{cases} \tag{5-41}$$

定义一个新的变量 $\boldsymbol{\eta}^{\mathrm{T}}=\left(\sigma_i\Big/\left\|\sigma_i\right\|_2^{\frac{1}{2}}+k_3\sigma_i v\right)$，其中具体定义为 $\eta_1=\sigma_i\Big/\left\|\sigma_i\right\|_2^{\frac{1}{2}}+k_3\sigma_i$，$\dot{\eta}_2=\dfrac{1}{2}\sigma_i/\left\|\sigma_i\right\|_2+\dfrac{3}{2}k_3\,\sigma_i\Big/\left\|\sigma_i\right\|_2^{\frac{1}{2}}+k_3{}^2\sigma_i$。所以可以得到一个关于 $\boldsymbol{\eta}$ 的新结论：

$$\dot{\boldsymbol{\eta}}=\eta_1'\begin{pmatrix}-k_1\left(t\right) & 1\\ -k_2\left(t\right) & 0\end{pmatrix}\begin{pmatrix}\eta_1\\ \eta_2\end{pmatrix}+\begin{pmatrix}\gamma_i\left(\boldsymbol{x}\middle|\boldsymbol{\theta}_\gamma\right)\\ 0\end{pmatrix} \tag{5-42}$$

式中：$\eta_1'=\dfrac{\partial\eta_1}{\partial\sigma_i}$。

提出一个新的定义 $\dfrac{\gamma_i\left(\boldsymbol{x}\middle|\boldsymbol{\theta}_\gamma\right)}{\eta_1'}\cdot\dfrac{1}{a\left(t\right)}=\eta_1$，则可以将式（5-42）进一步推导为

$$\dot{\boldsymbol{\eta}}=\eta_1'\begin{pmatrix}-k_1\left(t\right)+a\left(t\right) & 1\\ -k_2\left(t\right) & 0\end{pmatrix}\begin{pmatrix}\eta_1\\ \eta_2\end{pmatrix}=\eta_1'\boldsymbol{A\eta} \tag{5-43}$$

选择确定被控闭环系统 Lyapunov 方程的一个候选方程为

$$V\left(\boldsymbol{\eta},k_1,k_2\right)=V_0\left(\boldsymbol{\eta}\right)+\frac{1}{2\rho_1}\left(k_1\left(t\right)-k_1^{*}\right)^2+\frac{1}{2\rho_2}\left(k_2\left(t\right)-k_2^{*}\right)^2+V_1\left(\tilde{\boldsymbol{\theta}}_\gamma\right) \tag{5-44}$$

式中：$V_0\left(\boldsymbol{\eta}\right)=\frac{1}{2}\boldsymbol{\eta}^{\mathrm{T}}\boldsymbol{P}\boldsymbol{\eta}$；$V_1\left(\tilde{\boldsymbol{\theta}}_\gamma\right)=\frac{1}{2\varpi}\tilde{\boldsymbol{\theta}}_\gamma^{\ \mathrm{T}}\tilde{\boldsymbol{\theta}}_\gamma$；$k_1^{*}$、$k_2^{*}$、$\rho_1$、$\rho_2$ 和 ϖ 均为正常数；定义一个正定对称矩阵 $\boldsymbol{P}=\begin{pmatrix}\chi+4\varepsilon^2 & -2\varepsilon\\ -2\varepsilon & 1\end{pmatrix}$；$\tilde{\boldsymbol{\theta}}_\gamma$ 为由最优模糊参数 $\boldsymbol{\theta}_\gamma^{\ *}$ 和辨识得到的模糊参数 $\hat{\boldsymbol{\theta}}_\gamma$ 共同定义的，$\tilde{\boldsymbol{\theta}}_\gamma=\boldsymbol{\theta}_\gamma^{\ *}-\hat{\boldsymbol{\theta}}_\gamma$。所以未知不确定 γ_i 的逼近误差可以进一步表示为

$$\begin{aligned}\tilde{\gamma}_i\left(\boldsymbol{x}\middle|\boldsymbol{\theta}_\gamma\right)&=\gamma_i\left(\boldsymbol{x}\middle|\boldsymbol{\theta}_\gamma\right)-\hat{\gamma}_i\left(\boldsymbol{x}\middle|\boldsymbol{\theta}_\gamma\right)\\&=\boldsymbol{\theta}_\gamma^{*\mathrm{T}}\delta\left(\boldsymbol{x}\right)+\varepsilon_\gamma-\hat{\boldsymbol{\theta}}_\gamma^{\ \mathrm{T}}\delta\left(\boldsymbol{x}\right)\\&=\tilde{\boldsymbol{\theta}}_\gamma^{\ \mathrm{T}}\delta\left(\boldsymbol{x}\right)+\varepsilon_\gamma\end{aligned} \tag{5-45}$$

式（5-44）中的 Lyapunov 方程中的候选方程 $V_0\left(\boldsymbol{\eta}\right)$ 对时间的导数为

$$\begin{aligned}\dot{V}_0\left(\boldsymbol{\eta}\right)&=\dot{\boldsymbol{\eta}}^{\mathrm{T}}\boldsymbol{P}\boldsymbol{\eta}+\boldsymbol{\eta}^{\mathrm{T}}\boldsymbol{P}\dot{\boldsymbol{\eta}}\\&=\eta_1'\boldsymbol{\eta}^{\mathrm{T}}\left(\boldsymbol{A}^{\mathrm{T}}\boldsymbol{P}+\boldsymbol{P}\boldsymbol{A}\right)\boldsymbol{\eta}\\&=-\eta_1'\boldsymbol{\eta}^{\mathrm{T}}\boldsymbol{Q}\boldsymbol{\eta}\end{aligned} \tag{5-46}$$

式中：$\boldsymbol{Q}=-\left(\boldsymbol{A}^{\mathrm{T}}\boldsymbol{P}+\boldsymbol{P}\boldsymbol{A}\right)$[128]。

根据式（5-43）和式（5-46），可以定义矩阵 $\boldsymbol{Q}=\begin{pmatrix}q_{11} & q_{12}\\ q_{21} & q_{22}\end{pmatrix}$，具体表示为

$$\begin{cases}q_{11}=k_1\left(t\right)\left(\chi+4\varepsilon^2\right)+4\varepsilon\left(-k_2\left(t\right)+a\left(t\right)\right)\\q_{12}=\frac{1}{2}\left[k_2\left(t\right)-2\varepsilon k_1\left(t\right)-a\left(t\right)-\left(\chi+4\varepsilon^2\right)\right]\\q_{21}=\frac{1}{2}\left[k_2\left(t\right)-2\varepsilon k_1\left(t\right)-a\left(t\right)-\left(\chi+4\varepsilon^2\right)\right]\\q_{22}=2\varepsilon\end{cases} \tag{5-47}$$

可知矩阵 $\boldsymbol{Q}$ 中的 $q_{12}=q_{21}$，满足由正定对称矩阵 $\boldsymbol{P}$ 构成的公式 $\boldsymbol{Q}=-\left(\boldsymbol{A}^{\mathrm{T}}\boldsymbol{P}+\boldsymbol{P}\boldsymbol{A}\right)$。

定义模糊自适应超扭滑模算法中的滑模自适应律中的 $k_2\left(t\right)$ 为 $k_2\left(t\right)=2\varepsilon k_1\left(t\right)+a\left(t\right)+\left(\chi+4\varepsilon^2\right)$，则矩阵 $\boldsymbol{Q}$ 可以进一步推导得到：

$$\boldsymbol{Q}=\begin{pmatrix}2\chi a\left(t\right)+4\varepsilon\left(\chi+4\varepsilon^2\right)-2\chi k_1\left(t\right) & 0\\ 0 & 2\varepsilon\end{pmatrix}=\begin{pmatrix}q_{11} & q_{12}\\ q_{21} & q_{22}\end{pmatrix} \tag{5-48}$$

注 5-2：$k_2\left(t\right)=2\varepsilon k_1\left(t\right)+a\left(t\right)+\left(\chi+4\varepsilon^2\right)$ 为本章所提模糊自适应超扭滑模算法

中的滑模自适应率，而其中的未知不确定 $a(t)$ 由于其复杂性无法测量或计算，只能用自适应模糊算法逼近，且有逼近的未知不确定为 $\hat{a}(t)=\hat{\gamma}_i\left(\boldsymbol{x}\middle|\hat{\boldsymbol{\theta}}_\gamma\right)\Big/\left(\eta_1'\eta_1\right)$。所以，式（5-48）可以进一步写为

$$\boldsymbol{Q}=\begin{pmatrix}2\chi\hat{a}(t)+4\varepsilon\left(\chi+4\varepsilon^2\right)-2\chi k_1(t) & 0\\ 0 & 2\varepsilon\end{pmatrix}=\begin{pmatrix}q_{11} & 0\\ 0 & q_{22}\end{pmatrix} \tag{5-49}$$

为了更简洁地定义 q_{11}，将其简写为 $q_{11}=2\chi\hat{a}(t)+\varPhi$，其中 $\varPhi=4\varepsilon\left(\chi+4\varepsilon^2\right)-2\chi k_1(t)$。所以，Lyapunov 候选方程 $V_0(\boldsymbol{\eta})$ 的导数（式（5-46））可以进一步推导为

$$\begin{aligned}\dot{V}_0(\boldsymbol{\eta})&=-\eta_1'\left(q_{11}\eta_1^{\ 2}+q_{22}\eta_2^{\ 2}\right)\\&=-2\chi\hat{\gamma}_i\eta_1-\eta_1'\varPhi\eta_1^{\ 2}-\eta_1'q_{22}\eta_2^{\ 2}\\&=-2\chi\hat{\gamma}_i\eta_1+2\chi\gamma_i\eta_1-2\chi\gamma_i\eta_1-\eta_1'\varPhi\eta_1^{\ 2}-\eta_1'q_{22}\eta_2^{\ 2}\\&=2\chi\tilde{\gamma}_i\eta_1+\varepsilon_\gamma-2\chi\gamma_i\eta_1-\eta_1'\varPhi\eta_1^{\ 2}-\eta_1'q_{22}\eta_2^{\ 2}\end{aligned} \tag{5-50}$$

式中：$\tilde{\gamma}_i=\gamma_i-\hat{\gamma}_i+\varepsilon_\gamma$（由式（5-45）可得）。

同时，Lyapunov 的另一个候选方程 $V_1\left(\tilde{\boldsymbol{\theta}}_\gamma\right)=\dfrac{1}{2\varpi}\tilde{\boldsymbol{\theta}}_\gamma^{\ \mathrm{T}}\tilde{\boldsymbol{\theta}}_\gamma$ 对时间的导数可推导为

$$\dot{V}_1\left(\tilde{\boldsymbol{\theta}}_\gamma\right)=\frac{1}{\varpi}\tilde{\boldsymbol{\theta}}_\gamma^{\ \mathrm{T}}\dot{\tilde{\boldsymbol{\theta}}}_\gamma \tag{5-51}$$

根据式（5-45）以及 $\dot{\tilde{\boldsymbol{\theta}}}_\gamma$ 的定义 $\dot{\tilde{\boldsymbol{\theta}}}_\gamma=\dot{\boldsymbol{\theta}}_\gamma^{\ *}-\dot{\hat{\boldsymbol{\theta}}}_\gamma=-\dot{\hat{\boldsymbol{\theta}}}_\gamma$，可将式（5-51）进一步写为

$$\dot{V}_1\left(\tilde{\boldsymbol{\theta}}_\gamma\right)=\frac{1}{\varpi}\tilde{\boldsymbol{\theta}}_\gamma^{\ \mathrm{T}}\dot{\hat{\boldsymbol{\theta}}}_\gamma \tag{5-52}$$

从而得到

$$\begin{aligned}&\dot{V}_0(\boldsymbol{\eta})+\dot{V}_1\left(\tilde{\boldsymbol{\theta}}_\gamma\right)\\&=2\chi\tilde{\gamma}_i\eta_1+\frac{1}{\varpi}\tilde{\theta}_\gamma^{\ \mathrm{T}}\dot{\hat{\theta}}_\gamma-2\chi\gamma_i\eta_1-\eta_1'\varPhi\eta_1^{\ 2}-\eta_1'q_{22}\eta_2^{\ 2}+\varepsilon_\gamma\\&=\tilde{\theta}_\gamma^{\ \mathrm{T}}\left[2\chi\delta(\boldsymbol{x})\eta_1-\frac{1}{\varpi}\dot{\hat{\theta}}_\gamma\right]-2\chi\gamma_i\eta_1-\eta_1'\varPhi\eta_1^{\ 2}-\eta_1'q_{22}\eta_2^{\ 2}+\varepsilon_\gamma\end{aligned} \tag{5-53}$$

给定自适应模糊算法的自学习律为

$$\dot{\hat{\boldsymbol{\theta}}}_\gamma=2\chi\varpi\eta_1\delta(\boldsymbol{x}) \tag{5-54}$$

引理 5-1：基于本章控制算法的闭环输入–输出系统可以在自学习律（式（5-54））的驱动下，在有限时间内渐进稳定。

证明：引理 5-1 的具体证明如下。

根据式（5-54）中的模糊算法自学习律，式（5-53）可以进一步推导得到：

$$
\begin{aligned}
&\dot{V}_0(\boldsymbol{\eta})+\dot{V}_1\left(\tilde{\boldsymbol{\theta}}_\gamma\right)\\
&=-2\chi\gamma_i\eta_1-\eta_1{}'\Phi\eta_1{}^2-\eta_1{}'q_{22}\eta_2{}^2+\varepsilon_\gamma\\
&=-2\chi a(t)\eta_1'\eta_1\eta_1-\eta_1{}'\Phi\eta_1{}^2-\eta_1{}'q_{22}\eta_2{}^2+\varepsilon_\gamma\\
&=-\eta_1{}'\left[2\chi a(t)+\Phi\right]\eta_1{}^2-\eta_1{}'q_{22}\eta_2{}^2+\varepsilon_\gamma\\
&=-\eta_1{}'\bar{q}_{11}\eta_1{}^2-\eta_1{}'q_{22}\eta_2{}^2+\varepsilon_\gamma\\
&=-\eta_1{}'\boldsymbol{\eta}^{\mathrm{T}}\bar{\boldsymbol{Q}}\boldsymbol{\eta}+\varepsilon_\gamma
\end{aligned}
\tag{5-55}
$$

式中：$\bar{\boldsymbol{Q}}=\begin{pmatrix}\left[2\chi\gamma_i\left(\boldsymbol{x}\middle|\boldsymbol{\theta}_\gamma\right)\right]\Big/\left(\eta_1{}'\eta_1\right)+4\varepsilon\left(\chi+4\varepsilon^2\right)-2\chi k_1(t) & 0\\ 0 & 2\varepsilon\end{pmatrix}$。

假设 5-4：假设自适应模糊逼近算法的逼近误差 ε_γ 足够小，则可以定义不等式 $\frac{1}{4}\varepsilon\geqslant\varepsilon_\gamma+D$，其中 D 为一个任意小的正常数。

为了保证 Lyapunov 方程中的候选方程 $V_0(\boldsymbol{\eta})+V_1\left(\tilde{\boldsymbol{\theta}}_\gamma\right)$ 满足 Lyapunov 定理，使系统在有限时间内渐进稳定，定义 $\bar{\bar{\boldsymbol{Q}}}=\bar{\boldsymbol{Q}}-\frac{1}{4}\varepsilon\boldsymbol{I}$，其中 $\bar{\bar{\boldsymbol{Q}}}$ 的具体表达式为

$$
\begin{aligned}
\bar{\bar{\boldsymbol{Q}}}&=\begin{pmatrix}2\chi a(t)+4\varepsilon\left(\chi+4\varepsilon^2\right)-2\chi k_1(t)-\frac{1}{4}\varepsilon & 0\\ 0 & \frac{7}{8}\varepsilon\end{pmatrix}\\
&=\begin{pmatrix}\bar{\bar{q}}_{11} & 0\\ 0 & \bar{\bar{q}}_{22}\end{pmatrix}
\end{aligned}
\tag{5-56}
$$

根据 Schur 补定理，保证矩阵 $\bar{\bar{\boldsymbol{Q}}}$ 正定和它的最小特征值 $\lambda_{\min}\left(\bar{\bar{\boldsymbol{Q}}}\right)>0$ 的充分条件为

$$
\begin{cases}\bar{\bar{q}}_{11}\geqslant 0 \text{ 且 } \bar{\bar{q}}_{22}\geqslant 0\\ \det(\bar{\bar{\boldsymbol{Q}}})\end{cases}
\tag{5-57}
$$

由滑模算法自适应律，$k_2(t)=2\varepsilon k_1(t)+\hat{\gamma}_i\left(\boldsymbol{x}\middle|\hat{\boldsymbol{\theta}}_\gamma\right)\Big/\left(\eta_1{}'\eta_1\right)+\left(\chi+4\varepsilon^2\right)$，可以得到全部的约束条件为

$$
\begin{cases}\varepsilon>0\\ k_1(t)<\hat{a}(t)+\dfrac{2\varepsilon\left(\chi+4\varepsilon^2\right)}{\chi}-\dfrac{\varepsilon}{8\chi}\\ k_2(t)=2\varepsilon k_1(t)+\hat{\gamma}_i\left(\boldsymbol{x}\middle|\boldsymbol{\theta}_\gamma\right)\Big/\eta_1{}'\eta_1+\chi+4\varepsilon^2\end{cases}
\tag{5-58}
$$

$$\begin{pmatrix} 2\left[k_1(t)\left(\chi+4\varepsilon^2\right)+2\varepsilon\left(-k_2(t)+a(t)\right)\right]-\dfrac{\varepsilon}{4} & \aleph \\ k_2(t)-2\varepsilon k_1(t)-a(t)-\left(\chi+4\varepsilon^2\right) & \dfrac{15}{4}\varepsilon \end{pmatrix} \tag{5-59}$$

式中：$\aleph=k_2(t)-2\varepsilon k_1(t)-a(t)-\left(\chi+4\varepsilon^2\right)$，表示式（5-59）为一个对称矩阵。

根据式（5-46）和式（5-58），可以将$V_0(\boldsymbol{\eta})+V_1\left(\tilde{\boldsymbol{\theta}}_\gamma\right)$的数值大小进一步约束到：

$$\begin{aligned} \dot{V}_0(\boldsymbol{\eta})+\dot{V}_1\left(\tilde{\boldsymbol{\theta}}_\gamma\right) &= -\eta_1{}'\boldsymbol{\eta}^{\mathrm{T}}\bar{\bar{\boldsymbol{Q}}}\boldsymbol{\eta} \leqslant -\frac{\varepsilon}{4}\eta_1{}'\boldsymbol{\eta}^{\mathrm{T}}\boldsymbol{\eta} \\ &= -\frac{\varepsilon}{4}\left(\frac{1}{2}|\sigma|^{-\frac{1}{2}}+k_3\right)\boldsymbol{\eta}^{\mathrm{T}}\boldsymbol{\eta} \end{aligned} \tag{5-60}$$

根据正定二次方程$\bar{V}\left(\boldsymbol{\eta},\tilde{\boldsymbol{\theta}}_\gamma\right)=V_0(\boldsymbol{\eta})+V_1\left(\tilde{\boldsymbol{\theta}}_\gamma\right)=\dfrac{1}{2}\boldsymbol{\eta}^{\mathrm{T}}\boldsymbol{P}\boldsymbol{\eta}+\dfrac{1}{2\varpi}\tilde{\boldsymbol{\theta}}_\gamma{}^{\mathrm{T}}\tilde{\boldsymbol{\theta}}_\gamma$的定义，可以得

$$\begin{aligned} \left[\lambda_{\min}(\boldsymbol{P})\|\boldsymbol{\eta}\|_2{}^2+\frac{1}{\varpi}\left\|\tilde{\boldsymbol{\theta}}_\gamma\right\|_2{}^2\right] &\leqslant 2\bar{V}\left(\boldsymbol{\eta},\tilde{\boldsymbol{\theta}}_\gamma\right) \\ &\leqslant \left[\lambda_{\max}(\boldsymbol{P})\|\boldsymbol{\eta}\|_2{}^2+\frac{1}{\varpi}\left\|\tilde{\boldsymbol{\theta}}_\gamma\right\|_2{}^2\right] \end{aligned} \tag{5-61}$$

式中：$\|\boldsymbol{\eta}\|_2$为$\boldsymbol{\eta}$的 Euclidean 范数，具体表示为

$$\begin{aligned} \|\boldsymbol{\eta}\|_2{}^2 &= \eta_1{}^2+\eta_2{}^2 \\ &= |\sigma|+2k_3|\sigma|^{\frac{3}{2}}+k_3{}^2\sigma^2+\hat{v}^2 \end{aligned} \tag{5-62}$$

设计一个新的函数$\dfrac{1}{\varpi}\left\|\tilde{\boldsymbol{\theta}}_\gamma\right\|_2{}^2\dfrac{1}{\Upsilon(t)}=\|\boldsymbol{\eta}\|_2{}^2$，可得

$$|\eta_1|\leqslant\|\boldsymbol{\eta}\|_2\leqslant\frac{2\bar{V}^{\frac{1}{2}}\left(\boldsymbol{\eta},\tilde{\boldsymbol{\theta}}_\gamma\right)}{\left[\lambda_{\min}(\boldsymbol{P})+\Upsilon(t)\right]^{\frac{1}{2}}} \tag{5-63}$$

$$\|\boldsymbol{\eta}\|_2\geqslant\frac{2\bar{V}^{\frac{1}{2}}\left(\boldsymbol{\eta},\tilde{\boldsymbol{\theta}}_\gamma\right)}{\left[\lambda_{\max}(\boldsymbol{P})+\Upsilon(t)\right]^{\frac{1}{2}}} \tag{5-64}$$

并根据式（5-62）和式（5-63）可进一步得

$$|\sigma|^{-\frac{1}{2}}\geqslant\frac{\left[\lambda_{\min}(\boldsymbol{P})+\Upsilon(t)\right]^{\frac{1}{2}}}{2\bar{V}^{\frac{1}{2}}\left(\boldsymbol{\eta},\tilde{\boldsymbol{\theta}}_\gamma\right)} \tag{5-65}$$

所以，$\dot{\bar{V}}\left(\boldsymbol{\eta},\tilde{\boldsymbol{\theta}}_{\gamma}\right)$ 可以最终被推导为

$$\begin{aligned}\dot{\bar{V}}\left(\boldsymbol{\eta},\tilde{\boldsymbol{\theta}}_{\gamma}\right)&=-\frac{\varepsilon}{8}|\sigma|^{-\frac{1}{2}}\|\boldsymbol{\eta}\|_{2}^{2}-\frac{1}{4}\varepsilon k_{3}\|\boldsymbol{\eta}\|_{2}^{2}\\&\leqslant-\frac{\varepsilon}{8}|\sigma|^{-\frac{1}{2}}\frac{2\bar{V}\left(\boldsymbol{\eta},\tilde{\boldsymbol{\theta}}_{\gamma}\right)}{\left[\lambda_{\max}(\boldsymbol{P})+\varUpsilon(t)\right]^{\frac{1}{2}}}-\frac{1}{4}\varepsilon\frac{2\bar{V}\left(\boldsymbol{\eta},\tilde{\boldsymbol{\theta}}_{\gamma}\right)}{\left[\lambda_{\max}(\boldsymbol{P})+\varUpsilon(t)\right]^{\frac{1}{2}}}\\&\leqslant-\frac{\varepsilon}{8}\frac{\left[\lambda_{\min}(\boldsymbol{P})+\varUpsilon(t)\right]^{\frac{1}{2}}}{\left[\lambda_{\max}(\boldsymbol{P})+\varUpsilon(t)\right]^{\frac{1}{2}}}\bar{V}^{\frac{1}{2}}\left(\boldsymbol{\eta},\tilde{\boldsymbol{\theta}}_{\gamma}\right)-\frac{1}{2}\frac{\varepsilon k_{3}\bar{V}\left(\boldsymbol{\eta},\tilde{\boldsymbol{\theta}}_{\gamma}\right)}{\left[\lambda_{\max}(\boldsymbol{P})+\varUpsilon(t)\right]^{\frac{1}{2}}}\end{aligned}\tag{5-66}$$

式（5-66）可以被简化改写为

$$\dot{\bar{V}}\left(\boldsymbol{\eta},\tilde{\boldsymbol{\theta}}_{\gamma}\right)\leqslant-\gamma_{1}\bar{V}^{-\frac{1}{2}}\left(\boldsymbol{\eta},\tilde{\boldsymbol{\theta}}_{\gamma}\right)-\gamma_{2}V_{0}(\boldsymbol{\eta})\tag{5-67}$$

式中：$\gamma_{1}=\left\{\varepsilon\left[\lambda_{\min}(\boldsymbol{P})+\varUpsilon(t)\right]^{\frac{1}{2}}\right\}\Big/\left\{8\left[\lambda_{\max}(\boldsymbol{P})+\varUpsilon(t)\right]^{\frac{1}{2}}\right\}$；$\gamma_{2}=\varepsilon k_{3}\Big/\left\{2\left[\lambda_{\max}(\boldsymbol{P})+\varUpsilon(t)\right]^{\frac{1}{2}}\right\}$。

所以至此可以得到结论，飞网机器人系统在本章所提出的控制算法驱动下，对于任意的初始状态 $\boldsymbol{x}(0)$ 以及对应的初始滑模参数 $\boldsymbol{\sigma}(0)$，由滑模参数构成的滑模面 $\sigma=\dot{\sigma}=0$ 是可以在有限时间内到达的。

将式（5-67）对时间积分，可得

$$\bar{V}\left(\boldsymbol{\eta},\tilde{\boldsymbol{\theta}}_{\gamma}\right)=\mathrm{e}^{-\gamma_{2}t}\left[\bar{V}^{\frac{1}{2}}(0)+\frac{\gamma_{1}}{\gamma_{2}}\left(1-\mathrm{e}^{\frac{\gamma_{1}}{\gamma_{2}}t}\right)\right]^{2}\tag{5-68}$$

所以 Lyapunov 方程的候选方程 $\bar{V}\left(\boldsymbol{\eta},\tilde{\boldsymbol{\theta}}_{\gamma}\right)=\frac{1}{2}\boldsymbol{\eta}^{\mathrm{T}}\boldsymbol{P}\boldsymbol{\eta}+\frac{1}{2\varpi}\tilde{\boldsymbol{\theta}}_{\gamma}{}^{\mathrm{T}}\tilde{\boldsymbol{\theta}}_{\gamma}$ 可以在有限时间内收敛至零，而这个有限时间，可以具体表示为[129]

$$T_{f}=\frac{2}{\gamma_{2}}\ln\left(\frac{\gamma_{1}}{\gamma_{2}}\bar{V}^{\frac{1}{2}}(0)+1\right)\tag{5-69}$$

所以至此可以得到结论，在式（5-33）和相应的自适应律 $k_{1}(t)$（式（5-34））和 $k_{2}(t)$（式（5-58））的驱动下，变量 $\boldsymbol{\eta}^{\mathrm{T}}=\left(\left(|\sigma|^{\frac{1}{2}}\sigma\right)\Big/\|\sigma\|_{2}+k_{3}\sigma\hat{v}\right)$ 可以在有限时间内收敛到零。在此情况下，始终存在常数 k_{1}^{*} 和 k_{2}^{*} 使得在任意初始状态下，滑模面 $\sigma=\dot{\sigma}=0$ 可达。

Lyapunov 方程 $V\left(\boldsymbol{\eta},\tilde{\boldsymbol{\theta}}_{\gamma},k_{1},k_{2}\right)$ 的最终导数为

$$
\begin{aligned}
&\dot{V}\left(\boldsymbol{\eta},\tilde{\boldsymbol{\theta}}_\gamma,k_1,k_2\right)\\
&\leqslant -\gamma_1\bar{V}^{\frac{1}{2}}\left(\boldsymbol{\eta},\tilde{\boldsymbol{\theta}}_\gamma\right)-\gamma_2\bar{V}\left(\boldsymbol{\eta},\tilde{\boldsymbol{\theta}}_\gamma\right)+\frac{1}{\rho_1}\left(k_1(t)-k_1^*\right)+\frac{1}{\rho_2}\left(k_2(t)-k_2^*\right)\\
&\leqslant -\bar{\gamma}\bar{V}^{\frac{1}{2}}\left(\boldsymbol{\eta},\tilde{\boldsymbol{\theta}}_\gamma\right)-\frac{\omega_1}{\sqrt{2\rho_1}}\left|k_1-k_1^*\right|-\frac{\omega_2}{\sqrt{2\rho_2}}\left|k_2-k_2^*\right|+\frac{1}{\rho_1}\left(k_1-k_1^*\right)+\\
&\quad\frac{1}{\rho_2}\left(k_2-k_2^*\right)+\frac{\omega_1}{\sqrt{2\rho_1}}\left|k_1-k_1^*\right|+\frac{\omega_2}{\sqrt{2\rho_2}}\left|k_2-k_2^*\right|\\
&\leqslant -\min\left(r_1,\omega_1,\omega_2\right)\left[\bar{V}\left(\boldsymbol{\eta},\tilde{\boldsymbol{\theta}}_\gamma\right)+\frac{1}{2\rho_1}\left(k_1-k_1^*\right)^2+\frac{1}{2\rho_2}\left(k_2-k_2^*\right)^2\right]^{\frac{1}{2}}+\\
&\quad\frac{1}{\rho_1}\left(k_1-k_1^*\right)\dot{k}_1+\frac{1}{\rho_2}\left(k_2-k_2^*\right)\dot{k}_2+\frac{\omega_1}{\sqrt{2\rho_1}}\left|k_1-k_1^*\right|+\frac{\omega_2}{\sqrt{2\rho_2}}\left|k_2-k_2^*\right|
\end{aligned}
\tag{5-70}
$$

当所提出的式（5-34）被采用，那么自适应参数 $k_1(t)$ 和 $k_2(t)$ 都是有界的。所以对于任意的 $\forall t\geqslant 0$，永远存在参数 k_1^* 和 k_2^*，使得 $k_1(t)-k_1^*<0$ 和 $k_2(t)-k_2^*<0$。那么式（5-70）可以进一步推导为

$$
\dot{V}\left(\boldsymbol{\eta},\tilde{\boldsymbol{\theta}}_\gamma,\alpha,\beta,\vartheta\right)\leqslant -\min\left(r,\omega_1,\omega_2\right)V^{\frac{1}{2}}+\Pi \tag{5-71}
$$

式中：$\Pi=-\left|k_1-k_1^*\right|\left(\frac{1}{\rho_1}\dot{k}_1-\frac{\omega_1}{\sqrt{2\rho_1}}\right)-\left|k_2-k_2^*\right|\left(\frac{1}{\rho_2}\dot{k}_2-\frac{\omega_2}{\sqrt{2\rho_2}}\right)$。

为了保证闭环系统在有限时间的渐进稳定性，需要保证 $\Pi=0$。所以可以得到自适应参数 $k_1(t)$ 和 $k_2(t)$ 的自适应律：

$$
\dot{k}_1(t)=\omega_1\sqrt{\frac{\rho_1}{2}},\ \dot{k}_2(t)=\omega_2\sqrt{\frac{\rho_2}{2}} \tag{5-72}
$$

注 5-3：为了使滑模自适应参数 $k_1(t)$ 和 $k_2(t)$ 可以根据时变的未知不确定项，式（5-72）中自适应率的参数应认真选择。适当选择 ω_1、ω_2、ρ_1、ρ_2、ε，从而保证 $\omega_1\sqrt{\rho_1/2}<\dot{a}(t)$ 和 $\omega_2\sqrt{\rho_2/2}=2\varepsilon\omega_1\sqrt{\rho_1/2}+\dot{a}(t)$，所以式（5-34）和式（5-72）结论吻合。

根据注 5-3，式（5-71）为

$$
\dot{V}\left(\boldsymbol{\eta},\tilde{\boldsymbol{\theta}}_\gamma,k_1,k_2\right)\leqslant -\min\left(r,\omega_1,\omega_2\right)V^{\frac{1}{2}} \tag{5-73}
$$

很明显，Lyapunov 方程 $V\left(\boldsymbol{\eta},\tilde{\boldsymbol{\theta}}_\gamma,k_1,k_2\right)$ 可以在有限时间内收敛到零，候选方程 $\bar{V}\left(\boldsymbol{\eta},\tilde{\boldsymbol{\theta}}_\gamma\right)$ 同样可以在有限时间内收敛到零。所以滑模参数 σ 和其导数 $\dot{\sigma}$ 可以在有限时间内到达零，飞网机器人系统的状态可以在任意初始状态下，在控制算法（式（5-33））、滑模自适应律（式（5-34））、模糊逼近算法（式（5-37））和模糊算

法自学习律（式（5-54））的驱动下于有限时间内到达滑模面。所以，本章所提出的模糊自适应超扭滑模算法可以保证在未知不确定 γ_i 作用下闭环系统的渐进稳定性，且具有足够的控制鲁棒性。

引理 5-2：如果将滑模控制算法中的滑模参数 σ_i 具体选择为 $\sigma_i=\left(\mathrm{d}/\mathrm{d}t+\lambda\right)e_i$，其中 $e_i=x_{id}-x_i$ 表示系统状态的跟踪误差，那么可以得到，在式（5-33）、式（5-34）、式（5-37）和式（5-54）的驱动下，系统状态的跟踪误差可以在有限时间内 $e_i\to 0$。

证明：根据定理 5-1 的证明过程，可以很容易证明，在构建新的滑模参数 $\boldsymbol{\eta}^{\mathrm{T}}\left(\sigma_i\right)=\left(\sigma_i\Big/\left\|\sigma_i\right\|_2^{\frac{1}{2}}+k_3\sigma_i v_i\right)$后，在式（5-67）和式（5-73）的结论下，滑模参数 σ 和其导数 $\dot{\sigma}$ 均可以在有限时间内达到零，即系统状态的跟踪误差可以在有限时间内收敛到零。

3. **讨论**

虽然经典的超扭二阶滑模控制算法已经可以有效减少控制器抖振问题，但是由于文章的控制问题过于复杂，所以才根据被控对象的特点又提出了本章的控制算法，分别由式（5-33）、式（5-34）、式（5-37）和式（5-54）共同组成。但是，式（5-34）中对 $k_1(t)$ 的要求 $\sigma=0$ 过于严格。

定理 5-2：控制系统基于滑模参数的输入–输出方程在式（5-33）的驱动下，可以在有限时间内渐进稳定，如果采用如下的滑模自适应律：

$$\begin{cases}\dot{k}_1(t)=\begin{cases}\omega_1\sqrt{\gamma_1/2}\ \left(|\sigma|-\nu>0\right)\\ 0\ \left(|\sigma|-\nu\leqslant 0\right)\end{cases}\\ k_2(t)=2\varepsilon k_1(t)+\left[\hat{\boldsymbol{\theta}}_\gamma\delta(\boldsymbol{x})\right]\Big/\left(\eta_1'\eta_1\right)+\chi+4\varepsilon^2\end{cases}\tag{5-74}$$

式中：ν 为滑模面边界层。所以系统以任意初始状态 $x_i(0)$、$\sigma_i(0)$ 开始，在有限时间 $\tilde{t}_f$ 内，滑模参数可以到达边界层厚度为 ν 的滑模面上，并保持在该边界层内，即 $\sigma_i\leqslant\tilde{\nu}_1$，$\dot{\sigma}_i\leqslant\tilde{\nu}_2$。

证明：定理 5-2 的本质就是给滑模面引入了一个边界层，从而放宽了自适应律 $k_1(t)$ 的开关条件。当 $|\sigma_i|\geqslant\nu$ 满足时，式（5-74）退化到式（5-34）。所以定理 5-1 的证明依然成立。所以只需要讨论证明 $|\sigma_i|<\nu$ 的情况。

当 $|\sigma_i|<\nu$ 时，$\dot{k}_1(t)$ 为负，所以积分后的 $k_1(t)$ 开始减小。根据 $k_2(t)$ 的表达式，可知 $k_2(t)$ 同样是减小的。Lyapunov 方程的导数为

$$\begin{aligned}&\dot{V}\left(\boldsymbol{\eta},\tilde{\boldsymbol{\theta}}_\gamma,k_1,k_2\right)\\ &=-\hat{\gamma}\bar{V}^{\frac{1}{2}}\left(\boldsymbol{\eta},\tilde{\boldsymbol{\theta}}_\gamma\right)+\frac{1}{\rho_1}\left(k_1(t)-k_1^*\right)+\frac{1}{\rho_2}\left(k_2(t)-k_2^*\right)\end{aligned}\tag{5-75}$$

显然，$\frac{1}{\rho_1}\left(k_1(t)-k_1^*\right)\dot{k}_1(t)+\frac{1}{\rho_2}\left(k_2(t)-k_2^*\right)\dot{k}_2(t)$ 的符号是不确定的，所以滑模参数

朝着滑模面的反向运行。于是又回到状态$\left|\sigma_i\right| \geqslant \nu$，即回到定理 5-1 的内容。这种情况会在整个控制过程中反复发生。

注 5-4：修改后的滑模参数自适应律（式（5-74））实际上降低了控制算法的敏感度，这也是降低滑模算法抖振的有效手段之一[129]。由于飞网机器人主体飞网部分的柔性结构，使得可机动单元执行器的每一个控制输入都会产生一个“波浪”通过飞网传递到其他可机动单元。所以，虽然高频的控制器输出可以换回可机动单元的精准控制，但是也会带来飞网的过度振动。适当地降低控制器精度可以得到一个更加温和的控制器，这个结果正适合本章的被控对象。

注 5-5：本章所提出的滑模自适应算法$k_1(t)$满足式（5-58）。根据式（5-34）和式（5-74）的定义，表明自适应律$k_1(t)$和$k_2(t)$会一直快速变化，直至矩阵$\boldsymbol{Q}$正定。在到达这个转折点后，系统状态将会在控制算法的驱动下被迫收敛至期望值，这个收敛过程由式（5-73）保证。同样地，滑模参数σ_i和其导数$\dot{\sigma}_i$也会被迫收敛至滑模面（或带有边界层的滑模面），从而自适应参数$k_1(t)$在自适应律的作用下达到零。在滑模面到达后，$k_2(t)$的存在仅仅是为了克服时变的外界干扰，从而使得状态保持在滑模面上。

注 5-6：在定理 5-1 和定理 5-2 的提出和证明过程中，对控制算法和相关自适应算法的描述均使用的是标量表示。所以需要强调本章所提控制算法在飞网机器人系统上的应用方法。在第 2 章中已经推导得到了由11×11个系绳编织节点构成的飞网机器人系统的动力学方程，其中用大写的英文字母表示行，小写的英文字母表示列，而$\boldsymbol{x}_{Ka}$、$\boldsymbol{x}_{Kb}$、$\boldsymbol{x}_{Kc}$和$\boldsymbol{x}_{Kd}$表示 4 个可机动单元的节点位置向量。由标量表示的式（5-33）、式（5-34）、式（5-37）和式（5-54）是用来计算在每个可机动单元在各个方向所需要的控制输入的。重新改写系统动力学方程，则基于控制器设计的动力学公式可以重新写为

$$
\begin{cases}
\ddot{x}_{Ab} = f\left(\boldsymbol{x}_{Aa}, \boldsymbol{x}_{Ac}, \boldsymbol{x}_{Bb}, \dot{\boldsymbol{x}}_{Aa}, \dot{\boldsymbol{x}}_{Ac}, \dot{\boldsymbol{x}}_{Bb}\right) \\
\ddot{y}_{Ab} = f\left(\boldsymbol{x}_{Aa}, \boldsymbol{x}_{Ac}, \boldsymbol{x}_{Bb}, \dot{\boldsymbol{x}}_{Aa}, \dot{\boldsymbol{x}}_{Ac}, \dot{\boldsymbol{x}}_{Bb}\right) \\
\ddot{z}_{Ab} = f\left(\boldsymbol{x}_{Aa}, \boldsymbol{x}_{Ac}, \boldsymbol{x}_{Bb}, \dot{\boldsymbol{x}}_{Aa}, \dot{\boldsymbol{x}}_{Ac}, \dot{\boldsymbol{x}}_{Bb}\right) \\
\qquad \vdots \\
\ddot{x}_{Aa} = f\left(\boldsymbol{x}_{Ab}, \boldsymbol{x}_{Ba}, \dot{\boldsymbol{x}}_{Ab}, \dot{\boldsymbol{x}}_{Ba}\right) + u_{Aa\_x} + \tilde{d}_{Aa\_x} \\
\ddot{y}_{Aa} = f\left(\boldsymbol{x}_{Ab}, \boldsymbol{x}_{Ba}, \dot{\boldsymbol{x}}_{Ab}, \dot{\boldsymbol{x}}_{Ba}\right) + u_{Aa\_y} + \tilde{d}_{Aa\_y} \\
\ddot{z}_{Aa} = f\left(\boldsymbol{x}_{Ab}, \boldsymbol{x}_{Ba}, \dot{\boldsymbol{x}}_{Ab}, \dot{\boldsymbol{x}}_{Ba}\right) + u_{Aa\_z} + \tilde{d}_{Aa\_z} \\
\qquad \vdots \\
\ddot{x}_{Kk} = f\left(\boldsymbol{x}_{Kj}, \boldsymbol{x}_{Jk}, \dot{\boldsymbol{x}}_{Kj}, \dot{\boldsymbol{x}}_{Jk}\right) + u_{Kk\_x} + \tilde{d}_{Kk\_x} \\
\ddot{y}_{Kk} = f\left(\boldsymbol{x}_{Kj}, \boldsymbol{x}_{Jk}, \dot{\boldsymbol{x}}_{Kj}, \dot{\boldsymbol{x}}_{Jk}\right) + u_{Kk\_y} + \tilde{d}_{Kk\_y} \\
\ddot{z}_{Kk} = f\left(\boldsymbol{x}_{Kj}, \boldsymbol{x}_{Jk}, \dot{\boldsymbol{x}}_{Kj}, \dot{\boldsymbol{x}}_{Jk}\right) + u_{Kk\_z} + \tilde{d}_{Kk\_z}
\end{cases}
\tag{5-76}
$$

改写后的动力学方程可以直接加入控制算法。基于模糊逼近的自适应超扭滑模控制算法的控制结构框图如图 5-2 所示。

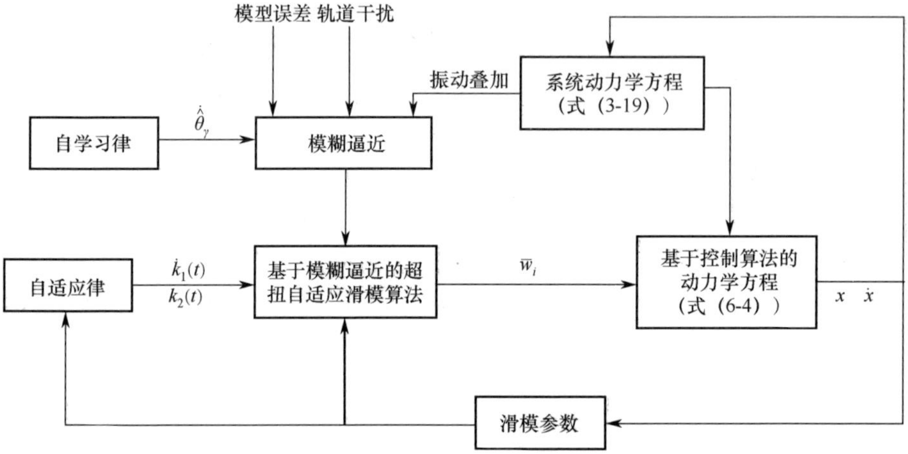

图 5-2 控制结构框图

5.2.4 仿真验证及分析

与第 4 章中的仿真环境类似，根据第 3 章中对飞网机器人释放特性的研究，选取可机动单元的初始弹射条件为：弹射角度 $\alpha = 60^\circ$；弹射速度 $|\boldsymbol{v}_{\mathrm{MU}i}| = 0.1\,\mathrm{m/s}$；飞网在发射筒中的折叠方式为星星式折叠。具体的空间仿真环境为：地球同步轨道的轨道高度为 36000km；角速度 $\omega = 9.2430 \times 10^{-5}\,\mathrm{rad/s}$；轨道倾角为 0。空间飞网机器人的系统参数见表 5-1。

表 5-1 空间飞网机器人系统参数

系统参数	值
单个可机动单元质量/kg	20
整个飞网质量/kg	2
飞网边长/m	5
飞网网格的边长/m	0.5
飞网的编织材料	Kevlar
编织系绳的横截面直径/mm	1
编织系绳的 Young's 模量/MPa	124000
编织系绳的阻尼	0.01

如 2.1 节所设计的典型任务流程，飞网机器人的可机动单元在由平台卫星弹射释放后，先自由飞行，在此阶段飞网会被动展开。在自由飞行的最终点，可机动单元在展开平面上两个方向的速度降到零，表明飞网的自由飞行段结束。此刻，

可机动单元的执行器打开，进入控制飞行段。飞网机器人的弹射释放和逼近飞行中，相对目标卫星的坐标系定义如图 4-4 所示。在本章中，可机动单元在t=38.09s 时刻打开执行器，而飞网 4 个可机动单元在自由飞行终点时刻的位置依次为 $(1.4378,1.4390,1.3162)$ 、 $(1.4378,1.4390,-1.3162)$ 、 $(1.4378,-1.4390,1.3162)$ 和 $(1.4378,-1.4390,-1.3162)$ 。对应此初始状态，4 个可机动单元的期望状态依次为 $(1.4378+0.1(t-38.09),1.7,1.7)$ 、 $(1.4378+0.1(t-38.09),1.7,-1.7)$ 、 $(1.4378+0.1(t-38.09),-1.7,1.7)$ 和 $(1.4378+0.1(t-38.09),-1.7,-1.7)$ 。对 4 个可机动单元在 x 方向上的期望速度是 $0.1\mathrm{m/s}$ ，而 y 和 z 方向上的期望速度均为 0。所以飞网机器人可以以此构型稳定地飞向待抓捕目标卫星。

式（5-33）和式（5-34）中的参数值设置为：$\omega_1=1.95$，$\rho_1=2$，$\chi=1$，$\varepsilon=0.03$，$k_3=1$，$\upsilon=0.005$，$\sigma=\lambda(x-x_d)+(\dot{x}-\dot{x}_d)$，其中 $\lambda=1$。对于自适应模糊逼近器的相关参数设置和初始值分别为：$\varpi=1$，$(\boldsymbol{x}_{Ka}\ \boldsymbol{x}_{Kb}\ \boldsymbol{x}_{Kc}\ \boldsymbol{x}_{Kd})^{\mathrm{T}}=\boldsymbol{\theta}_\gamma$，$\boldsymbol{\theta}_\gamma(0)=0.01(1\ \cdots\ 1)^{\mathrm{T}}$ 。x_i $i=Ka,Kb,Kc,Kd$ 在间隔$[0,8]$上，y_i 和 z_j（$i=Ka,Kd$ 和 $j=Ka,Kb$）在间隔$[0,2]$上，y_i 和 z_j（$i=Kb,Kc$，$j=Kc,Kd$）在间隔$[-2,0]$上。论域中的标注分别为 SI、SII、SIII、SIV、SV 和 SVI，其各自的隶属度函数分别为：$1/\exp\left[5\operatorname{sgn}(x_i)(x_i-\alpha_{i1})/\beta^2{}_{i1}\right]$，$\exp\left[-(x_i-\alpha_{i2})^2/\beta_{i2}{}^2\right]$，$\exp\left[-(x_i-\alpha_{i3})^2/\beta_{i3}{}^2\right]$，$\exp\left[-(x_i-\alpha_{i4})^2/\beta_{i4}{}^2\right]$，$\exp\left[-(x_i-\alpha_{i5})^2/\beta_{i5}{}^2\right]$，和 $1/\exp\left[-5\operatorname{sgn}(x_i)(x_i-\alpha_{i6})/\beta^2{}_{i6}\right]$。其中参数 α_{ij} 和 β_{ij} 的具体值见表 5-2 和表 5-3，具体隶属度函数如图 5-3～图 5-5 所示。

表 5-2　隶属度函数中的 α_{ij}

x_i	α_{i1}	α_{i2}	α_{i3}	α_{i4}	α_{i5}	α_{i6}
x_{Aa}，x_{Ak}，x_{Ka}，x_{Kk}	1.3	1.8	3.3	4.8	6.3	7
y_{Aa}，y_{Ak}，z_{Ka}，z_{Kk}	0.26	0.45	0.825	1.2	1.575	1.76
y_{Ka}，y_{Kk}，z_{Aa}，z_{Ak}	−0.26	−0.45	−0.825	−1.2	−1.575	1.76

表 5-3　隶属度函数中的

x_i	β_{i1}	β_{i2}	β_{i3}	β_{i4}	β_{i5}	β_{i6}
x_{Aa}，x_{Ak}，x_{Ka}，x_{Kk}	1	1	1	1	1	1
y_{Aa}，y_{Ak}，z_{Ka}，z_{Kk}	0.5	0.224	0.224	0.224	0.224	0.5
y_{Ka}，y_{Kk}，z_{Aa}，z_{Ak}	0.5	0.224	0.224	0.224	0.224	0.5

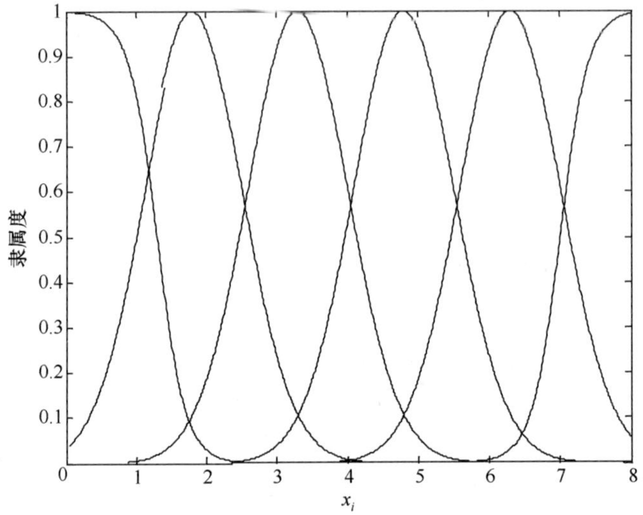

图 5-3　x_i（$i = Ka, Kb, Kc, Kd$）隶属度函数

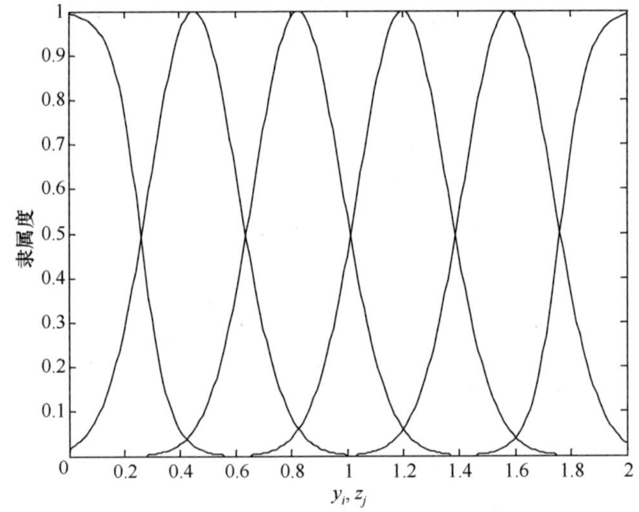

图 5-4　y_i 和 z_j（$i = Ka, Kd$，$j = Ka, Kb$）隶属度函数

基于上述仿真环境，将飞网机器人系统动力学方程（式（2-26））重新改写为基于控制算法的动力学方程（式（4-36））进行数字模拟仿真。图 5-2 所示为系统的控制框图，将系统的动力学方程分化为可机动单元的动力学方程部分和飞网运动的运动部分。而飞网的运动部分主要是为了计算连接主系绳干扰与作用在每个可机动单元上的振动叠加所构成的未知不确定。带有自学习律的模糊逼近算法逼近此未知不确定，再将逼近结果输入滑模算法的自适应律。带有干扰项的滑模自适应律可以调节最终的控制器输出，从而完成对可机动单元的控制。

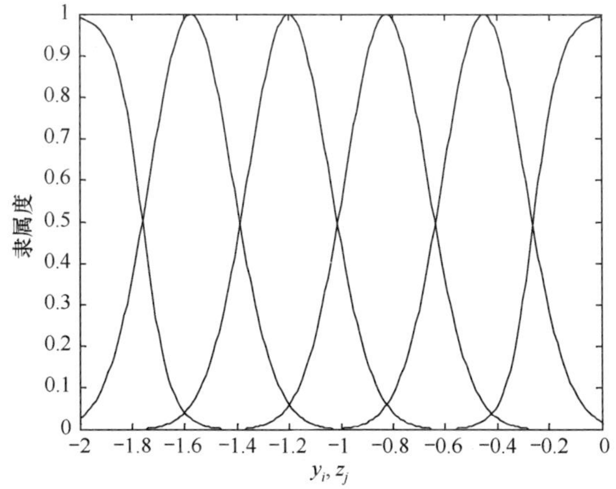

图 5-5　y_i 和 z_j（$i = Kb, Kc$， $j = Kc, Kd$）隶属度函数

由于本章中所提算法是针对未知不确定的，所以在数字仿真中，首先给出模拟的模型未知不确定。根据空间绳系机器人中对连接主系绳的研究可知，这一干扰通常是高频且剧烈抖动的，所以根据空间绳系抓捕装置中连接主系绳上可能产生的张力幅值和频率，对此进行仿真模拟。除此之外，另一主要干扰就是整个飞网部分振动叠加后作用在每个可机动单元上的等效外力。为了将连接主系绳的未知不确定与飞网振动力相区分，在飞网机器人自由飞行阶段（$t = [0, 38.09]\text{s}$）并未加入模型误差和空间环境干扰力，在控制器打开后，才将这两个干扰力加入。图 5-6～图 5-8 所示为 4 个可机动单元分别在 x、y 和 z 3 个方向上的未知不确定力。可以看到，在飞网机器人自由飞行段，由于只有网子本身的振动叠加，系统的干扰力较小。但是当连接主系绳突然产生拉力后，执行器本身的作用也会加剧飞网振荡，所以未知不确定力将近是自由飞行段的 3 倍。仿真结果直接表明，作用在飞网每个可机动单元上的未知不确定均不相同，达到了对控制算法测试的目的。

图 5-9 和图 5-10 所示为可机动单元分别在 x、y 和 z 3 个方向上的位置和速度。根据仿真环境中所介绍，控制器打开时刻可机动单元状态与期望状态仍有差距。在上述连续复杂干扰的作用下，可机动单元的所有位置状态均可以稳定、快速地逼近期望状态并保持稳定。虽然速度状态在达到期望值后略有抖动，但是振动频率和幅值均可接受。

图 5-11～图 5-13 所示为可机动单元分别在 x、 y 和 z 3 个方向上的滑模参数。根据本章中对滑模参数的设计 $\sigma_i = (\mathrm{d}/\mathrm{d}t + \lambda)e_i$，可以得到滑模参数是系统位置信息和速度信息的一阶组合。在本章的仿真中，$\lambda = 1$。由仿真结果可以看出，每个可机动单元的状态都会在控制算法的驱动下，快速到达滑模面 $\sigma_i = 0$，并几乎保持在滑模面上。通过对比发现，4 个可机动单元在 x 方向上的滑模参数在到达零后保持的最差。这是因为，在 y 和 z 两个方向上，期望位置状态和速度状态都是常数，但是在 x 方向上，位置期望是一个动态函数。这就导致在控制过程中，为了跟踪

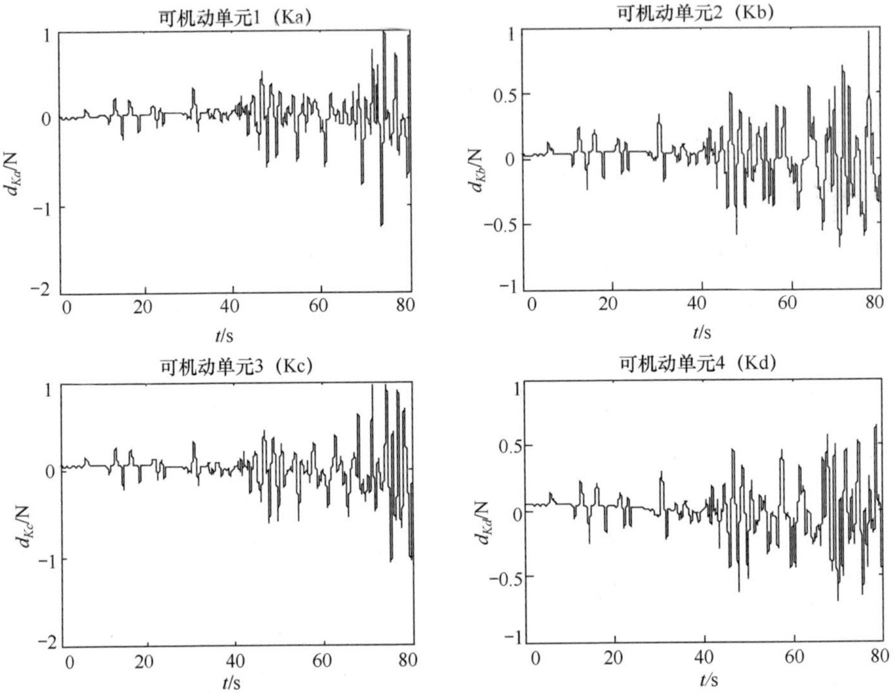

图 5-6　*x* 方向上的未知不确定力

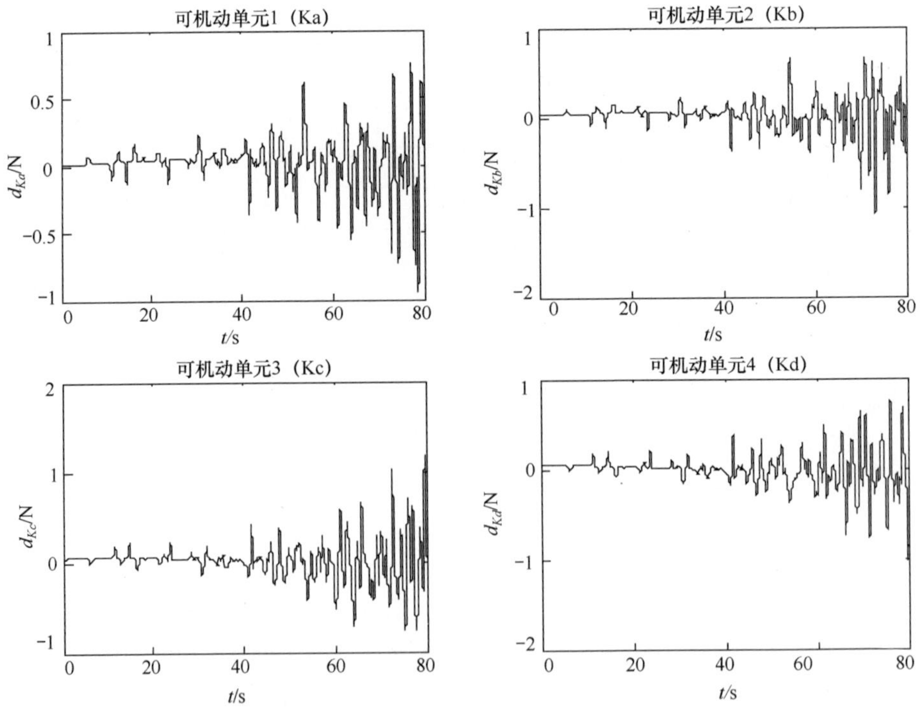

图 5-7　*y* 方向上的未知不确定力

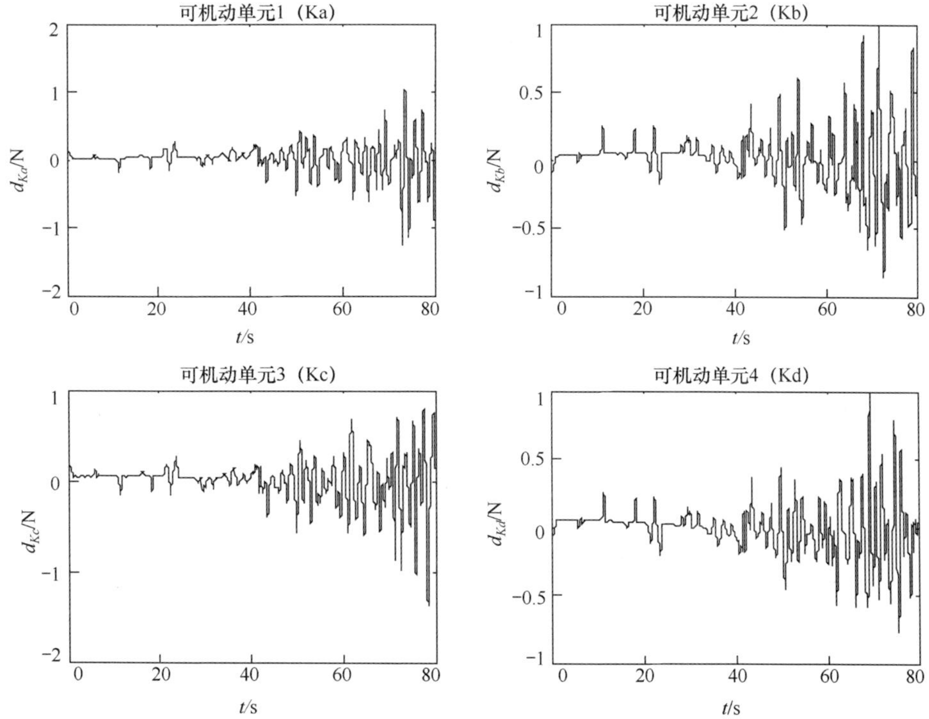

图 5-8　z 方向上的未知不确定力

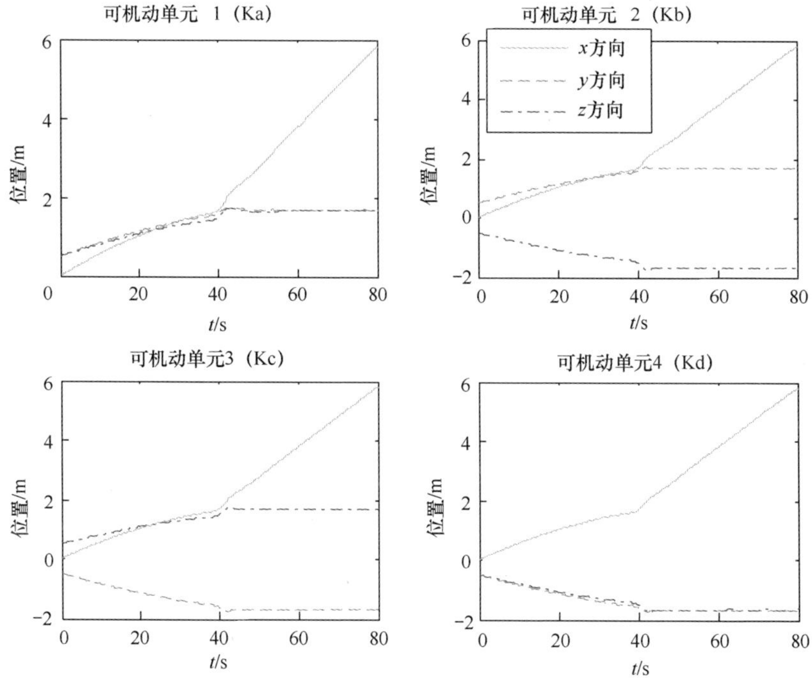

图 5-9　可机动单元位置

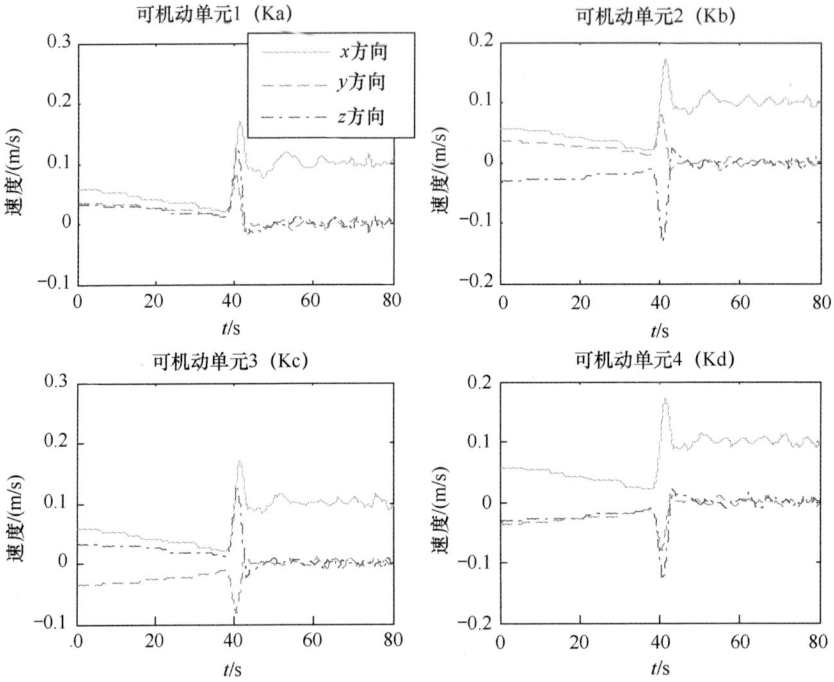

图 5-10　可机动单元速度

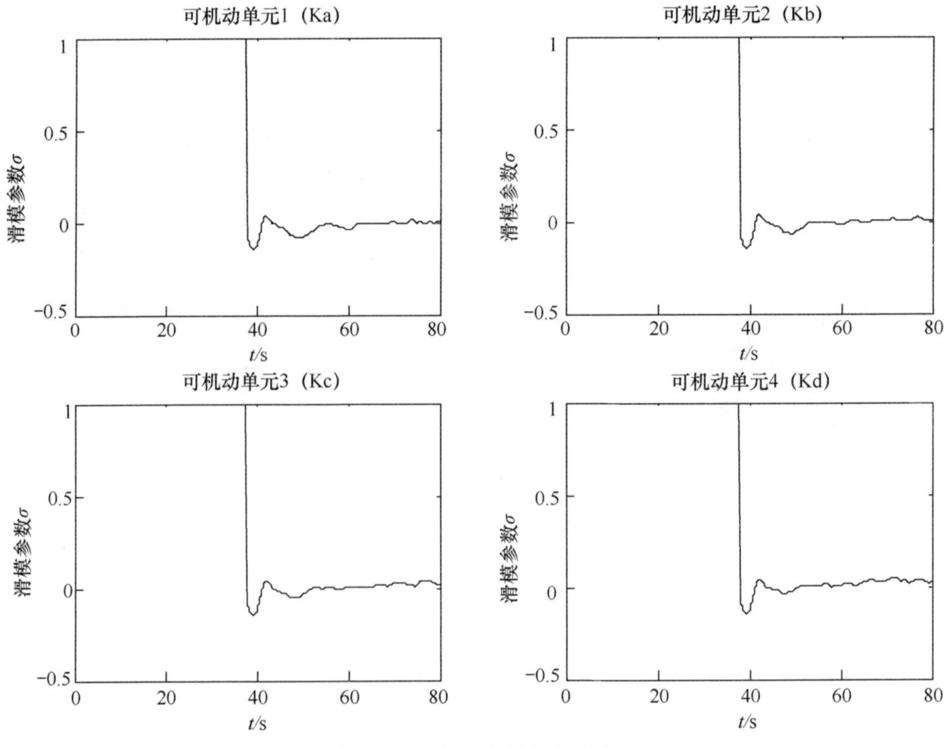

图 5-11　x 方向上的滑模参数

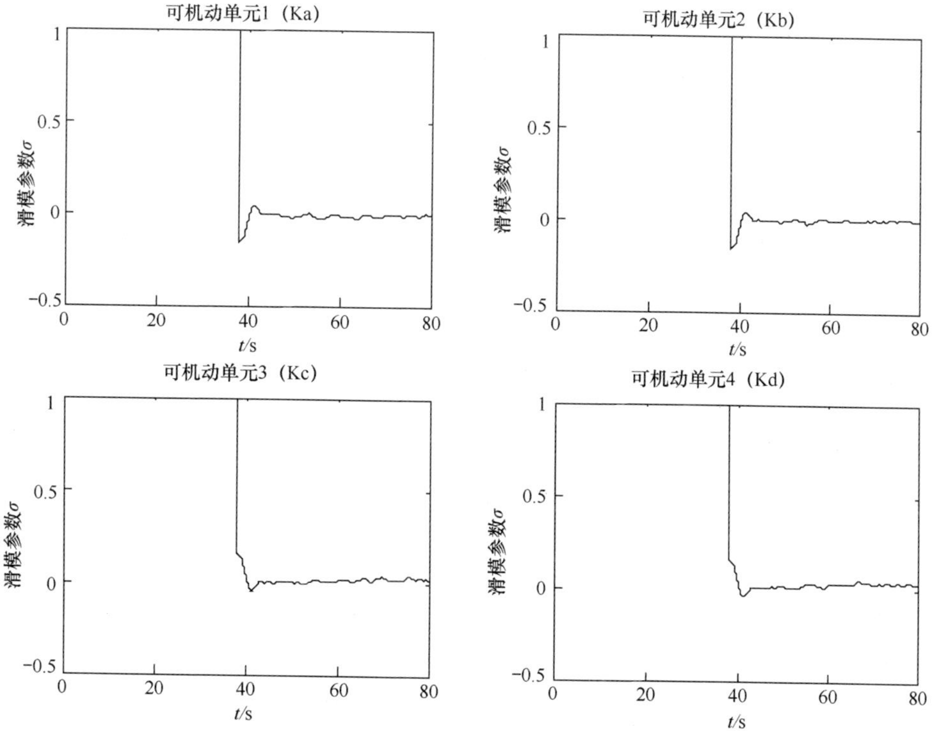

图 5-12　*y* 方向上的滑模参数

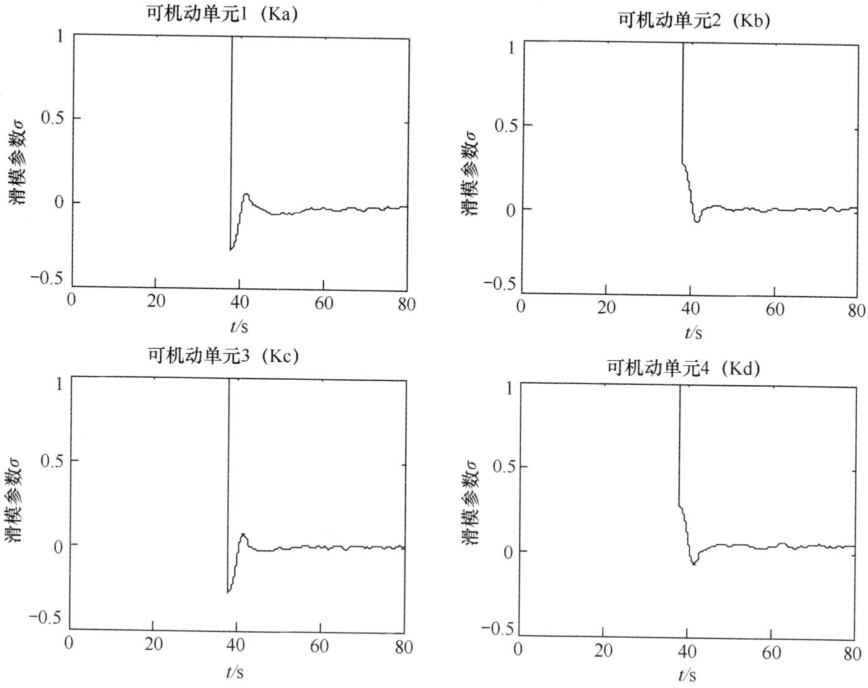

图 5-13　*z* 方向上的滑模参数

上期望状态，需要执行器一直工作。从图 5-10 也可看出，x 方向上的速度稳定情况相较于其他两个方向略差。总体来说，滑模参数的仿真结果进一步证实了图 5-9 中可机动单元的仿真结果，即实时跟踪期望状态并保持稳定。

图 5-14～图 5-17 所示为本章提出算法（式(5-33)）中的自适应律（式(5-34)），其中图 5-14 和图 5-15 所示为可机动单元 1 和 2 在 x、y 和 z 3 个方向上的自适应律 $k_1(t)$，图 5-16 和图 5-17 所示为可机动单元 3 和 4 在 x、y 和 z 3 个方向上的自适应律 $k_2(t)$。由于当系统状态进入滑模边界层后，$\dot{k}_1(t)=0$，自适应律 $k_1(t)$ 的瞬间积分值为零。所以在图 5-14 和图 5-15 的仿真结果中，拥有越多纵向实线，说明瞬间积分为零值的情况发生越多，即可断定滑模面到达并停留的时间越长。相对其他结果，可机动单元 2（Kb）在 y 方向上拥有更长的滑模面停留时间，其在图 5-12 中所对应的滑模自适应参数也是可说明的，在到达零值后，在零值上保持的最平滑。由自适应律 $k_2(t)=2\varepsilon k_1(t)+\left[\hat{\boldsymbol{\theta}}_\gamma\delta(\boldsymbol{x})\right]\big/(\eta'\eta_1)+\chi+4\varepsilon^2$ 可知，当满足 $|\sigma_i|<\nu$，系统状态进入滑模面边界层后，$\dot{k}_1(t)=0$，$k_1(t)$ 的瞬间积分值为零，此时的 $k_2(t)$ 即可简化表示为 $k_2(t)=\left[\hat{\boldsymbol{\theta}}_\gamma\delta(\boldsymbol{x})\right]\big/(\eta'\eta_1)+\chi+4\varepsilon^2$。由此可知，$k_2(t)$ 的变化主要用来克服未知不确定 $\hat{\gamma}$。

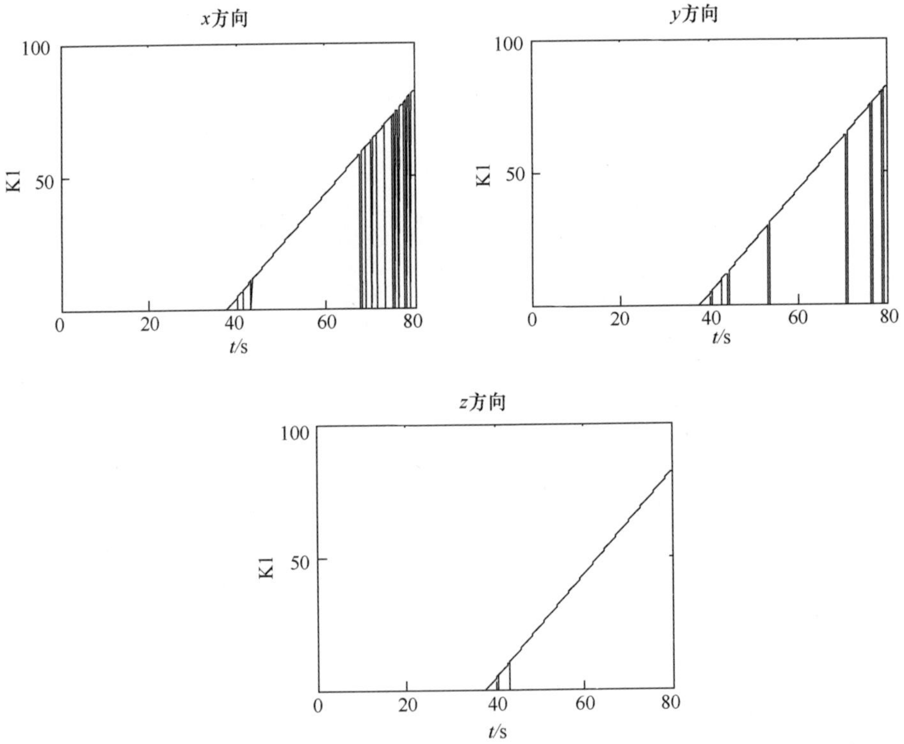

图 5-14　可机动单元 1（Ka）的 K1 值

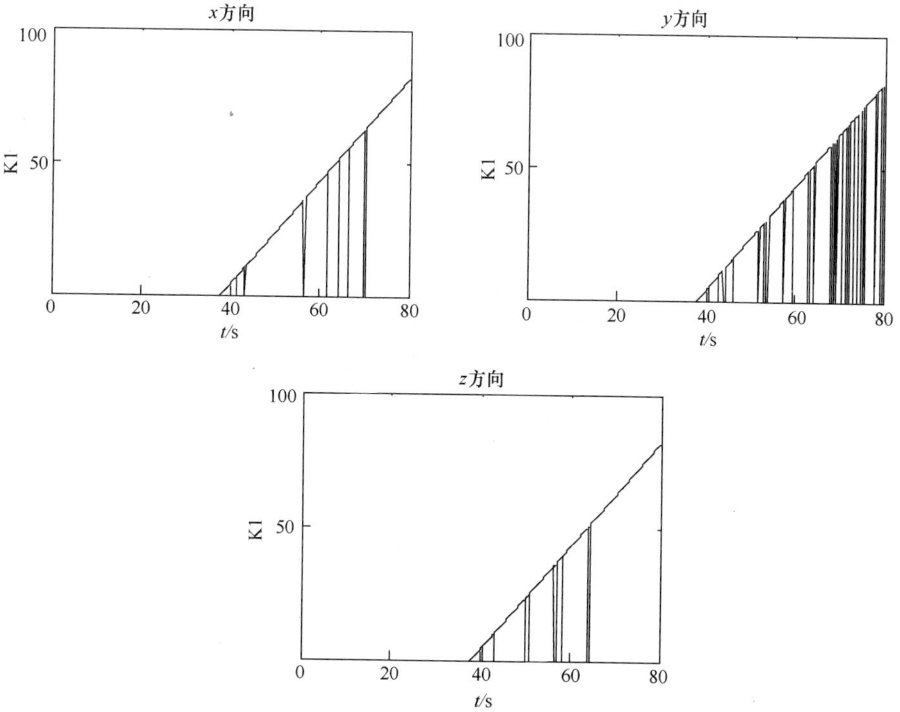

图 5-15　可机动单元 2（Kb）的 K1 值

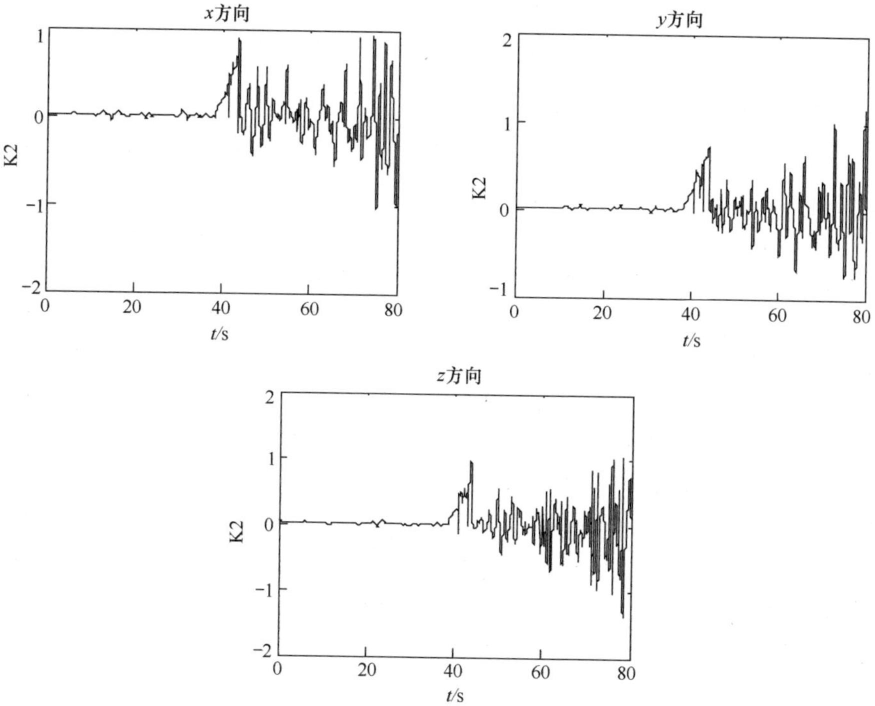

图 5-16　可机动单元 3（Kc）的 K2 值

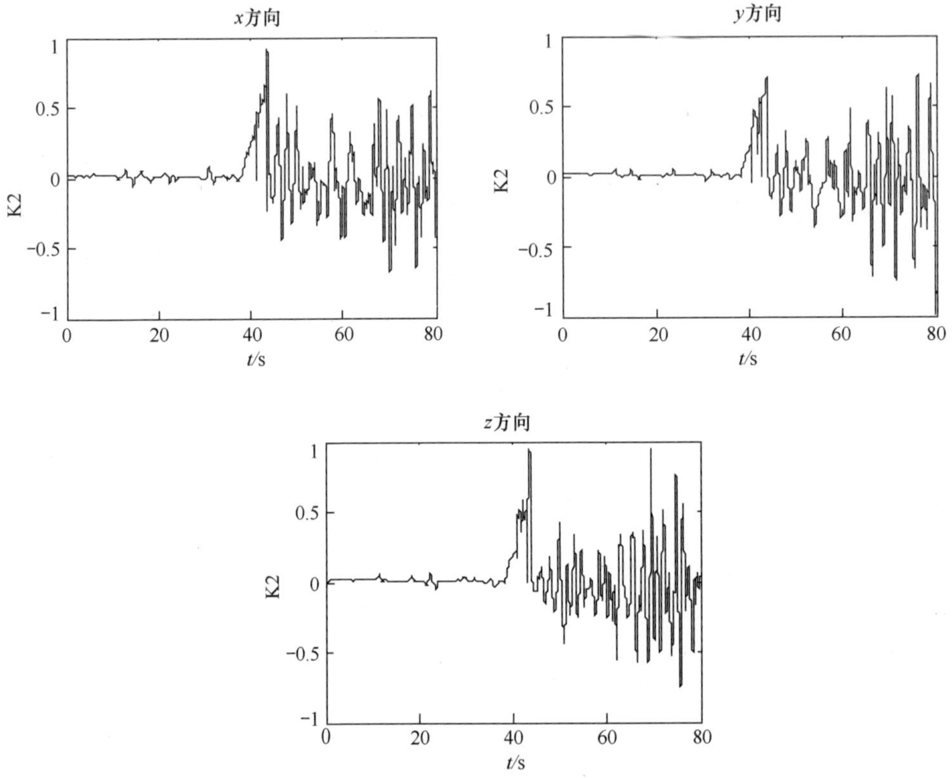

图 5-17　可机动单元 4（Kd）的 K2 值

图 5-18～图 5-20 所示为可机动单元在 x 、 y 和 z 3 个方向上的控制输入。从仿真结果可以看到，除了在 $t = 38.09$s 时刻控制器打开瞬间，由于实际状态与期望状态相对较大的误差，使得控制器给出高幅值控制力，在整个控制过程的其他阶段，控制力输出幅值和频率都比传统一阶滑模控制（图 4-9 和图 4-10 中的一阶滑模控制器）要小很多。值得提出的是，在整个控制阶段控制器都处于工作状态，且并没有控制力“逐渐减小”的情况发生。这是因为，从图 5-6～图 5-8 可以看出，在加入连续变化干扰力后，复杂的外界干扰力一直存在，不会因为状态到达滑模面而消失，所以抑制干扰的控制力也肯定一直存在，不会出现所谓的“逐渐减小”情况。对比干扰力（图 5-6～图 5-8）和控制力（图 5-18～图 5-20）就会发现，干扰力无论是幅值还是频率都高于控制力，也就是说，面对更高频、更高幅值的干扰力，通过有效的控制器设计，仅仅使用了很少的控制力，就抑制了干扰力对整个系统的扰动。本章中所提出的包括了控制算法（式（5-33）），滑模自适应律（式（5-34）），模糊逼近算法（式（5-37））和模糊算法自学习律（式（5-54））在内的整套算法，面对未知不确定，可以快速而且高效地跟踪期望轨迹，保证飞网机器人稳定的飞向待抓捕目标。

图 5-21（a）和（b）所示分别为飞网在 t=38.09s 和 t=80s 时，飞网机器人的全

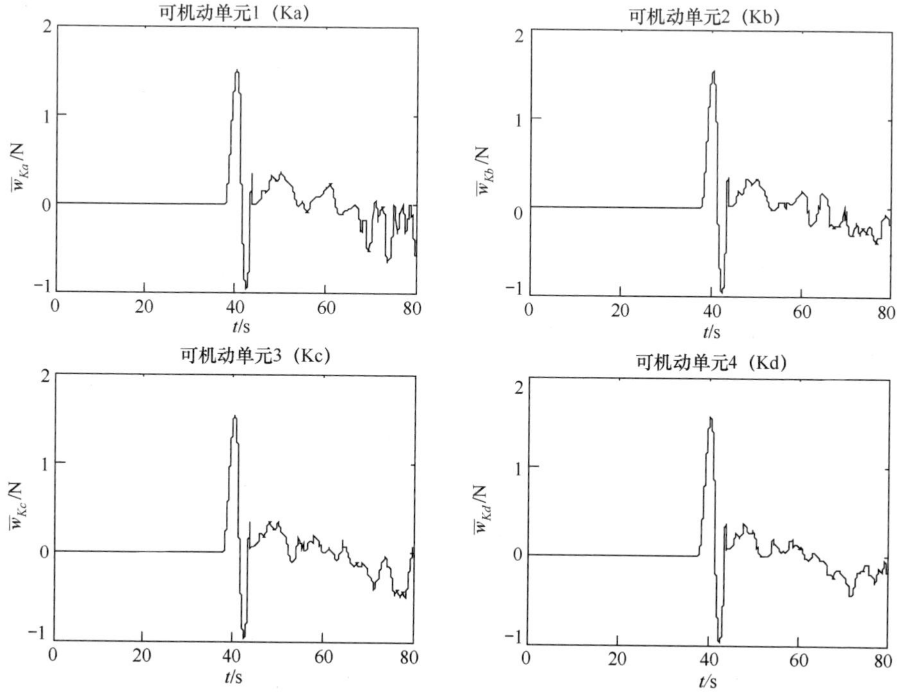

图 5-18　x 方向上的控制力

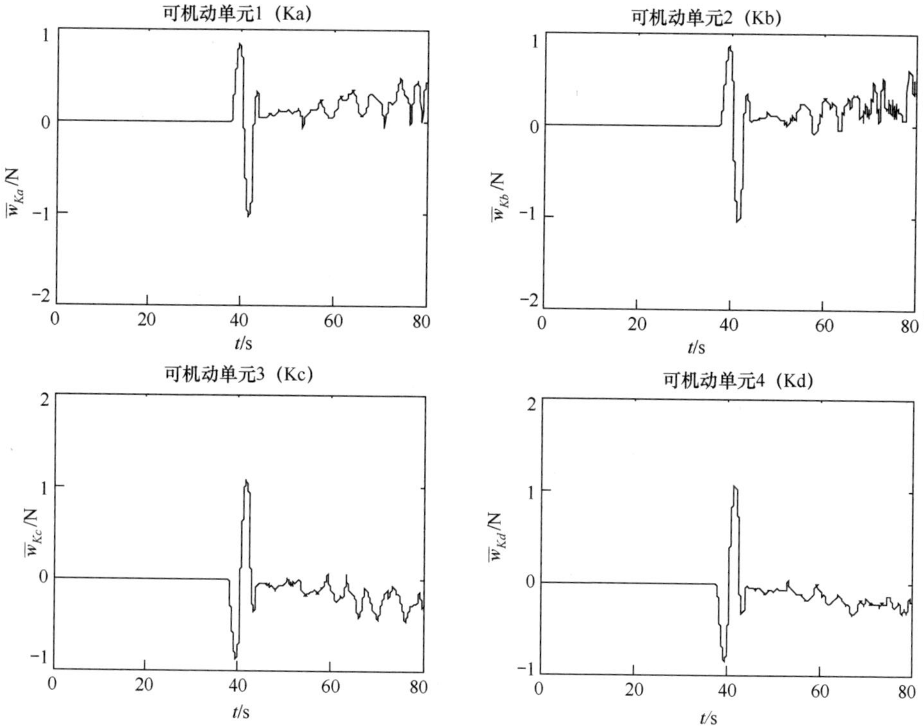

图 5-19　y 方向上的控制力

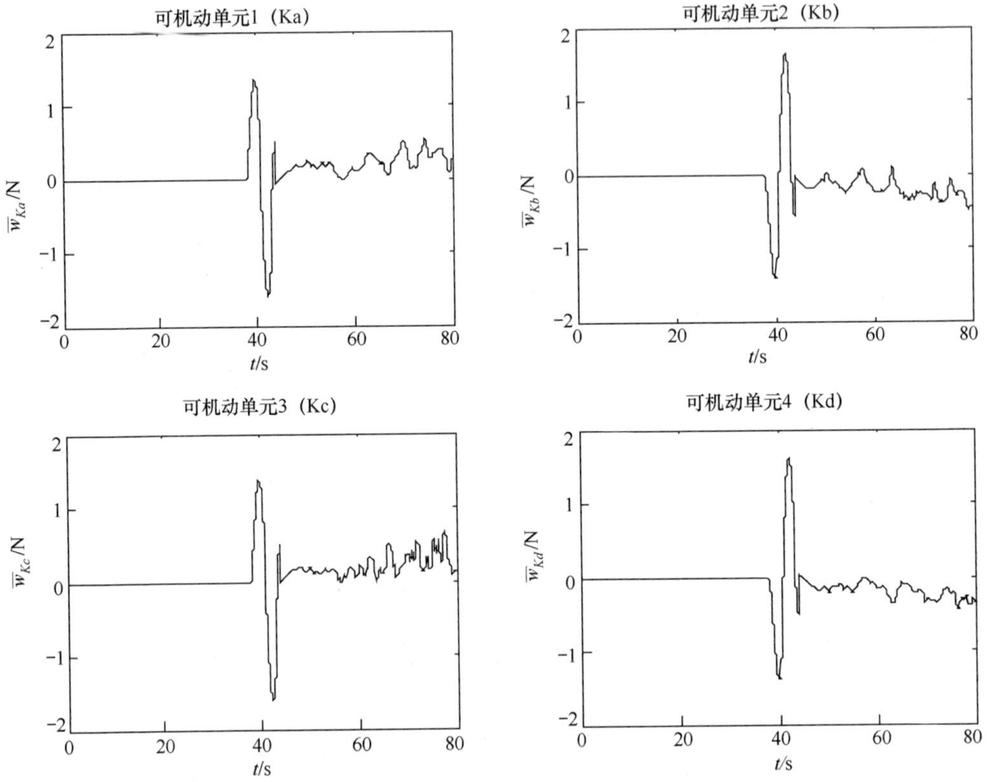

图 5-20　z 方向上的控制力

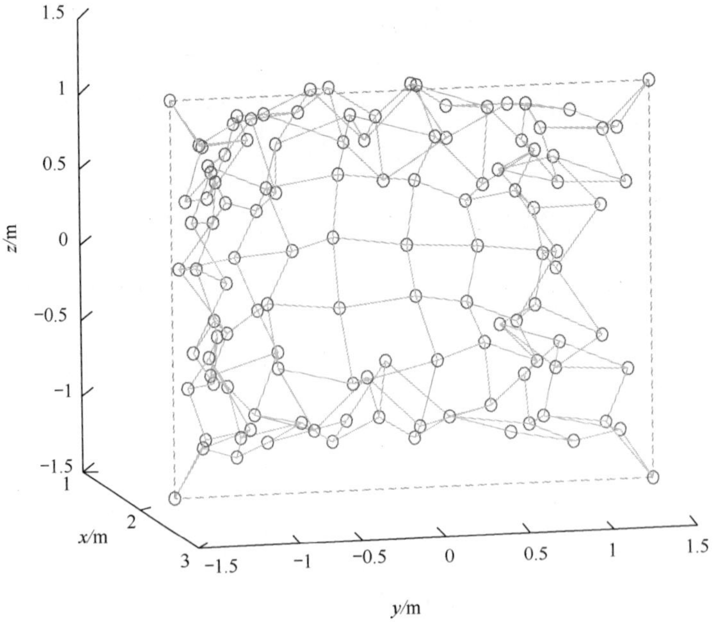

(a) t=38.09s

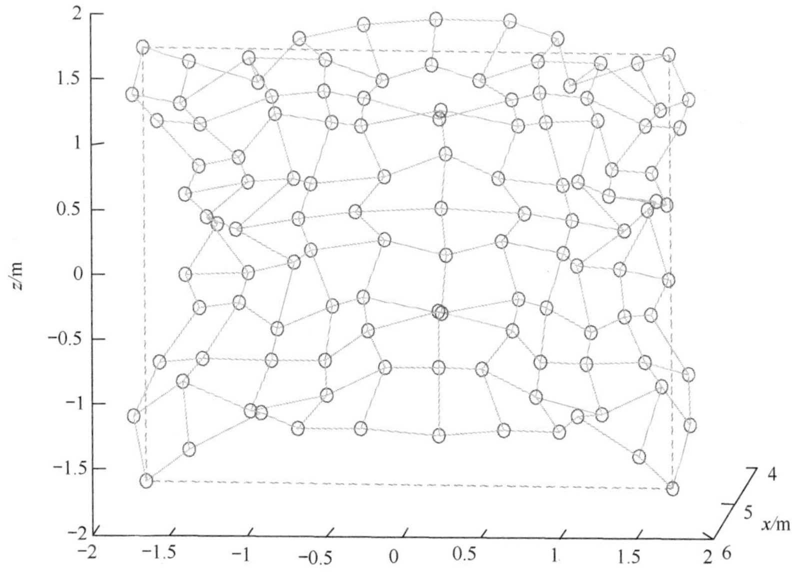

(b) t=80s

图 5-21 飞网构型（见彩插）

系统构型。图中的所有红色圆圈表示飞网的系绳编织节点，蓝色的实线表示飞网的编织系绳，图中相邻蓝色实线之间构成的四边形即为飞网的编织网格。飞网的 4 个交角处的红色圆圈即表示 4 个可机动单元，绿色虚线所构成的四边形即为可机动单元构成的有效飞网张口，由目标卫星的主体卫星尺寸决定。由图（a）和（b）之间的对比可知，在 t=38.09s 时，虽然飞网可机动单元在 y 和 z 的方向上的速度已经为零，但是飞网显然并没有完全展开。在本章所提出算法的控制下，飞网继续在 x 方向上飞向目标卫星，并在 y 和 z 的方向上继续展开，直至达到期望的状态。如图 5-21（b）所示，在 t=80s 时，飞网已完全展开。

5.3 基于非齐次干扰观测器的二阶滑模控制

本节考虑飞网按“星星”方式折叠（图 5-22），然后释放。飞网释放过程中，由 4 个机动单元构成的四边形面积，即网口面积，会先增大再减小。如图 5-23 所示，0～8s 时，由于机动单元有初始发射速度，因此飞网由折叠状态逐渐展开，网口面积逐渐增大。8s 之后，由于系绳内的拉力，使得飞网在达到最大展开面积后开始收缩。然而，网口面积越大，抓捕成功率越高。因此，设计一种控制算法，使得网口在达到最大面积后并保持住十分必要。

由于其鲁棒性，滑模控制在航天中应用十分广泛。因此，本节采用基于快速幂次趋近律的滑模控制方法，对飞网的展开面积进行控制。然而，在飞网的动力学公式中，系绳拉力不可测，而控制器中需要系绳拉力的信息才能执行。在本节中，将系绳拉力等不可测的量看作系统干扰。为补偿干扰，采用一种非齐次干扰观测器观测干扰。因此，本节设计的控制器由快速幂次趋近律和非齐次干扰观测器两部分组成。

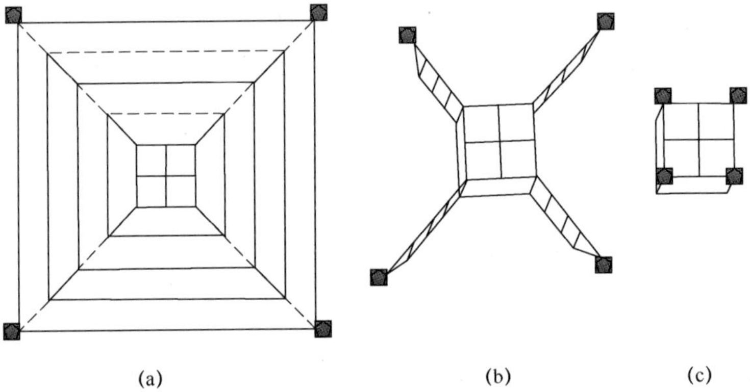

图 5-22 “星星”折叠方式

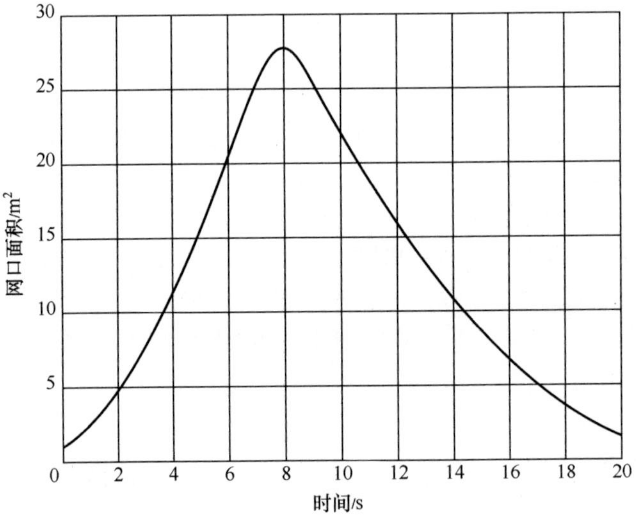

图 5-23 无控状态下的网口面积变化

5.3.1 快速幂次趋近律

考虑以下一阶非线性方程所描述的快速幂次趋近律：

$$\dot{\sigma} = -k_1 |\sigma|^{\alpha} \operatorname{sgn}(\sigma) - k_2 \sigma \tag{5-77}$$

式中：$\sigma \in \boldsymbol{R}$，为滑模变量；$k_1, k_2 > 0$ 为常数；$\alpha \in (0,1)$；$\operatorname{sgn}(\cdot)$ 为符号函数。式（5-77）首先由 Yu 等[130]提出，用以解决幂次趋近律在系统状态远离滑模面时

趋近速度慢的问题。它本质上是传统幂次趋近律 $\dot{\sigma}=-k_1|\sigma|^{\alpha}\operatorname{sgn}(\sigma)$ 和指数趋近项 $\dot{\sigma}=-k_2\sigma$ 的线性组合，是对传统幂次趋近律的改进，故这里仍把式（5-77）归为幂次趋近律，称为快速幂次趋近律（Fast Power Reaching Law）。

幂次趋近律是在传统滑模的框架下提出来的，用来改善到达阶段的动态品质和抑制抖振[131,132]。在下面，将具体介绍快速幂次趋近律。

定理 5-3：对于式（5-77），如果 $k_1,k_2>0$ 且 $\alpha\in(0,1)$，则系统状态 σ 及其一阶导数 $\dot{\sigma}$ 在有限时间 T 内趋于 0，且调节时间 T 是初始条件的连续函数。

证明：式（5-77）的右端是连续的，且除了原点 $\sigma=0$ 外是局部 Lipschitz 的。因此，在任意初始条件 $\sigma(0)\in\boldsymbol{R}\setminus\{0\}$ 下，都有前向时间的唯一解。受文献[133]启发，在式（5-77）的两边同时乘以 e^{k_2t}，可得

$$\frac{\mathrm{d}(\mathrm{e}^{k_2t}\sigma)}{\mathrm{d}t}=-k_1\left|\mathrm{e}^{k_2t}\sigma\right|^{\alpha}\mathrm{e}^{(1-\alpha)k_2t}\operatorname{sgn}(\sigma) \tag{5-78}$$

式（5-78）可以写为

$$\frac{d(\mathrm{e}^{k_2t}\sigma)}{\left|\mathrm{e}^{k_2t}\sigma\right|^{\alpha}\operatorname{sgn}(\sigma)}=-k_1\mathrm{e}^{(1-\alpha)k_2t}\mathrm{d}t \tag{5-79}$$

式（5-77）的解可以通过直接对式（5-79）两边进行积分得到：

$$\sigma(t)=\begin{cases}\operatorname{sgn}(\sigma(0))\mathrm{e}^{-k_2t}[|\sigma(0)|^{1-\alpha}+\dfrac{k_1}{k_2}-\dfrac{k_1}{k_2}\mathrm{e}^{(1-\alpha)k_2t}]^{\frac{1}{1-\alpha}}\\ t<\dfrac{\ln(1+\dfrac{k_1}{k_2}|\sigma(0)|^{1-\alpha})}{k_2(1-\alpha)},\sigma(0)\neq 0\\ 0,t\geqslant\dfrac{\ln(1+\dfrac{k_1}{k_2}|\sigma(0)|^{1-\alpha})}{k_2(1-\alpha)}\\ 0,t\geqslant 0,\sigma(0)=0\end{cases} \tag{5-80}$$

式中：$\sigma(0)$ 为 $\sigma(t)$ 的初始值。由式（5-80）可见，$\sigma(t)$ 在有限时间 T 内收敛到 0，且调节时间 T 满足

$$T(\sigma(0))=\frac{\ln(1+\dfrac{k_1}{k_2}|\sigma(0)|^{1-\alpha})}{k_2(1-\alpha)} \tag{5-81}$$

进一步，由式（5-77）可知：当 $\sigma=0$ 时亦有 $\dot{\sigma}=0$。由此定理得证。

注 5-7：当 $k_2=0$ 时，式（5-77）变为如下的传统幂次趋近律：

$$\dot{\sigma}=-k_1|\sigma|^{\alpha}\operatorname{sgn}(\sigma) \tag{5-82}$$

式（5-82）的解可以直接积分得到：

$$\sigma(t)=\begin{cases}\operatorname{sgn}(\sigma(0))[|\sigma(0)|^{1-\alpha}+k_1(1-\alpha)]^{\frac{1}{1-\alpha}} \\ t<\dfrac{|\sigma(0)|^{1-\alpha}}{k_1(1-\alpha)} \quad (\sigma(0)\neq 0) \\ 0, t\geqslant\dfrac{|\sigma(0)|^{1-\alpha}}{k_1(1-\alpha)} \\ 0, t\geqslant 0, \sigma(0)=0\end{cases} \tag{5-83}$$

显然，$\dfrac{\ln\left(1+\dfrac{k_1}{k_2}|\sigma(0)|^{1-\alpha}\right)}{k_1(1-\alpha)}<\dfrac{|\sigma(0)|^{1-\alpha}}{k_1(1-\alpha)}$，这意味着式（5-77）中的线性项“$-k_2\sigma$”起到加速收敛的作用。

定理 5-4：考察下述的非线性系统：

$$\dot{\sigma}=-k_1|\sigma|^{\alpha}\operatorname{sgn}(\sigma)-k_2\sigma+g(t) \tag{5-84}$$

若 $g(t)\neq 0$ 且 $|g(t)|\leqslant M$，$M>0$ 是正常数。则式（5-84）的状态 σ 及其一阶导数 $\dot{\sigma}$ 在有限时间内收敛到以下区域：

$$|\sigma|\leqslant\min\left(\left(\frac{M}{k_1}\right)^{\frac{1}{\alpha}},\frac{M}{k_2}\right) \tag{5-85}$$

$$|\dot{\sigma}|\leqslant\min\left(M,k_1\left(\frac{M}{k_2}\right)^{\alpha}\right)+\min\left(M,k_2\left(\frac{M}{k_1}\right)^{\frac{1}{\alpha}}\right)+M \tag{5-86}$$

证明：考虑备选 Lyapunov 函数，即

$$V=\frac{1}{2}\sigma^2 \tag{5-87}$$

对 V 求导，并代入式（5-84）可得

$$\dot{V}=-k_1|\sigma|^{1+\alpha}-k_2|\sigma|^2+\sigma g(t) \tag{5-88}$$

式（5-88）可以写为如下两种形式：

$$\begin{aligned}\dot{V}&\leqslant -k_1|\sigma|^{1+\alpha}-k_2|\sigma|^2+|\sigma||g(t)| \\ &=-k_1|\sigma|^{1+\alpha}-|\sigma|(k_2|\sigma|-|g(t)|)\end{aligned} \tag{5-89}$$

$$\begin{aligned}\dot{V}&\leqslant -k_1|\sigma|^{1+\alpha}-k_2|\sigma|^2+|\sigma||g(t)| \\ &=-k_2|\sigma|^2-|\sigma|(k_1|\sigma|^{\alpha}-|g(t)|)\end{aligned} \tag{5-90}$$

对于式（5-89），若使得$k_2|\sigma|-M\geqslant 0$，则$\dot V\leqslant -k_1|\sigma|^{1+\alpha}=-k_1V^{\frac{1+\alpha}{2}}$，依据比较引理[134]，可保证有限时间稳定。故区域：

$$|\sigma|\leqslant\frac{M}{k_2} \tag{5-91}$$

能保证有限时间到达。对于式（5-90），采用相同的分析思路可得区域：

$$|\sigma|\leqslant\left(\frac{M}{k_1}\right)^{\frac{1}{\alpha}} \tag{5-92}$$

能保证有限时间到达。综合式（5-91）和式（5-92），可得σ在有限的时间内收敛到区域：

$$|\sigma|\leqslant\min\left(\left(\frac{M}{k_1}\right)^{\frac{1}{\alpha}},\frac{M}{k_2}\right) \tag{5-93}$$

再根据式（5-84），有

$$\begin{aligned}|\dot\sigma|&\leqslant k_1|\sigma|^{\alpha}+k_2|\sigma|+|g(t)|\\&\leqslant k_1\min\left(\left(\frac{M}{k_1}\right)^{\frac{1}{\alpha}},\frac{M}{k_2}\right)+k_2\min\left(\left(\frac{M}{k_1}\right)^{\frac{1}{\alpha}},\frac{M}{k_2}\right)+M\\&=\min\left(M,k_1\left(\frac{M}{k_2}\right)^{\alpha}\right)+\min\left(k_2\left(\frac{M}{k_1}\right)^{\frac{1}{\alpha}},\ M\right)+M\end{aligned} \tag{5-94}$$

由此定理得证。

由定理6.2可知：当系统存在不确定性时，快速幂次趋近律只能保证滑模变量σ以其一阶导数$\dot\sigma$在有限时间内，收敛到包含原点的一个区域，而不能保证$\sigma=\dot\sigma=0$。因此，要利用快速幂次趋近律的滑模特性，需对系统不确定性$g(t)$进行补偿，5.3.2节将研究这一问题。

5.3.2 控制问题描述

考虑一阶的 SISO 非线性系统：

$$\dot\sigma=g(t)+u\quad(\sigma\in\boldsymbol{R}) \tag{5-95}$$

式（5-95）表示沿系统轨线的滑模动态特性。$\sigma=0$定义了系统在滑模面上的运动，$u\in\boldsymbol{R}$为连续的控制输入，$g(t)$为充分光滑的不确定函数。

控制目的是设计连续的控制u，使得σ和$\dot\sigma$在有限时间内趋于0。

5.3.3 基于非齐次干扰观测器的控制算法设计及收敛性证明

由定理 5-4 可知：滑模变量动态（式（5-95））对未知干扰 $g(t)$ 敏感。若滑模变量 σ 和控制输入 u 能实时获得，$g(t)$ 是 $m-1$ 次可微，$g^{(m-1)}(t)$ 具有已知的 Lipschitz 常数 L。式（5-95）的解为 Filippov 意义下的解，这意味着 $\sigma(t)$ 是一个绝对连续的函数。

文献[135]提出了一种齐次干扰观测器，该观测器的理论基础是 Levant 于 2003 年提出的标准精确鲁棒微分器[136]，它能保证有限时间收敛和自动提供最优的渐近精度[137]，与此同时，当初始误差较大时，它的收敛速度很慢，这是由齐次系统的性质所决定的。基于 Levant 在 2009 年 IEEE CDC 会议上提出的非齐次微分器[138]，本节提出了非齐次干扰观测器以加快暂态过程，形式如下：

$$\begin{cases}\dot{z}_0 = v_0 + u \\ v_0 = h_0\left(z_0 - \sigma\right) + z_1 \\ \dot{z}_1 = v_1 \\ v_1 = h_1\left(z_1 - v_0\right) + z_2 \\ \qquad \vdots \\ \dot{z}_{m-1} = v_{m-1} \\ v_{m-1} = h_{m-1}\left(z_{m-1} - v_{m-2}\right) + z_m \\ \dot{z}_m = h_m\left(z_m - v_{m-1}\right)\end{cases} \tag{5-96}$$

式（5-96）中 h_i 为下列形式的函数：

$$h_i(s) = -\lambda_i L^{\frac{1}{m-i+1}} \left|s\right|^{\frac{m-i}{m-i+1}} \operatorname{sgn}(s) - \mu_i s \tag{5-97}$$

式中：$\mu_i > 0$；$i = 0,1,\cdots,k$。

定理 5-5： 假设 $\sigma(t)$ 和 $u(t)$ 可测，且参数 λ_i、μ_i 在逆序上充分大，则经历有限时间的暂态过程后，下列方程成立：

$$z_0 = \sigma(t), z_1 = g(t), \cdots, z_i = v_{i-1} = g^{(i-1)} \ (i = 1,2,\cdots,m) \tag{5-98}$$

证明：首先引入变量

$$\begin{cases}\sigma_0 = \dfrac{z_0 - \sigma(t)}{L} \\ \sigma_1 = \dfrac{z_1 - g(t)}{L} \\ \qquad \vdots \\ \sigma_m = \dfrac{z_m - g^{(m-1)}(t)}{L}\end{cases} \tag{5-99}$$

对式（5-99）每个方程的两边进行微分，可得

$$
\begin{cases}
\dot{\sigma}_0 = -\lambda_0 \left|\sigma_0\right|^{\frac{m}{m+1}} \operatorname{sgn}(\sigma_0) - \mu_0\sigma_0 + \sigma_1 \\
\dot{\sigma}_1 = -\lambda_1 \left|\sigma_1 - \dot{\sigma}_0\right|^{\frac{m}{m+1}} \operatorname{sgn}(\sigma_1 - \dot{\sigma}_0) - \mu_1(\sigma_1 - \dot{\sigma}_0) + \sigma_2 \\
\qquad\vdots \\
\dot{\sigma}_{m-1} = -\lambda_{m-1} \left|\sigma_{m-1} - \dot{\sigma}_{m-2}\right|^{\frac{1}{2}} \operatorname{sgn}(\sigma_{m-1} - \dot{\sigma}_{m-2}) - \mu_{m-1}(\sigma_{m-1} - \dot{\sigma}_{m-2}) + \sigma_m \\
\dot{\sigma}_m \in -\lambda_m \operatorname{sgn}(\sigma_m - \dot{\sigma}_{m-1}) - \mu_m(\sigma_m - \dot{\sigma}_{m-1}) + [-1,1]
\end{cases}
\tag{5-100}
$$

对比式（5-99）和式（5-100）可以看到，$\dot{\sigma}_m$ 所得到的微分包含式（5-100）最后一行中的 $g^{(m)}(t) \in [-L, L]$，且式（5-100）为 Filippov 意义下的微分包含。注意，所得到的包含不再“记忆”未知干扰 $g(t)$ 和控制输入 $u(t)$ 的任何信息，而且和出现在文献[138]定理 4 中的微分包含是一致的。因此，余下的证明过程以及参数 λ_i、μ_i 的选取和文献[138]的定理 4 没有区别，故此处略去。由此定理得证。

注 5-8：参数 λ_i 和 μ_i 可以采用递推的形式来选取，也就是说，若参数 $\lambda_0,\lambda_1,\cdots,\lambda_n$，$\mu_0,\mu_1,\cdots,\mu_n$ 对于 $m=n$ 时是有效的，则当 $m=n+1$ 时，原来的 $\lambda_0,\lambda_1,\cdots,\lambda_n$，$\mu_0,\mu_1,\cdots,\mu_n$ 的值可以作为新的 $\lambda_1,\lambda_2,\cdots,\lambda_{n+1}$，$\mu_1,\mu_2,\cdots,\mu_{n+1}$ 的值。当 $m \leqslant 5$ 时，文献[138]提供了一组有效的参数值：$\lambda_0=8$，$\lambda_1=5$，$\lambda_2=3$，$\lambda_3=2$，$\lambda_4=1.5$，$\lambda_5=1.1$，$\mu_0=12$，$\mu_1=11$，$\mu_2=10$，$\mu_3=8$，$\mu_4=6$ 和 $\mu_5=3$。

若滑模动态如式（5-95），$g(t)$ 是光滑的且 $g^{(m-1)}(t)$ 具有已知的 Lipschitz 常数 $L>0$，控制 u 取为

$$
u = -k_1\left|\sigma\right|^{\alpha} \operatorname{sgn}(\sigma) - k_2\sigma - z_1 \tag{5-101}
$$

式中：z_1 为非齐次干扰观测器（式（5-96）、式（5-97））的输出。依据定理 3，经历有限时间的暂态过程后 $z_1 = g(t)$，此时滑模动态特性和式（5-77）是一致的。又依据定理 1 可知：经过有限的时间，滑模变量 σ 及其导数 $\dot{\sigma}$ 收敛到 0，即 $\sigma = \dot{\sigma} = 0$。

5.3.4 仿真验证及分析

选取可机动单元的初始弹射条件为：弹射速度 $\left|V_{\mathrm{MU}i}\right| = [0.3\ \ 0.3\ \ 0.5]$ m/s，飞网在发射筒中的折叠方式为星星式折叠。忽略重力及其他空间环境干扰。空间飞网机器人的系统参数见表 5-4。

空间飞网机器人的可机动单元在由平台卫星弹射释放后，先自由飞行，在此阶段飞网会被动展开。在自由飞行的最终点，飞网展开面积达到最大，表明飞网的自由飞行段结束。此刻，可机动单元的执行器打开，进入控制飞行段。在本节中，可机动单元在 t=6.85s 时刻打开执行器，而飞网 4 个可机动单元在自由飞行终点时刻的位置依次为 $(2.5;-2.5;-2.339)$ m、$(-2.5;-2.5;-2.339)$ m、$(-2.5;2.5;-2.339)$ m、$(2.5;2.5;-2.339)$ m。对应此初始状态，4 个可机动单元的期望状态依次为 $(2.5;-2.5;-2.339+0.5t)$ m、$(-2.5;-2.5;-2.339+0.5t)$ m、$(-2.5;2.5;\ -2.339+$

$0.5t)$ m、$(2.5; 2.5; -2.339 + 0.5t)$ m。对 4 个可机动单元在 z 方向上的期望速度为 0.5 m/s，而 y 和 z 方向上的期望速度均为 0。

表 5-4 空间飞网机器人系统参数

系统参数	值
单个可机动单元质量/kg	4
飞网边长/m	5
飞网网格的边长/m	0.5
飞网的编织材料	Kevlar
编织系绳的横截面直径/mm	1
编织系绳的 Young's 模量/MPa	124000
编织系绳的阻尼	0.01

仿真结果如图 5-24～图 5-31 所示。图 5-24 为加入控制器之后，飞网展开面积的变化。从仿真结果可以看出，当 6.85s 控制器打开后，飞网展开面积逐渐增大至最大面积 $25m^2$ 并保持在 $25m^2$ 不变。图 5-25 所示为 4 个机动单元位置变化。从仿真结果可以看出，本节提出的控制算法表现良好。各个机动单元的 x、y 轴均能在控制器打开后达到期望位置。由于飞网沿 z 轴释放，因此 z 轴方向的期望位置为一条直线。由仿真结果可以看出，z 轴方向的位置以斜率 0.5m/s 逐渐递增。图 5-26 所示为 4 个机动单元速度变化。仿真结果表明，各机动单元 x、y 轴的速度逐渐收敛到零并保持不变，z 轴的速度最终保持在期望速度 0.5m/s。图 5-27～图 5-30 分别为各机动单元滑模变量及控制力变化情况。可以看到，滑模变量均逐渐收敛到零，意味着状态量到达所设计的滑模面并保持在滑模面上。同时，由机动单元提供的控制力都是连续的。图 5-31 为飞网在 30s 时的全系统构型。可以看到，飞网完全张开，4 个机动单元分别到达期望位置，形成了利于成功抓捕的网口构型。

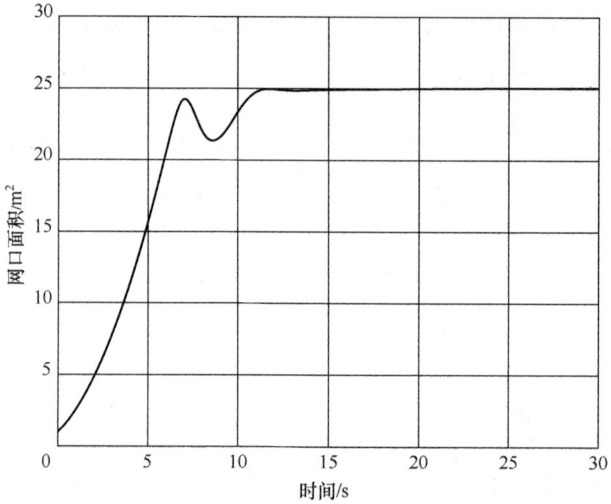

图 5-24 网口面积变化

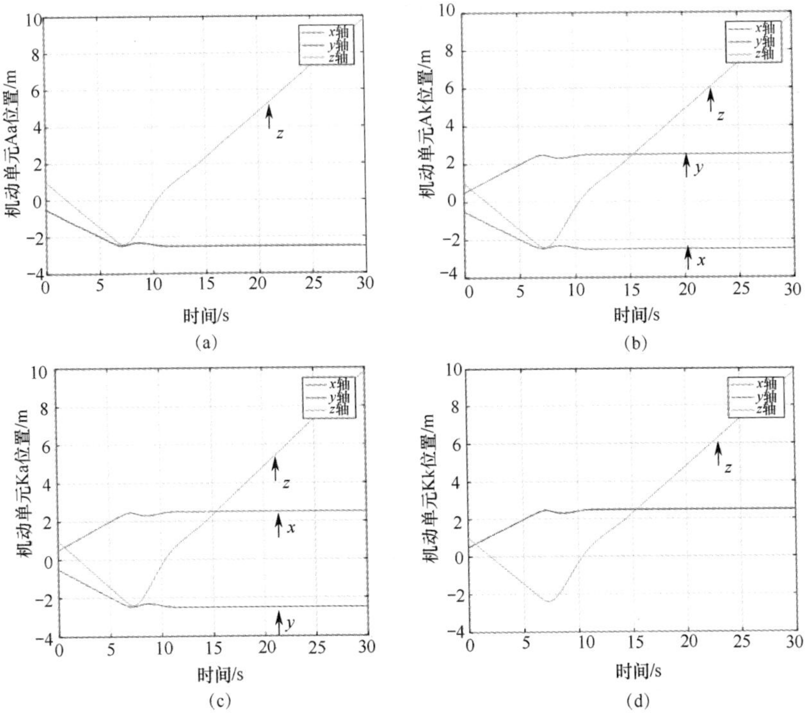

图 5-25　机动单元位置变化

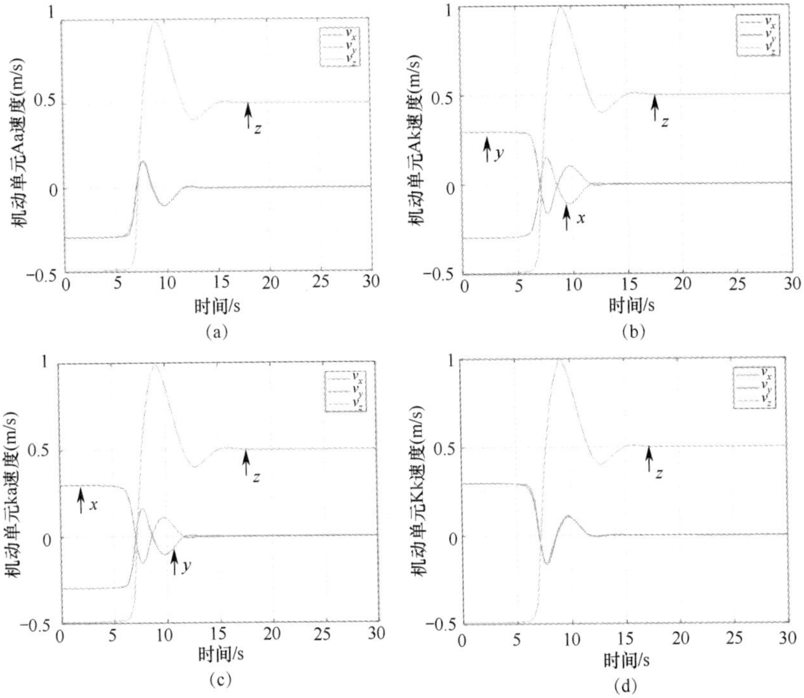

图 5-26　机动单元速度变化

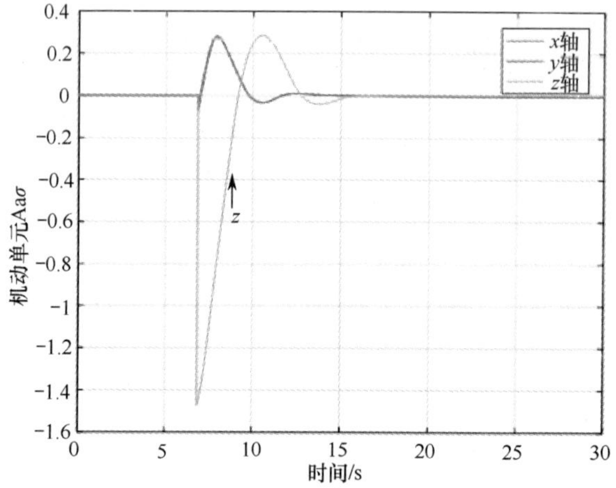

(a)

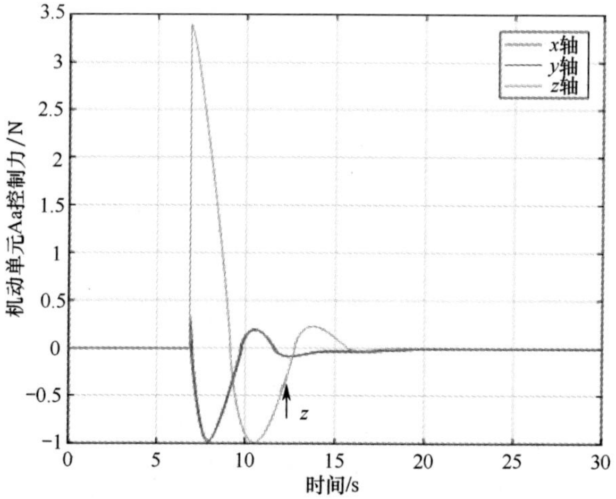

(b)

图 5-27　机动单元 Aa 滑模变量及控制力

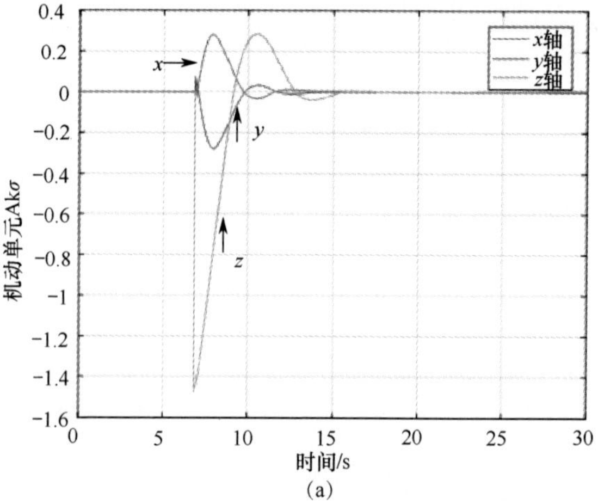

(a)

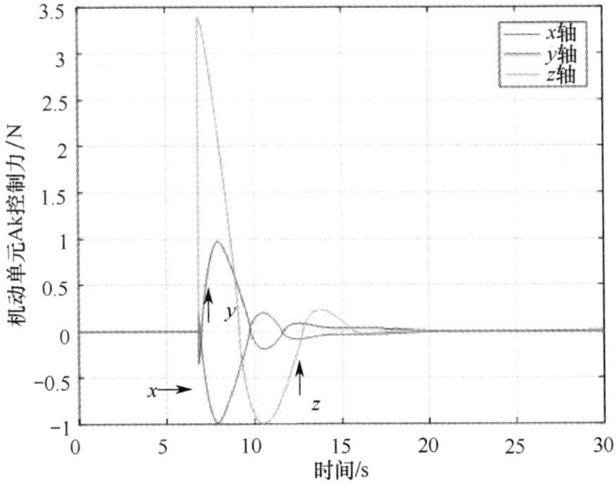

(b)

图 5-28 机动单元 Ak 滑模变量及控制力

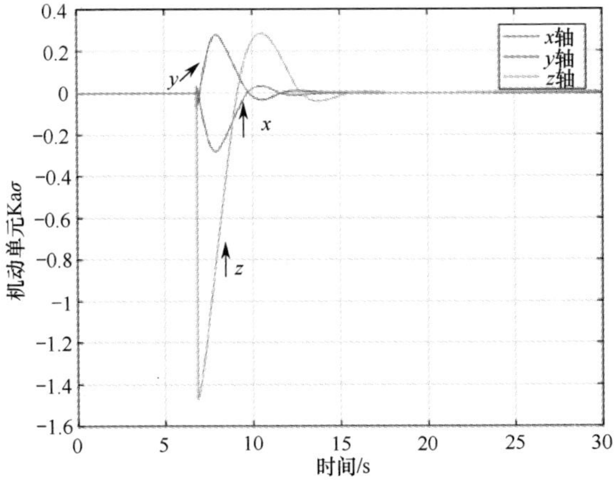

(a)

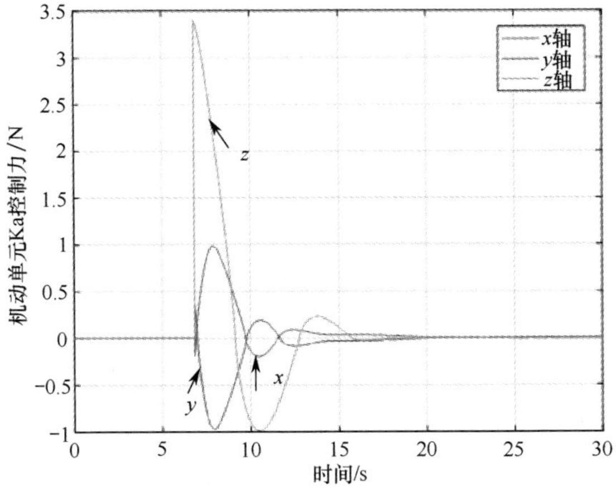

(b)

图 5-29 机动单元 Ka 滑模变量及控制力

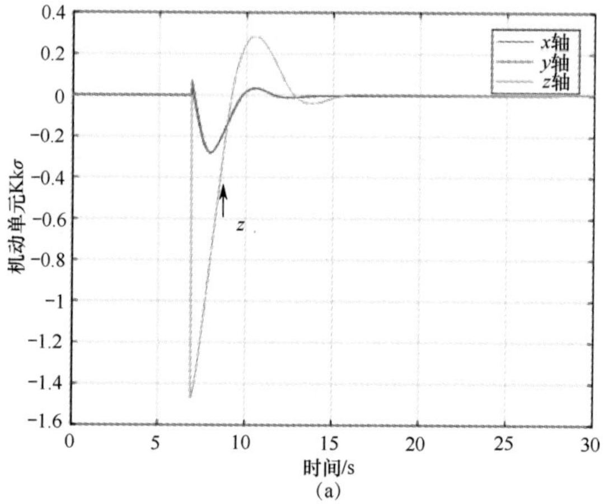

(a)

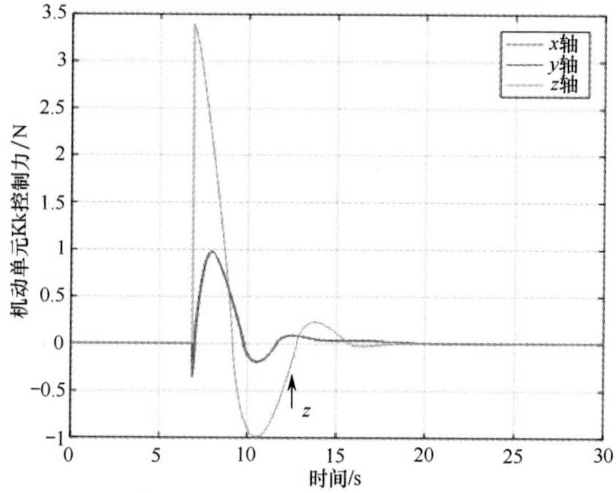

(b)

图 5-30　机动单元 Kk 滑模变量及控制力

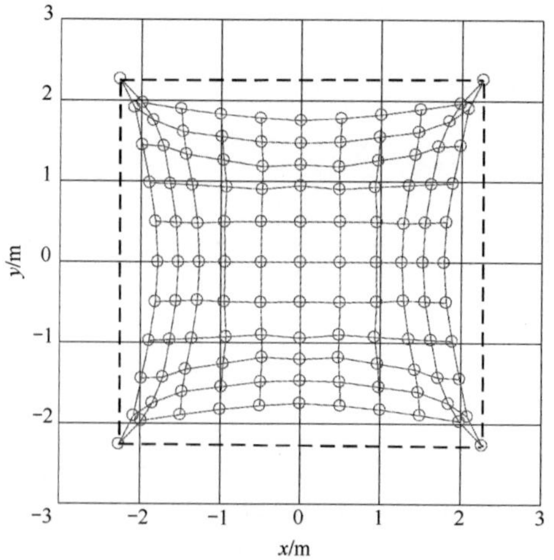

图 5-31　最终网型

第 6 章　基于分布式一致性的空间飞网机器人逼近段控制研究

本书中第 4～5 章所介绍的关于空间飞网机器人的控制算法均为集中式控制。为了更好地完成空间抓捕任务，可以将可机动单元视为多智能体，通过其之间的相对运动控制研究，完成整个系统对目标的成功抓捕。

近年来，多智能体系统的协同与控制问题引起了越来越多的关注，多智能体的协调控制是指在没有中央控制与全局中心的情况下，仅依靠分布式个体之间局部相互协调，使系统能够产生集体行为，这在很多领域都有着重要的研究价值和应用前景，如机器人编队控制[154]、拥塞控制[155]、聚集控制[156]、数据融合[157]、多导弹联合攻击[158]等。

目前，多智能体模型通常分为 leaderless 模型和 leader-follower 模型，leaderless 模型指的是系统中所有的智能体具有完全相同的地位和能力；leader-follower 模型中存在一类特殊的个体“leader”，其他个体称为“follower”，leader 通常是系统的跟踪目标，或者是参考基准，可以是真实存在，也可以是虚拟的。

一致性问题就多智能体系统协同控制的关键。更具体地来说，一致性问题能够通过实际合理的通信协议，使得各个多智能体就某一关心变量达成一致，一致性问题的研究在自动化控制技术领域以及分布式计算中已经有了悠久的研究历史，1974 年，DeGroot 首次把统计学中的一致性思想用于解决多个传感器组成的不确定信息融合问题。

1986 年，Craing W. Reynolds 提出了 Boid 模型[159]来模拟动物的群体运动，该模型是在以下规则之上的：避免碰撞，相邻智能个体间存在一定安全距离；速度匹配，每个智能个体只能与自身相邻的智能个体的速度保持一致；相互靠拢，智能个体在安全距离内向智能个体中心靠拢。该三条规则揭示了自然界生物的运动规律且给后续的智能集群合作控制的学者们很大启发，其中的速度匹配规则就属于一致性问题的范畴，其结果显示智能个体只需遵循简单的规律运动就能够使得整个群体在没有集中指挥的情况下，仅仅通过局部规则的相互协调合作形成一定的默契，达到速度或者方向的一致，从而进行有目的的运动。

1995 年，一种模拟生物鸟群的动力学模型——Vicsek 模型[160]的一致性问题广受人们的关注，其结果表明在没有中央调制的情况下，当个体的分布密度较大、噪声密度较小时，每个个体的运动方向按照它当前的运动方向和它的近邻运动方向之和的平均值来更新，模型中的所有个体最终会朝相同方向移动。

2003 年，Jadbabaie 等简化了 Vicsek 模型[161]，忽略了噪声干扰并简化为无向网络，对 Vicsek 模型作用下的多智能群体同步给出了理论上的合理解释，这引发了控制界对多智能体协调控制研究的热潮。2004 年，Olfati-Saber 和 Murray 给出了动态复杂网络一致性问题的一致性协议[162]，创建了一阶积分器多智能体系统一致性问题的研究理论框架。2005 年，Ren 和 Beard 的研究[163]显示：当固定或者切换结构通信拓扑图标中含有生成树时，多智能体在线性控制协议下，同样能够达到状态一致，这一结果比 Olfati-Saber 的理论条件弱了许多，因此有了更广泛的应用范围。此后，有关一致性问题和基于一致性的各个方向的研究成果陆续问世，文献[164]给出 leaderless 系统的一致性控制，文献[165，166]讨论了 leader-follower 系统的一致性控制，但是这些文献多数都是侧重于一致性协议的探究，将个体看作最简单的二阶系统，这显然并不能直接应用到空间飞网机器人上。

但是，空间飞网机器人不同于传统的多智能体系统，由于飞网的存在，对各个可机动单元的位置运动形成了物理连接约束。此外，由于欠驱动飞网的柔性和微弹性特性，对可机动单元的控制算法也有了更高的要求。本章将循序渐进地从多智能体分布式控制角度，逐渐升级空间飞网机器人作为约束下多智能体系统的控制问题，给出空间飞网机器人系统的一致性控制设计方法。

6.1 改进的动力学模型

如图 6-1 所示，地球惯性坐标系（ECI）$EXYZ$ 以地球中心为坐标原点，X 轴在赤道平面内沿着指向春分点的方向；Z 轴垂直于地球赤道平面，指向北极；Y 轴在赤道平面内满足右手定则。轨道坐标系（LVLH）$Oxyz$ 以平台卫星中心为坐标原点，x 轴沿着地球中心指向平台中心的方向；y 轴在平台轨道面内垂直于 x 轴，指向平台卫星运动的方向；z 轴垂直于轨道平面，同时与 x、y 轴形成右手定则。

下面使用弹簧–质点模型建立柔性网的动力学模型，如图 6-2 所示。如，l 为柔性网网格边长，L 为柔性网的边长。编织节点 ij 相对平台中心 O 的位置向量 $\boldsymbol{\rho}_{ij}$ 为

$$\boldsymbol{\rho}_{ij}=\boldsymbol{r}_{ij}-\boldsymbol{r}_o \tag{6-1}$$

式中：$\boldsymbol{r}_{ij}$ 为编织节点 $ij\,(i=A,B,\cdots,K$；$j=a,b,\cdots,k)$ 在惯性系中的位置向量；$\boldsymbol{r}_o|_{\text{LVLH}}=[r_o,0,0]^{\text{T}}$ 为平台中心 O 在轨道坐标系中的位置；$\boldsymbol{\rho}_{ij}$ 在轨道坐标系下的表示为 $\boldsymbol{\rho}_{ij}|_{\text{LVLH}}=\left[x_{ij},y_{ij},z_{ij}\right]^{\text{T}}$。不考虑轨道外界扰动，对式（6-1）求二阶导：

$$\ddot{\boldsymbol{\rho}}_{ij}=\frac{\mu\boldsymbol{r}_o}{r_o^{\ 3}}-\frac{\mu(\boldsymbol{\rho}_{ij}+\boldsymbol{r}_o)}{((r_o+x_{ij})^2+y_{ij}^{\ 2}+z_{ij}^{\ 2})^{\frac{3}{2}}}+\frac{\sum\limits_{mn\in\Omega_{ij}}\boldsymbol{F}_{ij-mn}+\boldsymbol{u}_{ij}}{m_{ij}}-\boldsymbol{d} \tag{6-2}$$

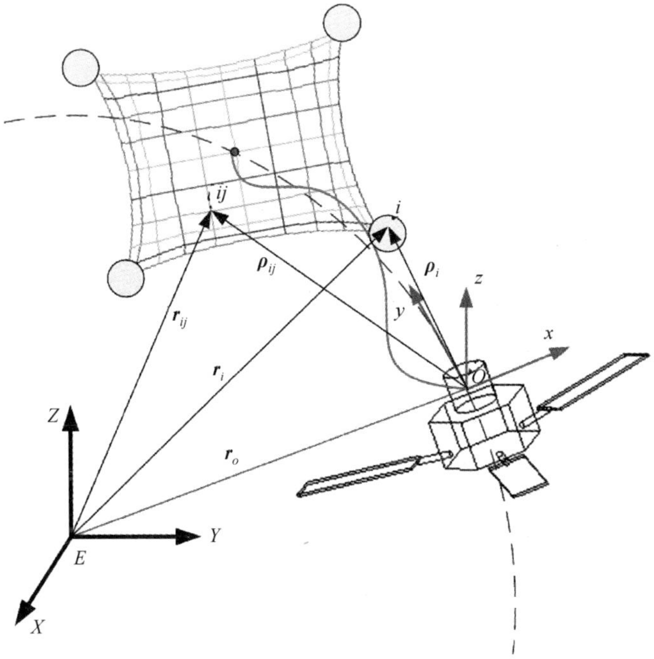

图 6-1　空间飞网机器人系统坐标系

式中：μ 为地球引力常数；$\boldsymbol{u}_{ij}|_{\mathrm{LVLH}}=\left[u_{x,ij},u_{y,ij},u_{z,ij}\right]^{\mathrm{T}}$，为节点 ij 的控制输入；$\boldsymbol{d}|_{\mathrm{LVLH}}=\left[d_x,d_y,d_z\right]^{\mathrm{T}}$，为系绳拉力和平台推力产生的加速度；$m_{ij}$ 为节点 ij 的质量；Ω_{ij} 为与节点 ij 相连的邻接节点集合；$\boldsymbol{F}_{ij-mn}$ 为节点 ij 与邻接节点 mn 之间编织系绳的弹力，其计算公式为

$$\boldsymbol{F}_{ij-mn}=\begin{cases}0 & \left(d_{ij-mn}\leqslant l_o\right)\\ \left(\dfrac{EA}{l_o}(d_{ij-mn}-l_o)+\zeta\dot{d}_{ij-mn}\right)\hat{\boldsymbol{d}}_{ij-mn} & \left(d_{ij-mn}>l_o\right)\end{cases}\tag{6-3}$$

在轨道坐标系下，$\boldsymbol{F}_{ij-mn}$ 表示为 $\boldsymbol{F}_{ij-mn}|_{\mathrm{LVLH}}=\left[f_{x,ij-mn},f_{y,ij-mn},f_{z,ij-mn}\right]^{\mathrm{T}}$，$E$ 为编织系绳的杨氏弹性模量，A 为编织系绳的横截面积；$\boldsymbol{d}_{ij-mn}$ 为节点 ij 和邻接节点 mn 之间编织系绳的实际长度。$\zeta=2\xi\sqrt{mEA/l_o}$ 为编织系绳的阻尼系数，其中 ξ 为阻尼率，m 为每段编织系绳的名义质量。$\hat{\boldsymbol{d}}_{ij-mn}$ 为节点 ij 指向 mn 的单位向量。

向量 $\boldsymbol{\rho}_{ij}$ 与 $\boldsymbol{\rho}_{ij}|_{\mathrm{LVLH}}=\left[x_{ij},y_{ij},z_{ij}\right]^{\mathrm{T}}$ 之间的关系为

$$\boldsymbol{\rho}_{ij}={}^{E}\boldsymbol{R}_{\mathrm{L}}\boldsymbol{\rho}_{ij}|_{\mathrm{LVLH}}\tag{6-4}$$

式中：${}^{E}\boldsymbol{R}_{\mathrm{L}}$ 为轨道系到惯性系的坐标旋转矩阵，式（6-4）的二阶导数为

$$\ddot{\boldsymbol{\rho}}_{ij}\big|_{\mathrm{LVLH}} = {}^{E}\boldsymbol{R}_L^{-1}\ddot{\boldsymbol{\rho}}_{ij} - \dot{\omega}_p\big|_{\mathrm{LVLH}} \times \boldsymbol{\rho}_{ij}\big|_{\mathrm{LVLH}} - \boldsymbol{\omega}_p\big|_{\mathrm{LVLH}} \times (\boldsymbol{\omega}_p\big|_{\mathrm{LVLH}} \times \boldsymbol{\rho}_{ij}\big|_{\mathrm{LVLH}}) - 2\boldsymbol{\omega}_p\big|_{\mathrm{LVLH}} \times \dot{\boldsymbol{\rho}}_{ij}\big|_{\mathrm{LVLH}} \tag{6-5}$$

其中轨道角速度 $\boldsymbol{\omega}_p\big|_{\mathrm{LVLH}} = [0,0,\omega]^{\mathrm{T}}$。根据式（6-2）和式（6-5），编织节点 ij 相对轨道坐标系原点的动力学模型为

$$\begin{cases} \ddot{x}_{ij} - 2\omega\dot{y}_{ij} - \dot{\omega}^2 x_{ij} - \dot{\omega} y_{ij} + \dfrac{\mu(r_o + x_{ij})}{((r_o + x_{ij})^2 + {y_{ij}}^2 + {z_{ij}}^2)^{\frac{3}{2}}} - \dfrac{\mu}{{r_o}^2} = \dfrac{\sum\limits_{mn\in\Omega_{ij}} f_{x,ij-mn} + u_{x,ij}}{m_{ij}} - d_x \\ \ddot{y}_{ij} + 2\omega\dot{x}_{ij} + \dot{\omega} x_{ij} - \omega^2 y_{ij} + \dfrac{\mu y_{ij}}{((r_o + x_{ij})^2 + {y_{ij}}^2 + {z_{ij}}^2)^{\frac{3}{2}}} = \dfrac{\sum\limits_{mn\in\Omega i_j} f_{y,ij-mn} + u_{y,ij}}{m_{ij}} - d_y \\ \ddot{z}_{iy} + \dfrac{\mu z_{ij}}{((r_o + x_{ij})^2 + {y_{ij}}^2 + {z_{ij}}^2)^{\frac{3}{2}}} = \dfrac{\sum\limits_{mn\in\Omega_{ij}} f_{z,ij-mn} + u_{z,ij}}{m_{ij}} - d_z \end{cases} \tag{6-6}$$

当 $ij = Aa, Ak, Ka, Kk$，式（6-6）为 4 个机动单元在轨道坐标系下相对平台中心 O 的相对运动模型。

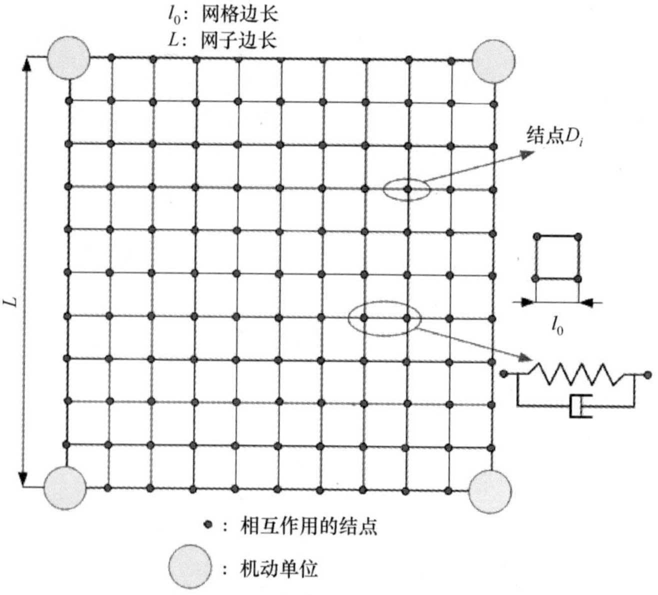

图 6-2　空间飞网机器人简图

6.2 基于LEADER–FOLLOWER模式的空间飞网分布式控制

6.2.1 图论基本概念

$G=(V,\varepsilon,A)$ 为机动单元之间通信拓扑图，其中 $V=\{V_1,V_2,\cdots,V_n\}$ 为拓扑图的点集，$\varepsilon\subseteq V\times V$ 为拓扑图的边集，$A=\left[a_{ij}\right]$ 为系统的邻接矩阵，其每个元素都是非负的。当拓扑图是无向图时，$a_{ij}=a_{ji}$ 成立，即邻接矩阵 A 是对称矩阵。当机动单元 i 能得到机动单元 j 的信息时，边 e_{ij} 满足 $e_{ij}\in\varepsilon$。进一步，拓扑图的度矩阵定义为 $\boldsymbol{D}=\operatorname{diag}(d(v_1),d(v_2),\cdots,d(v_n))$，其对角元素满足 $d(v_1)=\sum_{j\neq i}a_{ij}$。图 G 的拉普拉斯矩阵为 $\boldsymbol{L}=\boldsymbol{D}-\boldsymbol{A}$，是一个对称半正定矩阵。平台卫星作为虚拟领导者，将产生机动单元形成编队队形的跟踪指令，机动单元能得到平台卫星的指令，定义一个矩阵 $\boldsymbol{B}=\operatorname{diag}(b_1,b_2,\cdots,b_n)$ 描述机动单元与平台卫星之间通信的拓扑关系，其中 $b_i>0$ 表示机动单元 i 能得到平台卫星产生的跟踪指令，否则 $b_i=0$。最后，为了表示空间飞网机器人系统通信拓扑关系，定义矩阵 $\boldsymbol{H}$，满足 $\boldsymbol{H}=\boldsymbol{L}+\boldsymbol{B}$。

6.2.2 网络一致性问题

网络的一致性一般是指状态的一致性，指多成员随着时间的演化，成员状态逐渐趋于一致，一致性协议就是成员之间相互作用与交互的规则。假设群体中有 n 个智能体，可以用图 $G=(V,E)$ 表示它们的通信拓扑，边缘集 E，顶点集 V，每个智能体有状态量 x_i，智能体进行相互通信实现关键状态量的交互，由图 $G=(V,E)$，邻接矩阵 $\boldsymbol{A}=\left[a_{ij}\right]$ 也容易得出，可以定义群体中的智能体均服从某一协议，例如：

$$\dot{x}_i(t)=\sum a_{ij}(t)\left(x_j(t)-x_i(t)\right)\quad(i\neq j)\tag{6-7}$$

若当 $t\to\infty$ 时，有 $\left\|x_i-x_j\right\|\to 0$，$\forall i\neq j$，则称系统状态达成一致。本节不考虑智能体自身信息反馈，即 $a_{ii}=0$。而当 $a_{ij}=1$ 时，表示智能体 v_j 的信息可以被智能体 v_i 感知，当通信拓扑关系会发生变化时，$\boldsymbol{A}$ 就是一个时变矩阵。

由这样的局部信息传递机制，使得群体中所有智能体关心状态趋于一致，就是一致性控制器。对于本空间飞网机器人来说，就是发掘出合适的一致性协议，使得系统稳定且能够执行一定的机动任务。

6.2.3 一致性控制算法及稳定性证明

对于空间飞网机器人，本节采用 leader-follower 进行编队控制，设可机动单元 1 为 leader，$2\sim n$ 为 follower，建立图 G，表示各个可机动单元的通信拓扑，假设所有 follower 可以相互感知，leader 可以被任何 follower 感知，而 leader 不能感知到任何 follower，leader 和 follower 都不存在自我感知反馈，由此也可以建立邻接矩阵 $\boldsymbol{A}=\left[a_{ij}\right]$：

$$a_{ij}=\begin{cases}1 & (\forall i>1\text{且}\forall j>1\text{且}i\neq j)\\ 0 & (i=1\text{或}i=j)\end{cases} \tag{6-8}$$

选取状态量：

$$\boldsymbol{x}_i=\left[x_i\ y_i\ z_i\ \dot{x}_i\ \dot{y}_i\ \dot{z}_i\right]^{\mathrm{T}} \tag{6-9}$$

控制输入：

$$\boldsymbol{u}_i=\left[\frac{fx_i}{m_i}\ \frac{fy_i}{m_i}\ \frac{fz_i}{m_i}\right]^{\mathrm{T}} \tag{6-10}$$

飞网干扰力：

$$\boldsymbol{T}_i=\left[\frac{Tx_i}{m_i}\ \frac{Ty_i}{m_i}\ \frac{Tz_i}{m_i}\right]^{\mathrm{T}} \tag{6-11}$$

考虑可机动单元的控制时，将绳网的弹性力看做是干扰力，那么，式（6-6）就可以写为

$$\dot{\boldsymbol{x}}_i=\boldsymbol{K}\boldsymbol{x}_i+\boldsymbol{B}\left(\boldsymbol{u}_i+\boldsymbol{T}_i\right) \tag{6-12}$$

其中：

$$\boldsymbol{K}=\begin{bmatrix}0&0&0&1&0&0\\0&0&0&0&1&0\\0&0&0&0&0&1\\0&0&0&0&0&2\omega\\0&-\omega^2&0&0&0&0\\0&0&3\omega^2&-2\omega&0&0\end{bmatrix} \tag{6-13}$$

$$\boldsymbol{B}=\begin{bmatrix}0&0&0\\0&0&0\\0&0&0\\1&0&0\\0&1&0\\0&0&1\end{bmatrix} \tag{6-14}$$

规划虚拟 leader 的轨迹，有：

$$\boldsymbol{p}(t)=\left[p_x(t)\ p_y(t)\ p_z(t)\right]^{\mathrm{T}} \tag{6-15}$$

$$\dot{\boldsymbol{p}}(t)=\left[\dot{p}_x(t)\ \dot{p}_y(t)\ \dot{p}_z(t)\right]^{\mathrm{T}} \tag{6-16}$$

$$\ddot{\boldsymbol{p}}(t)=\left[\ddot{p}_x(t)\ \ddot{p}_y(t)\ \ddot{p}_z(t)\right]^{\mathrm{T}} \tag{6-17}$$

由 leader 的位置，考虑各个 follower 的时变阵型，有：

$$\boldsymbol{d}_i(t)=\left[d_{xi}(t)\ d_{yi}(t)\ d_{zi}(t)\right]^{\mathrm{T}} \tag{6-18}$$

$$\dot{\boldsymbol{d}}_i(t)=\left[\dot{d}_{xi}(t)\ \dot{d}_{yi}(t)\ \dot{d}_{zi}(t)\right]^{\mathrm{T}} \tag{6-19}$$

$$\ddot{\boldsymbol{d}}_i(t)=\left[\ddot{d}_{xi}(t)\ \ddot{d}_{yi}(t)\ \ddot{d}_{zi}(t)\right]^{\mathrm{T}} \tag{6-20}$$

根据式（3-11）～式（3-16），就可以得到每个可机动单元的期望状态：

$$\boldsymbol{R}_i^d=\boldsymbol{p}+\boldsymbol{d}_i \tag{6-21}$$

$$\dot{\boldsymbol{R}}_i^d=\dot{\boldsymbol{p}}+\dot{\boldsymbol{d}}_i \tag{6-22}$$

$$\ddot{\boldsymbol{R}}_i^d=\ddot{\boldsymbol{p}}+\ddot{\boldsymbol{d}}_i \tag{6-23}$$

考虑：

$$\dot{\boldsymbol{q}}_i=\dot{\boldsymbol{R}}_i^d+\frac{\beta}{\alpha}\left(\boldsymbol{R}_i^d-\boldsymbol{R}_i\right) \tag{6-24}$$

$$\boldsymbol{s}_i=\dot{\boldsymbol{R}}_i-\dot{\boldsymbol{q}}_i \tag{6-25}$$

提出一致性控制器如下：

$$\boldsymbol{f}_i=\boldsymbol{u}_i=\boldsymbol{M}\ddot{\boldsymbol{q}}_i+\boldsymbol{C}\dot{\boldsymbol{q}}_i+\boldsymbol{D}\boldsymbol{R}_i-\boldsymbol{K}_i\boldsymbol{s}_i-\boldsymbol{Z}_i\dot{\boldsymbol{s}}_i+\sum_{j=1}^{n}a_{i,j}\left[-\alpha\left(\boldsymbol{s}_i-\boldsymbol{s}_j\right)\right] \tag{6-26}$$

这里考虑可机动单元质量相同。其中$\alpha>0$，$\beta>0$，$\boldsymbol{K}_i$为三维正定对称增益矩阵。

将式（6-25）和式（3-22）带式（6-6），得到闭环动力学模型并简化：

$$\boldsymbol{M}\dot{\boldsymbol{s}}_i+\boldsymbol{C}\boldsymbol{s}_i+\boldsymbol{K}_i\boldsymbol{s}_i+\boldsymbol{Z}_i\dot{\boldsymbol{s}}_i+\sum_{j=1}^{n}a_{i,j}\left[\alpha\left(\boldsymbol{s}_i-\boldsymbol{s}_j\right)\right]-\boldsymbol{T}_i=0 \tag{6-27}$$

令$\boldsymbol{w}=\left[\boldsymbol{s}_1\boldsymbol{s}_2\ \cdots\ \boldsymbol{s}_n\right]^{\mathrm{T}}$，得到可机动单元闭环动力学统集：

$$[\boldsymbol{M}]\dot{\boldsymbol{w}}+[\boldsymbol{C}]\boldsymbol{w}+[\boldsymbol{K}]\boldsymbol{w}+[\boldsymbol{Z}]\dot{\boldsymbol{w}}+\alpha(\boldsymbol{L}\otimes\boldsymbol{I})\boldsymbol{w}-[\boldsymbol{T}]=0 \tag{6-28}$$

式中：$\otimes$为 Kronecker 积；$\boldsymbol{L}$为对应拉普拉斯矩阵。

$$[\boldsymbol{M}]=\begin{bmatrix}\boldsymbol{M}_1 & & \\ & \ddots & \\ & & \boldsymbol{M}_n\end{bmatrix} \tag{6-29}$$

$$[\boldsymbol{C}]=\begin{bmatrix}\boldsymbol{C}_1 & & \\ & \ddots & \\ & & \boldsymbol{C}_n\end{bmatrix} \tag{6-30}$$

$$[\boldsymbol{K}]=\begin{bmatrix}\boldsymbol{K}_1 & & \\ & \ddots & \\ & & \boldsymbol{K}_n\end{bmatrix} \tag{6-31}$$

$$[\boldsymbol{Z}]=\begin{bmatrix}\boldsymbol{Z}_1 & & \\ & \ddots & \\ & & \boldsymbol{Z}_n\end{bmatrix} \tag{6-32}$$

$$[\boldsymbol{T}]=\begin{bmatrix}\boldsymbol{T}_1 & & \\ & \ddots & \\ & & \boldsymbol{T}_n\end{bmatrix} \tag{6-33}$$

设 Lyapunov 函数如下：

$$V=\frac{\alpha}{2}\boldsymbol{w}^{\mathrm{T}}(\boldsymbol{L}\otimes\boldsymbol{I})\boldsymbol{w}+\frac{1}{2}\boldsymbol{w}^{\mathrm{T}}[\boldsymbol{C}]\boldsymbol{w}+\frac{1}{2}\boldsymbol{w}^{\mathrm{T}}[\boldsymbol{K}]\boldsymbol{w} \tag{6-34}$$

求导：

$$\dot{V}=\alpha\dot{\boldsymbol{w}}^{\mathrm{T}}(\boldsymbol{L}\otimes\boldsymbol{I})\boldsymbol{w}+\dot{\boldsymbol{w}}^{\mathrm{T}}[\boldsymbol{C}]\boldsymbol{w}+\dot{\boldsymbol{w}}^{\mathrm{T}}[\boldsymbol{K}]\boldsymbol{w} \tag{6-35}$$

带入式（3-25），得

$$\dot{V}=-\dot{\boldsymbol{w}}^{\mathrm{T}}[\boldsymbol{M}]\dot{\boldsymbol{w}}-\dot{\boldsymbol{w}}^{\mathrm{T}}[\boldsymbol{Z}]\dot{\boldsymbol{w}}+\dot{\boldsymbol{w}}^{\mathrm{T}}[\boldsymbol{T}] \tag{6-36}$$

飞网干扰力上界$[\boldsymbol{T}_m]\geqslant[\boldsymbol{T}]$，故有：

$$\dot{V}\leqslant\dot{V}_m=-\dot{\boldsymbol{w}}^{\mathrm{T}}[\boldsymbol{M}]\dot{\boldsymbol{w}}-\dot{\boldsymbol{w}}^{\mathrm{T}}[\boldsymbol{Z}]\boldsymbol{w}+\dot{\boldsymbol{w}}^{\mathrm{T}}[\boldsymbol{T}_m] \tag{6-37}$$

$$\dot{V}_m=-\dot{\boldsymbol{w}}^{\mathrm{T}}[\boldsymbol{M}]\dot{\boldsymbol{w}}-\left(\|\dot{\boldsymbol{w}}\|-\frac{[\boldsymbol{T}_m]}{2[\boldsymbol{Z}]}\right)^2+\frac{1}{4}\left(\frac{[\boldsymbol{T}_m]}{[\boldsymbol{Z}]}\right)^2 \tag{6-38}$$

式中：$[\boldsymbol{M}]$正定，故可知，当$\|\dot{\boldsymbol{w}}\|\geqslant\dfrac{[\boldsymbol{T}_m]}{[\boldsymbol{Z}]}$时，$\dot{\boldsymbol{V}}_m$半负定，系统能从任意初始值收敛于原点的邻域内，再由 Barbalat 引理可知，$\boldsymbol{R}_i$、$\dot{\boldsymbol{R}}_i$可以收敛到期望的邻域。

6.2.4 仿真结果及分析

为了验证算法的可靠、有效性和抗干扰能力，特设计如下 3 个任务：空间飞网机器人的构型镇定、空间飞网机器人的构型保持机动和空间飞网机器人的变构型机动。空间飞网机器人的构型镇定可以展示出空间飞网机器人若不处在目标相同轨道或者因为意外脱离预定轨迹，快速返回并且稳定的能力，后两者则更加实用与实际，在抓捕目标的过程中必定需要构型机动来实现抓捕。

仿真参数见表 6-1，4 个自主机动单元位于正方形飞网四角，初始飞网处于正好完全展开状态。仿真环境使用 MATLAB 的 Simulink，采用定步长 4 阶 Runge-Kutta 方法，仿真步长为 0.01s。

表 6-1 仿真参数

仿真参数	参数值
目标轨道高度/km	400
自主机动单元质量/kg	10
组成飞网各个质点质量/kg	0.01
细绳 Young’s 模量/Gpa	2.9
细绳标称长度 d/m	0.5

（续）

仿真参数	参数值
细绳半径 r/mm	0.5
飞网边长/m	5
细绳阻尼 a	0.01

控制器参数取：

$$\boldsymbol{K}_i = \begin{bmatrix} 5 & & \\ & \ddots & \\ & & 5 \end{bmatrix} \tag{6-39}$$

$$\boldsymbol{Z}_i = \begin{bmatrix} 1 & & \\ & \ddots & \\ & & 1 \end{bmatrix} \tag{6-40}$$

1. 构型镇定

首先考虑空间飞网由于某些干扰，位置不在指定位置，即释放坐标系下 x、y、z 方向各存在一定的偏差，现在在未指定特定轨迹的情况下，使得空间飞网机器人机动到指定位置。

初始位置：

$$\boldsymbol{R}_1 = \begin{bmatrix} 500 & -2.5 & 2.5 \end{bmatrix}^{\mathrm{T}}$$

$$\boldsymbol{R}_2 = \begin{bmatrix} 500 & 2.5 & 2.5 \end{bmatrix}^{\mathrm{T}}$$

$$\boldsymbol{R}_3 = \begin{bmatrix} 500 & -2.5 & -2.5 \end{bmatrix}^{\mathrm{T}}$$

$$\boldsymbol{R}_4 = \begin{bmatrix} 500 & 2.5 & -2.5 \end{bmatrix}^{\mathrm{T}}$$

指定位置：

$$\boldsymbol{R}_1^d = \begin{bmatrix} 500 & 0 & 0 \end{bmatrix}^{\mathrm{T}}$$

$$\boldsymbol{R}_2^d = \begin{bmatrix} 500 & 5 & 0 \end{bmatrix}^{\mathrm{T}}$$

$$\boldsymbol{R}_3^d = \begin{bmatrix} 500 & 0 & -5 \end{bmatrix}^{\mathrm{T}}$$

$$\boldsymbol{R}_4^d = \begin{bmatrix} 500 & 5 & -5 \end{bmatrix}^{\mathrm{T}}$$

根据 MATLAB/Simulink 建模仿真，结果如图 6-3～图 6-7 所示。

可以看出，在有限时间内，在本章设计的控制策略作用下，空间飞网机器人能够很快从偏移位置移动到预定轨道。在 15s 以后，各个可机动单元均抵达指定位置且位置镇定，而控制力依然存在，这就是因为飞网为不可控柔性结构，它在机动过程中积累的能量需要一定的时间耗散，而在这个过程中会对可机动单元形成一阵阵的干扰力。

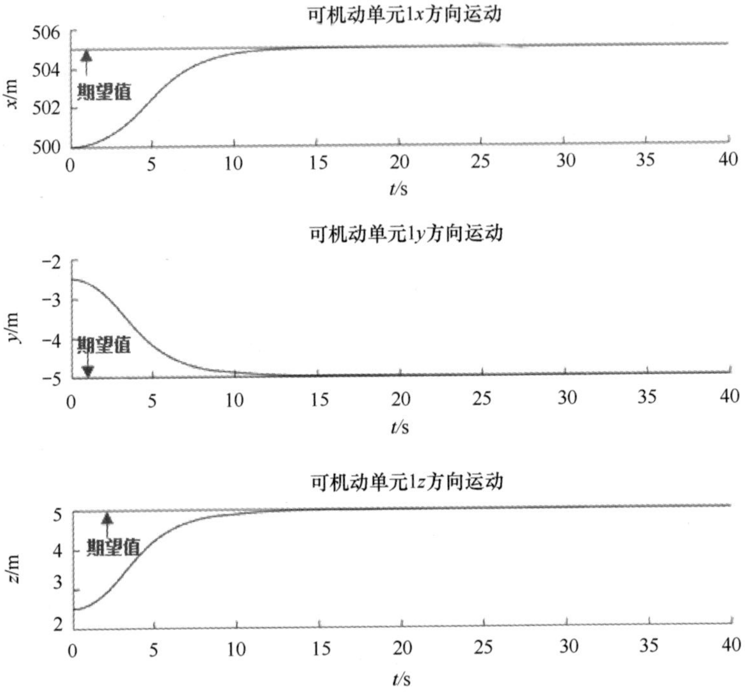

图 6-3　可机动单元 1 各方向运动

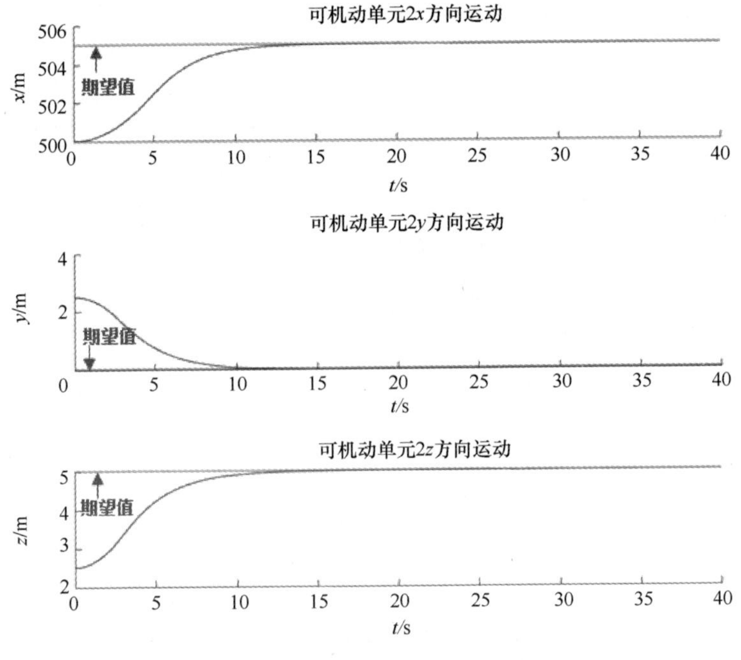

图 6-4　可机动单元 2 各方向运动

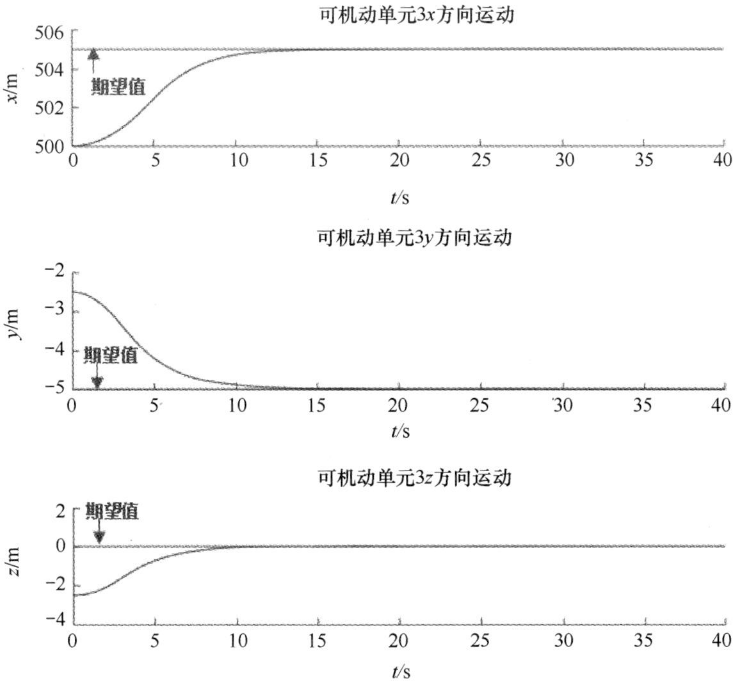

图 6-5　可机动单元 3 各方向运动

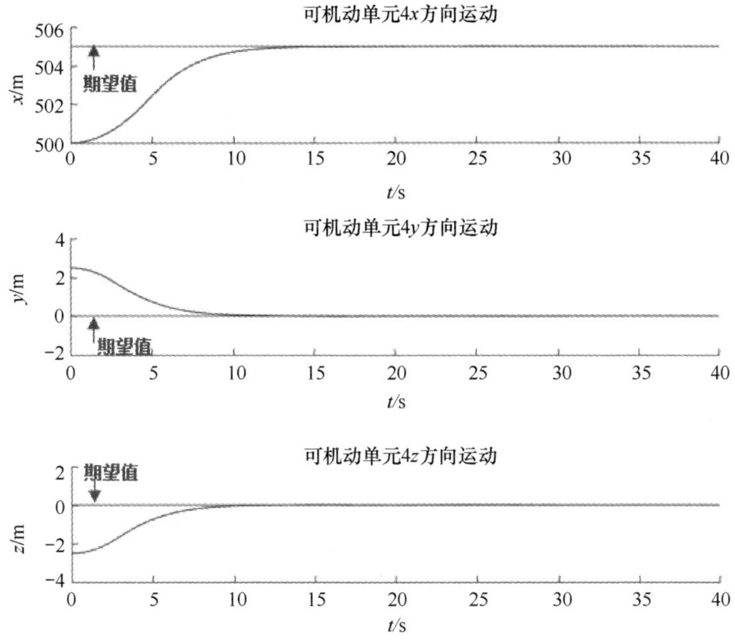

图 6-6　可机动单元 4 各方向运动

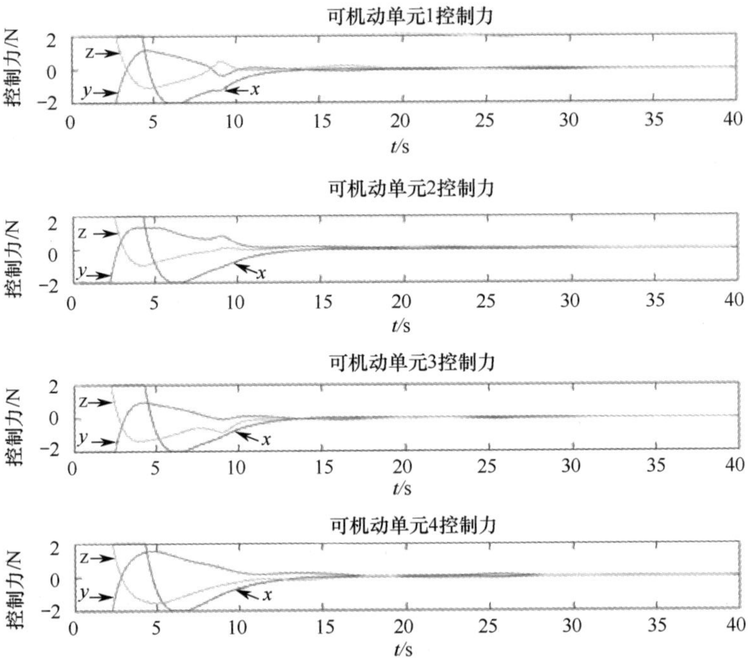

图 6-7　各个个机动单元控制力大小

2. **构型保持机动**

空间飞网抵达指定轨道后，现从距离目标 500m 处，人为规划 1m/s 匀速轨迹逼近目标至距离为 470m 处。初始位置：$\boldsymbol{R}_1=[500\ -2.5]^{\mathrm{T}}$，$\boldsymbol{R}_2=[500\ 2.5\ 2.5]^{\mathrm{T}}$，$\boldsymbol{R}_3=[500\ -2.5\ -2.5]^{\mathrm{T}}$，$\boldsymbol{R}_4=[500\ 2.5\ -2.5]^{\mathrm{T}}$。

Leadr 轨迹为

$$\boldsymbol{p}(t)=\begin{cases}[500-t\ -2.5\ 2.5]^{\mathrm{T}}\ (t\leqslant 30\mathrm{s})\\ [470\ -2.5\ 2.5]^{\mathrm{T}}\quad (t>30\mathrm{s})\end{cases}\tag{6-41}$$

阵型为

$$d_1(t)=[0\ \ 0\ \ 0]^{\mathrm{T}}\tag{6-42}$$

$$d_2(t)=[0\ \ 5\ \ 0]^{\mathrm{T}}\tag{6-43}$$

$$d_3(t)=[0\ \ 0\ \ 5]^{\mathrm{T}}\tag{6-44}$$

$$d_4(t)=[0\ \ 5\ \ -5]^{\mathrm{T}}\tag{6-45}$$

仿真结果如图 6-8～图 6-12 所示。可以看到，在逼近过程中本章提出的控制策略能够很好地跟踪本仿真设计的期望轨迹，在 30s 时停止规划运动，虽然可机动单元自身有动力装置可迅速停止（30s～40s），但是由于飞网的惯性，会有继续向原始方向运动的趋势，可机动单元为了停止飞网运动，故在 40s～47s 时有一较大的控制力。

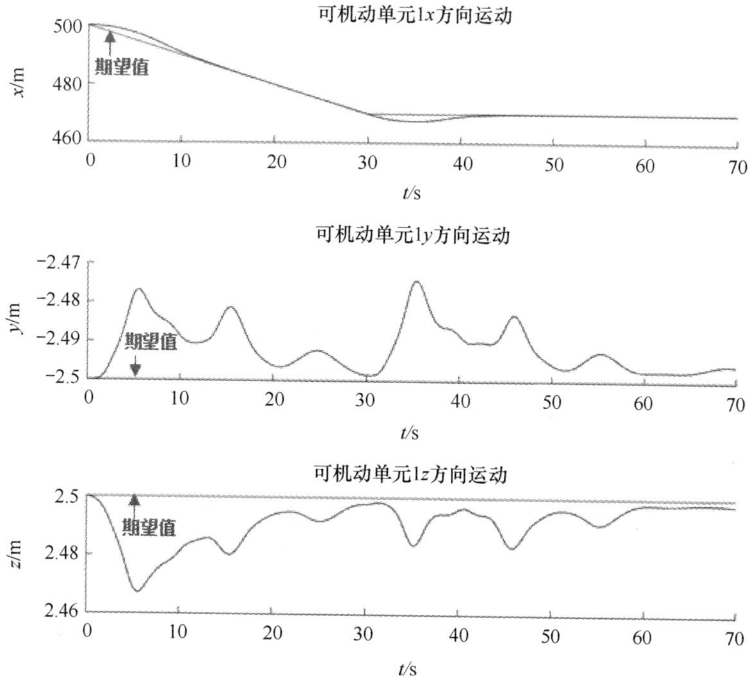

图 6-8　可机动单元 1 各方向运动

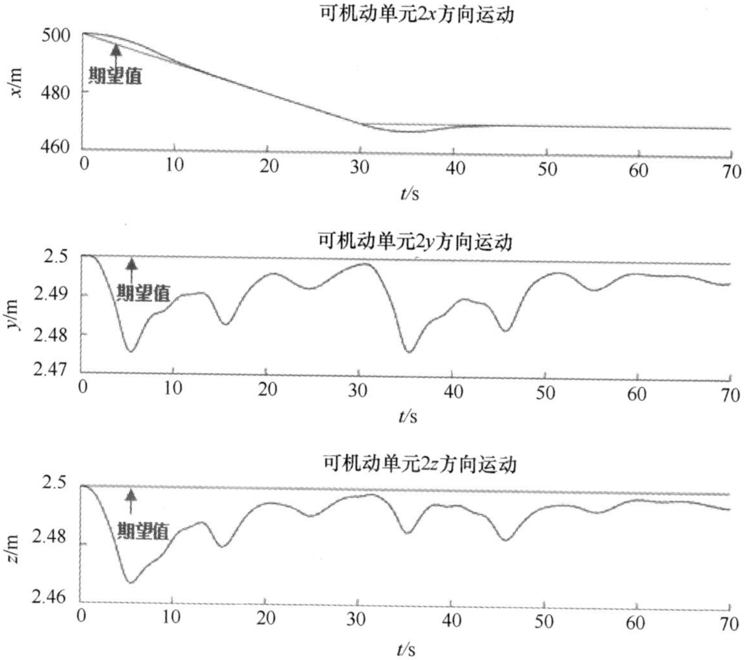

图 6-9　可机动单元 2 各方向运动

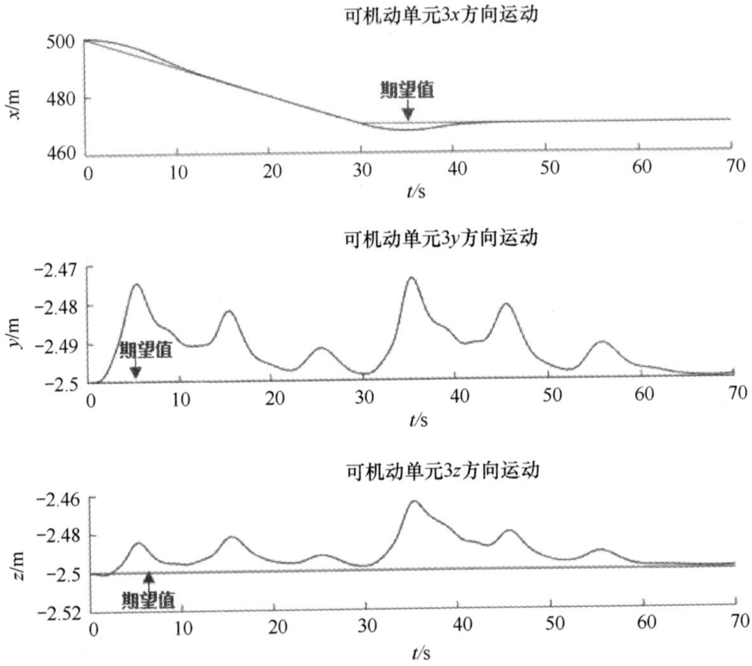

图 6-10　可机动单元 3 各方向运动

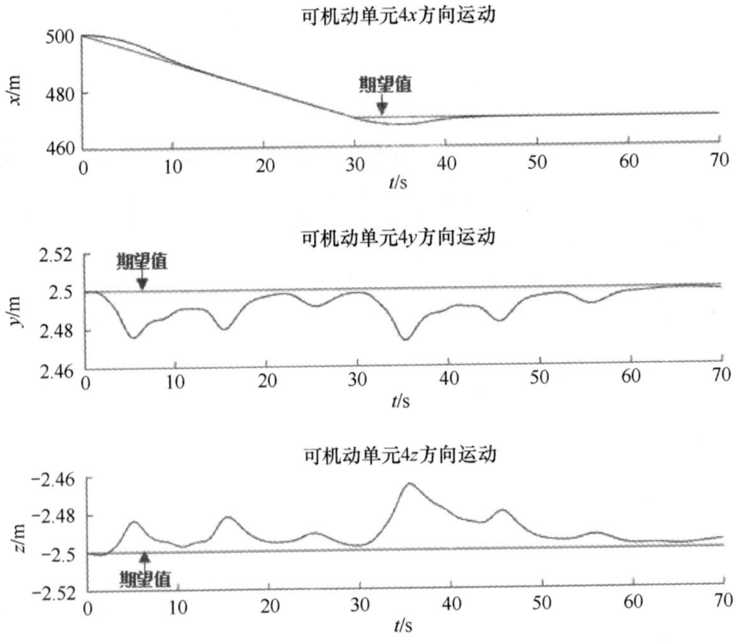

图 6-11　可机动单元 4 各方向运动

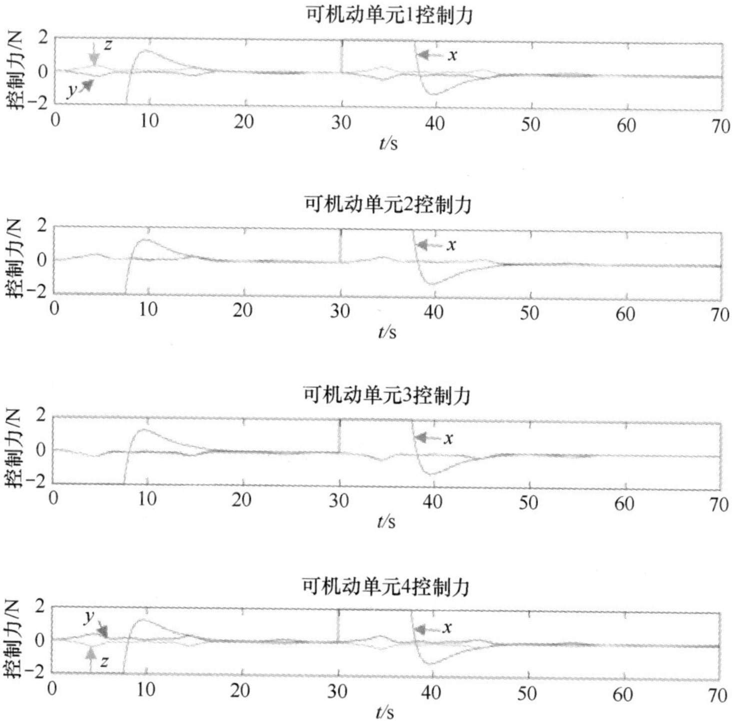

图 6-12　各个个机动单元控制力大小

3. 变构型机动

设定任务为：空间飞网抵达目标附近，为了更方便地抓捕目标，需要改变飞网与目标的相对姿态，设定为旋转，整个飞网将以 1 号可机动单元为中心，在 64s 内顺时针匀速旋转 90°。初始位置：$\boldsymbol{R}_1=[500\ \ -2.5\ \ 2.5]^{\mathrm{T}}$，$\boldsymbol{R}_2=[500\ \ 2.5\ \ 2.5]^{\mathrm{T}}$，$\boldsymbol{R}_3=[500\ \ -2.5\ \ -2.5]^{\mathrm{T}}$，$\boldsymbol{R}_4=[500\ \ 2.5\ \ -2.5]^{\mathrm{T}}$。

Leadr 轨迹为

$$\boldsymbol{p}(t)=[500\ \ -2.5\ \ 2.5]^{\mathrm{T}} \tag{6-46}$$

阵型为

$$\boldsymbol{d}_1(t)=[0\ \ 0\ \ 0]^{\mathrm{T}} \tag{6-47}$$

$$\boldsymbol{d}_2(t)=\begin{cases}\left[0\ \ 5\cos\left(\dfrac{\pi}{128}t\right)\ \ 5\sin\left(\dfrac{\pi}{128}t\right)\right]^{\mathrm{T}} & (t\leqslant 64\mathrm{s})\\ [0\ \ 0\ \ 5]^{\mathrm{T}} & (t>64\mathrm{s})\end{cases} \tag{6-48}$$

$$
\boldsymbol{d}_3(t)=\begin{cases}\left[0\ \ 5\sin\left(\dfrac{\pi}{128}t\right)\ \ -5\cos\left(\dfrac{\pi}{128}t\right)\right]^{\mathrm{T}} & (t\leqslant 64\mathrm{s})\\ [0\ \ 5\ \ 0]^{\mathrm{T}} & (t>64\mathrm{s})\end{cases} \tag{6-49}
$$

$$
\boldsymbol{d}_4(t)=\begin{cases}\left[0\ \ 5\sqrt{2}\cos\left(\dfrac{\pi}{128}t-\dfrac{\pi}{4}\right)\ \ 5\sqrt{2}\sin\left(\dfrac{\pi}{128}t-\dfrac{\pi}{4}\right)\right]^{\mathrm{T}} & (t\leqslant 64\mathrm{s})\\ [0\ \ 5\ \ 5]^{\mathrm{T}} & (t>64\mathrm{s})\end{cases} \tag{6-50}
$$

仿真结果如图 6-13～图 6-18 所示。由图 6-13 可以看出空间飞网机器人较好地达到了预定效果，但是值得一提的是，在旋转过程中，给飞网增加了很大的弹性势能，故在结束旋转任务后的一段时间内各个空间飞网机器人仍然会受到较长时间振动式弹性力干扰，但是该弹性力将由于飞网自身的阻尼逐渐耗散。图 6-17 所示为各个可机动单元控制力，图 6-18 所示为不同时刻下飞网机器人系统的整体构型。可以看到，在所提控制算法下，可以用幅值较小且无颤振的控制力完成对干扰的抑制控制，且飞网机器人系统的整体构型保持较好。

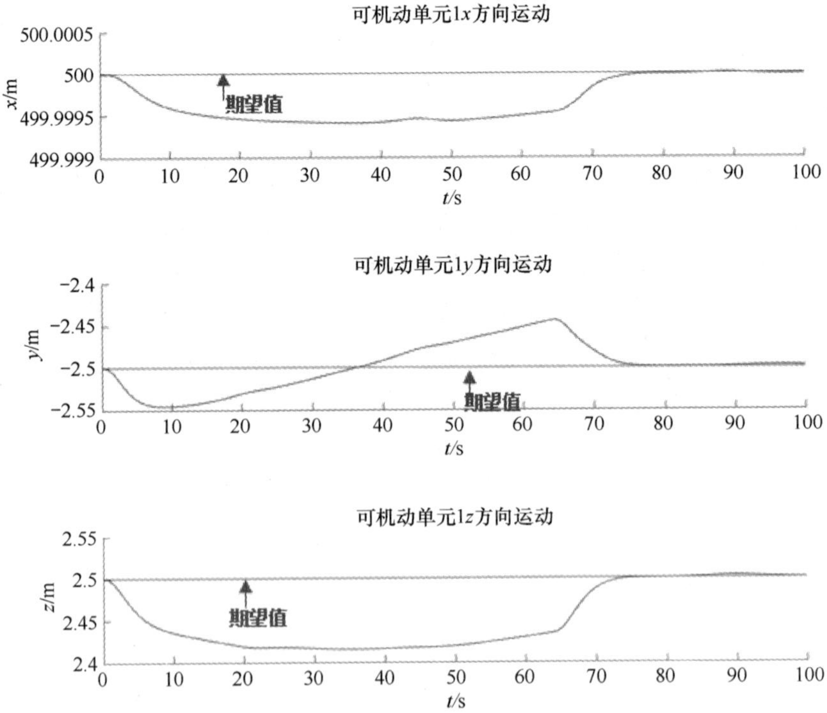

图 6-13　可机动单元 1 各方向运动

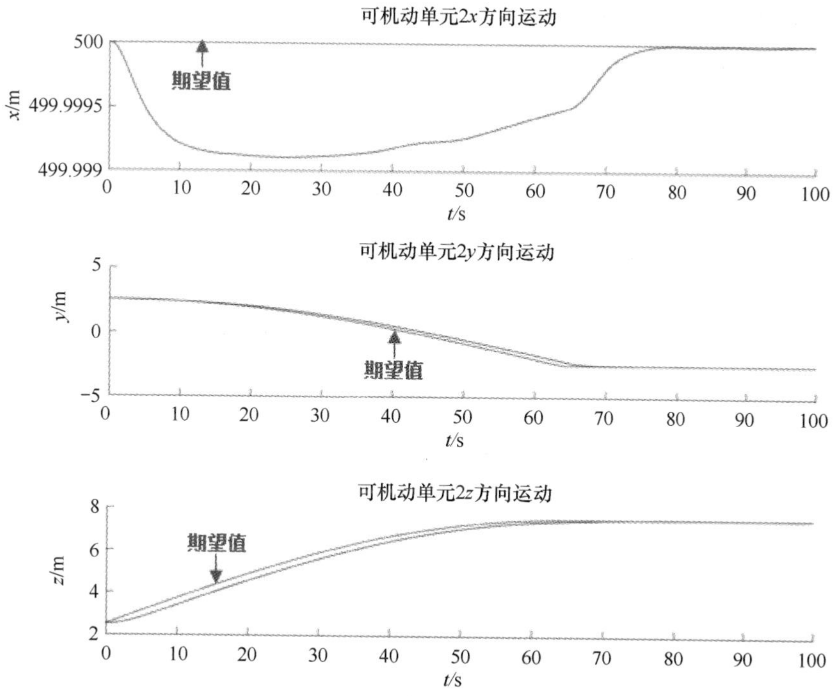

图 6-14　可机动单元 2 各方向运动

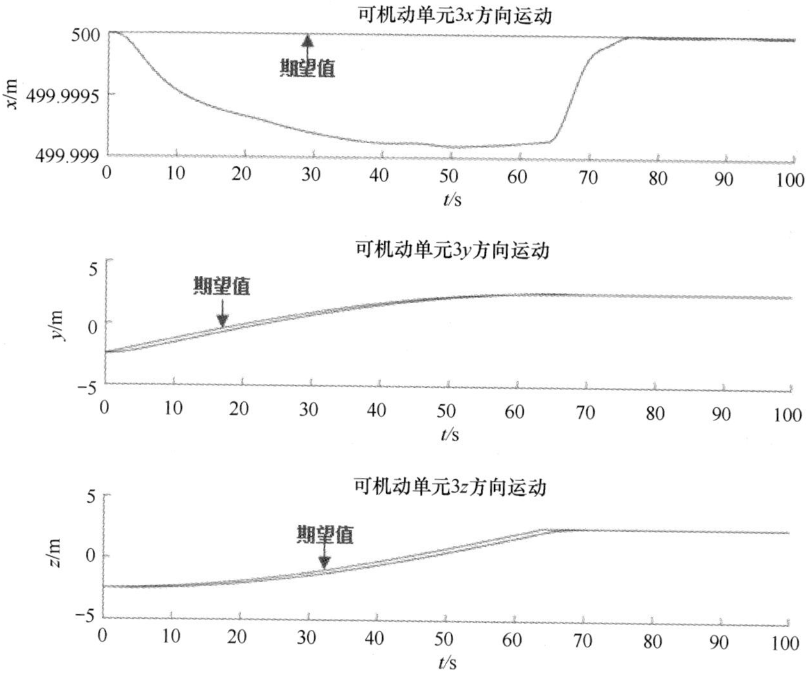

图 6-15　可机动单元 3 各方向运动

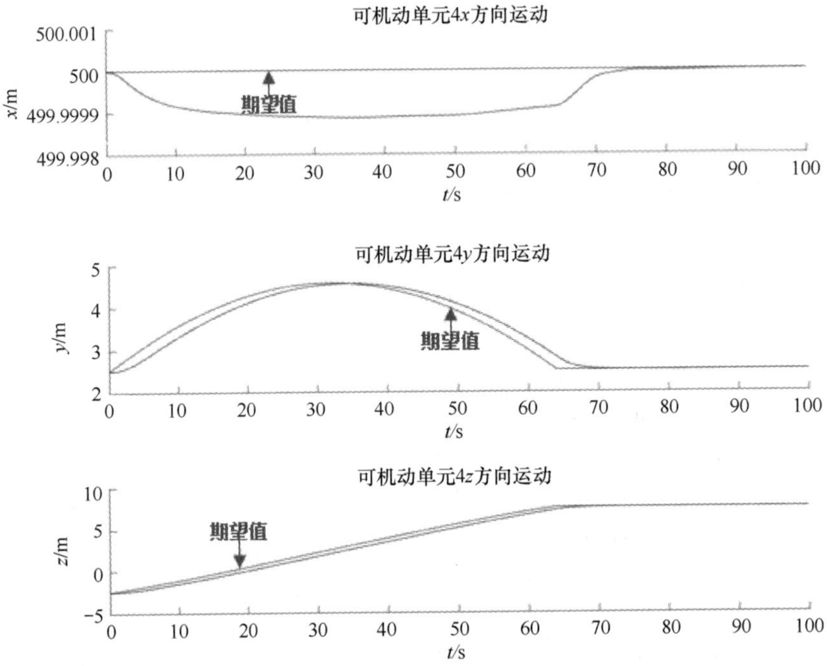

图 6-16　可机动单元 4 各方向运动

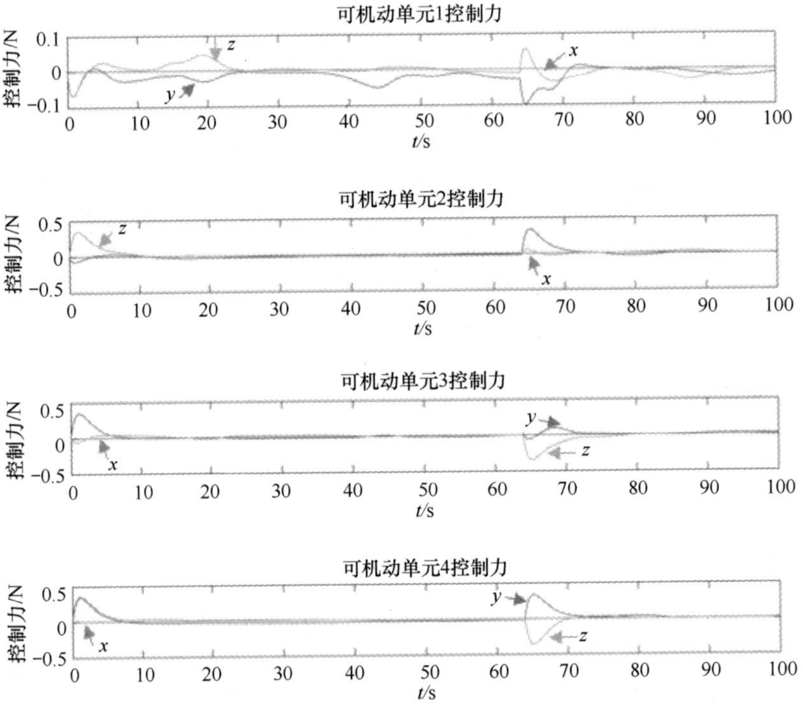

图 6-17　各个可机动单元控制力大小

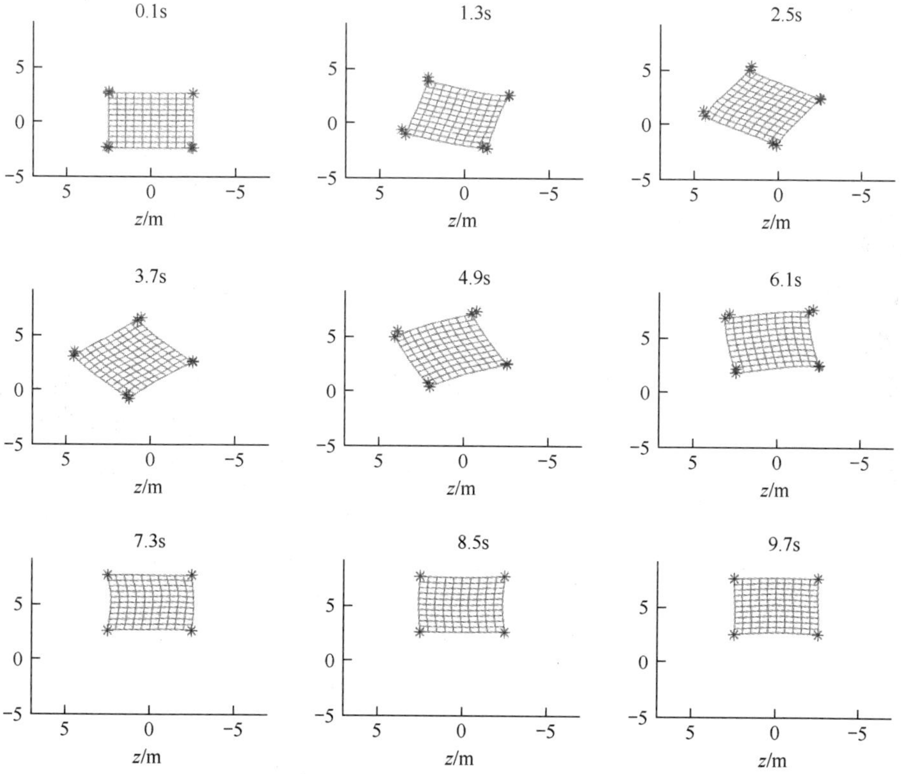

图 6-18　飞网构型随时间变化

6.3　不考虑系绳约束的空间飞网机器人鲁棒分布式控制

6.3.1　控制问题描述

空间飞网机器人的动力学模型可以整理为

$$\begin{cases}\dot{\boldsymbol{\rho}}_{\mathrm{I}}=\boldsymbol{f}(\boldsymbol{\rho}_{\mathrm{I}},\boldsymbol{\rho}_{\mathrm{II}},t)+\varDelta_{\mathrm{I}}\\ \dot{\boldsymbol{\rho}}_{\mathrm{II}}=\boldsymbol{g}(\boldsymbol{\rho}_{\mathrm{I}},\boldsymbol{\rho}_{\mathrm{II}},t)+k\bullet\boldsymbol{u}(t)+\varDelta_{\mathrm{II}}\end{cases} \tag{6-51}$$

式中：$\boldsymbol{\rho}_{\mathrm{I}}$ 和 $\boldsymbol{\rho}_{\mathrm{II}}$ 分别为编织节点和机动单元状态向量；$\varDelta_{\mathrm{I}}$ 和 $\varDelta_{\mathrm{II}}$ 为外界环境的干扰。从式（6-51）可以看出，$\boldsymbol{\rho}_{\mathrm{I}}$ 为不可控的状态，只有 4 个机动单元的状态是可控的，并且 4 个机动单元和编织节点之间的动力学模型是互相耦合的。为了简化控制器设计，将不可控的编织节点的运动看成作用于机动单元的扰动。因此，机动单元的动力学模型可以重新写为

$$\dot{\boldsymbol{\rho}}_{\mathrm{II}}=\boldsymbol{h}(\boldsymbol{\rho}_{\mathrm{II}},t)+k\bullet\boldsymbol{u}(t)+\boldsymbol{d}(\boldsymbol{\rho}_{\mathrm{I}},\boldsymbol{\rho}_{\mathrm{II}},t) \tag{6-52}$$

式中：$\boldsymbol{d}(\boldsymbol{\rho}_{\mathrm{I}},\boldsymbol{\rho}_{\mathrm{II}},t)=\left[\boldsymbol{d}_1^{\mathrm{T}},\boldsymbol{d}_2^{\mathrm{T}},\boldsymbol{d}_3^{\mathrm{T}},\boldsymbol{d}_4^{\mathrm{T}}\right]^{\mathrm{T}}$ 为作用在 4 个机动单元上的总扰动，因此

式（6-6）可以重新整理为

$$\begin{cases}\dot{\boldsymbol{\rho}}_i = \boldsymbol{v}_i \\ \boldsymbol{M}_i\boldsymbol{v}_i + \boldsymbol{C}_i\boldsymbol{v}_i + \boldsymbol{g}_i = \boldsymbol{u}_i + \boldsymbol{d}_i\end{cases} \tag{6-53}$$

式中：$\boldsymbol{\rho}_i = [x_i, y_i, z_i]^{\mathrm{T}}$ 为机动单元 i 的位置向量在 LVLH 坐标下的表示；$\boldsymbol{v}_i$ 为相对速度向量；$\boldsymbol{M}_i \quad (i=1,2,\cdots,n)$ 为惯量矩阵；$\boldsymbol{C}_i$ 为斜对称矩阵；$\boldsymbol{g}_i$ 为非线性项；$\boldsymbol{u}_i$ 为控制力；$\boldsymbol{d}_i$ 为外部干扰。

假设 6-1： 扰动向量 $\boldsymbol{d}_i (i=1,2,\cdots,n)$ 是有界的，满足约束 $\|\boldsymbol{d}_i\| \leqslant \bar{d}_i$，其中 $\bar{d}_i$ 为未知的非负常数。

注 6-1： 飞网机器人释放后分布式构型协同控制，需要可机动单元在机动过程中保持精确的几何形状。本节针对以式（6-53）为动力学方程的机动单元队形协同控制问题，基于行为方法和一致性准则，设计分布式协同控制器，实现可机动单元编队构型控制，进而保证飞网机器人保持稳定的抓捕构型。

6.3.2 鲁棒分布式控制器设计

假设 6-2： 机动单元相对平台卫星的相对位置和速度都是可以精确得到的。

控制器设计前，为了简化运算，定义下面的误差变量:

$$\tilde{\boldsymbol{\rho}}_i = \boldsymbol{\rho}_i - \boldsymbol{\rho}_i^d, \ \tilde{\boldsymbol{v}}_i = \boldsymbol{v}_i - \boldsymbol{v}_i^d \tag{6-54}$$

式中：$\boldsymbol{q}_i^d$ 和 $\boldsymbol{v}_i^d$ 为机动单元 i 的期望轨迹和速度。由参考文献[167,168]，定义机动单元 $\boldsymbol{i}$ 的邻居误差为

$$\boldsymbol{e}_i = \sum_{j\in N_i} a_{ij}(\tilde{\boldsymbol{\rho}}_i - \tilde{\boldsymbol{\rho}}_j) + b_i\tilde{\boldsymbol{\rho}}_i \tag{6-55}$$

$$\dot{\boldsymbol{e}}_i = \sum_{j\in N_i} a_{ij}(\tilde{\boldsymbol{v}}_i - \tilde{\boldsymbol{v}}_j) + b_i\tilde{\boldsymbol{v}}_i \tag{6-56}$$

式中：N_i 为与机动单元 $\boldsymbol{i}$ 有信息通信的邻居单元的集合；a_{ij} 为邻接矩阵 $\boldsymbol{A}$ 的第 i 行、第 j 列的元素；b_i 为对角矩阵 $\boldsymbol{B}$ 的第 i 个主对角元素。进一步，式（6-55）、式（6-56）可以写为向量形式：

$$\boldsymbol{e} = \big((\boldsymbol{L}+\boldsymbol{B})\otimes\boldsymbol{I}\big)\tilde{\boldsymbol{\rho}} = (\boldsymbol{H}\otimes\boldsymbol{I})\tilde{\boldsymbol{\rho}} \tag{6-57}$$

$$\dot{\boldsymbol{e}} = \big((\boldsymbol{L}+\boldsymbol{B})\otimes\boldsymbol{I}\big)\tilde{\boldsymbol{v}} = (\boldsymbol{H}\otimes\boldsymbol{I})\tilde{\boldsymbol{v}} \tag{6-58}$$

式中：$\boldsymbol{e} = \left[\boldsymbol{e}_1^{\mathrm{T}}\boldsymbol{e}_2^{\mathrm{T}}\cdots\boldsymbol{e}_{\boldsymbol{n}}^{\mathrm{T}}\right]^{\mathrm{T}}$；$\tilde{\boldsymbol{\rho}} = \left[\tilde{\boldsymbol{\rho}}_1^{\mathrm{T}}\tilde{\boldsymbol{\rho}}_2^{\mathrm{T}}\cdots\tilde{\boldsymbol{\rho}}_{\boldsymbol{n}}^{\mathrm{T}}\right]^{\mathrm{T}}$；$\tilde{\boldsymbol{v}} = \left[\tilde{\boldsymbol{v}}_1^{\mathrm{T}}\tilde{\boldsymbol{v}}_2^{\mathrm{T}}\cdots\tilde{\boldsymbol{v}}_{\boldsymbol{n}}^{\mathrm{T}}\right]^{\mathrm{T}}$；运算符号 $\otimes$ 为直积；$\boldsymbol{I}$ 为具有合适维数的单位矩阵。

假设 6-3： 可机动飞网机器人在逼近目标阶段需要保持稳定的可抓捕构型，这需要可机动单元在机动过程中保持精确的几何形状，即 $\boldsymbol{\rho}_i \to \boldsymbol{\rho}_i^d$，$\boldsymbol{v}_i \to \boldsymbol{v}_i^d$，$\tilde{\boldsymbol{\rho}}_i \to \tilde{\boldsymbol{\rho}}_i^d$，$\tilde{\boldsymbol{v}}_i \to \tilde{\boldsymbol{v}}_j$，$\forall i,j \in N_i$。

根据参考文献[169,170]定义下面的辅助变量：

$$\boldsymbol{s}_i = k_1\tilde{\boldsymbol{\rho}}_i + \tilde{\boldsymbol{v}}_i + k_2\boldsymbol{e}_i \tag{6-59}$$

式中：k_1 和 k_2 为正常数。

由式（6-53）～式（6-55）、式（6-59），可得

$$\begin{aligned}&\boldsymbol{M}_i\dot{s}_i + \boldsymbol{M}_i\dot{\boldsymbol{v}}_i^{\,d} - k_1\boldsymbol{M}_i\tilde{\boldsymbol{v}}_i - k_2\boldsymbol{M}_i\left[\sum_{j\in Ni} a_{ij}(\tilde{\boldsymbol{v}}_i - \tilde{\boldsymbol{v}}_j) + b_i\tilde{\boldsymbol{v}}_i\right] + \boldsymbol{C}_i\boldsymbol{s}_i + \\ &\boldsymbol{C}_i\boldsymbol{v}_i^{\,d} - k_1\boldsymbol{C}_i\tilde{\boldsymbol{\rho}} - k_2\boldsymbol{C}_1\left[\sum_{j\in Ni} a_{ij}(\tilde{\boldsymbol{\rho}}_i - \tilde{\boldsymbol{\rho}}_j) + b_i\tilde{\boldsymbol{\rho}}\right] + \boldsymbol{g}_i \\ &= \boldsymbol{u}_i + \boldsymbol{d}_i\end{aligned} \tag{6-60}$$

由于可机动单元在运动过程中，受到编织系绳拉力等外界扰动，本节设计了一个双曲正切函数来提高控制器的鲁棒性。

$$\psi_i(\boldsymbol{s}_i) = \tanh(\boldsymbol{s}_i / \varepsilon) \tag{6-61}$$

式中：ε 为正常数。根据参考文献[171]，设计如下的鲁棒协同控制器：

$$\begin{aligned}\boldsymbol{u}_i = {}& \boldsymbol{M}_i\dot{\boldsymbol{v}}_i^{\,d} + \boldsymbol{C}_i\boldsymbol{v}_i^{\,d} - k_1\boldsymbol{C}_i\tilde{\boldsymbol{\rho}}_i - k_1\boldsymbol{M}_i\tilde{\boldsymbol{v}}_1 - k_2\boldsymbol{C}_i\left[\sum_{j\in Ni} a_{ij}(\tilde{\boldsymbol{\rho}}_i - \tilde{\boldsymbol{\rho}}_j) + b_i\tilde{\rho}_i\right] - \\ & k_2\boldsymbol{M}_i\left[\sum_{j\in Ni} a_{ij}(\tilde{\boldsymbol{v}}_i - \tilde{\boldsymbol{v}}_j) + b_i\overline{\boldsymbol{v}}_i\right] + \boldsymbol{g}_i - k_3\boldsymbol{s}_i - \hat{\beta}_i\varPsi_i(\boldsymbol{s}_i)\end{aligned} \tag{6-62}$$

$$\dot{\hat{\beta}}_i = \boldsymbol{s}_i^T\tanh(\boldsymbol{s}_i / \varepsilon) - \gamma_i(\hat{\beta}_i - \beta_{i0}) \tag{6-63}$$

式中：k_3、γ_i、β_{i0} 为正常数。

注 6-2：式（6-62）的第 1～7 项是为了抵消式（6-60）左边相同项。$-k_3\boldsymbol{s}_i$ 为比例反馈项，用来实现机动单元跟踪期望状态；$-\hat{\beta}_i\boldsymbol{\psi}_i(\boldsymbol{s}_i)$ 为消除外界扰动影响的鲁棒项，其中式（6-63）为变增益 $\hat{\beta}_i$ 的自适应律，理想的鲁棒项增益 $\beta_i = \hat{\beta}_i + \tilde{\beta}_i$ 满足关系 $\beta_i \geqslant \overline{d}_i$，其中 $\hat{\beta}_i$ 为理想增益 $\hat{\beta}_i$ 的估计，$\hat{\beta}_i$ 为估计误差。根据式（6-62），每个机动单元的控制输入由机动单元本身和邻居状态决定，所以，设计的控制器是分布式控制器。

6.3.3 闭环系统稳定性分析

证明闭环系统稳定性前，给出下面的定理。

引理 6-1：当无向图 G 包含一个生成树，对角矩阵 $\boldsymbol{B}$ 是正定矩阵，则矩阵 $\boldsymbol{Q} = \boldsymbol{PH} + \boldsymbol{H}^{\mathrm{T}}\boldsymbol{P}$ 为一个对称正定矩阵，其中 $\boldsymbol{P} = \mathrm{diag}(p_1, p_2, \cdots, p_n), p_i > 0, \forall i = 1,2,\cdots,n$[172]。

引理 6-2：对于 $\forall\varepsilon > 0$，$x \in \mathbf{R}$，满足下面的不等式：

$$0 \leqslant |x| - x\bullet\tanh(x / \varepsilon) \leqslant \kappa\varepsilon \tag{6-64}$$

式中：κ 为一个正常数，满足等式 $\kappa = \mathrm{e}^{-(k+1)}$，也就是 $\kappa = 0.2785$[173]。

注 6-3： 本节中研究的可机动飞网机器人系统是一种特殊的多智能体系统，由 n 个可机动单元和一个平台卫星组成，其中平台卫星看作可机动单元的领导者。假设该系统的通信拓扑图 G 包含一个无向生成树，且所有的机动单元可以得到平台卫星的指令信息。

定理 6-1： 当 $\boldsymbol{\rho}_i^d$ 、$\boldsymbol{v}_i^d$ 、$\dot{\boldsymbol{v}}_i^d$ 都是有界的，对于式（6-53）在式（6-62）和式（6-63）作用下，可以得到 $\tilde{\boldsymbol{\rho}}_i$ 、$\tilde{\boldsymbol{v}}_i$ 、$\hat{\boldsymbol{\beta}}_i$ 都是有界的。进一步，可机动单元的轨迹跟踪误差是全局一致有界的。

证明： 把式（6-62）代入式（6-60），可得到闭环系统：

$$\boldsymbol{M}_i\dot{\boldsymbol{s}}_i + (\boldsymbol{C}_i + k_3\boldsymbol{I})s_i = -\hat{\beta}_i \tanh(\boldsymbol{s}_i / \varepsilon) + \boldsymbol{d}_i \tag{6-65}$$

式中：$\boldsymbol{I}$ 为单位矩阵，选择下面的 Lyapunov 辅助函数，即

$$V(t) = \sum_{i=1}^{n}\left[\frac{1}{2}\boldsymbol{s}_i^{\mathrm{T}}\boldsymbol{M}_i\boldsymbol{s}_i + \frac{1}{2}\tilde{\beta}_i^2\right] + \frac{1}{2}\boldsymbol{e}^{\mathrm{T}}(\boldsymbol{P}\otimes\boldsymbol{I})\boldsymbol{e} \tag{6-66}$$

$V(t)$ 为一个关于 s_i 和 $\tilde{\beta}_i$ 正定的函数，满足 Lyapunov 函数的要求。对式（6-66）求导：

$$\begin{aligned}
\dot{V}(t) &= \sum_{i=1}^{n}\left[\boldsymbol{s}_i^{\mathrm{T}}\boldsymbol{M}_i\dot{\boldsymbol{s}}_i + \tilde{\beta}_i\dot{\tilde{\beta}}_i\right] + \boldsymbol{e}^{\mathrm{T}}(\boldsymbol{P}\otimes\boldsymbol{I})\dot{\boldsymbol{e}} \\
&= \sum_{i=1}^{n}\left\{\boldsymbol{s}_i^{\mathrm{T}}\left[-(\boldsymbol{C}_i + k_3\boldsymbol{I})\boldsymbol{s}_i - \hat{\beta}_i\tanh(\boldsymbol{s}_i/\varepsilon) + \boldsymbol{d}_i\right] - \tilde{\beta}_i\left[\boldsymbol{s}_i^{\mathrm{T}}\tanh(s_i/\varepsilon) - \gamma_i\left(\hat{\beta}_i - \beta_{i0}\right)\right]\right\} + \\
&\quad \boldsymbol{e}^{\mathrm{T}}(\boldsymbol{P}\otimes\boldsymbol{I})\dot{\boldsymbol{e}} \\
&= \sum_{i=1}^{n}\left\{-k_3\boldsymbol{s}_i^{\mathrm{T}}\boldsymbol{s}_i - \left(\beta_i - \tilde{\beta}_{i0}\right)\boldsymbol{s}_i^{\mathrm{T}}\tanh(\boldsymbol{s}_i/\varepsilon) + \boldsymbol{s}_i^{\mathrm{T}}\boldsymbol{d}_i - \tilde{\beta}_i\boldsymbol{s}_i^{\mathrm{T}}\tanh(\boldsymbol{s}_i/\varepsilon) + \gamma_i\tilde{\beta}_i\left(\hat{\beta}_i - \beta_{i0}\right)\right\} + \\
&\quad \boldsymbol{e}^{\mathrm{T}}(\boldsymbol{P}\otimes\boldsymbol{I})\dot{\boldsymbol{e}} \\
&\leqslant \sum_{i=1}^{n}\left\{-k_3\boldsymbol{s}_i^{\mathrm{T}}\boldsymbol{s}_i - \beta_i\boldsymbol{s}_i^{\mathrm{T}}\tanh(\boldsymbol{s}_i/\varepsilon) + \beta_i\left\|\boldsymbol{s}_i\right\| + \gamma_i\tilde{\beta}_i\left(\hat{\beta}_i - \beta_{i0}\right)\right\} + \boldsymbol{e}^{\mathrm{T}}(\boldsymbol{P}\otimes\boldsymbol{I})\dot{\boldsymbol{e}}
\end{aligned} \tag{6-67}$$

进一步，下面的不等式成立：

$$\begin{aligned}
\tilde{\beta}_i\left(\hat{\beta}_i - \beta_{i0}\right) &= -\frac{1}{2}\tilde{\beta}_i^2 - \frac{1}{2}\left(\hat{\beta}_i - \beta_0\right)^2 + \frac{1}{2}\left(\beta_i - \beta_{0i}\right)^2 \\
&\leqslant -\frac{1}{2}\tilde{\beta}_i^2 + \frac{1}{2}\left(\beta_i - \beta_{i0}\right)^2
\end{aligned} \tag{6-68}$$

将式（6-68）代入式（6-67），可得

$$\begin{aligned}
\dot{V}(t) \leqslant \sum_{i=1}^{n}&\left\{-k_3\boldsymbol{s}_i^{\mathrm{T}}\boldsymbol{s}_i - \beta_i\boldsymbol{s}_i^{\mathrm{T}}\tanh(\boldsymbol{s}_i/\varepsilon) + \beta_i\left\|\boldsymbol{s}_i\right\| - \frac{1}{2}\gamma_i^2\tilde{\beta}_i + \frac{1}{2}\gamma_i\left(\hat{\beta}_i - \beta_{i0}\right)^2\right\} + \\
&\boldsymbol{e}^{\mathrm{T}}(\boldsymbol{P}\otimes\boldsymbol{I})\dot{\boldsymbol{e}}
\end{aligned} \tag{6-69}$$

由引理 6-2，如果 $\beta_i \geqslant 0$ ，可得

$$\beta_i \boldsymbol{s}_i^{\mathrm{T}} \tanh(\boldsymbol{s}_i / \varepsilon) \geqslant \beta_i \|\boldsymbol{s}_i\| - \kappa\varepsilon\beta_i \tag{6-70}$$

辅助变量 $\boldsymbol{s}_i$ 可以整理为向量形式 $\boldsymbol{s} = k_1\tilde{\boldsymbol{\rho}} + \tilde{\boldsymbol{v}} + k_2\boldsymbol{e}$，其中 $\boldsymbol{s} = \left(\boldsymbol{s}_1^{\mathrm{T}}, \boldsymbol{s}_2^{\mathrm{T}}, \cdots, \boldsymbol{s}_n^{\mathrm{T}}\right)^{\mathrm{T}}$。考虑引理 6-1 和式（6-58），得到下面的不等式：

$$\begin{aligned}\boldsymbol{e}^{\mathrm{T}}(\boldsymbol{P}\otimes\boldsymbol{I})\dot{\boldsymbol{e}} &= \boldsymbol{e}^{\mathrm{T}}(\boldsymbol{PH}\otimes\boldsymbol{I})(\boldsymbol{s} - k_1\tilde{\boldsymbol{\rho}} - k_2\boldsymbol{e}) \\ &\leqslant \|\boldsymbol{PH}\|_{\mathrm{F}}\|\boldsymbol{e}\|\|\boldsymbol{s}\| - \frac{k_1}{2}\underline{\rho}(\boldsymbol{Q})\|\boldsymbol{e}\|\|\tilde{\boldsymbol{\rho}}\| - \frac{k_2}{2}\underline{\rho}(\boldsymbol{Q})\|\boldsymbol{e}\|^2 \\ &\leqslant \|\boldsymbol{PH}\|_{\mathrm{F}}\|\boldsymbol{e}\|\|\boldsymbol{s}\| - \frac{k_2}{2}\underline{\rho}(\boldsymbol{Q})\|\boldsymbol{e}\|^2\end{aligned} \tag{6-71}$$

式中：$\underline{\rho}(\boldsymbol{Q})$ 为矩阵 $\boldsymbol{Q}$ 的最小特征值，由引理 6-1 得 $\underline{\rho}(\boldsymbol{Q})>0$。符号 $\|\bullet\|_{\mathrm{F}}$ 和 $\|\bullet\|$ 分别表示矩阵的 F-范数和向量的 2-范数。由杨氏不等式，下面的关系式成立：

$$\|\boldsymbol{PH}\|_{\mathrm{F}}\|\boldsymbol{e}\|\|\boldsymbol{s}\| \leqslant \frac{\|\boldsymbol{PH}\|_{\mathrm{F}}^2\|\boldsymbol{e}\|^2}{2\delta_1} + \frac{\delta_1\|\boldsymbol{s}\|^2}{2} \tag{6-72}$$

式中：$\delta_1>0$ 为一个常数，将式（6-70）～式（6-72）代入式（6-69），可得

$$\begin{aligned}\dot{V}(t) &\leqslant \sum_{i=1}^{n}\left\{-k_3\boldsymbol{s}_i^{\mathrm{T}}\boldsymbol{s}_i + \kappa\varepsilon\beta_i - \frac{1}{2}\gamma_i\tilde{\beta}_i^2 + \frac{1}{2}\gamma_i\left(\beta_i - \beta_{i0}\right)^2\right\} + \\ &\quad \left(\frac{\|\boldsymbol{PH}\|_{\mathrm{F}}^2\|\boldsymbol{e}\|^2}{2\delta_1} + \frac{\delta_1\|\boldsymbol{s}\|^2}{2}\right) - \frac{k_2}{2}\underline{\rho}(\boldsymbol{Q})\|\boldsymbol{e}\|^2 \\ &= -\frac{1}{2}\left(k_2\underline{\rho}(\boldsymbol{Q}) - \frac{\|\boldsymbol{PH}\|_{\mathrm{F}}^2}{\delta_1}\right)\|\boldsymbol{e}\|^2 - \left(k_3 - \frac{\delta_1}{2}\right)\|\boldsymbol{s}\|^2 - \\ &\quad \sum_{i=1}^{n}\frac{1}{2}\gamma_i\tilde{\beta}_i^2 + \sum_{i=1}^{n}\left[\kappa\varepsilon\beta_i + \frac{1}{2}\gamma_i\left(\hat{\beta}_i - \beta_{i0}\right)^2\right]\end{aligned} \tag{6-73}$$

选择参数 k_2 和 k_3 分别满足 $k_2 > \|\boldsymbol{PH}\|_{\mathrm{F}}^2 / \underline{\rho}(\boldsymbol{Q})\delta_1$，$k_3 > \delta_1 / 2$，可得 $\left(k_2\underline{\rho}(\boldsymbol{Q}) - \|\boldsymbol{PH}\|_{\mathrm{F}}^2 / \delta_1\right) > 0$ 且 $\left(k_3 - \delta_1 / 2\right) > 0$。进一步，式（6-73）可重新整理为

$$\begin{aligned}\dot{V}(t) &\leqslant -\frac{1}{2}\left(k_2\underline{\rho}(\boldsymbol{Q}) - \frac{\|\boldsymbol{PH}\|_{\mathrm{F}}^2}{\delta_1}\right)\|e\|^2 - \left(k_3 - \frac{\delta_1}{2}\right)\|\boldsymbol{s}\|^2 - \\ &\quad \sum_{i=1}^{n}\frac{1}{2}\gamma_i\tilde{\beta}_i^2 + \sum_{i=1}^{n}\left[\kappa\varepsilon\beta_i + \frac{1}{2}\gamma_i\left(\hat{\beta}_i - \beta_{i0}\right)^2\right] \\ &= -\frac{1}{2\overline{\rho}(\boldsymbol{P})}\left(k_2\underline{\rho}(\boldsymbol{Q}) - \frac{\|\boldsymbol{PH}\|_{\mathrm{F}}^2}{\delta_1}\right)\overline{\rho}(\boldsymbol{P})\|e\|^2 - \\ &\quad \frac{1}{2\overline{\rho}(\boldsymbol{M}_i)}(2K_3 - \delta_1)\overline{\rho}(\boldsymbol{M}_i)\|\boldsymbol{s}\|^2 - \sum_{i=1}^{n}\frac{1}{2}\gamma_i\tilde{\beta}_i^2 + c\end{aligned} \tag{6-74}$$

式中：$c=\sum_{i=1}^{n}\left[\kappa\varepsilon\beta_i+\gamma_i\left(\hat{\beta}_i-\beta_{i0}\right)^2/2\right]$；$\overline{\rho}(\boldsymbol{P})$ 和 $\overline{\rho}(\boldsymbol{M}_I)$ 分别为矩阵 $\boldsymbol{P}$ 和 $\boldsymbol{M}_i$ 的最大特征值。

选择参数 $\lambda=\min\left\{\left(k_2\underline{\rho}(\boldsymbol{Q})-\|\boldsymbol{PH}\|_{\mathrm{F}}^2/\delta\right)/\overline{\rho}(\boldsymbol{P}),(2k_3-\delta_1)/\overline{\rho}(\boldsymbol{M}_i),\gamma_i\right\}$，式（6-74）可转化为

$$\dot{V}(t)\leqslant-\lambda V(t)+c \tag{6-75}$$

式中：$\lambda>0$，c 都是常数，根据文献[174]，可得到 $V(t)$ 是有界的。因此，在任意初始紧集前提下，可得

$$0\leqslant V(t)\leqslant\left[V(0)-\frac{c}{\lambda}\right]\mathrm{e}^{-\lambda t}+\frac{c}{\lambda}\leqslant V(0)+\frac{c}{\lambda} \tag{6-76}$$

式中：$V(0)$ 为 Lyapunov 函数有界的初始值，从式（6-66），可得

$$\frac{1}{2}\underline{\rho}(\boldsymbol{M}_i)\|s_i\|^2\leqslant\frac{1}{2}s_i^{\mathrm{T}}\boldsymbol{M}_i\boldsymbol{s}_i\leqslant V(t) \tag{6-77}$$

$$\frac{1}{2}\underline{\rho}(\boldsymbol{P})\|e\|^2\leqslant\frac{1}{2}\boldsymbol{e}^{\mathrm{T}}(\boldsymbol{P}\otimes\boldsymbol{I})\boldsymbol{e}\leqslant V(t) \tag{6-78}$$

式中：$\underline{\rho}(\boldsymbol{M}_i)$ 和 $\underline{\rho}(\boldsymbol{P})$ 分别为矩阵 $\boldsymbol{M}_i$ 和 $\boldsymbol{P}$ 的最小特征值。从式（6-76）～式（6-78），得到下面的关系式：

$$\|\boldsymbol{s}_i\|\leqslant\sqrt{\frac{2\left[V(0)-\frac{c}{\lambda}\right]\mathrm{e}^{-\lambda t}+\frac{2c}{\lambda}}{\underline{\rho}(\boldsymbol{M}_i)}} \tag{6-79}$$

$$\|\boldsymbol{e}(t)\|\leqslant\sqrt{\frac{2\left[V(0)-\frac{c}{\lambda}\right]\mathrm{e}^{-\lambda t}+\frac{2c}{\lambda}}{\underline{\rho}(\boldsymbol{P})}} \tag{6-80}$$

进一步，根据式（6-79）和式（6-80），得

$$\lim_{t\to\infty}\|\boldsymbol{s}_i\|\leqslant\sqrt{\frac{2c}{\lambda\underline{\rho}(\boldsymbol{M}_i)}} \tag{6-81}$$

$$\lim_{t\to\infty}\|\boldsymbol{e}(t)\|\leqslant\sqrt{\frac{2c}{\lambda\underline{\rho}(\boldsymbol{P})}} \tag{6-82}$$

注 6-4: 根据式（6-79）、式（6-80），辅助变量 $\boldsymbol{s}_i(t)$ 和邻居误差 $\boldsymbol{e}_i(t),\forall i=1,2,\cdots,n$ 将会保持在一个有界的紧集 $\varOmega$ 里。根据式（6-81）、式（6-82），$\boldsymbol{s}_i(t)$ 和 $\boldsymbol{e}_i(t)$ 最终趋于一个稳定的紧集 $\varOmega_s$，其中 $\varOmega_s\subseteq\varOmega$，且通过选择合适的参数集合 $\varOmega_s$ 可以更小。从式（6-59），$\tilde{\boldsymbol{\rho}}_i$ 和 $\tilde{\boldsymbol{v}}_i$ 都是有界的，因此机动单元在有界误差范围内跟踪上期望轨迹，也就是可机动飞网机器人在机动过程中保持预定的抓捕状态。

6.3.4 仿真验证及分析

在发射之前，可机动飞网折叠储存在平台卫星里，飞网按照方块式折叠，折叠之后的边长为 0.5m[175]。为了证实设计的分布式协同控制器的有效性，考虑了两种不同的仿真情况。第一种是对称构型，即可机动单元不存在初始弹射误差；第二种是不对称构型，即存在初始弹射误差。第一种情况，4 个机动单元的初始速度分别为 $(0.1\ \ 0.1\ \ 0.1)\mathrm{m/s}$、$(-0.1\ \ 0.1\ \ 0.1)\mathrm{m/s}$、$(0.1\ \ 0.1\ \ -0.1)\mathrm{m/s}$、$(-0.1\ \ 0.1\ \ -0.1)\mathrm{m/s}$。第二种情况，假设机动单元 1 存在初始发射误差，其初始弹射速度为 $(0.2\ \ 0.1\ \ 0.1)\mathrm{m/s}$。系统运行的轨道角速度为 $\omega = 9.2430\times10^{-5}\,\mathrm{rad/s}$。当任意机动单元的任意方向的位置跟踪误差小于 0.01m 时，可机动单元的控制器打开运行。本节所在初始条件下，控制器开启的时间是 $t = 20.221\mathrm{s}$，此时机动单元的瞬时位置分别是 $(2.49\ \ 2.0119\ \ 2.4878)$，$(-2.4824\ \ 2.0189\ \ 2.4856)$，$(2.49\ \ 2.0119\ \ -2.4878)$，$(-2.4824\ \ 2.0189\ \ -2.4856)$。4 个机动单元期望的轨迹分别是 $(2.5\ \ 2.0189+0.1(t-20.221)\ \ 2.5)$、$(-2.5\ \ 2.0189+0.1(t-20.221)\ \ 2.5)$、$(2.5\ \ 2.0189+0.1(t-20.221)\ \ -2.5)$、$(-2.5\ \ 2.0189+0.1(t-20.221)\ \ -2.5)$，所有的机动单元期望的速度是 $(0\ \ 0.1\ \ 0)\mathrm{m/s}$。控制器其他参数选择如下 $k_1 = k_2 = k_3 = 0.1$，$\beta_{i0} = 0.1$，$\varepsilon = 0.01$，$\gamma_i = 10, \forall_i = 1,2,3,4$。邻接矩阵 $\boldsymbol{A} = [0\ \ 1\ \ 1.5\ \ 0;\ \ 1\ \ 0\ \ 0\ \ 1;\ \ 1.5\ \ 0\ \ 0\ \ 2;\ \ 0\ \ 1\ \ 2\ \ 0]$，对角矩阵 $\boldsymbol{B} = \boldsymbol{I}_4$，其中 $\boldsymbol{I}_4$ 是一个 4 维单位矩阵。平台卫星与可机动单元的通信拓扑关系如图 6-19 所示。系统其他参数见表 6-2。

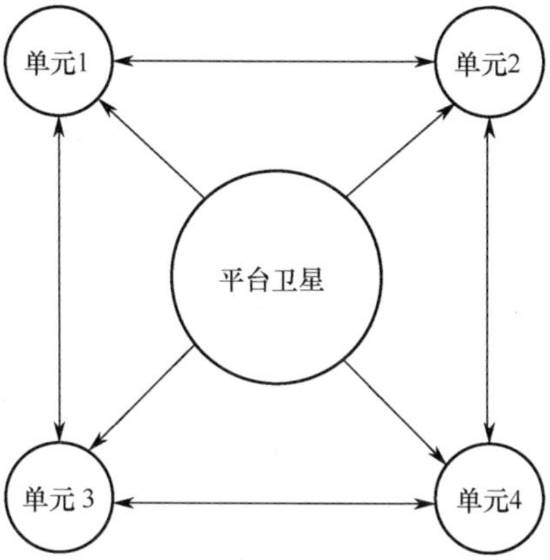

图 6-19 可机动飞网机器人系统的通信拓扑图

表 6-2 系统参数设置

参数	值
MU 质量/kg	10
柔性网质量/kg	1
柔性网边长/m	5

（续）

参数	值
编织网格边长/m	0.5
材料杨氏弹性模量/Mpa	445.6
编织系绳的横截面直径/mm	1
编织系绳材料的阻尼率	0.106
轨道高度/km	36000
轨道倾角/rad	0

图 6-20 和图 6-21 所示为可机动单元在对称和非对称两种发射情况下的位置和速度图；图 6-22 所示为可机动单元在两种情况下的控制输入；图 6-23 和图 6-24 所示为两种情况下柔性网作用在可机动单元上的扰动力；图 6-25 所示为非对称情况下柔性网边线的运动三维图；图 6-26 所示为 100s 时可机动飞网机器人系统的构型。

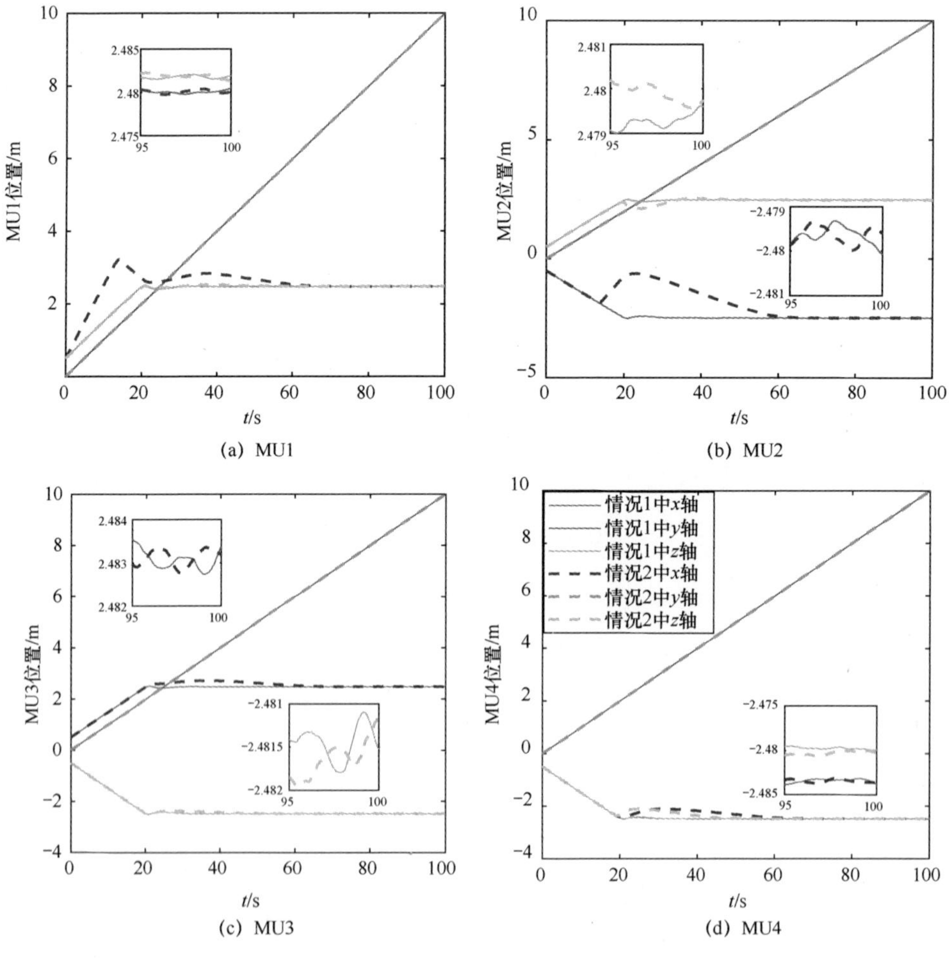

图 6-20　可机动单元位置

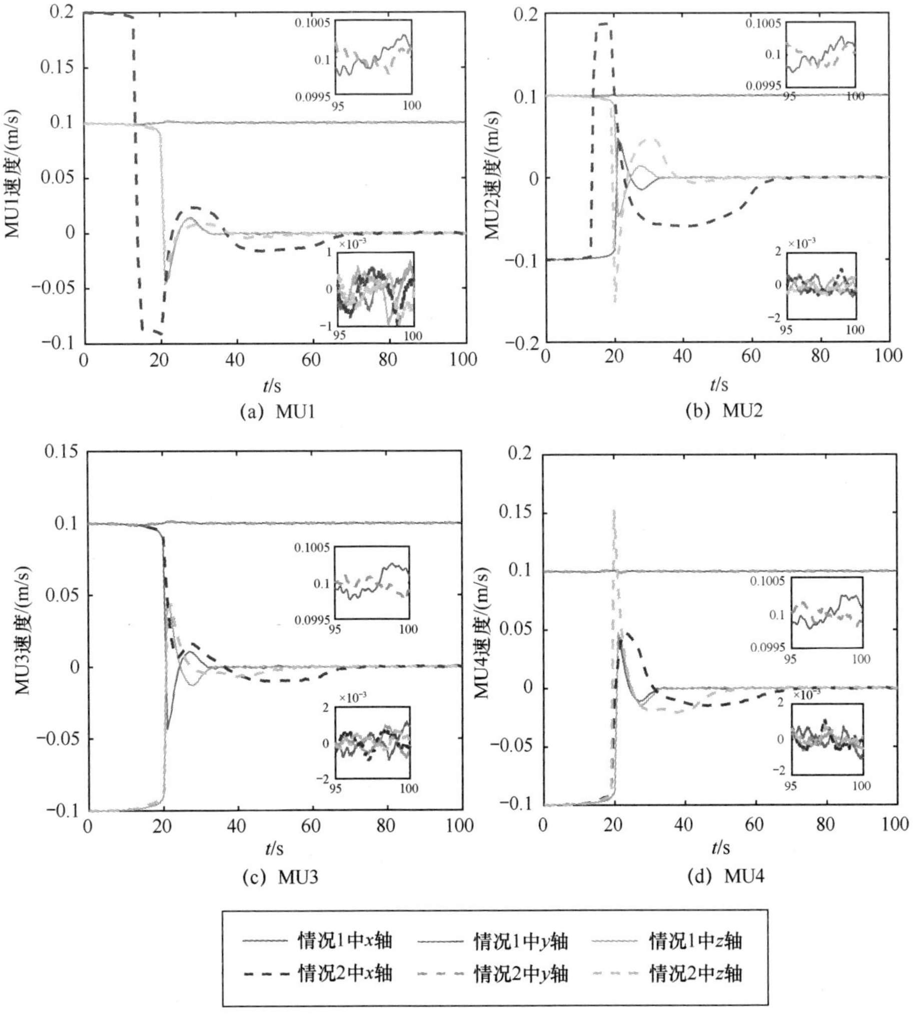

图 6-21　可机动单元速度

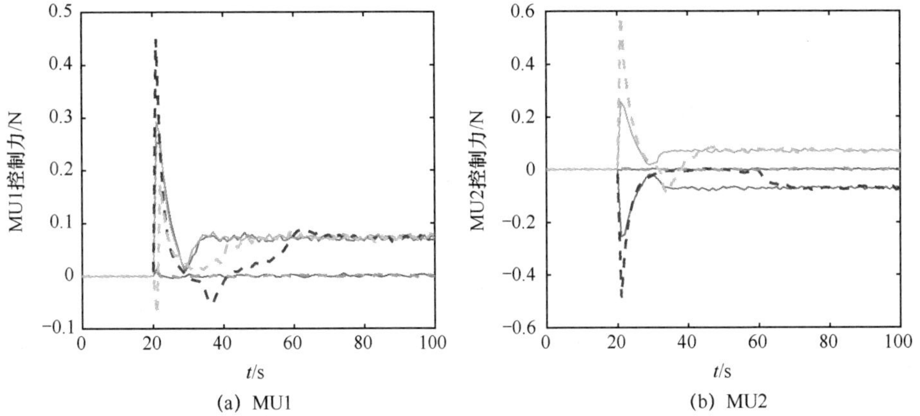

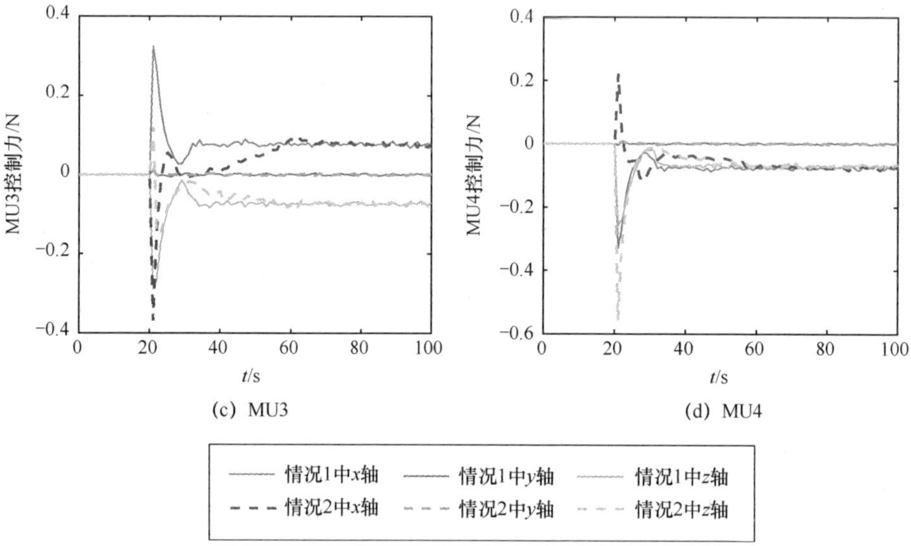

(c) MU3　　(d) MU4

图 6-22　可机动单元的控制力

从图 6-20 和图 6-21 可以看出，在对称和非对称两种情况下，可机动单元可以实现以期望的速度跟踪期望的轨迹。同时，设计的控制器作用于对称情况下的机动单元时能更快地消除跟踪误差。30s 之后，对称情况下机动单元的位置和速度在期望值附近轻微地周期性的振动，非对称情况下 80s 之后才会发生类似现象。仿真结果显示，在对称和非对称两种情况下，设计的控制器都具有很好的效果，但是对称情况下趋近速度更快。

从图 6-21 可以看出，y 轴方向比 x 和 z 轴两个方向振动的幅值小、频率低，这表示柔性网在飞行方向的振动比其他两个方向的振动弱。相同的结论也可以从图 6-23 和图 6-24 得到，因为柔性网对机动单元的扰动沿 y 轴方向比其他两个方向小。跟对称情况相比，非对称情况下可机动单元的位置和速度的超调量更大。但是，两种情况下振动幅值都是可以接受的，因此本节提出的控制算法对可机动单元的相对位置控制是有效的。

当控制器打开时，作用在可机动单元上的控制力（图 6-22）和扰动（图 6-23 和图 6-24）瞬间增加到一个峰值，这是由于此时柔性网的弹性力瞬间增加。从图 6-22～图 6-24 可以看出，非对称情况下作用在机动单元上的控制力和扰动的瞬时峰值比对称情况下大。可以得出如下结论：非对称情况将会给机动单元运动过程中造成更大的扰动，这给控制器的设计带来更大的挑战。

图 6-25 所示为当可机动单元从平台卫星中弹射出之后，柔性网在机动单元的带动下开始展开。控制器打开之前，柔性网的边线运动是杂乱无规律的，但是当控制器激活后，柔性网的边线运动变得更加有序。这表明设计的控制器对柔性网的网型保持控制是有效的。

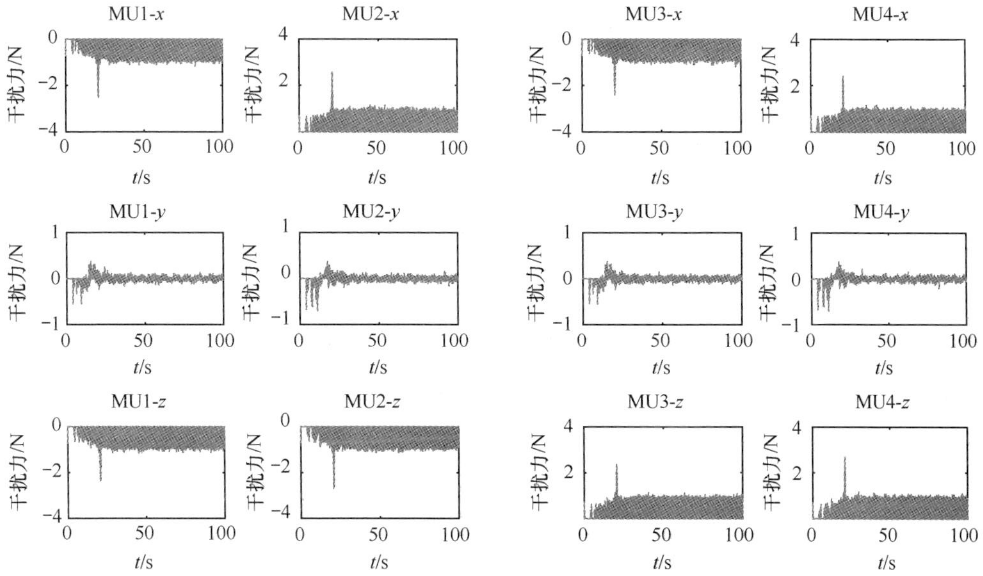

(a) MU1和MU2　　(b) MU3和MU4

图 6-23　对称情况下可机动单元受到的扰动

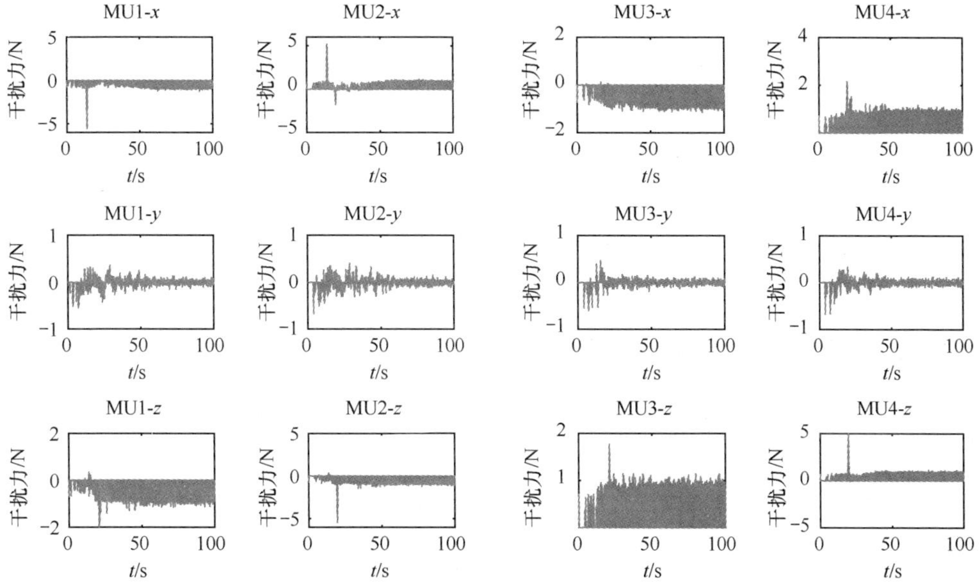

(a) MU1和MU2　　(b) MU3和MU4

图 6-24　非对称情况下可机动单元受到的扰动

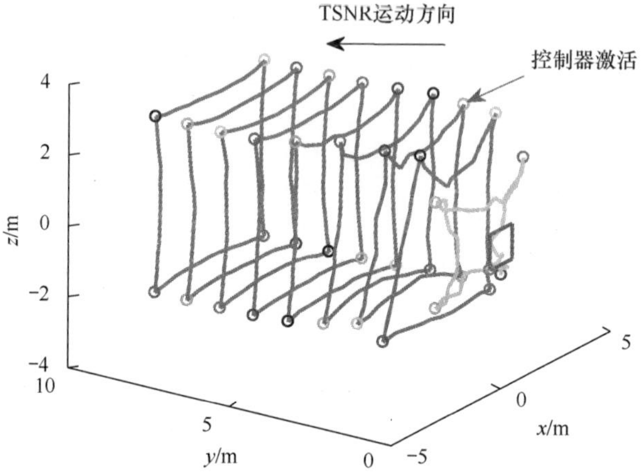

图 6-25　非对称情况下柔性网边线运动三维图

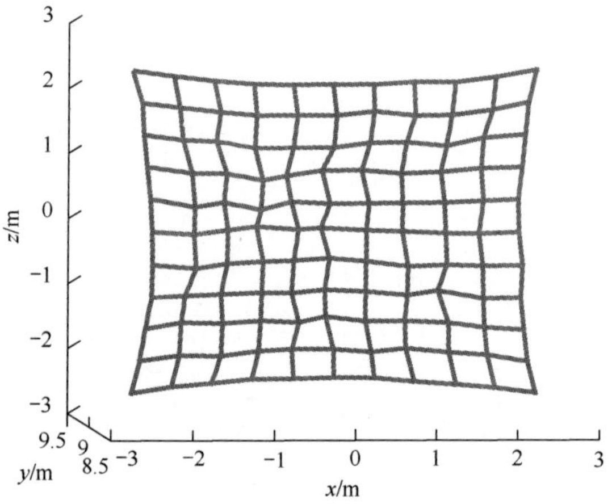

图 6-26　可机动飞网机器人系统构型

6.4　考虑系绳约束的空间飞网机器人分布式控制

6.4.1　控制问题描述

为了避免柔性网边线中的弹性力急剧增大，任意相邻的机动单元之间最大距离应该小于某个设计的最大值，因此机动单元之间存在如下的约束：

$$\Theta=\left\{\begin{array}{l}\boldsymbol{\rho}_{\mathrm{II}} \mid \boldsymbol{\rho}_{\mathrm{II}}=\left[\boldsymbol{\rho}_1^{\mathrm{T}}, \boldsymbol{\rho}_2^{\mathrm{T}}, \cdots, \boldsymbol{\rho}_n^{\mathrm{T}}\right]^{\mathrm{T}},\left\|\boldsymbol{\rho}_i-\boldsymbol{\rho}_j\right\|<L+\delta \\ \text{for } i=1,2, \cdots, n,\ j \in N_i\end{array}\right\} \tag{6-83}$$

式中：δ 为柔性网边线的允许最大变形量；n 为可机动单元的个数；N_i 为机动单

元 i 的邻居的集合。为了避免相邻机动单元之间的碰撞，定义下面的避碰集合：

$$\Pi=\left\{\begin{array}{l}\boldsymbol{\rho}_{\mathrm{II}} \mid \boldsymbol{\rho}_{\mathrm{II}}=\left[\boldsymbol{\rho}_1^{\mathrm{T}}, \boldsymbol{\rho}_2^{\mathrm{T}}, \cdots, \boldsymbol{\rho}_n^{\mathrm{T}}\right]^{\mathrm{T}},\left\|\boldsymbol{\rho}_i-\boldsymbol{\rho}_j\right\|>\ell_0 \\ \text{for } i=1,2, \cdots, n, \ j \in N_i\end{array}\right\} \tag{6-84}$$

式中：ℓ_0 为保证机动单元之间不存在碰撞的最小安全距离。

注 6-5：根据式（6-53）、式（6-83）、式（6-84），可机动飞网机器人的构型保持控制描述如下：基于人工势函数法和神经网络，对式（6-53）设计分布式鲁棒自适应编队控制，使机动单元在存在相对距离约束和扰动的作用下位置 $\boldsymbol{\rho}_i(t)$ 和速度 $v_i(t)\quad(i=1,2,\cdots,n)$ 分别渐进趋近于期望状态 $\boldsymbol{\rho}_i^d(t)$ 和 $\dot{v}_i^d(t)$。

6.4.2 基于势函数的神经网络鲁棒自适应控制器设计

为了满足式（6-83）和式（6-84），引入人工势函数使可机动单元之间产生吸引或排斥力。本节中使用的势函数必须同时满足跟踪和编队控制两种性质，也就是势函数由跟踪部分和编队部分组成[176]。在势函数的作用下，能保证机动单元在跟踪期望轨迹的同时满足相对距离约束。根据参考文献[177]，设计如下人工势函数：

$$v(\boldsymbol{\rho}, \boldsymbol{\rho}^d)=\sum_{i=1}^{n} v_i^d\left(\left\|\boldsymbol{\rho}_i-\boldsymbol{\rho}_i^d\right\|\right)+\sum_{i=1}^{n-1} \sum_{j>i \text{且} j \in N_i} v_{ij}\left(\left\|\boldsymbol{\rho}_i-\boldsymbol{\rho}_j\right\|\right) \tag{6-85}$$

其中：

$$v_{ij}\left(\left\|\boldsymbol{\rho}_i-\boldsymbol{\rho}_j\right\|\right)=\left\{\begin{array}{ll}\dfrac{1}{\sin\left(\dfrac{\pi\left\|\boldsymbol{\rho}_i-\boldsymbol{\rho}_j\right\|}{2\left(L-\ell_0\right)}-\dfrac{\pi \ell_0}{2\left(L-\ell_0\right)}\right)} & \left(\ell_0<\left\|\boldsymbol{\rho}_i-\boldsymbol{\rho}_j\right\| \leqslant L\right) \\ \dfrac{1}{\sin\left(\dfrac{\pi\left\|\boldsymbol{\rho}_i-\boldsymbol{\rho}_j\right\|}{2 \delta}-\dfrac{\pi(L-\delta)}{2 \delta}\right)} & \left(L<\left\|\boldsymbol{\rho}_i-\boldsymbol{\rho}_j\right\|<L+\delta\right)\end{array}\right. \tag{6-86}$$

$$v_i^d\left(\left\|\boldsymbol{\rho}_i-\boldsymbol{\rho}_i^d\right\|\right)=\left\|\boldsymbol{\rho}_i-\boldsymbol{\rho}_i^d\right\|^2 \tag{6-87}$$

式中：$\boldsymbol{\rho}=\left[\boldsymbol{\rho}_1^{\mathrm{T}}, \boldsymbol{\rho}_2^{\mathrm{T}}, \cdots, \boldsymbol{\rho}_n^{\mathrm{T}}\right]^{\mathrm{T}}$；$\boldsymbol{\rho}^d=\left[\boldsymbol{\rho}_1^{d\mathrm{T}}, \boldsymbol{\rho}_2^{d\mathrm{T}}, \cdots, \boldsymbol{\rho}_n^{d\mathrm{T}}\right]^{\mathrm{T}}$；$\boldsymbol{\rho}_i^d$ 为可机动单元 i 的期望轨迹。

$v_i^d\left(\left\|\boldsymbol{\rho}_i-\boldsymbol{\rho}_i^d\right\|\right)$ 为机动单元 i 和与其期望轨迹 $\boldsymbol{\rho}_i^d$ 对应的虚拟目标 i 之间的势函数，用来实现轨迹跟踪的目的，其在 $\boldsymbol{\rho}_i=\boldsymbol{\rho}_i^d$ 处有唯一一个最小零点，且 $v_i^d\left(\left\|\boldsymbol{\rho}_i-\boldsymbol{\rho}_i^d\right\|\right) \geqslant 0$ 总是成立。$v_{ij}\left(\left\|\boldsymbol{\rho}_i-\boldsymbol{\rho}_j\right\|\right)$ 为机动单元 i 和 j 之间的势函数，当 $\left\|\boldsymbol{\rho}_i-\boldsymbol{\rho}_j\right\| \rightarrow \ell_0$ 或者 $\left\|\boldsymbol{\rho}_i-\boldsymbol{\rho}_j\right\| \rightarrow L+\delta$ 时，$v_{ij}\left(\left\|\boldsymbol{\rho}_i-\boldsymbol{\rho}_j\right\|\right) \rightarrow \infty$，因此机动单元将会一

直保持在约束范围内，且函数$V_{ij}\left(\left\|\boldsymbol{\rho}_i-\boldsymbol{\rho}_j\right\|\right)$在$\left\|\boldsymbol{\rho}_i-\boldsymbol{\rho}_j\right\|=L$处有一个全局最小值。

假设 6-4： 假设可机动单元的期望状态$\boldsymbol{\rho}_i^{d}$和$\boldsymbol{v}_i^{d}$ $(i=1,2,\cdots,n)$是有界的。

势函数在$\boldsymbol{\rho}_i$和$\boldsymbol{\rho}_i^{d}$处的梯度分别为

$$\nabla_{\boldsymbol{\rho}_i} V(\boldsymbol{\rho},\boldsymbol{\rho}^d)=\left\{\begin{array}{l}\nabla_{\boldsymbol{\rho}_i} V_i^{d}\left(\left\|\boldsymbol{\rho}_i-\boldsymbol{\rho}_i^{d}\right\|\right)\\ +\sum\limits_{\substack{j\in N_i\\ j>i}}\nabla_{\boldsymbol{\rho}_i} V_{ij}\left(\left\|\boldsymbol{\rho}_i-\boldsymbol{\rho}_j\right\|\right)\\ +\sum\limits_{\substack{j\in N_i\\ j<i}}\nabla_{\boldsymbol{\rho}_i} V_{ij}\left(\left\|\boldsymbol{\rho}_j-\boldsymbol{\rho}_i\right\|\right)\end{array}\right\} \tag{6-88}$$

$$\nabla_{\boldsymbol{\rho}_i^d} V(\boldsymbol{\rho},\boldsymbol{\rho}^d)=\nabla_{\boldsymbol{\rho}_i} V_i^{d}\left(\left\|\boldsymbol{\rho}_i-\boldsymbol{\rho}_i^{d}\right\|\right) \tag{6-89}$$

根据式（6-88）和式（6-89），可得

$$\begin{aligned}&\sum_{i=1}^{n}\nabla_{\boldsymbol{\rho}_i^d} V(\boldsymbol{\rho},\boldsymbol{\rho}^d)\\ &=-\sum_{i=1}^{n}\nabla_{\boldsymbol{\rho}_i} V(\boldsymbol{\rho},\boldsymbol{\rho}^d)+\sum_{i=1}^{n}\left\{\begin{array}{l}\sum\limits_{\substack{j\in N_i\\ j>i}}\nabla_{\boldsymbol{\rho}_i} V_{ij}\left(\left\|\boldsymbol{\rho}_i-\boldsymbol{\rho}_j\right\|\right)\\ +\sum\limits_{\substack{j\in N_i\\ j<i}}\nabla_{\boldsymbol{\rho}_i} V_{ji}\left(\left\|\boldsymbol{\rho}_j-\boldsymbol{\rho}_i\right\|\right)\end{array}\right\}\end{aligned} \tag{6-90}$$

根据式（6-86）$V_{ij}\left(\left\|\boldsymbol{\rho}_i-\boldsymbol{\rho}_j\right\|\right)$的定义，下面的对等关系成立：

$$\nabla_{\boldsymbol{\rho}_i} V_{ij}\left(\left\|\boldsymbol{\rho}_i-\boldsymbol{\rho}_j\right\|\right)=-\nabla_{\boldsymbol{\rho}_j} V_{ij}\left(\left\|\boldsymbol{\rho}_i-\boldsymbol{\rho}_j\right\|\right) \tag{6-91}$$

根据式（6-91），势函数编队部分满足：

$$\sum_{i=1}^{n}\left(\sum_{\substack{j\in N_i\\ j>i}}\nabla_{\boldsymbol{\rho}_i} V_{ij}\left(\left\|\boldsymbol{\rho}_i-\boldsymbol{\rho}_j\right\|\right)+\sum_{\substack{j\in N_i\\ j<i}}\nabla_{\boldsymbol{\rho}_i} V_{ji}\left(\left\|\boldsymbol{\rho}_j-\boldsymbol{\rho}_i\right\|\right)\right)=0 \tag{6-92}$$

根据以上结果，可重新整理式（6-90）如下：

$$\sum_{i=1}^{n}\nabla_{\boldsymbol{\rho}_i^d} V\left(\boldsymbol{\rho},\boldsymbol{\rho}^d\right)=-\sum_{i=1}^{n}\nabla_{\boldsymbol{\rho}_i} V\left(\boldsymbol{\rho},\boldsymbol{\rho}^d\right) \tag{6-93}$$

利用 RBF 神经网络估计系统的强非线性项，同时，由于机动单元在运动过程中受到柔性网的扰动，要求设计的控制器具有强鲁棒性。飞网机器人的构型协同控制要求可机动单元在机动过程中保持精确的几何构型。因此，本节基于 RBF 神经网络设计分布式鲁棒自适应控制律，抵消外界扰动的影响，实现可机动飞网机器人构型保持。

假设 6-5： 机动单元相对平台卫星的相对位置和速度都是可以精确得到的。

假设 6-6： 无向图 G 是连通的，所有的可机动单元都能得到平台卫星的信息。

定义下面的辅助变量：

$$\boldsymbol{s}_i=\tilde{\boldsymbol{v}}_i+k_{1i}\boldsymbol{e}_i+\alpha\nabla_{\rho i}\vee(\boldsymbol{\rho},\boldsymbol{\rho}^d) \tag{6-94}$$

式中：k_{1i} 和 α 为正常数。根据式（6-53）、式（6-54）、式（6-94），得

$$\boldsymbol{M}_i(\boldsymbol{\rho}_i)\dot{\boldsymbol{s}}_i+\boldsymbol{C}_i(\boldsymbol{\rho}_i,\dot{\boldsymbol{\rho}}_i)\boldsymbol{s}_i=\left\{\begin{aligned}&\boldsymbol{u}_i+\boldsymbol{d}_i-\boldsymbol{M}_i(\boldsymbol{\rho}_i)\ddot{\boldsymbol{\rho}}_i^d+\boldsymbol{M}_i(\boldsymbol{\rho}_i)k_{1i}\dot{\boldsymbol{e}}_i\\&+\alpha\boldsymbol{M}_i(\boldsymbol{\rho}_i)\frac{\mathrm{d}}{\mathrm{d}t}\left(\nabla_{\rho_i}\vee(\boldsymbol{\rho},\boldsymbol{\rho}^d)\right)-\boldsymbol{C}_i(\boldsymbol{\rho}_i,\dot{\boldsymbol{\rho}}_i)\dot{\boldsymbol{\rho}}_i^d\\&+\boldsymbol{C}_i(\boldsymbol{\rho}_i,\dot{\boldsymbol{\rho}}_i)k_{1i}\boldsymbol{e}_i+\alpha\boldsymbol{C}_i(\boldsymbol{\rho}_i,\dot{\boldsymbol{\rho}}_i)\nabla_{\rho_i}\vee(\boldsymbol{\rho},\boldsymbol{\rho}^d)-\boldsymbol{g}_i(\boldsymbol{\rho}_i)\end{aligned}\right\} \tag{6-95}$$

定义下面的非线性项 $\boldsymbol{f}_i(\boldsymbol{x}_i)$：

$$\begin{aligned}\boldsymbol{f}_i(\boldsymbol{x}_i)=&-\boldsymbol{M}_i(\boldsymbol{\rho}_i)\ddot{\boldsymbol{\rho}}_i^d+\boldsymbol{M}_i(\boldsymbol{\rho}_i)k_{1i}\dot{\boldsymbol{e}}_i-\\&\boldsymbol{C}_i(\boldsymbol{\rho}_i,\dot{\boldsymbol{\rho}}_i)\dot{\boldsymbol{\rho}}_i^d+\boldsymbol{C}_i(\boldsymbol{\rho}_i,\dot{\boldsymbol{\rho}}_i)k_{1i}\boldsymbol{e}_i-\boldsymbol{g}_i(\boldsymbol{\rho}_i)\end{aligned} \tag{6-96}$$

式中：$\boldsymbol{x}_i=\left[\boldsymbol{\rho}_i^{\mathrm{T}},\dot{\boldsymbol{\rho}}_i^{\mathrm{T}},\boldsymbol{e}_i^{\mathrm{T}},\dot{\boldsymbol{e}}_i^{\mathrm{T}}\right]\in\mathbf{R}^{12}$。函数 $\boldsymbol{f}_i(\boldsymbol{x}_i)$ 可写为如下形式：

$$\boldsymbol{f}_i(\boldsymbol{x}_i)=\boldsymbol{W}_i^{*\mathrm{T}}\boldsymbol{h}_i(\boldsymbol{x}_i)+\boldsymbol{\varepsilon}_i \tag{6-97}$$

式中：$\boldsymbol{W}_i^*\in\mathbf{R}^{p_i\times3}$ 为理想常权重矩阵；$\boldsymbol{p}_i$ 为神经元的个数；$\boldsymbol{\varepsilon}_i\in\mathbf{R}^3$ 为估计误差，满足 $\|\varepsilon_i\|\leqslant\bar{\varepsilon}_i$，其中 $\bar{\varepsilon}_i$ 为正常数；W_i 为选择的正常数，满足 $\mathrm{tr}\left(\boldsymbol{W}_i^{*\mathrm{T}}\boldsymbol{W}_i^*\right)\leqslant W_i$；$\boldsymbol{h}_i(\boldsymbol{x}_i)=\left[h_{i1}(\boldsymbol{x}_i),h_{i2}(\boldsymbol{x}_i),\cdots,h_{ip_i}(\boldsymbol{x}_i)\right]^{\mathrm{T}}$ 为高斯激励函数。

$$h_{ij}(\boldsymbol{x}_i)=\exp\left(\frac{-\|\boldsymbol{x}_i-\boldsymbol{c}_{ij}\|^2}{2\theta_{ij}^{\ 2}}\right) \tag{6-98}$$

式中：$\boldsymbol{c}_{ij}\in\mathbf{R}^{12}$ 为基函数中点；$\theta_{ij}>0$ 为高斯激励函数的宽度；$\boldsymbol{W}_i^*$ 为理论分析需要的理想权重矩阵，它的估计矩阵 $\hat{\boldsymbol{W}}_i^*$ 用来设计控制器。函数 $\boldsymbol{f}_i(\boldsymbol{x}_i)$ 的估计为

$$\hat{\boldsymbol{f}}_i(\boldsymbol{x}_i)=\hat{\boldsymbol{W}}_i^{*\mathrm{T}}\boldsymbol{h}_i(\boldsymbol{x}_i) \tag{6-99}$$

为了保证权矩阵有界，参考文献设计权矩阵的自适应律：

$$\dot{\hat{\boldsymbol{W}}}_i=\left\{\begin{array}{ll}\boldsymbol{\Gamma}_i\boldsymbol{h}_i(\boldsymbol{x}_i)\boldsymbol{s}_i^{\mathrm{T}} & \left(\mathrm{tr}\left(\hat{\boldsymbol{W}}_i^{\mathrm{T}}\hat{\boldsymbol{W}}_i\right)<W_i\right)\\ \boldsymbol{\Gamma}_i\boldsymbol{h}_i(\boldsymbol{x}_i)\boldsymbol{s}_i^{\mathrm{T}}-\boldsymbol{\Gamma}_i\hat{\boldsymbol{W}}_i & \left(\mathrm{tr}\left(\hat{\boldsymbol{W}}_i^{\mathrm{T}}\hat{\boldsymbol{W}}_i\right)=W_i\text{且}\boldsymbol{s}_i^{\mathrm{T}}\hat{\boldsymbol{W}}_i\boldsymbol{h}_i(\boldsymbol{x}_i)<0\right)\\ \boldsymbol{\Gamma}_i\boldsymbol{h}_i(\boldsymbol{x}_i)\boldsymbol{s}_i^{\mathrm{T}}-\boldsymbol{\Gamma}_i\dfrac{\boldsymbol{s}_i^{\mathrm{T}}\hat{\boldsymbol{W}}_i^{\mathrm{T}}\boldsymbol{h}_i(\boldsymbol{x}_i)}{\mathrm{tr}\left(\hat{\boldsymbol{W}}_i^{\mathrm{T}}\hat{\boldsymbol{W}}_i\right)}\hat{\boldsymbol{W}}_i & \left(\mathrm{tr}\left(\hat{\boldsymbol{W}}_i^{\mathrm{T}}\hat{\boldsymbol{W}}_i\right)=W_i\text{且}\boldsymbol{s}_i^{\mathrm{T}}\hat{\boldsymbol{W}}_i\boldsymbol{h}_i(\boldsymbol{x}_i)\geqslant0\right)\end{array}\right\} \tag{6-100}$$

式中：$\boldsymbol{\Gamma}_i$ 为一个正定对角矩阵，决定了权矩阵 $\hat{\boldsymbol{W}}_i$ 的更新速率。

引理 6-3： 如果神经网络权矩阵 $\hat{\boldsymbol{W}}_i$ 的自适应律设计为式（6-100），$\hat{\boldsymbol{W}}_i$ 的初始值 $\hat{\boldsymbol{W}}_i(0)$ 满足 $\operatorname{tr}\left(\hat{\boldsymbol{W}}_i^{\mathrm{T}}(t)\hat{\boldsymbol{W}}_i(t)\right)\leqslant W_i$，则权矩阵 $\hat{\boldsymbol{W}}_i$ 满足有界性，即 $\forall t\geqslant 0$，$\operatorname{tr}\left(\hat{\boldsymbol{W}}_i^{\mathrm{T}}(t)\hat{\boldsymbol{W}}_i(t)\right)\leqslant W_i$。

证明：设计 Lyapunov 函数如下。

$$V_{\hat{W}_i}=\operatorname{tr}\left(\hat{\boldsymbol{W}}_i^{\mathrm{T}}\hat{\boldsymbol{W}}_i\right)$$

函数求导得

$$\dot{V}_{\hat{W}_i}=2\operatorname{tr}\left(\hat{\boldsymbol{W}}_i^{\mathrm{T}}\dot{\hat{\boldsymbol{W}}}_i\right)$$

由式（6-100），得

（1）如果 $V_{\hat{W}_i}<W_i$，引理 3 的结论满足。

（2）如果 $V_{\hat{W}_i}=W_i$ 且 $\boldsymbol{s}_i^{\mathrm{T}}\hat{\boldsymbol{W}}_i\boldsymbol{h}_i(\boldsymbol{x}_i)<0$，则 $\dot{V}_{\hat{W}_i}=2\operatorname{tr}\left(\hat{\boldsymbol{W}}_i^{\mathrm{T}}\boldsymbol{\Gamma}_i\boldsymbol{h}_i(\boldsymbol{x}_i)\boldsymbol{s}_i^{\mathrm{T}}-\hat{\boldsymbol{W}}_i^{\mathrm{T}}\boldsymbol{\Gamma}_i\hat{\boldsymbol{W}}_i^{\mathrm{T}}(t)\right)<0$。

（3）如果 $V_{\hat{W}_i}=W_i$ 且 $\boldsymbol{s}_i^{\mathrm{T}}\hat{\boldsymbol{W}}_i^{\mathrm{T}}\boldsymbol{h}_i(\boldsymbol{x}_i)\geqslant 0$，则

$$\dot{V}_{\hat{W}_i}=2\operatorname{tr}\left(\hat{\boldsymbol{W}}_i^{\mathrm{T}}\boldsymbol{\Gamma}_i\boldsymbol{h}_i(\boldsymbol{x}_i)\boldsymbol{s}_i^{\mathrm{T}}-\hat{\boldsymbol{W}}_i^{\mathrm{T}}\boldsymbol{\Gamma}_i\frac{\boldsymbol{s}_i^{\mathrm{T}}\hat{\boldsymbol{W}}_i^{\mathrm{T}}\boldsymbol{h}_i(\boldsymbol{x}_i)}{\operatorname{tr}\left(\hat{\boldsymbol{W}}_i^{\mathrm{T}}\hat{\boldsymbol{W}}_i\right)}\hat{\boldsymbol{W}}_i\right)=0$$

因此，$\forall t\geqslant 0,\operatorname{tr}\left(\hat{\boldsymbol{W}}_i^{\mathrm{T}}(t)\hat{\boldsymbol{W}}_i(t)\right)\leqslant W_i$ 总是成立，完成引理 3 的证明。

设计如下的鲁棒分布式协同控制器：

$$\boldsymbol{u}_i=\left\{\begin{array}{c}-k_{2i}\boldsymbol{s}_i-\hat{\boldsymbol{W}}_i^{\mathrm{T}}\boldsymbol{h}_i\left(\boldsymbol{x}_i\right)-\hat{\phi}_i\mathbf{sgn}\left(\boldsymbol{s}_i\right)\\ -\alpha\boldsymbol{M}_i\left(\boldsymbol{\rho}_i\right)\dfrac{\mathrm{d}}{\mathrm{d}t}\left(\nabla_{\rho_i}V\left(\boldsymbol{\rho},\boldsymbol{\rho}^d\right)\right)\\ -\alpha\boldsymbol{C}_i\left(\boldsymbol{\rho}_i,\dot{\boldsymbol{\rho}}_i\right)\nabla_{\rho_i}V\left(\boldsymbol{\rho},\boldsymbol{\rho}^d\right)\end{array}\right\}\tag{6-101}$$

式中：α 为正常数，是最优鲁棒项增益系数的估计，其中，鲁棒项增益系数的自适应律设计为

$$\dot{\hat{\phi}}=\hbar_i\left\|\boldsymbol{s}_i\right\|_1\tag{6-102}$$

式中：$\hbar$ 为正常数；$\|\bullet\|_1$ 为向量的 1-范数。

注 6-6: 设计的鲁棒自适应分布式协同控制律由一致性协议、人工势函数、RBF 神经网络和鲁棒控制项组成，如图 6-27 所示。一致性协议保证机动单元保持期望的构型跟踪期望的轨迹；人工势函数辅助系统用来处理机动单元之间的相对距离约束；RBF 神经网络用来估计非线性项，简化控制器的设计；鲁棒控制项能够抵消估计误差和外界扰动对机动单元的影响。

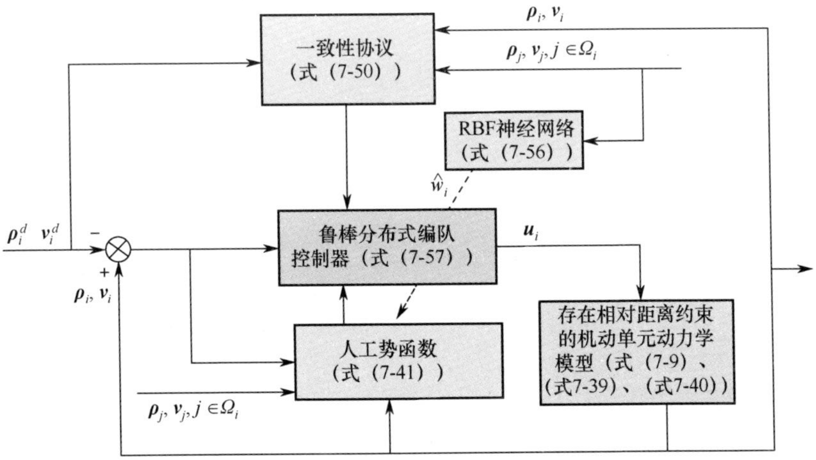

图 6-27　控制系统结构简图

6.4.3　闭环系统稳定性分析

在闭环系统稳定性证明之前，给出一些渐进稳定性证明的定理。

引理 6-4： 假设函数 $f(t)$ 一致连续，且 $\lim\limits_{t\to\infty}\int_0^t f(\tau)\mathrm{d}\tau$ 存在有界，则 $f(t)\to 0$ [179]。

引理 6-5： 如果函数 $f(t)$ 满足 $f(t)\in L_\infty$， $\dot{f}(t)\in L_\infty$ 且 $f(t)\in L_p$， $p\in[1,\infty)$，则 $\lim\limits_{t\to\infty} f(t)=0$ [180]。

定理 6-2： 针对式（6-53），存在式（6-83）、式（6-84）、式（6-101），当参考信号 $\boldsymbol{\rho}_i^d$ 和 $\boldsymbol{v}_i^d$ 有界时，可证明机动单元渐进跟踪期望轨迹，形成预先设计的编队队形。

证明： 选择下面的 Lyapunov 函数。

$$
\begin{aligned}
V(t)=&\frac{1}{2}\sum_{i=1}^{n}\boldsymbol{s}_i^{\mathrm{T}}\boldsymbol{M}_i\boldsymbol{s}_i+\frac{1}{2}\sum_{i=1}^{n}\mathrm{tr}\left(\hat{\boldsymbol{W}}_i^{\mathrm{T}}\boldsymbol{\Gamma}_i^{-1}\tilde{\boldsymbol{W}}_i\right)+\\
&\frac{1}{2}\sum_{i=1}^{n}\frac{1}{\hbar_i}\tilde{\phi}_i^2+\frac{1}{2}\boldsymbol{e}^{\mathrm{T}}(\boldsymbol{P}\otimes\boldsymbol{I})\boldsymbol{e}+\alpha\nu\left(\boldsymbol{\rho},\boldsymbol{\rho}^d\right)
\end{aligned}
\tag{6-103}
$$

式中：$\tilde{\boldsymbol{W}}_i=\boldsymbol{W}_i^*-\hat{\boldsymbol{W}}_i$，为 $\boldsymbol{W}_i^*$ 的估计误差；$\tilde{\phi}_i=\phi_i-\hat{\phi}_i$，为 ϕ_i 的估计误差；$\boldsymbol{\Gamma}_i$ 和 $\boldsymbol{P}$ 为正定矩阵；$\nu\left(\boldsymbol{\rho},\boldsymbol{\rho}^d\right)>0$，因此 $V(t)$ 为正定函数，对 $V(t)$ 沿着运动轨迹（式（6-53））求导，即

$$
\begin{aligned}
&\dot{V}(t)\\
&=\sum_{i=1}^{n}\boldsymbol{s}_i^{\mathrm{T}}\boldsymbol{M}_i\dot{\boldsymbol{s}}_i+\frac{1}{2}\sum_{i=1}^{n}\boldsymbol{s}_i^{\mathrm{T}}\dot{\boldsymbol{M}}_i\boldsymbol{s}_i-\sum_{i=1}^{n}\mathrm{tr}\left(\tilde{\boldsymbol{W}}_i^{\mathrm{T}}\boldsymbol{\Gamma}_i^{-1}\dot{\hat{\boldsymbol{W}}}_i\right)-\\
&\sum_{i=1}^{n}\frac{1}{\hbar_i}\tilde{\phi}_i\dot{\hat{\phi}}_i+\boldsymbol{e}^{\mathrm{T}}(\boldsymbol{P}\otimes\boldsymbol{I})+\dot{\boldsymbol{e}}+\alpha\dot{\boldsymbol{V}}\left(\boldsymbol{\rho},\boldsymbol{\rho}^d\right)\\
&=\sum_{i=1}^{n}\boldsymbol{s}_i^{\mathrm{T}}\left(-k_{2i}\boldsymbol{s}_i-\hat{\boldsymbol{W}}_i^{\mathrm{T}}\boldsymbol{h}_i(\boldsymbol{x}_i)-\hat{\phi}_i\mathbf{sgn}(\boldsymbol{s}_i)+d_i+f_i\left(\boldsymbol{x}_i\right)\right)-\\
&\sum_{i=1}^{n}\mathrm{tr}\left(\tilde{\boldsymbol{W}}_i^{\mathrm{T}}\boldsymbol{\Gamma}_i^{-1}\dot{\hat{\boldsymbol{W}}}_i\right)-\sum_{i=1}^{n}\frac{1}{\hbar_i}\tilde{\phi}_i\dot{\hat{\phi}}_i+\boldsymbol{e}^{\mathrm{T}}(\boldsymbol{P}\otimes\boldsymbol{I})\dot{\boldsymbol{e}}+\alpha\dot{\boldsymbol{V}}\left(\boldsymbol{\rho},\boldsymbol{\rho}^d\right)
\end{aligned}
\tag{6-104}
$$

把式（6-97）代入式$\dot{V}(t)$，可得

$$
\begin{aligned}
\dot{V}(t)=&\sum_{i=1}^{n}\boldsymbol{s}_i^{\mathrm{T}}\left(-k_{2i}\boldsymbol{s}_i-\hat{\phi}_i\mathbf{sgn}(\boldsymbol{s}_i)+\boldsymbol{d}_i+\tilde{\boldsymbol{W}}_i^{\mathrm{T}}\boldsymbol{h}_i(\boldsymbol{x}_i)+\boldsymbol{\varepsilon}_i\right)-\\
&\sum_{i=1}^{n}\mathrm{tr}\left(\tilde{\boldsymbol{W}}_i^{\mathrm{T}}\boldsymbol{\Gamma}_i^{-1}\dot{\hat{\boldsymbol{W}}}_i\right)-\sum_{i=1}^{n}\frac{1}{\hbar_i}\tilde{\phi}_i\dot{\hat{\phi}}_i+\boldsymbol{e}^{\mathrm{T}}(\boldsymbol{P}\otimes\boldsymbol{I})\dot{\boldsymbol{e}}+\alpha\dot{\boldsymbol{V}}\left(\boldsymbol{\rho},\boldsymbol{\rho}^d\right)
\end{aligned}
\tag{6-105}
$$

考虑$\hat{\boldsymbol{W}}$的式（6-100），得

（1）如果$\dot{\hat{\boldsymbol{W}}}_i=\boldsymbol{\Gamma}_i\boldsymbol{h}_i(\boldsymbol{x}_i)\boldsymbol{s}_i^{\mathrm{T}}$，则

$$
\begin{aligned}
&\boldsymbol{s}_i^{\mathrm{T}}\tilde{\boldsymbol{W}}_i^{\mathrm{T}}\boldsymbol{h}_i(\boldsymbol{x}_i)-\mathrm{tr}\left(\tilde{\boldsymbol{W}}_i^{\mathrm{T}}\boldsymbol{\Gamma}_i^{-1}\dot{\hat{\boldsymbol{W}}}_i\right)\\
&=\mathrm{tr}\left(\tilde{\boldsymbol{W}}_i^{\mathrm{T}}\boldsymbol{h}_i(\boldsymbol{x}_i)\boldsymbol{s}_i^{\mathrm{T}}-\tilde{\boldsymbol{W}}_i^{\mathrm{T}}\boldsymbol{\Gamma}_i^{-1}\dot{\hat{\boldsymbol{W}}}_i\right)=0
\end{aligned}
$$

（2）如果$\mathrm{tr}\left(\hat{\boldsymbol{W}}_i^{\mathrm{T}}\hat{\boldsymbol{W}}_i\right)=W_i$且$\boldsymbol{s}_i^{\mathrm{T}}\hat{\boldsymbol{W}}_i^{\mathrm{T}}\boldsymbol{h}_i(\boldsymbol{x}_i)<0$，$\dot{\hat{\boldsymbol{W}}}=\boldsymbol{\Gamma}_i\boldsymbol{h}_i(\boldsymbol{x}_i)\boldsymbol{s}_i^{\mathrm{T}}-\boldsymbol{\Gamma}_i\hat{\boldsymbol{W}}_i$，则

$$
\begin{aligned}
&\boldsymbol{s}_i^{\mathrm{T}}\tilde{\boldsymbol{W}}_i^{\mathrm{T}}\boldsymbol{h}_i(\boldsymbol{x}_i)-\mathrm{tr}\left(\tilde{\boldsymbol{W}}_i^{\mathrm{T}}\boldsymbol{\Gamma}_i^{-1}\dot{\hat{\boldsymbol{W}}}_i\right)\\
&=\mathrm{tr}\left(\tilde{\boldsymbol{W}}_i^{\mathrm{T}}\boldsymbol{h}_i(\boldsymbol{x}_i)\boldsymbol{s}_i^{\mathrm{T}}-\tilde{\boldsymbol{W}}_i^{\mathrm{T}}\boldsymbol{\Gamma}_i^{-1}\dot{\hat{\boldsymbol{W}}}_i\right)=\mathrm{tr}\left(\tilde{\boldsymbol{W}}_i^{\mathrm{T}}\hat{\boldsymbol{W}}_i\right)
\end{aligned}
$$

$$
\begin{aligned}
&\mathrm{tr}\left(\tilde{\boldsymbol{W}}_i^{\mathrm{T}}\hat{\boldsymbol{W}}_i\right)\\
&=\frac{1}{2}\mathrm{tr}\left(\tilde{\boldsymbol{W}}_i^{\mathrm{T}}\tilde{\boldsymbol{W}}_i+\tilde{\boldsymbol{W}}_i^{\mathrm{T}}\hat{\boldsymbol{W}}_i+\hat{\boldsymbol{W}}_i^{\mathrm{T}}\tilde{\boldsymbol{W}}_i+\hat{\boldsymbol{W}}_i^{\mathrm{T}}\hat{\boldsymbol{W}}_i+\tilde{\boldsymbol{W}}_i^{\mathrm{T}}\tilde{\boldsymbol{W}}_i+\hat{\boldsymbol{W}}_i^{\mathrm{T}}\hat{\boldsymbol{W}}_i\right)\\
&=\frac{1}{2}\mathrm{tr}\left(\boldsymbol{W}_i^{*\mathrm{T}}\boldsymbol{W}_i^{*}\right)-\frac{1}{2}\mathrm{tr}\left(\tilde{\boldsymbol{W}}_i^{\mathrm{T}}\tilde{\boldsymbol{W}}_i\right)-\frac{1}{2}\left(\hat{\boldsymbol{W}}_i^{\mathrm{T}}\hat{\boldsymbol{W}}_i\right)\\
&\leqslant\frac{1}{2}W_i-\frac{1}{2}W_i-\frac{1}{2}\mathrm{tr}\left(\tilde{\boldsymbol{W}}_i^{\mathrm{T}}\tilde{\boldsymbol{W}}_i\right)\\
&\leqslant 0
\end{aligned}
\tag{6-106}
$$

因此，$\boldsymbol{s}_i^{\mathrm{T}}\tilde{\boldsymbol{W}}_i^{\mathrm{T}}\boldsymbol{h}_i(\boldsymbol{x}_i)-\mathrm{tr}\left(\tilde{\boldsymbol{W}}_i^{\mathrm{T}}\boldsymbol{\Gamma}_i^{-1}\dot{\hat{\boldsymbol{W}}}_i\right)\leqslant 0$

（3）如果 $\mathrm{tr}\left(\hat{\boldsymbol{W}}_i^{\mathrm{T}}\hat{\boldsymbol{W}}\right)=\boldsymbol{W}_i$ 且 $\boldsymbol{s}_i^{\mathrm{T}}\tilde{\boldsymbol{W}}_i^{\mathrm{T}}\boldsymbol{h}_i(\boldsymbol{x}_i)\geqslant 0$ ， $\dot{\hat{\boldsymbol{W}}}_i=\boldsymbol{\Gamma}_i\boldsymbol{h}_i(\boldsymbol{x}_i)\boldsymbol{s}_i^{\mathrm{T}}-\boldsymbol{\Gamma}_i\boldsymbol{s}_i^{\mathrm{T}}\hat{\boldsymbol{W}}_i^{\mathrm{T}}\boldsymbol{h}_i(\boldsymbol{x}_i)$ $\hat{\boldsymbol{W}}_i/\mathrm{tr}\left(\hat{\boldsymbol{W}}_i^{\mathrm{T}}\hat{\boldsymbol{W}}_i\right)$，则

$$
\begin{aligned}
&\boldsymbol{s}_i^{\mathrm{T}}\tilde{\boldsymbol{W}}_i^{\mathrm{T}}\boldsymbol{h}_i(\boldsymbol{x}_i)-\mathrm{tr}\left(\tilde{\boldsymbol{W}}_i^{\mathrm{T}}\boldsymbol{\Gamma}_i^{-1}\dot{\hat{\boldsymbol{W}}}_i\right)\\
&=\boldsymbol{s}_i^{\mathrm{T}}\hat{\boldsymbol{W}}_i^{\mathrm{T}}\boldsymbol{h}_i(\boldsymbol{x}_i)\mathrm{tr}\left(\tilde{\boldsymbol{W}}_i^{\mathrm{T}}\hat{\boldsymbol{W}}_i\right)/\mathrm{tr}\left(\hat{\boldsymbol{W}}_i^{\mathrm{T}}\hat{\boldsymbol{W}}_i\right)\\
&\leqslant 0
\end{aligned}
$$

因此， $\boldsymbol{s}_i^{\mathrm{T}}\tilde{\boldsymbol{W}}_i^{\mathrm{T}}\boldsymbol{h}_i(\boldsymbol{x}_i)\leqslant\mathrm{tr}\left(\tilde{\boldsymbol{W}}_i^{\mathrm{T}}\boldsymbol{\Gamma}_i^{-1}\dot{\hat{\boldsymbol{W}}}_i\right)$ 在所有情况下都成立。

进一步，式（6-105）能够重新整理为

$$
\begin{aligned}
\dot{V}(t)=&\sum_{i=1}^{n}\boldsymbol{s}_i^{\mathrm{T}}\left(-k_{2i}\boldsymbol{s}_i-\hat{\phi}_i\mathbf{sgn}(\boldsymbol{s}_i)+\boldsymbol{d}_i+\boldsymbol{\varepsilon}_i\right)\\
&-\sum_{i=1}^{n}\frac{1}{\hbar_i}\tilde{\phi}_i\dot{\hat{\phi}}_i+\boldsymbol{e}^{\mathrm{T}}(\boldsymbol{P}\otimes\boldsymbol{I})\dot{\boldsymbol{e}}+\alpha\dot{\nu}\left(\boldsymbol{\rho},\boldsymbol{\rho}^d\right)
\end{aligned}\tag{6-107}
$$

下面不等式成立：

$$
\begin{aligned}
&\boldsymbol{s}_i^{\mathrm{T}}\left(\boldsymbol{d}_i+\boldsymbol{\varepsilon}_i\right)\\
&\leqslant\left\|\boldsymbol{s}_i^{\mathrm{T}}\boldsymbol{d}_i\right\|_1+\left\|\boldsymbol{s}_i^{\mathrm{T}}\boldsymbol{\varepsilon}_i\right\|_1\\
&\leqslant\left\|\boldsymbol{s}_i\right\|_1\left\|\boldsymbol{d}_i\right\|_1+\left\|\boldsymbol{s}_i\right\|_1\left\|\boldsymbol{\varepsilon}_i\right\|_1\\
&\leqslant\phi_i\left\|\boldsymbol{s}_i\right\|_1
\end{aligned}\tag{6-108}
$$

将式（6-102）和式（6-108）代入式（6-107），可得

$$
\dot{V}(t)\leqslant-\sum_{i=1}^{n}\boldsymbol{s}_i^{\mathrm{T}}k_{2i}\boldsymbol{s}_i+\boldsymbol{e}^{\mathrm{T}}(\boldsymbol{P}\otimes\boldsymbol{I})\dot{\boldsymbol{e}}+\alpha\dot{\nu}\left(\boldsymbol{\rho},\boldsymbol{\rho}^d\right)\tag{6-109}
$$

由式（6-93）、式（6-94），可得

$$
\begin{aligned}
\dot{\nu}\left(\boldsymbol{\rho},\boldsymbol{\rho}^d\right)&=\sum_{i=1}^{n}\nabla_{\rho_i}\nu\left(\boldsymbol{\rho},\boldsymbol{\rho}^d\right)\dot{\rho}_i+\sum_{i=1}^{n}\nabla_{\rho_i^d}\nu\left(\boldsymbol{\rho},\boldsymbol{\rho}^d\right)\dot{\rho}_i^d\\
&=\sum_{i=1}^{n}\nabla_{\rho_i}\nu\left(\boldsymbol{\rho},\boldsymbol{\rho}^d\right)\left(\boldsymbol{s}_i-k_{1i}\boldsymbol{e}_i-\alpha\nabla_{\rho_i}\nu\left(\boldsymbol{\rho},\boldsymbol{\rho}^d\right)\right)
\end{aligned}\tag{6-110}
$$

根据式（6-57）、式（6-58）和式（6-94），可得

$$
\boldsymbol{e}^{\mathrm{T}}(\boldsymbol{P}\otimes\boldsymbol{I})\dot{\boldsymbol{e}}=\boldsymbol{e}^{\mathrm{T}}\left(\boldsymbol{PH}\otimes\boldsymbol{I}\right)\left(\boldsymbol{s}-\boldsymbol{k}_1\boldsymbol{e}-\alpha\boldsymbol{\chi}\right)\tag{6-111}
$$

式中： $\boldsymbol{s}=\left[\boldsymbol{s}_1^{\mathrm{T}},\boldsymbol{s}_2^{\mathrm{T}},\cdots,\boldsymbol{s}_n^{\mathrm{T}}\right]^{\mathrm{T}}$ ； $\boldsymbol{k}_1=\mathrm{diag}\left(k_{11}\boldsymbol{I},k_{12}\boldsymbol{I},\cdots,k_{1n}\boldsymbol{I}\right)$ ； $\chi=\left[\nabla_{\rho_1}\nu\left(\boldsymbol{\rho},\boldsymbol{\rho}^d\right),\nabla_{\rho_2}\nu\left(\boldsymbol{\rho},\boldsymbol{\rho}^d\right),\cdots,\nabla_{\rho_n}\nu\left(\boldsymbol{\rho},\boldsymbol{\rho}^d\right)\right]^{\mathrm{T}}$ 。

将式（6-110）、式（6-111）代入式（2-27），得

$$
\begin{aligned}
&\dot{V}(t) \\
&\leqslant -\sum_{i=1}^{n} \boldsymbol{s}_i^{\mathrm{T}} k_{2i} \boldsymbol{s}_i + \boldsymbol{e}^{\mathrm{T}}\left(\boldsymbol{PH} \otimes \boldsymbol{I}\right)\left(\boldsymbol{s} - \boldsymbol{k}_1 \boldsymbol{e} - \alpha \boldsymbol{\chi}\right) + \\
&\quad \alpha \sum_{i=1}^{n} \nabla_{\rho_i} \vee\left(\boldsymbol{\rho}, \boldsymbol{\rho}^d\right)\left(\boldsymbol{s}_i - k_{1i} \boldsymbol{e}_i - \alpha \nabla_{\rho_i} \vee\left(\boldsymbol{\rho}, \boldsymbol{\rho}^d\right)\right) \\
&\leqslant -\boldsymbol{s}^{\mathrm{T}} \boldsymbol{k}_2 \boldsymbol{s} - \alpha^2 \boldsymbol{\chi}^{\mathrm{T}} \boldsymbol{\chi} - \boldsymbol{e}^{\mathrm{T}}\left(\boldsymbol{PH} \otimes \boldsymbol{I}\right) \boldsymbol{k}_1 \boldsymbol{e} + \alpha \boldsymbol{s}^{\mathrm{T}} \boldsymbol{\chi} + \\
&\quad \boldsymbol{e}^{\mathrm{T}}\left(\boldsymbol{PH} \otimes \boldsymbol{I}\right) \boldsymbol{s} - \alpha \boldsymbol{e}^{\mathrm{T}}\left(\left(\boldsymbol{PH} \otimes \boldsymbol{I}\right) + \boldsymbol{k}_1\right) \boldsymbol{\chi} \\
&\leqslant -\begin{bmatrix} \boldsymbol{s}^{\mathrm{T}} & \boldsymbol{\chi}^{\mathrm{T}} \end{bmatrix} \begin{bmatrix} \boldsymbol{A} & -\dfrac{\alpha}{2}\boldsymbol{I} \\ -\dfrac{\alpha}{2}\boldsymbol{I} & \boldsymbol{B} \end{bmatrix} \begin{bmatrix} \boldsymbol{s} \\ \boldsymbol{\chi} \end{bmatrix} - \\
&\quad \begin{bmatrix} \boldsymbol{s}^{\mathrm{T}} & \boldsymbol{e}^{\mathrm{T}} \end{bmatrix} \begin{bmatrix} \boldsymbol{C} & -\dfrac{\left(\boldsymbol{PH} \otimes \boldsymbol{I}\right)}{2} \\ -\dfrac{\left(\boldsymbol{PH} \otimes \boldsymbol{I}\right)}{2} & \boldsymbol{D} \end{bmatrix} \begin{bmatrix} \boldsymbol{s} \\ \boldsymbol{e} \end{bmatrix} - \\
&\quad \begin{bmatrix} \boldsymbol{e}^{\mathrm{T}} & \boldsymbol{\chi}^{\mathrm{T}} \end{bmatrix} \begin{bmatrix} \boldsymbol{E} & \boldsymbol{I} \\ \alpha\left(\left(\boldsymbol{PH} \otimes \boldsymbol{I}\right) + \boldsymbol{k}_1\right) - \boldsymbol{I} & \boldsymbol{F} \end{bmatrix} \begin{bmatrix} \boldsymbol{e} \\ \boldsymbol{\chi} \end{bmatrix}
\end{aligned} \tag{6-112}
$$

矩阵 $\boldsymbol{A}$ 、 $\boldsymbol{B}$ 、 $\boldsymbol{C}$ 、 $\boldsymbol{D}$ 、 $\boldsymbol{E}$ 和 $\boldsymbol{F}$ 满足下面的关系：

$$
\begin{cases}
\boldsymbol{A} + \boldsymbol{C} = \boldsymbol{k}_2 \\
\boldsymbol{B} + \boldsymbol{F} = \alpha^2 \boldsymbol{I} \\
\boldsymbol{D} + \boldsymbol{E} = \left(\boldsymbol{PH} \otimes \boldsymbol{I}\right) \boldsymbol{k}_1
\end{cases} \tag{6-113}
$$

为了简化，选择下面的矩阵：

$$
\begin{cases}
\boldsymbol{A} = \boldsymbol{C} = \dfrac{\boldsymbol{k}_2}{2} \\
\boldsymbol{B} = \boldsymbol{F} = \dfrac{\alpha^2}{2} \boldsymbol{I} \\
\boldsymbol{D} = \boldsymbol{E} = \dfrac{\left(\boldsymbol{PH} \otimes \boldsymbol{I}\right) \boldsymbol{k}_1}{2}
\end{cases} \tag{6-114}
$$

为了满足闭环系统的稳定性，也就是 $\dot{V}(t) \leqslant 0$ ，需要满足下面的关系：

$$
\begin{cases}
\boldsymbol{AB} - \dfrac{\alpha^2}{4} \boldsymbol{I} > \boldsymbol{0} \\
\boldsymbol{CD} - \dfrac{\left(\boldsymbol{PH} \otimes \boldsymbol{I}\right)\left(\boldsymbol{PH} \otimes \boldsymbol{I}\right)}{4} > \boldsymbol{0} \\
\boldsymbol{EF} - \left(\alpha\left(\left(\boldsymbol{PH} \otimes \boldsymbol{I}\right) + \boldsymbol{k}_1\right) - \boldsymbol{I}\right) > \boldsymbol{0}
\end{cases} \tag{6-115}
$$

参数α、$\boldsymbol{k}_1$、$\boldsymbol{k}_2$、$\boldsymbol{P}$的实际值在仿真部分给出，此时：

$$\begin{cases}\begin{bmatrix}\boldsymbol{A} & -\dfrac{\alpha}{2}\boldsymbol{I} \\ -\dfrac{\alpha}{2}\boldsymbol{I} & \boldsymbol{B}\end{bmatrix}>0 \\ \begin{bmatrix}\boldsymbol{C} & -\dfrac{(\boldsymbol{PH}\otimes\boldsymbol{I})}{2} \\ -\dfrac{(\boldsymbol{PH}\otimes\boldsymbol{I})}{2} & \boldsymbol{D}\end{bmatrix}>0 \\ \begin{bmatrix}\boldsymbol{E} & \boldsymbol{I} \\ \alpha\left((\boldsymbol{PH}\otimes\boldsymbol{I})+\boldsymbol{k}_1\right)-\boldsymbol{I} & \boldsymbol{F}\end{bmatrix}>0\end{cases} \tag{6-116}$$

可得到$\dot{V}(t)\leqslant 0$成立。

注 6-7： 很明显$\dot{V}(t)$是半负定的，可得到$\lim_{t\to\infty}V(t)$存在且有界，$\left(\boldsymbol{s}_i,\tilde{\boldsymbol{W}}_i,\tilde{\phi}_i,\boldsymbol{e}\vee\left(\boldsymbol{\rho},\boldsymbol{\rho}^d\right)\right)$是全局一致有界的。由辅助变量$\boldsymbol{s}_i=\tilde{\boldsymbol{v}}_i+k_{1i}\boldsymbol{e}_i+\nabla_{\rho_i}\vee\left(\boldsymbol{\rho},\boldsymbol{\rho}^d\right)$，$\boldsymbol{s}_i$有界证明$\tilde{\boldsymbol{v}}_i$和$\nabla_{\rho_i}\vee\left(\boldsymbol{\rho},\boldsymbol{\rho}^d\right)$都是有界的。进一步，$\vee\left(\boldsymbol{\rho},\boldsymbol{\rho}^d\right)$有界，$d\left(\nabla_{\rho_i}\vee\left(\boldsymbol{\rho},\boldsymbol{\rho}^d\right)\right)/\mathrm{d}t\in L_\infty$成立。$\nabla_{\rho_i}\vee\left(\boldsymbol{\rho},\boldsymbol{\rho}^d\right)$是一致连续。可得$\forall t\geqslant 0, l_0<\left\|\boldsymbol{\rho}_i-\boldsymbol{\rho}_j\right\|<l+\delta$一直成立，即系统整个过程中都满足连接约束和避碰约束。根据式（6-104），很明显$\dot{V}(t)\in L_\infty$，$\dot{\boldsymbol{s}}\in L_\infty$。将式（6-110）两端在时间段$[0,\infty)$内积分，得

$$\begin{aligned}&\int_0^\infty \dot{\vee}\left(\boldsymbol{\rho},\boldsymbol{\rho}^d\right)\mathrm{d}t \\ &=\sum_{i=1}^n\int_0^\infty\left(\nabla_{\rho_i}\vee\left(\boldsymbol{\rho},\boldsymbol{\rho}^d\right)\dot{\boldsymbol{\rho}}_i+\nabla_{\rho_i^d}\vee\left(\boldsymbol{\rho},\boldsymbol{\rho}^d\right)\dot{\boldsymbol{\rho}}_i^d\right)\mathrm{d}t \\ &=\vee\left(\boldsymbol{\rho},\boldsymbol{\rho}^d\right)|_{t=\infty}-\vee\left(\boldsymbol{\rho},\boldsymbol{\rho}^d\right)|_{t=0}<\infty\end{aligned} \tag{6-117}$$

因此$\int_0^\infty \vee_{\rho_i}\left(\boldsymbol{\rho},\boldsymbol{\rho}^d\right)\mathrm{d}t$是有界的。根据引理 4，可得到$\lim\limits_{t\to\infty}\nabla_{\rho_i}\vee\left(\boldsymbol{\rho},\boldsymbol{\rho}^d\right)=0$，也就是机动单元可以形成并保持期望的几何构型。将式（2-27）两端在时间段$[0,\infty)$内积分，得

$$\begin{aligned}&\int_0^\infty\left(\sum_{i=1}^n\boldsymbol{s}_i^{\mathrm{T}}k_{2i}\boldsymbol{s}_i-\boldsymbol{e}^{\mathrm{T}}(\boldsymbol{P}\otimes\boldsymbol{I})\dot{\boldsymbol{e}}-\alpha\dot{\vee}\left(\boldsymbol{\rho},\boldsymbol{\rho}^d\right)\right)\mathrm{d}t \\ &\leqslant V(0)-V(\infty)\end{aligned} \tag{6-118}$$

因此可以说明$\boldsymbol{s}_i\in L_2$。根据引理 6-1，可以得到$\lim_{t\to\infty}\boldsymbol{s}_i(t)=0$。根据式（6-94），$\lim\limits_{t\to\infty}\left(\dot{\boldsymbol{\rho}}_i-\dot{\boldsymbol{\rho}}_i^d+\boldsymbol{k}_{1i}\boldsymbol{e}_i\right)=\lim\limits_{t\to\infty}\left(\boldsymbol{s}_i-\alpha\nabla_{\rho_i}\vee\left(\boldsymbol{\rho},\boldsymbol{\rho}^d\right)\right)=0$，因此$\dot{\boldsymbol{\rho}}_i\to\dot{\boldsymbol{\rho}}_i^d$，$\boldsymbol{\rho}_i\to\dot{\boldsymbol{\rho}}_i^d$。因此定理 6-2 成立。

6.4.4 仿真验证及分析

本节初始发射条件与上节相同，控制器在时间 $t=20\text{s}$ 时打开，此时机动单元之间相对距离满足式（6-83）、式（6-84）。系统其他参数值见表 6-3。系统通信拓扑关系如图 6-19 所示。

表 6-3 系统参数设置

参数	值
MU 质量/kg	10
柔性网质量/kg	1
柔性网边长/m	5
编织网格边长/m	0.5
柔性网边长最大弹性变形/m	0.01
机动单元最小安全距离/m	0.9
材料杨氏弹性模量/MPa	445.6
编织系绳的横截面直径/mm	1
编织系绳材料的阻尼率	0.106
轨道高度/km	36000
轨道倾角/rad	0

稳定控制器的参数值见表 6-4。当控制器打开瞬间，机动单元的初始位置分别是 $\boldsymbol{\rho}_1=(2.4697,1.9901,2.4690)^{\mathrm{T}}$、$\boldsymbol{\rho}_2=(-2.4625,1.9966,2.4665)^{\mathrm{T}}$、$\boldsymbol{\rho}_3=(2.4697,1.9901,-2.4690)^{\mathrm{T}}$、$\boldsymbol{\rho}_4=(-2.4625,1.9966,-2.4665)^{\mathrm{T}}$。4 个机动单元期望的位置分别为 $\boldsymbol{\rho}_1^d=(2.5,1.9966+0.1(t-20),2.5)^{\mathrm{T}}$、$\boldsymbol{\rho}_2^d=(-2.5,1.9966+0.1(t-20),2.5)^{\mathrm{T}}$、$\boldsymbol{\rho}_3^d=(2.5,1.9966+0.1(t-20),-2.5)^{\mathrm{T}}$、$\boldsymbol{\rho}_4^d=(-2.5,1.9966+0.1(t-20),-2.5)^{\mathrm{T}}$。机动单元之间的通信拓扑邻接矩阵为

$$\boldsymbol{A}=\begin{bmatrix}0&1&1&0\\1&0&0&1\\1&0&0&1\\0&1&1&0\end{bmatrix}$$

机动单元与平台卫星之间的通信拓扑关系矩阵为 $\boldsymbol{B}=\boldsymbol{I}_4$。4 个机动单元有相同的 RBFNN 构型。本节中每个 RBFNN 估计器有 9 个神经元，激励函数 $h_{ij}(\boldsymbol{x}_i)$ 的中心在范围 $[-3,3]\times[-3,3]$ 内均匀分布，其他参数为 $W_i=10$，$\boldsymbol{\Gamma}_i=\boldsymbol{I}_3$，$\hat{W}_i(0)=\boldsymbol{0}$。

可机动空间飞网机器人在轨道坐标系下展开过程的三维图如图 6-28 所示，其中最右边实线矩形表示折叠柔性网的初始位置，'o' 表示安装在矩形柔性网 4 个角落的可机动单元，虚线表示机动单元的运动轨迹。图 6-28 显示，当机动单元从平台卫星弹射出之后，柔性网开始展开，当控制器打开之后柔性网的边线运动越来

越有规律。因此，在满足相对距离约束条件的情况下，设计的控制器使机动单元之间能保持期望的编队构型。

表 6-4 控制器参数

参数	值
$\boldsymbol{k}_1$	$0.01\times\mathrm{diag}(1,1,\cdots,1)_{12\times12}$
α	0.000001
$\boldsymbol{k}_2$	$\mathrm{diag}(2,2,\cdots,2)_{12\times12}$
$\hbar_i\ (i=1,2,3,4)$	0.05

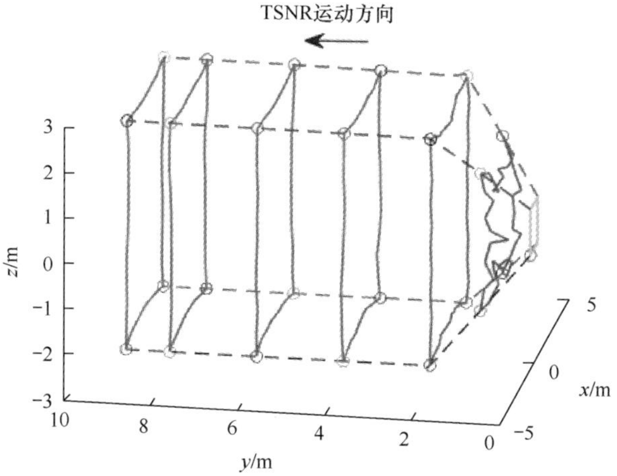

图 6-28 对称情况下柔性网边线运动三维图

机动单元的位置和速度如图 6-29、图 6-30 所示。可以看出，当控制器打开瞬间，机动单元的位置和速度突然发生变化，但是很快将会趋向期望值，也就是机动单元将会以高精度和小超调量跟踪期望的轨迹。所以设计的编队系统控制器能实现高精度的轨迹跟踪控制。

（1）使用式（6-101）和选择的参数，图 6-31 所示为有人工势场情况下任意相邻机动单元之间的距离。相邻机动单元之间的最大和最小距离分别是 5.0097m 和 1m，即它们之间的距离总是落在 0.9m～5.01m 的约束范围内，则设计的人工势函数能保证机动单元之间满足相对距离约束。当控制器打开瞬间，机动单元沿着 x 和 z 方向运动分开，柔性网迅速张紧。虚拟人工势场产生排斥力，使机动单元之间分开，跟踪各自期望的轨迹。然而，当机动单元之间的距离达到期望值，虚拟人工势场将会产生作用于机动单元的吸引力，此时由于吸引力和弹性力的作用，机动单元之间的距离会越来越小，柔性网将会从张紧变得松弛。最后，在满足相对距离约束的条件下，机动单元将会再一次分开运动，直到跟踪期望的轨迹。

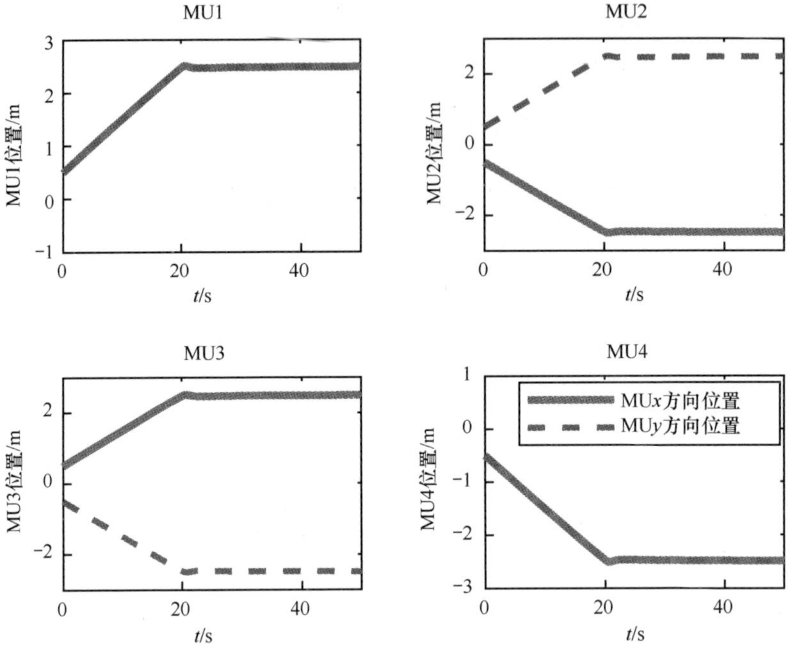

图 6-29 机动单元在 x 和 z 方向的位置

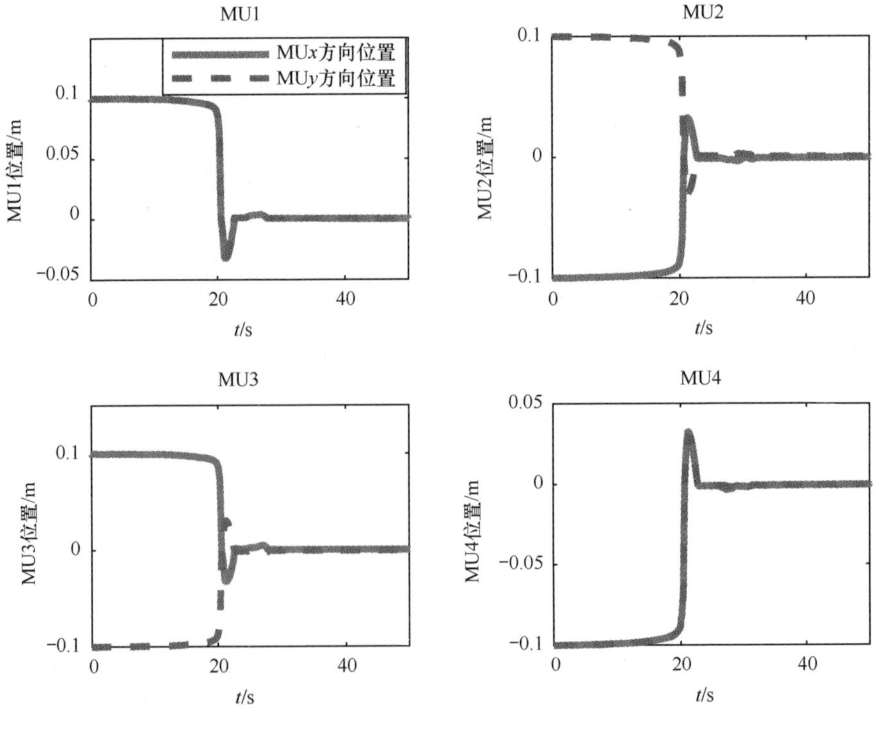

图 6-30 机动单元在 x 和 z 方向的速度

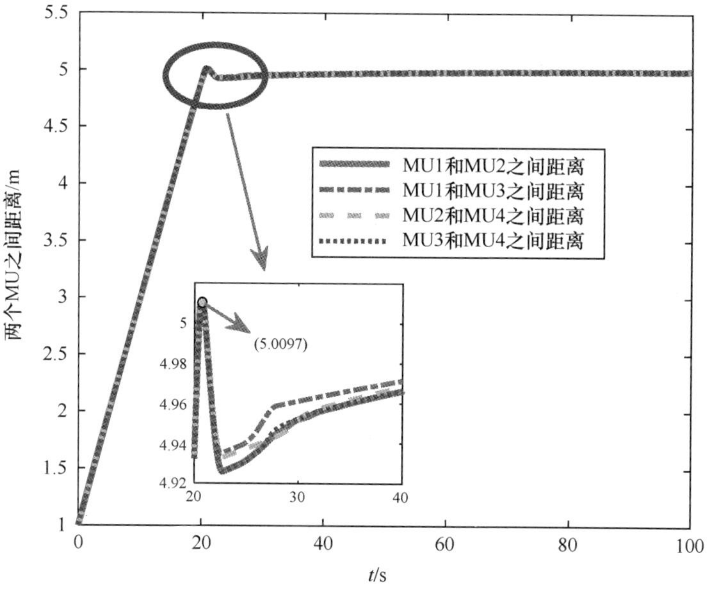

图 6-31　有人工势场情况下任意相邻机动单元之间的距离

（2）为了证明设计的人工势函数能实现相对距离约束，使式（6-101）中的参数满足$\alpha = 0$，图 6-32 所示为无人工势场情况下任意相邻机动单元之间的距离。柔性网内部的过大弹性力，使柔性网产生从松弛到张紧再到松弛的振动，与（1）中情况相比，柔性网的振动更剧烈，相邻机动单元之间的最大距离为 5.0259m，将

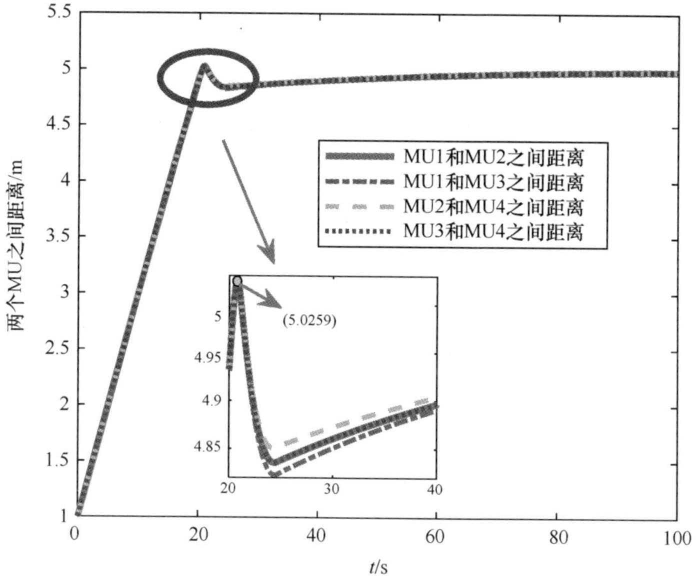

图 6-32　无人工势场情况下任意相邻机动单元之间的距离

会使柔性网产生更大的弹性力。同时，机动单元之间最小距离更小，这将会提高机动单元之间碰撞的可能性，减小柔性网的展开面积，这些对抓捕任务都是不利的。图 6-33 所示为可机动空间飞网机器人最终的系统构型。

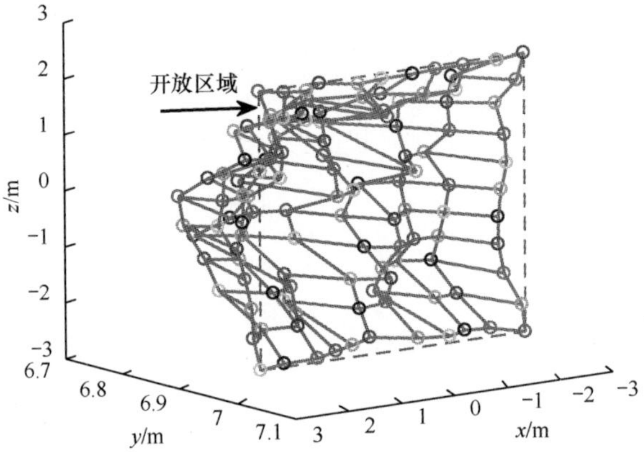

图 6-33　可机动飞网机器人系统构型

第 7 章　立体型空间飞网机器人逼近段协调控制

立体型空间飞网机器人结构如图 7-1 所示，相对前面所研究的平面型飞网机器人，它的结构更加复杂，刚柔耦合特性更加明显，这也为系统的动力学建模和控制都带来了极大的麻烦。考虑到在执行空间抓捕任务时，整个系统主要 4 个自主机动单元拖动柔性飞网和连接系绳向目标逼近，本章主要研究如何通过自主机动单元的协同控制实现对于机器人逼近过程的控制。

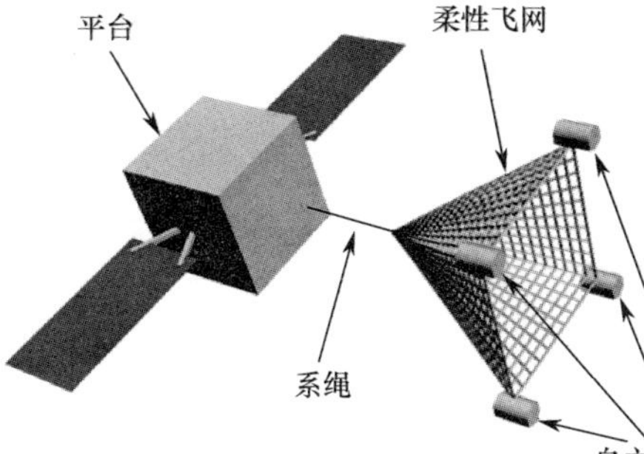

图 7-1　立体型空间飞网机器人示意图

针对立体型空间飞网机器人，Mankala 和 Agrawal[185,186]将飞网简化为质点，并使用 Ritz 法对系绳进行离散处理，通过在碰撞的无限小时间段内对动力学方程积分，从而建立了飞网在释放、回收及抓捕过程的碰撞模型；Williams[187,188]研究了基于飞网的远程非合作目标的抓捕问题，他也将飞网简化为质点，通过对于放绳加速度的控制，实现了对于非合作目标的平滑最优抓捕；Zhai 和 Yao[189,190]在轨道坐标系下建立了空间绳系飞网运动的动力学模型，并证明了对于短距离的飞网，如果没有末端的推力，飞网的摆动将不能被削减，从而难以保证抓捕的成功进行，在此基础上，他引入了“推力器+系绳”的协调前馈控制策略。

现有空间飞网机器人逼近过程的研究虽然考虑了飞网，但都仅仅将整个飞网简化为一个无体积的质点，这就忽略了柔性飞网与其他部分的耦合，也没有考虑控制力的生成方式，但在实际运动过程中，作用在系绳上的控制力必然会导致网口的收缩及飞网整体姿态的转动，而在最终抓捕目标时，如果网口过小或者网口的方向与速度方向偏差过大，将有可能直接导致抓捕的失败，因此研究建立考虑飞网运动细节的动力学模型并设计相应的控制器就显得非常重要。本章首先在考虑飞网编织结构及高刚度纤维材料特点的基础上，引入了纤维在受压松弛情况下杨氏模量为 0，而在受拉伸长情况下杨氏模量为无穷大的假设，从而将柔性飞网对于自主机动单元的影响分解为两部分：一部分是由于飞网的分布质量引起的惯性力和重力，它们将最终传导到自主机动单元；另一部分是由于不可伸长纤维导致的单面状态约束。然后，根据飞网的结构，将飞网等分为 4 片，并使用薄壳理论中的 T3 单元对每个分片的形状进行近似，从而将飞网的分布质量等价为自主机动单元和飞网中心处的集中质量，同时，使用刚体机器人接触动力学的相关理论来描述单面的状态约束，并基于广义的汉密尔顿原理，推导得到了系统的动力学方程。再次，考虑到在高刚度的纤维突然张紧时，纤维两端的质点在沿纤维的方向会获得相同速度，通过在无限小的时间内对动力学方程进行积分，从而获得了飞网中纤维突然张紧情况下节点的速度突变。最后，参照刚体机器人接触控制的相关方法，设计了由 PD 控制器和逆动力学协调模块组成的协调控制器，但由于飞网的中心节点为不受控节点，因此传统的雅可比矩阵和 M-P 广义逆不再适用于飞网的逆动力学计算，只能将其分解为一系列的线形规划问题。

7.1 耦合动力学建模

7.1.1 系统坐标系描述

与 2.1 节的任务流程类似，立体型空间飞网机器人系统的流程为：首先，由机动平台搭载系绳、柔性飞网和自主机动单元靠近目标至空间绳网机器人的作用距离范围之内；然后由空间机动平台发射自主机动单元和柔性飞网；再由自主机动单元在自身的位姿控制机构和导航设备以及机动平台测控系统的支持下，控制柔性飞网按预定的轨迹与速度向目标进行逼近飞行；最后由自主机动单元控制柔性飞网目标碰撞并包裹目标，从而完成对于目标的捕获，并由平台将目标拖曳至大气层或坟墓轨道后切断系绳。本章主要研究的是空间绳网机器人逼近目标过程中的建模与控制问题，为了方便对于立体型空间飞网机器人系统的描述，建立地心惯性坐标系 $OXYZ$，其坐标原点 O 位于地球中心，X 轴指向地球的春分点，Z 轴指向地球北极，Y 轴在赤道平面内垂直于 X 轴；建立轨道坐标系 $oxyz$，其坐标原点 o 位于空间机动平台的质心，x 轴沿机动平台轨道的切向，指向平台运动方向，z 轴与原点 o 和地心 O 的连线重合，指向地心，y 轴沿轨道平面负法线方向，两个坐标系的示意图如图 7-2 所示。

为了简化对于立体型空间飞网机器人系统的动力学建模，引入以下假设：①空间机动平台的质量要远大于系绳、柔性飞网和自主机动单元质量的总和，因此其姿态和轨道运动不受柔性飞网逼近运动的影响；②空间机动平台运行在近圆形的轨道上，在柔性飞网逼近目标过程中，其姿态运动可以忽略，从而可以在建模过程中将其简化为一个质点；③连接柔性飞网和空间机动平台的系绳在被动释放过程中会一直承受拉力，因此可以近似为直线，另外，由于系绳的弹性刚度极大且质量极轻，因此忽略其弹性和质量；④自主机动单元相对柔性飞网的体积很小，在逼近目标过程中可以近似为可控的质点；⑤柔性飞网的质量分布均匀，网孔很小，在逼近目标的过程中处于完全展开状态且不会发生大幅度的变形，因此可以利用连续的薄壳来近似离散的网状结构；⑥假设系绳与飞网的连接点在飞网的中心，通过连接点与机动单元的连线可将飞网等分为 4 片。通过上述的 6 条假设，可以将图 7-1 中的系统简化为如图 7-2 所示的结构。

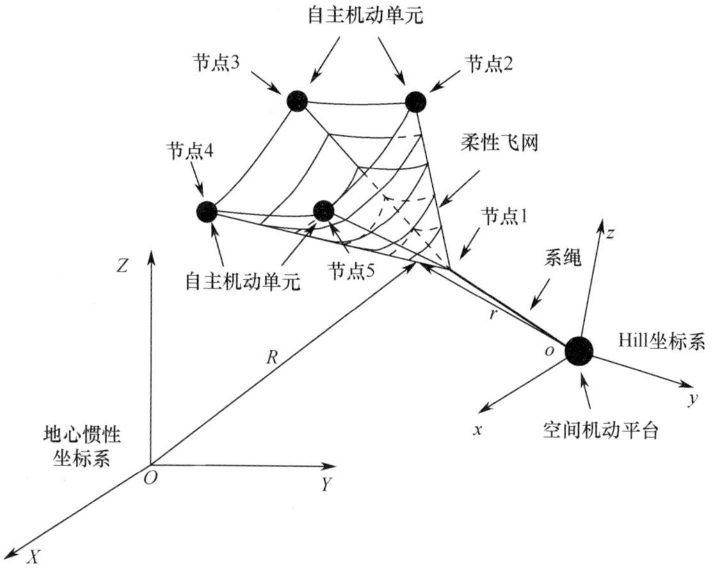

图 7-2　立体型空间绳网机器人简化示意图

对于柔性飞网中的系绳，在研究过程中常常会采用弹簧–阻尼器模型来描述其动力学特性，即假设系绳中的张力近似满足：

$$N = \hat{E}A(\varepsilon + \alpha\dot{\varepsilon}) \tag{7-1}$$

式中：ε 为系绳中的应变；α 为系绳的阻尼系数；A 为系绳的截面积；$\hat{E}$ 满足

$$\hat{E} = \begin{cases} E & (\varepsilon \geqslant 0) \\ 0 & (\varepsilon < 0) \end{cases}$$

式中：E 为系绳材料的杨氏模量。由于空间系绳一般都是由的凯夫拉类的合成纤维编织而成的，其杨氏模量通常都会在 130Gpa 以上，而且编织而成的结构会使得系绳对于张力的振动具有极强的阻尼作用，另外在逼近目标过程中，柔性飞网的运动较为平稳，系绳中不会产生非常大的张力，因此为了进一步简化对于系绳弹性的描述，引入以下形式的极限式：

$$\hat{E}=\begin{cases}+\infty & (\varepsilon \to 0^+)\\ 0 & (\varepsilon \to 0^- \text{或} \varepsilon < 0)\end{cases} \tag{7-2}$$

即认为系绳可以任意压缩而不产生张力，但却几乎不能伸长。于是，系绳中的张力做的功满足：

$$\Pi=\int_0^{\varepsilon} N\mathrm{d}\varepsilon \to 0 \tag{7-3}$$

因此，可以利用广义汉密尔顿原理建模过程中忽略系绳张力所做的功。

7.1.2 动力学模型推导

为了便于对柔性飞网的运动进行描述，将系绳与飞网的连接点和 4 个自主机动单元分别编号为节点 1～5，如图 7-2 所示。由假设 6 可知，通过这 5 个节点可将柔性飞网分拆成 4 片，取出其中由节点 1、节点 2 和节点 3 构成的分片如图 7-3 所示。由于连接平台和柔性飞网之间的系绳存在着一定的拉力，因此节点 1 与节点 2 及节点 1 与节点 3 之间系绳在绳网机器人逼近目标过程中近似保持为直线。另外，为了降低绳系机器人对于位置控制精度的要求，一般会让柔性飞网在逼近过程中尽可能地展开网口，因此节点 2 和节点 3 之间的系绳虽然可能会发生一定程度的弯曲，但可以近似为一条直线。综合上述分析，并结合假设 5，可将图 7-3 中的分片近似为一个三角形的薄壳，即 ΔABC 。

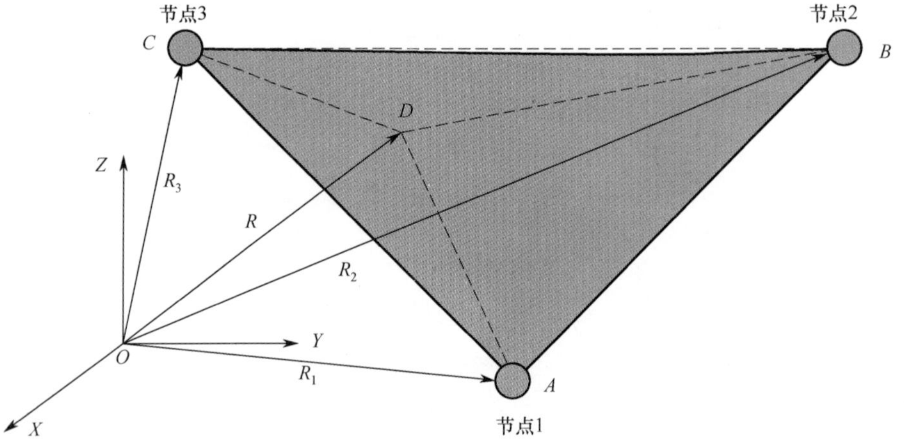

图 7-3　线形 T3 单元的示意图

针对线形的三角形薄壳，可以采用平面有限元理论中的 T3 单元来描述其空间运动，即对于薄壳上的任意一点 D ，认为其位置向量满足：

$$\boldsymbol{R} \approx s_1\boldsymbol{R}_1 + s_2\boldsymbol{R}_2 + s_3\boldsymbol{R}_3 \tag{7-4}$$

式中： s_1、 s_2、 s_3 为点 D 在薄壳上的面积坐标，它们满足

$$s_1 = \frac{\bar{S}_{\Delta BCD}}{\bar{S}_{\Delta ABC}}, \quad s_2 = \frac{\bar{S}_{\Delta CAD}}{\bar{S}_{\Delta ABC}}, \quad s_3 = \frac{\bar{S}_{\Delta ABD}}{\bar{S}_{\Delta ABC}}$$

式中：$\bar{\boldsymbol{S}}_{\Delta}$ 为柔性飞网在未发生任何变形条件下三角形的面积。于是柔性飞网分片的拉格朗日函数满足[181]：

$$\begin{aligned} L_{123} &= \iint_{\Delta ABC} \frac{1}{2} \rho \dot{\boldsymbol{R}}^{\mathrm{T}} \dot{\boldsymbol{R}} \mathrm{d}\Sigma - \iint_{\Delta ABC} \left(-\rho \frac{GM}{\|\boldsymbol{R}\|} \right) \mathrm{d}\Sigma \\ &= \frac{m_W}{4} \int_0^1 \mathrm{d}s_1 \int_0^{1-s_1} \left(\frac{1}{2} \dot{\boldsymbol{R}}^{\mathrm{T}} \dot{\boldsymbol{R}} + \rho \frac{GM}{\|\boldsymbol{R}\|} \right) \mathrm{d}s_2 \end{aligned} \tag{7-5}$$

式中：$\mathrm{d}\Sigma$ 为三角形薄壳上的面积微元；ρ 为柔性飞网的平均面密度；m_W 为柔性飞网的总质量；$\boldsymbol{G}$ 为万有引力常数；$\boldsymbol{M}$ 为地球的质量。

进一步对飞网分片的拉格朗日函数 L_{123} 进行变分处理可得

$$\begin{aligned} &\delta \int_{t_1}^{t_2} L_{123} \mathrm{d}t \\ &= \int_{t_1}^{t_2} \left[\frac{m_W}{4} \int_0^1 \mathrm{d}s_1 \int_0^{1-s_1} \delta \boldsymbol{R}^{\mathrm{T}} \left(-\ddot{\boldsymbol{R}} - \rho \frac{GM}{\|\boldsymbol{R}\|^3} \boldsymbol{R} \right) \mathrm{d}s_2 \right] \mathrm{d}t \end{aligned} \tag{7-6}$$

由于位置向量 $\boldsymbol{R}$ 中包含了立体型空间飞网机器人系统的轨道运动，因而难以直接用来描述绳网机器人逼近目标过程的运动，另外，非线性的万有引力项也给系统动力学模型的求解带来困难，所以本章考虑在假设 2 的基础上利用 C-W 方程将式（7-6）转换到轨道坐标系下。由 C-W 方程可知：

$$\ddot{\boldsymbol{R}} + \rho \frac{\boldsymbol{GM}}{\|\boldsymbol{R}\|^3} \boldsymbol{R} \approx \ddot{\boldsymbol{r}} + \boldsymbol{M}_{\dot{r}} \dot{\boldsymbol{r}} + \boldsymbol{M}_r \boldsymbol{r} \tag{7-7}$$

式中，

$$\boldsymbol{M}_{\dot{r}=} \begin{bmatrix} 0 & 0 & -2\omega \\ 0 & 0 & 0 \\ 2\omega & 0 & 0 \end{bmatrix}, \quad \boldsymbol{M}_{r=} \begin{bmatrix} 0 & 0 & 0 \\ 0 & \omega^2 & 0 \\ 0 & 0 & -3\omega^2 \end{bmatrix}$$

式中：ω 为空间机动平台轨道运动的平均角速度。另外，由假设 1 及变分运算的性质可知：

$$\delta \boldsymbol{R} = \delta \left[\boldsymbol{R}_O(t) + \boldsymbol{r} \right] = \delta \boldsymbol{r} \tag{7-8}$$

式中：$\boldsymbol{R}_O$ 为轨道坐标系原点在地心惯性坐标系中的位置向量。将式（7-7）和式（7-8）代入式（7-6），同时考虑 T3 单元的插值表达式（7-4），可得

$$
\begin{aligned}
&\int_{t_1}^{t_2} \delta L_{123} \mathrm{d}t \\
&\approx \int_{t_1}^{t_2} \left[\frac{m_W}{4} \int_0^1 \mathrm{d}s_1 \int_0^{1-s_1} -\delta \boldsymbol{r}^{\mathrm{T}} \left(\ddot{\boldsymbol{r}} + \boldsymbol{M}_{\dot{r}} \dot{\boldsymbol{r}} + \boldsymbol{M}_r \boldsymbol{r} \right) \mathrm{d}s_2 \right] \mathrm{d}t \\
&\approx \int_{t_1}^{t_2} -\delta \boldsymbol{r}_N^{\mathrm{T}} \left[\frac{m_W}{4} (\boldsymbol{M}_1^{123} \ddot{\boldsymbol{r}}_N + \boldsymbol{M}_2^{123} \dot{\boldsymbol{r}}_N + \boldsymbol{M}_3^{123} \boldsymbol{r}_N) \right] \mathrm{d}t
\end{aligned} \tag{7-9}
$$

式中：$\boldsymbol{r}_N = \left[\boldsymbol{r}_1^{\mathrm{T}}, \boldsymbol{r}_2^{\mathrm{T}}, \boldsymbol{r}_3^{\mathrm{T}}, \boldsymbol{r}_4^{\mathrm{T}}, \boldsymbol{r}_5^{\mathrm{T}} \right]^{\mathrm{T}}$；$\boldsymbol{M}_1^{123} = \boldsymbol{M}^{123} \otimes \boldsymbol{I}_{3\times3}$；$\boldsymbol{M}_2^{123} = \boldsymbol{M}^{123} \otimes \boldsymbol{M}_{\dot{r}}$；$\boldsymbol{M}_3^{123} = \boldsymbol{M}^{123} \otimes \boldsymbol{M}_r$。其中，$\otimes$ 表示矩阵的直积运算，$\boldsymbol{M}^{123}$ 表示由节点 1、2、3 组成的柔性飞网分片的特征矩阵，不同分片的特征矩阵计算方式为

$$
\boldsymbol{M}_{5\times5}^{lmn}(i,j) = \begin{cases} 1/12 & (i,j \in \{l,m,n\}, i = j) \\ 1/24 & (i,j \in \{l,m,n\}, i \neq j) \\ 0 & (\text{其他}) \end{cases}
$$

同理，可以对另外三块分片进行处理，从而得到与式（7-9）类似的另外 3 个变分表达式。

对于节点之间的连接系绳，以节点 1 和节点 2 为例，由于极限式（7-2）的存在，因此，它们之间的距离需要满足不等式约束：

$$
\|\boldsymbol{r}_1 - \boldsymbol{r}_2\| \leqslant L_{12} \tag{7-10}
$$

式中：L_{12} 为节点 1 和 2 之间连接系绳的标称长度。

为了便于在建模过程中对式（7-10）的影响进行描述，本章参照文献[181]中对于刚体接触问题的相关处理方法，引入间隙函数 g_{12}：

$$
g_{12} = L_{12} \|\boldsymbol{r}_1 - \boldsymbol{r}_2\| \geqslant 0 \tag{7-11}
$$

对应的约束反力 λ_{12} 满足：

$$
\lambda_{12} = \begin{cases} 0 & (g_{12} > 0) \\ 0 & (g_{12} = 0,\ \dot{g}_{12} > 0) \\ 0 & (g_{12} = 0,\ \dot{g}_{12} = 0,\ \ddot{g}_{12} > 0) \\ \geqslant 0 & (g_{12} = 0,\ \dot{g}_{12} = 0,\ \ddot{g}_{12} = 0) \end{cases} \tag{7-12}
$$

由于在系统动力学求解的过程中，$\ddot{g}_{12}$ 和 λ_{12} 一般都是未知量，因此式（7-11）的最后两种情况并不能直接用来求解，它们可以转化为隐式方程：

$$
\begin{cases} g_{12} = 0,\ \dot{g}_{12} = 0 \\ \ddot{g}_{12} \lambda_{12} = 0,\ \ddot{g}_{12} \geqslant 0,\ \lambda_{12} \geqslant 0 \end{cases} \tag{7-13}
$$

对于其他具有连接关系的节点，它们之间的距离必然满足式（7-11）或式（7-12）。为了便于对这些约束进行统一地处理，本章对具有连接关系的八对节点进行编号，见表 7-1，同时将所有间隙函数和约束反力组成的向量记为 $\boldsymbol{g}_N$ 和 $\boldsymbol{\lambda}_N$，即

$$
\boldsymbol{g}_N = [g_1, g_2, g_3, g_4, g_5, g_6, g_7, g_8]^{\mathrm{T}}
$$

$$\boldsymbol{\lambda}_N = \left[\lambda_1, \lambda_2, \lambda_3, \lambda_4, \lambda_5, \lambda_6, \lambda_7, \lambda_8\right]^{\mathrm{T}}$$

表 7-1 连接关系的编号

编号	节点	编号	节点
1	节点 1 和节点 2	5	节点 2 和节点 3
2	节点 1 和节点 3	6	节点 3 和节点 4
3	节点 1 和节点 4	7	节点 4 和节点 5
4	节点 1 和节点 5	8	节点 5 和节点 2

另外，对于满足式（7-11）后两种情况的约束，将它们的编号从小到大依次排列可以得到n维的列向量$\overline{\boldsymbol{I}}$，同时，将它们的间隙函数和约束反力也按编号从小到大的顺序组合在一起可构成向量$\overline{\boldsymbol{g}}_N$和$\overline{\boldsymbol{\lambda}}_N$，即

$$\overline{\boldsymbol{g}}_N = \left[\overline{g}_{\overline{\boldsymbol{I}}(1)},\ \overline{g}_{\overline{\boldsymbol{I}}(2)} \cdots,\ \overline{g}_{\overline{\boldsymbol{I}}(n)}\right]$$

$$\overline{\boldsymbol{\lambda}}_N = \left[\overline{\lambda}_{\overline{\boldsymbol{I}}(1)}, \overline{\lambda}_{\overline{\boldsymbol{I}}(2)} \cdots,\ \overline{\lambda}_{\overline{\boldsymbol{I}}(n)}\right]$$

于是这些约束的表达式可以统一为

$$\begin{cases}\overline{\boldsymbol{g}}_N = \boldsymbol{0}, \dot{\overline{\boldsymbol{g}}}_N = \boldsymbol{0} \\ \ddot{\overline{\boldsymbol{g}}}_N^{\mathrm{T}} \overline{\boldsymbol{\lambda}}_N = 0, \ddot{\overline{\boldsymbol{g}}}_N \geqslant \boldsymbol{0}, \overline{\boldsymbol{\lambda}}_N \geqslant \boldsymbol{0}\end{cases} \tag{7-14}$$

这组隐式方程将和系统的动力学方程一起构成典型的线形互补问题（LCP），需要采用 Lemke 算法来进行求解。

立体型空间飞网机器人系统由空间机动平台、系绳、柔性飞网和自主机动单元四部分组成，本章通过假设 3 忽略了连接系绳的质量，通过假设 6 将柔性飞网分成了完全相同的 4 片，因此整个系统的拉格朗日函数满足：

$$\begin{aligned} L = {} & \frac{1}{2} m_P \dot{\boldsymbol{R}}_O^{\mathrm{T}} \dot{\boldsymbol{R}}_O + \frac{GMm_P}{\left\|\boldsymbol{R}_O\right\|} + L_{123} + L_{134} + \\ & L_{145} + L_{152} + \sum_{i=2}^{5} m_M \left[\frac{1}{2} \boldsymbol{R}_i^{\mathrm{T}} \boldsymbol{R}_i + \frac{GM}{\left\|\boldsymbol{R}_i\right\|}\right] \end{aligned} \tag{7-15}$$

式中：m_P 为空间机动平台的质量；m_M 为自主机动单元的质量。

另外，系统中非保守力（包括约束反力）所做的功满足：

$$\delta' W = -\delta \boldsymbol{r}_1^{\mathrm{T}} \frac{\boldsymbol{r}_1}{\left\|\boldsymbol{r}_1\right\|} F_T + \sum_{i=2}^{5} \delta \boldsymbol{R}_i^{\mathrm{T}} \boldsymbol{F}_i + \delta \boldsymbol{g}_N \boldsymbol{\lambda}_N \tag{7-16}$$

式中：F_T 为连接空间机动平台和柔性飞网的系绳上的拉力；$\boldsymbol{F}_i (i = 2,3,\cdots,5)$ 为作用在自主机动单元上的推力。

由广义汉密尔顿原理可知，自主机动空间绳网机器人系统的动力学方程满足：

$$\int_{t_0}^{t_1} \left(\delta L + \delta' W\right) \mathrm{d}t = 0 \tag{7-17}$$

将式（7-15）和式（7-16）代入式（7-17），并使用分步积分进行化简可得

$$
\begin{aligned}
\int_{t_0}^{t_1} & \left\{ \delta \boldsymbol{r}_N^{\mathrm{T}} \left[\frac{m_W}{4} (\boldsymbol{M}_1^W \ddot{\boldsymbol{r}}_N + \boldsymbol{M}_2^W \dot{\boldsymbol{r}}_N + \boldsymbol{M}_3^W \boldsymbol{r}_N \right] - \right. \\
& \sum_{i=2}^{5} \delta r_i^{\mathrm{T}} \left[m_M (\ddot{\boldsymbol{r}}_i + \boldsymbol{M}_{\dot{r}} \dot{\boldsymbol{r}}_i + \boldsymbol{M}_r \boldsymbol{r}_i) \right] + \\
& \left. \delta \boldsymbol{r}_N^{\mathrm{T}} \boldsymbol{F} + \delta \boldsymbol{r}_N^{\mathrm{T}} \left(\frac{\partial \boldsymbol{g}_N}{\partial \boldsymbol{r}_N} \right)^{\mathrm{T}} \boldsymbol{\lambda}_N \right\} \mathrm{d}t = 0
\end{aligned}
\tag{7-18}
$$

式中：$\boldsymbol{M}_i^W = \boldsymbol{M}_i^{123} + \boldsymbol{M}_i^{134} + \boldsymbol{M}_i^{145} + \boldsymbol{M}_i^{152} (i=1,2,3,)$；$\boldsymbol{F} = \left[-F_T \boldsymbol{r}_1^{\mathrm{T}} / \| \boldsymbol{r}_1 \|, \boldsymbol{F}_2^{\mathrm{T}}, \boldsymbol{F}_3^{\mathrm{T}}, \boldsymbol{F}_4^{\mathrm{T}}, \boldsymbol{F}_5^{\mathrm{T}} \right]^{\mathrm{T}}$。

对式（7-18）进行整理，同时考虑变分的任意性，可得系统的动力学方程为

$$
\boldsymbol{M}\ddot{\boldsymbol{r}}_N + \boldsymbol{C}\dot{\boldsymbol{r}}_N + \boldsymbol{K}\boldsymbol{r}_N = \boldsymbol{F} + \left(\frac{\partial \boldsymbol{g}_N}{\partial \boldsymbol{r}_N} \right)^{\mathrm{T}} \boldsymbol{\lambda}_N \tag{7-19}
$$

式中：$\boldsymbol{M} = \dfrac{m_W}{4} \boldsymbol{M}_1^W + m_M \mathrm{diag}\ (0,1,1,1,1) \otimes \mathrm{diag}\ (1,1,1,)$；$\boldsymbol{C} = \dfrac{m_W}{4} \boldsymbol{M}_2^W + m_M \mathrm{diag}\ (0,1,1,1,1) \otimes \boldsymbol{M}_{\dot{r}}$；$\boldsymbol{K} = \dfrac{m_W}{4} \boldsymbol{M}_2^W + m_M \mathrm{diag}\ (0,1,1,1,1) \otimes \boldsymbol{M}_r$。

在系统动力学求解的过程中，一般都是在已知位置项 $\boldsymbol{r}_N$、速度项 $\dot{\boldsymbol{r}}_N$ 和合外力 $\boldsymbol{F}$ 的情况下利用系统动力学方程计算加速度项 $\ddot{\boldsymbol{r}}_N$，但在利用式（7-19）求解 $\ddot{\boldsymbol{r}}_N$ 之前必须确定约束反力 $\boldsymbol{\lambda}_N$。对于间隙函数 g 满足式（7-12）中前两种情况的约束，可以直接确定其约束反力 λ 为 0，对于间隙函数 g 满足式（7-12）中后两种情况的约束，则需要通过式（7-11）、式（7-14）和式（7-19）构造 LCP 问题进行求解，由式（7-11）可知：

$$
\ddot{\overline{\boldsymbol{g}}}_N = \frac{\partial \overline{\boldsymbol{g}}_N}{\partial \boldsymbol{r}_N} \ddot{\boldsymbol{r}}_N + \boldsymbol{h}(\boldsymbol{r}_N, \dot{\boldsymbol{r}}_N) \tag{7-20}
$$

式中：$\boldsymbol{h}(\boldsymbol{r}_N, \dot{\boldsymbol{r}}_N)$ 为不含二次项的余项，而

$$
\boldsymbol{\lambda}_N = \boldsymbol{M}_R \overline{\boldsymbol{\lambda}}_N \tag{7-21}
$$

式中：$\boldsymbol{M}_R$ 为 $8 \times n$ 维的矩阵，它满足

$$
\boldsymbol{M}_R(i,j) = \begin{cases} 1 & (i = \overline{\boldsymbol{I}}(j)) \\ 0 & (\text{其他}) \end{cases}
$$

将式（7-19）和式（7-21）代入式（7-20），可得

$$
\begin{cases}
\overline{\boldsymbol{g}}_N = \boldsymbol{0}, \dot{\overline{\boldsymbol{g}}}_N = \boldsymbol{0} \\
\ddot{\overline{\boldsymbol{g}}}_N = \boldsymbol{A}\overline{\boldsymbol{\lambda}}_N + \boldsymbol{b} \\
\ddot{\overline{\boldsymbol{g}}}_N^{\mathrm{T}} \overline{\boldsymbol{\lambda}}_N = 0, \ddot{\overline{\boldsymbol{g}}}_N \geqslant \boldsymbol{0}, \overline{\boldsymbol{\lambda}}_N \geqslant \boldsymbol{0}
\end{cases}
\tag{7-22}
$$

式中：$\boldsymbol{A}=\dfrac{\partial \overline{\boldsymbol{g}}_N}{\partial \boldsymbol{r}_N}\boldsymbol{M}^{-1}\left(\dfrac{\partial \boldsymbol{g}_N}{\partial \boldsymbol{r}_N}\right)^{\mathrm{T}}\boldsymbol{M}_R$；$\boldsymbol{b}=\dfrac{\partial \overline{\boldsymbol{g}}_N}{\partial \boldsymbol{r}_N}\boldsymbol{M}^{-1}(\boldsymbol{F}-\boldsymbol{C}\dot{\boldsymbol{r}}_N-\boldsymbol{K}\boldsymbol{r}_N)+\boldsymbol{h}(\boldsymbol{r}_N,\dot{\boldsymbol{r}}_N)$。

具有不等式约束的隐式方程（7-22）是典型的 LCP 问题，对于它的求解需要使用 Lemke 算法，具体步骤可以参见文献[182]。

由上面的分析可知，在已知 $\boldsymbol{r}_N$、$\dot{\boldsymbol{r}}_N$ 和 $\boldsymbol{F}$ 的情况下，首先通过使用式（7-12）或者式（7-22）对约束反力 $\boldsymbol{\lambda}$ 进行求解，然后将它代入式（7-19），即可完成对于系统动力学的求解。

7.1.3 速度跳变建模

考虑如图 7-4 所示的情形，假设在 t^- 时刻，节点 i 和节点 j 之间的距离达到标称长度 L_{ij}，而两个节点的相对速度不为 0，且有相互远离的趋势。于是，在 t 时刻连接两个节点的系绳绷紧，由于系绳的刚度和阻尼都比较高，所以类似于碰撞过程，系绳会在极短时间内产生比较大的张紧力，从而使得两个节点在 t^+ 时刻具有了沿系绳方向一致的速度。

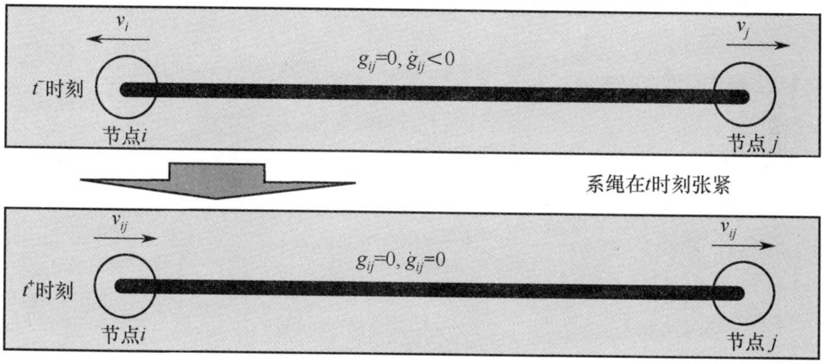

图 7-4　节点间系绳张紧示意图

为了描述瞬间的速度跳变，将总体的动力学方程（7-19）在时间段 $\left[t^-,t^+\right]$ 上积分可得

$$\int_{t^-}^{t^+}\boldsymbol{M}\ddot{\boldsymbol{r}}_N\mathrm{d}t+\int_{t^-}^{t^+}\boldsymbol{C}\dot{\boldsymbol{r}}_N\mathrm{d}t+\int_{t^-}^{t^+}\boldsymbol{K}\boldsymbol{r}_N\mathrm{d}t=\int_{t^-}^{t^+}\boldsymbol{F}\mathrm{d}t+\left(\frac{\partial \boldsymbol{g}_N}{\partial \boldsymbol{r}_N}\right)^{\mathrm{T}}\int_{t^-}^{t^+}\boldsymbol{\lambda}_N\mathrm{d}t \tag{7-23}$$

由于在极短的时间内，位置向量 $\boldsymbol{r}_N$ 还来不及发生变化，同时由于控制力 $\boldsymbol{F}$ 是有限的，因此式（7-23）左侧的后两项和右侧的第一项为 0。对于满足系绳绷直条件的约束，即满足 $g_i=0$ 且 $\dot{g}_i<0$，其约束力在无限小的时间内趋向于无穷大，因此其积分不为 0，而对于不满足绷直条件的约束，其约束反力为有限值，因而积分也为 0。为了便于表达，将满足绷直条件的约束取出，将他们的编号从小到大排列得到列向量 $\overline{\boldsymbol{I}}_{\mathrm{NT}}$，按照同样的顺序排列对应的间隙函数和约束反力可以得到列向量

$\bar{\boldsymbol{g}}_{\mathrm{NT}}$ 和 $\bar{\boldsymbol{\lambda}}_{\mathrm{NT}}$，另外，分别将约束反力向量 $\boldsymbol{\lambda}_{\mathrm{NT}}$ 和 $\bar{\boldsymbol{\lambda}}_{\mathrm{NT}}$ 在时间段 $\left[t^-, t^+\right]$ 记作 $\boldsymbol{\Lambda}_{\mathrm{NT}}$ 和 $\bar{\boldsymbol{\Lambda}}_{\mathrm{NT}}$，两者之间满足：

$$\boldsymbol{\Lambda}_{\mathrm{NT}} = \boldsymbol{M}_{\mathrm{RT}} \bar{\boldsymbol{\Lambda}}_{\mathrm{NT}} \tag{7-24}$$

其中，

$$\boldsymbol{M}_{\mathrm{RT}}(i,j) = \begin{cases} 1 & (i = \bar{\boldsymbol{I}}_{\mathrm{NT}}(j)) \\ 0 & (\text{其他}) \end{cases}$$

于是，式（7-23）可以化简为

$$\boldsymbol{M}\left(\dot{\boldsymbol{r}}_N\Big|_{t^+} - \dot{\boldsymbol{r}}_N\Big|_{t^-}\right) = \left(\frac{\partial \boldsymbol{g}_N}{\partial \boldsymbol{r}_N}\right)^{\mathrm{T}} \boldsymbol{M}_{\mathrm{RT}} \bar{\boldsymbol{\Lambda}}_{\mathrm{NT}} \tag{7-25}$$

另外，对于间隙函数向量 $\bar{\boldsymbol{g}}_{\mathrm{NT}}$，它在 t^+ 时刻必须满足：

$$\dot{\bar{\boldsymbol{g}}}_{\mathrm{NT}}\Big|_{t^+} = \boldsymbol{0} \tag{7-26}$$

将式（7-25）和式（7-15）联立求解就可以得到在 t^+ 时刻的速度向量。

7.2 逼近段协调控制器设计

7.2.1 控制器的结构

在抓捕目标时，无论柔性飞网的形状如何，只要目标在网口之内，空间绳系机器人就能实现对于目标的抓捕，由于网口的位置和方向完全由 4 个自主机动单元确定，因此在设计控制器时，仅仅要求 4 个自主机动单元按照理想的轨迹运动，于是系统的位置控制向量可以写为

$$\boldsymbol{r}_c = \left[\boldsymbol{r}_2^{\mathrm{T}}, \boldsymbol{r}_3^{\mathrm{T}}, \boldsymbol{r}_4^{\mathrm{T}}, \boldsymbol{r}_5^{\mathrm{T}}\right]^{\mathrm{T}} \tag{7-27}$$

另外，假设空间平台采用了与 SEDS 系列任务相同的被动式的系绳释放装置，于是作用在连接系绳上的拉力是不可控的，但由于阻尼的存在，它也是不能被完全消除的，因此系统的控制力向量可以写为

$$\boldsymbol{F}_c = \left[\boldsymbol{F}_2^{\mathrm{T}}, \boldsymbol{F}_3^{\mathrm{T}}, \boldsymbol{F}_4^{\mathrm{T}}, \boldsymbol{F}_5^{\mathrm{T}}\right]^{\mathrm{T}} \tag{7-28}$$

无控的拉力 F_T 将会对系统的运动产生扰动，但同时也有助于柔性飞网保持网型。为了便于分析，将式（7-19）分解成两组方程：

$$\begin{cases} \boldsymbol{M}_1 \ddot{\boldsymbol{r}}_1 + \boldsymbol{M}_{1c} \ddot{\boldsymbol{r}}_c + \boldsymbol{C}_1 \dot{\boldsymbol{r}}_N + \boldsymbol{K}_1 \boldsymbol{r}_N = \dfrac{\boldsymbol{r}_1}{\|\boldsymbol{r}_1\|} F_T + \left(\dfrac{\partial \boldsymbol{g}_N}{\partial \boldsymbol{r}_1}\right)^{\mathrm{T}} \boldsymbol{\lambda}_N \\ \boldsymbol{M}_c \ddot{\boldsymbol{r}}_c + \boldsymbol{M}_{c1} \ddot{\boldsymbol{r}}_1 + \boldsymbol{C}_c \dot{\boldsymbol{r}}_N + \boldsymbol{K}_c \boldsymbol{r}_N = \boldsymbol{F}_c + \left(\dfrac{\partial \boldsymbol{g}_N}{\partial \boldsymbol{r}_c}\right)^{\mathrm{T}} \lambda_N \end{cases} \tag{7-29}$$

式中：$\boldsymbol{M}_1$、$\boldsymbol{M}_{1c}$、$\boldsymbol{M}_{c1}$ 和 $\boldsymbol{M}_c$ 为矩阵 $\boldsymbol{M}$ 的分片；$\boldsymbol{C}_1$ 和 $\boldsymbol{C}_c$ 为矩阵 $\boldsymbol{C}$ 的分片；$\boldsymbol{K}_1$ 和

K_c 为矩阵 K 的分片，它们满足

$$\boldsymbol{M}=\left[\begin{array}{c|c}\boldsymbol{M}_1 & \boldsymbol{M}_1\\ \hline \boldsymbol{M}_{c1} & \boldsymbol{M}_c\end{array}\right],\quad \boldsymbol{C}=\left[\frac{\boldsymbol{C}_1}{\boldsymbol{C}_c}\right],\quad \boldsymbol{K}=\left[\frac{\boldsymbol{K}_1}{\boldsymbol{K}_c}\right]$$

由式（7-19）可知，4 个自主机动单元在运动过程中会相互影响，另外，对于不属于式（7-12）前两种情况的约束，它们具体属于第 3 种情况还是第 4 种情况实际上是由控制器要求的控制力决定的，于是不同的控制力就会导致不同的系统结构，这表明控制力与系统的结构是相互耦合的，这使得飞网机器人的控制与传统的航天器及卫星编队的控制有着很大的不同。参照文献中对于刚体机器人接触的控制，设计了具有如图 7-5 所示结构的控制器，其中，PD 控制器首先根据实际状态与理想状态之间的偏差产生修正加速度向量，故它的表达式可以写为

$$\Delta\ddot{\boldsymbol{r}}_c=\lambda_P\left(\boldsymbol{r}_c^*-\boldsymbol{r}_c\right)+\lambda_d\left(\dot{\boldsymbol{r}}_c^*-\dot{\boldsymbol{r}}_c\right) \tag{7-30}$$

式中：λ_P 和 λ_d 为对应的比例和微分系数。再通过将修正加速度 $\Delta\ddot{\boldsymbol{r}}_c$ 与理想加速度 $\ddot{\boldsymbol{r}}_c^*$ 相加从而得到期望加速度 $\ddot{\boldsymbol{r}}_c^{**}$，于是：

$$\ddot{\boldsymbol{r}}_c^{**}=\ddot{\boldsymbol{r}}_c^*+\Delta\ddot{\boldsymbol{r}}_c \tag{7-31}$$

最后，由逆动力学模块根据期望加速度 $\ddot{\boldsymbol{r}}_c^{**}$ 计算所需要的控制力，但是控制力与系统的状态相互耦合，且节点 1 在运动过程中处于随动无控的状态，因此传统的使用雅可比矩阵和 M-P 伪逆的方法不再适用于飞网机器人逆动力学的求解，必须寻找其他的方法来代替，具体的解法在 5.2.2 节中将会详细叙述。

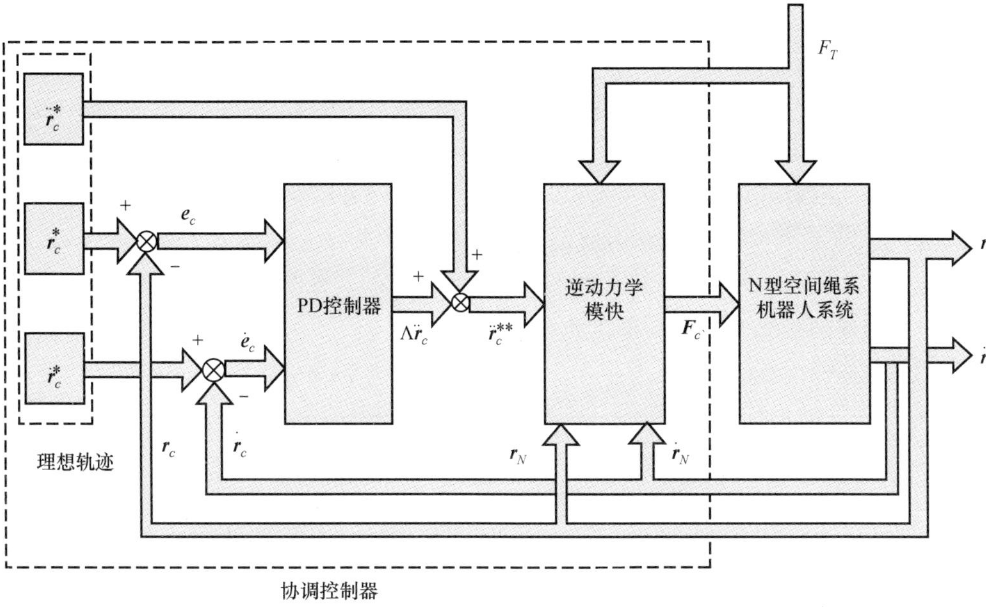

图 7-5　控制器结构示意图

对于闭环系统的稳定性，在文献[183，184]中已经证明它主要由 PD 控制器的

控制律决定，而逆动力学模块并不会影响整个系统的稳定性，因此只要选择合适的控制器参数，就可以保证整个系统的稳定性。

7.2.2 逆动力学模块

M-P 伪逆法的思想在于求解使得矛盾方程总体误差最小的解，因此在本节中考虑将立体型空间飞网机器人系统逆动力学问题转化为对应的优化问题，优化的目标是求取满足动力学约束的控制力和加速度，使得实际加速度与期望加速度之间的偏差最小，但是由于系统的结构受到控制力的影响，因此只能根据不同的系统结构分情况进行讨论，最终在所有解中选择最优的解。

由上面的分析可知，无论空间绳系机器人的结构如何，系统的优化指标函数 J 都可以写为

$$J=\frac{1}{2}\left(\boldsymbol{r}_c-\ddot{\boldsymbol{r}}_c^{**}\right)^{\mathrm{T}}\left(\boldsymbol{r}_c-\ddot{\boldsymbol{r}}_c^{**}\right) \tag{7-32}$$

另一方面，对应于式（7-12）中不同的情况，将会产生不同的约束。由图 7-5 可知，在求解逆动力学时，相应的传感器已经提供了节点的位置向量 $\boldsymbol{r}_N$ 和速度向量 $\dot{\boldsymbol{r}}_N$，因此处于前两种情况的约束可以直接确定，但对于不属于前两种情况的约束，就需要分情况讨论，因此根据约束编号向量 $\bar{\boldsymbol{I}}$ 的长度，逆动力学对应的优化问题可以分为以下 9 种情况。

（1）如果 $\mathrm{length}\left(\bar{\boldsymbol{I}}\right)=0$，那么有 $\boldsymbol{\lambda}_N=\boldsymbol{0}$ 且 $\ddot{\boldsymbol{r}}_c=\ddot{\boldsymbol{r}}_c^{**}$，于是式（7-29）可以被改写为

$$\begin{cases}\boldsymbol{M}_1\ddot{\boldsymbol{r}}_1=\dfrac{\boldsymbol{r}_1}{\left\|\boldsymbol{r}_1\right\|}F_T-\left(\boldsymbol{M}_{1c}\ddot{\boldsymbol{r}}_c^{**}+\boldsymbol{C}_1\dot{\boldsymbol{r}}_N+\boldsymbol{K}_1\boldsymbol{r}_N\right)\\ -\boldsymbol{F}_c+\boldsymbol{M}_{c1}\ddot{\boldsymbol{r}}_1=-\left(\boldsymbol{M}_c\ddot{\boldsymbol{r}}_c^{**}+\boldsymbol{C}_c\dot{\boldsymbol{r}}_N+\boldsymbol{K}_c\boldsymbol{r}_N\right)\end{cases} \tag{7-33}$$

通过联立两个方程，可以得到所需的控制力 $\boldsymbol{F}_c$。

（2）如果 $\mathrm{length}\left(\bar{\boldsymbol{I}}\right)=1$ 且 $\bar{\boldsymbol{I}}=\left[i_1\right]$，那么将需要求解两个线形规划问题，见表 7-2，最终的解为两个解中最优的一个。

表 7-2　对应于 $\mathrm{length}\left(\bar{\boldsymbol{I}}\right)=1$ 的优化问题

编号		1	2
构型	目标	$\min J$	
	约束 1	$\boldsymbol{M}\ddot{\boldsymbol{r}}_N+\boldsymbol{C}\dot{\boldsymbol{r}}_N+\boldsymbol{K}\boldsymbol{r}_N=\boldsymbol{F}+\left(\dfrac{\partial\boldsymbol{g}_N}{\partial\boldsymbol{r}_N}\right)^{\mathrm{T}}\boldsymbol{M}_R\bar{\boldsymbol{\lambda}}_N$	
	约束 2	$\lambda_{i_1}=0,\ \ddot{g}_{i_1}>0$	$\lambda_{i_1}\geqslant 0,\ \ddot{g}_{i_1}=0$

（3）如果 $\mathrm{length}\left(\bar{\boldsymbol{I}}\right)=2$ 且 $\bar{\boldsymbol{I}}=\left[i_1,\ i_2\right]$，那么将需要求解 4 个线形规划问题，见表 7-3，最终的解为 4 个解中最优的一个。

表 7-3 对应于 $\text{length}\left(\bar{\boldsymbol{I}}\right)=2$ 的优化问题

编号		1	2	3	4
构型	目标	$\min J$			
	约束 1	$\boldsymbol{M}\ddot{\boldsymbol{r}}_N+\boldsymbol{C}\dot{\boldsymbol{r}}_N+\boldsymbol{K}\boldsymbol{r}_N=\boldsymbol{F}+\left(\frac{\partial \boldsymbol{g}_N}{\partial \boldsymbol{r}_N}\right)^{\mathrm{T}}\boldsymbol{M}_R\bar{\boldsymbol{\lambda}}_N$			
	约束 2	$\lambda_{i_1}=0$, $\ddot{g}_{i_1}>0$	$\lambda_{i_1}\geqslant 0$, $\ddot{g}_{i_1}=0$	$\lambda_{i_1}=0$, $\ddot{g}_{i_1}>0$	$\lambda_{i_1}\geqslant 0$, $\ddot{g}_{i_1}=0$
	约束 3	$\lambda_{i_2}=0$, $\ddot{g}_{i_2}>0$	$\lambda_{i_2}=0$, $\ddot{g}_{i_2}>0$	$\lambda_{i_2}\geqslant 0$, $\ddot{g}_{i_2}=0$	$\lambda_{i_2}\geqslant 0$, $\ddot{g}_{i_2}=0$

如果 $\text{length}\left(\bar{\boldsymbol{I}}\right)=n(1\leqslant n\leqslant 8)$ 且 $\bar{\boldsymbol{I}}=\left[i_1,\ i_2\cdots,\ i_n\right]$，那么将需要求解 2^n 个线形规划问题，见表 7-4，最终的解为 2^n 个解中最优的一个。

表 7-4 对应于 $\text{length}\left(\bar{\boldsymbol{I}}\right)=n$ 的优化问题

编号		1	2	…	2^n-1	2^n
构型	目标	$\min J$				
	约束 1	$\boldsymbol{M}\ddot{\boldsymbol{r}}_N+\boldsymbol{C}\dot{\boldsymbol{r}}_N+\boldsymbol{K}\boldsymbol{r}_N=\boldsymbol{F}+\left(\frac{\partial \boldsymbol{g}_N}{\partial \boldsymbol{r}_N}\right)^{\mathrm{T}}\boldsymbol{M}_R\bar{\boldsymbol{\lambda}}_N$				
	约束 2	$\lambda_{i_1}=0$, $\ddot{g}_{i_1}>0$	$\lambda_{i_1}\geqslant 0$, $\ddot{g}_{i_1}=0$	…	$\lambda_{i_1}=0$, $\ddot{g}_{i_1}>0$	$\lambda_{i_1}\geqslant 0$, $\ddot{g}_{i_1}=0$
	约束 3	$\lambda_{i_2}=0$, $\ddot{g}_{i_2}>0$	$\lambda_{i_2}=0$, $\ddot{g}_{i_2}>0$	…	$\lambda_{i_2}\geqslant 0$, $\ddot{g}_{i_2}=0$	$\lambda_{i_2}\geqslant 0$, $\ddot{g}_{i_2}=0$
	⋮	⋮	⋮	⋮	⋮	⋮
	约束 $n+1$	$\lambda_{i_n}=0$, $\ddot{g}_{i_n}>0$	$\lambda_{i_n}=0$, $\ddot{g}_{i_n}>0$	…	$\lambda_{i_n}\geqslant 0$, $\ddot{g}_{i_n}=0$	$\lambda_{i_n}\geqslant 0$, $\ddot{g}_{i_n}=0$

通过求解一系列的线形规划问题，然后选取最优的解，就可以实现对于最优控制力的求解，这个方法本质上与 M-P 伪逆法的思想一致，但它更加适合于结构变化比较复杂的立体型空间飞网机器人系统。通过将设计的逆动力学模块加入控制器中，就可以实现整个系统的闭环控制。

7.3 仿真结果及验证

为了分析立体型空间飞网机器人的特性并验证本章所设计的控制器的有效性，选取了一个典型的系统进行数值仿真，其基本参数见表 7-5，柔性飞网在完全展开情况下的尺寸如图 7-6 所示。另外，假设待抓捕的目标在平台的+V-bar 方向，即在轨道坐标系的 $+x$ 轴上，因此与交会对接过程类似，抓捕操作主要在轨道平面 xoz 内进行。为了便于系统的分析，设定当节点 1 距离空间平台 1m 时逼近过程正式开始，如图 7-7 所示，如果发射过程非常理想，那么柔性飞网在进入逼近阶段时

将已经完全展开，并且所有节点都具有一致的速度，因此，立体型空间飞网机器人理想的初始状态为

$$r_1 = \boldsymbol{M}_{\mathrm{IS}}\begin{bmatrix}1\\0\\0\end{bmatrix}, r_2 = \boldsymbol{M}_{\mathrm{IS}}\begin{bmatrix}11\\0\\10\end{bmatrix}, r_3 = \boldsymbol{M}_{\mathrm{IS}}\begin{bmatrix}11\\10\\0\end{bmatrix}, r_4 = \boldsymbol{M}_{\mathrm{IS}}\begin{bmatrix}11\\0\\-10\end{bmatrix}, r_5 = \boldsymbol{M}_{\mathrm{IS}}\begin{bmatrix}11\\-10\\0\end{bmatrix}$$

$$\boldsymbol{v}_1 = \boldsymbol{v}_2 = \boldsymbol{v}_3 = \boldsymbol{v}_4 = \boldsymbol{v}_5 = \boldsymbol{M}_{\mathrm{IS}}\begin{bmatrix}1\\0\\0\end{bmatrix}$$

式中：$\boldsymbol{M}_{\mathrm{IS}}$ 为旋转矩阵，它满足

$$\boldsymbol{M}_{\mathrm{IS}} = \begin{bmatrix}\cos\theta & 0 & -\sin\theta\\ 0 & 1 & 0\\ \sin\theta & 0 & \cos\theta\end{bmatrix}$$

表 7-5　仿真系统的基本参数

参数	数值
轨道角速度 ω	0.0011rad / s
自主机动单元的质量 m_M	10kg
柔性飞网的质量 m_W	8kg
节点间系绳的标称长度 L_{ij}	$10\sqrt{2}$m

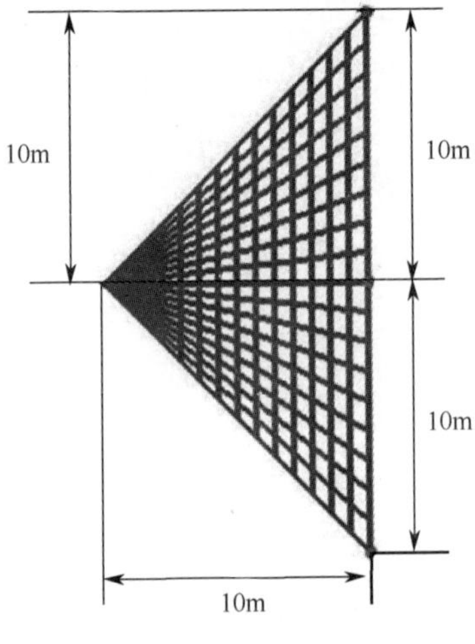

(a) 正视图

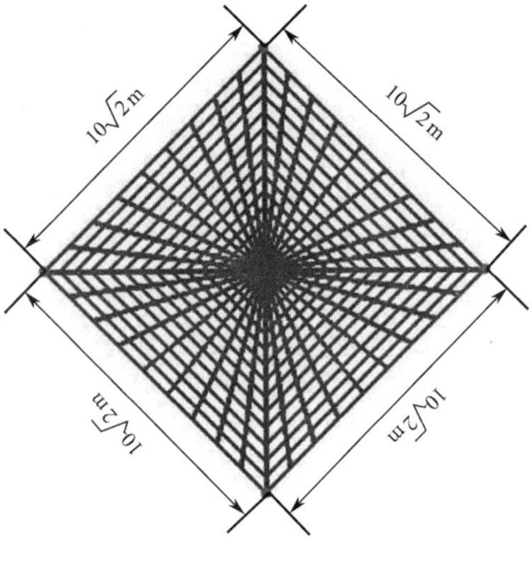

(b) 侧视图

图 7-6　完全展开情况下柔性飞网的尺寸

式中：θ 为系统的发射偏角。另外，在图 7-7 中，$\boldsymbol{v}_c$ 表示网口中心的速度，它满足

$$\boldsymbol{v}_c = \frac{1}{4}(\boldsymbol{v}_2 + \boldsymbol{v}_3 + \boldsymbol{v}_4 + \boldsymbol{v}_5)$$

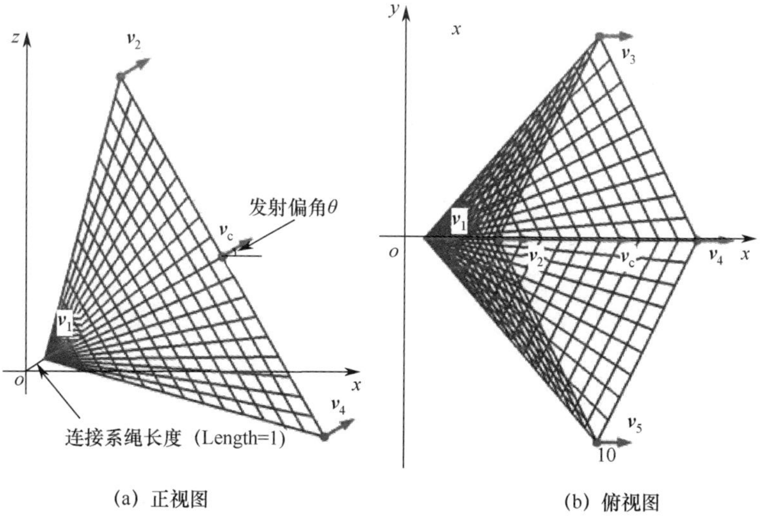

图 7-7 柔性飞网的初始状态

7.3.1 无控逼近

如果飞网机器人的运动过程不受控制，那么在由空间平台弹射后，它就会像渔夫抛洒的渔网一样飞向目标，但是由于太空中环境阻尼极小的特点，系绳上的拉力必然会对网的运动产生较大的影响，因此本节先分析理想无拉力情况下系统运动的特点，再考虑系绳中拉力对于柔性飞网的影响。

算例 1：理想无控运动。

在无控情况下，不同的发射倾角就会使得空间机器人产生不同的运动轨迹，图 7-8 所示为发射倾角 $\theta = 15°$ 所对应的系统运动曲线，由图可知，在理想情况下，柔性飞网在逼近目标过程中不会产生很大的变形，另外，由图 7-8（b）可知，在运动过程中，柔性飞网的网口会沿 y 轴方向缓慢收缩，这是由于式（7-7）中的 ω^2 项所引起的。

在抓捕目标时，如果目标位于柔性飞网网口的中心处，且飞网处中心的速度向量 $\boldsymbol{v}_c$ 与网口垂直，那么将达到最好的抓捕效果，因此如图 7-8 所示，定义飞网中心的轨迹与 x 轴的交点为最佳抓捕点，而最佳抓捕点与原点之间的距离就定义为最佳抓捕距离 d_c。另外，为了评估绳系机器人的抓捕效果，引入有效网口面积 A_c，它表示网口在垂直于网口中心速度向量 $\boldsymbol{v}_c$ 的平面上的投影面积，当飞网完全展开时，A_c 将达到最大值 200m^2。当 A_c 小于某一设定的阈值（本章设置为 100m^2）

时，可以认为飞网变形，使得网口严重收缩或者网口的方向严重偏离中心速度的方向，而这两种情况都有可能会导致抓捕的失败，在实际中是不允许的。

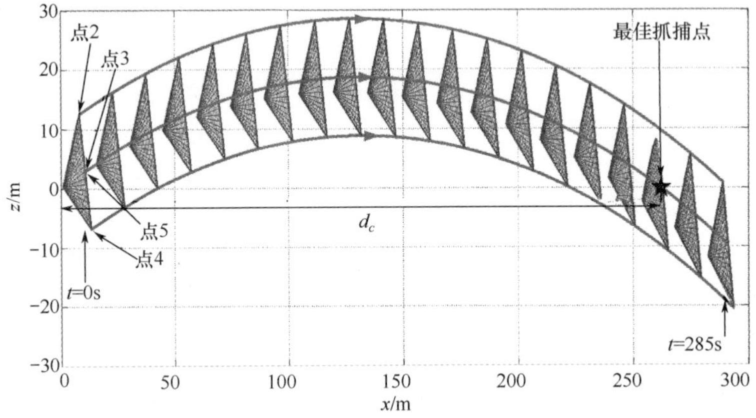

(a) 正视图

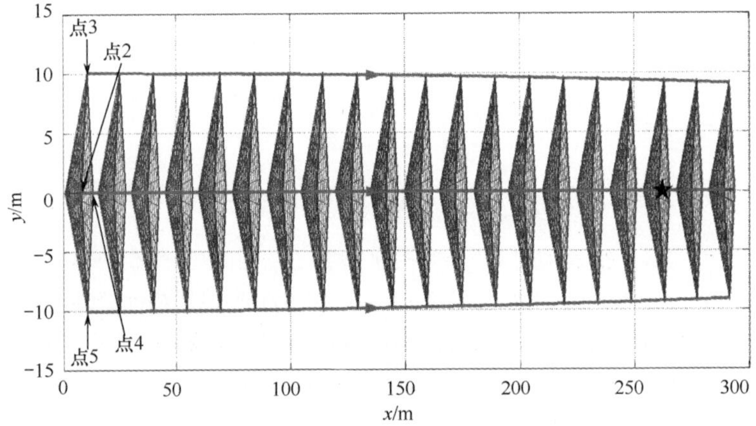

(b) 俯视图

图 7-8 理想无控情况下空间飞网机器人的运动

图 7-9 所示为最佳抓捕距离 d_c 随发射倾角 θ 变化的曲线，由线形拟合的结果可知，发射倾角每增加 1°，最佳抓捕距离将会增加约 17m，这表明在无控情况下，最佳抓捕距离对发射倾角非常敏感，于是就需要发射机构有极高的定位精度及发射稳定性，这对于发射一张 10m×10m 的柔性网来说是非常困难的。图 7-10 所示为不同发射倾角在最佳抓捕点处对应的有效抓捕面积，由图可知，随着发射倾角的增大，有效抓捕面积显著减小，当发射倾角达到 36.4°，最佳抓捕距离达到 633m 时，最佳抓捕点处的有效抓捕面积将下降到所设定的阈值，因此在完全理想条件下，无控飞网机器人的最大抓捕距离只能达到 633m。

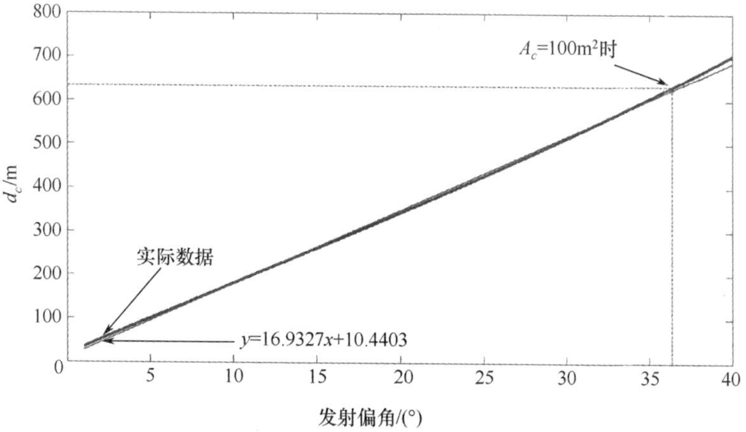

图 7-9　最佳抓捕距离随发射偏角的变化曲线

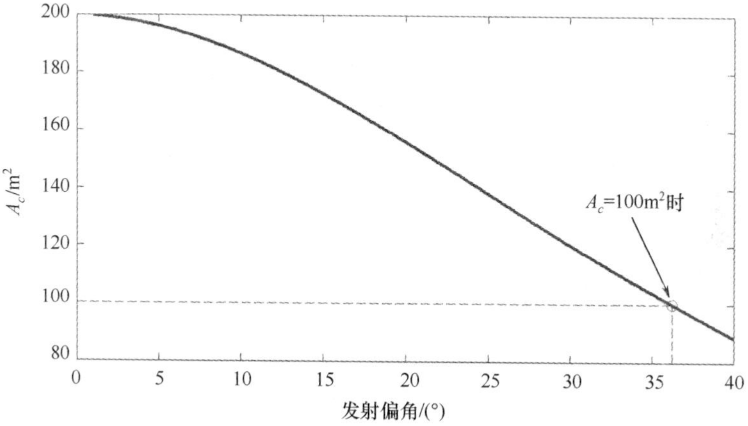

图 7-10　最佳抓捕点处有效网口面积随发射偏角的变化曲线

算例 2：考虑系绳拉力情况下的无控运动。

由图 7-11 可知，当系绳上的拉力达到 200mN 且发射倾角为 30° 时，网口将会在发射后快速收缩，在运动到距平台约 70m 处时，整个系统已经失去了抓捕任何目标的能力，这是由于系绳上的拉力最终会通过节点之间的连接系绳传递到 4 个自主机动单元上，系绳中张力的分量会使得自主机动单元相互接近，由于太空环境中没有阻尼，因而会使得拉力的积累效果非常明显。为了便于分析拉力的影响，在图 7-12 中，给出了不同拉力情况下有效网口面积随时间的变化曲线，由图可知，即使非常小的拉力，对于柔性飞网运动的影响也非常明显，当拉力达到 100mN 时，无控飞网机器人的有效作用距离将缩减为不足 60m，而当拉力达到 500mN 时，机器人系统的有效作用距离将进一步缩减到 30m 以下，因此类似渔网的无控飞网机器人仅仅适用于目标距离空间平台非常近的情况。

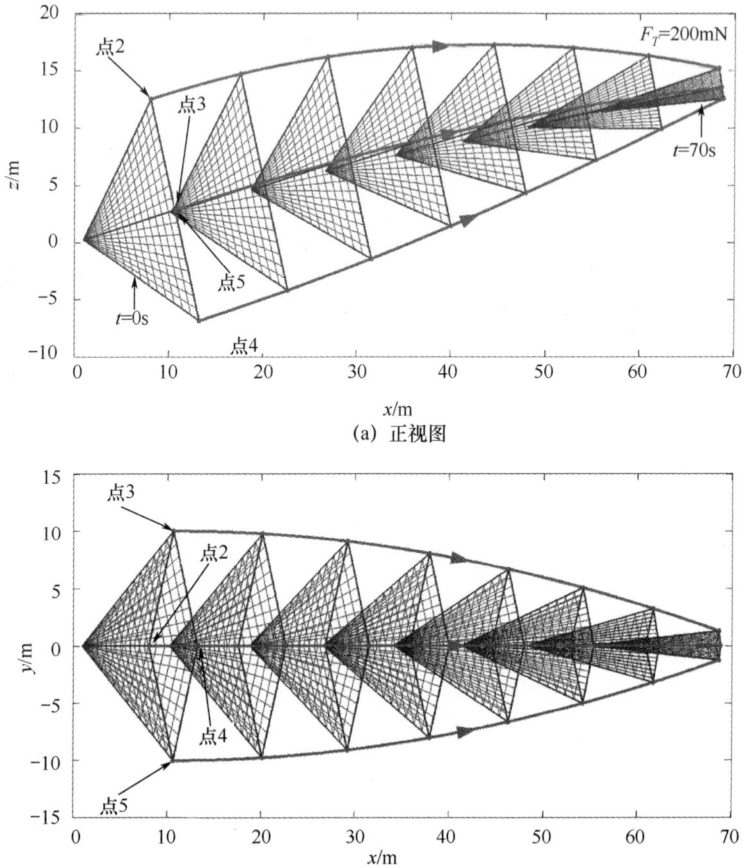

(a) 正视图

(b) 俯视图

图 7-11　考虑系绳拉力情况下的运动轨迹

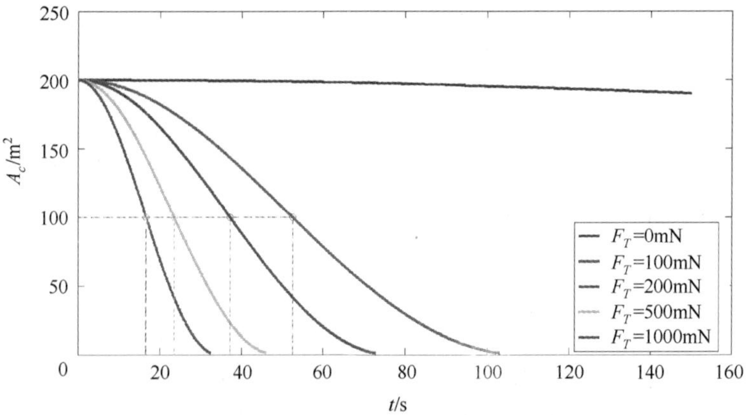

图 7-12　有效网口面积随时间的变化曲线（见彩插）

7.3.2 在所提控制算法下的逼近运动

由于在无控情况下，飞网机器人对于发射倾角和系绳上的拉力非常敏感，因此就非常有必要在抓捕过程中引入适当的控制。为了便于分析，假设目标在轨道坐标系下的坐标为$[250,0,0]^T$，系绳上的拉力设定为 200mN，期望飞网的网口中心能够沿着 x 轴运动且网口平面能够垂直于 x 轴，于是 4 个自主机动单元的期望轨迹就是平行于 x 轴的四条直线且理想发射偏角为 0°，另外，λ_p 设定 4 个自主机动单元的期望速度和期望加速度分别为$\left[1,0,0\right]^T$和$\left[0,0,0,\right]^T$，并将 PD 控制器的两个参数 λ_p 和 λ_d 都设置为 1。

算例 1：理想受控运动。

当系统的初始状态等于期望值且所有需要的量都能被精确测量时，本章所设计的控制器应当能够保证空间绳系机器人系统沿着期望的轨迹运动，图 7-13 和

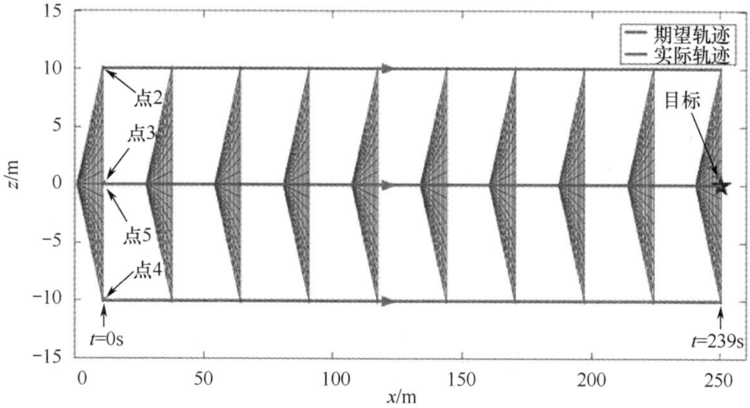

(a) 正视图

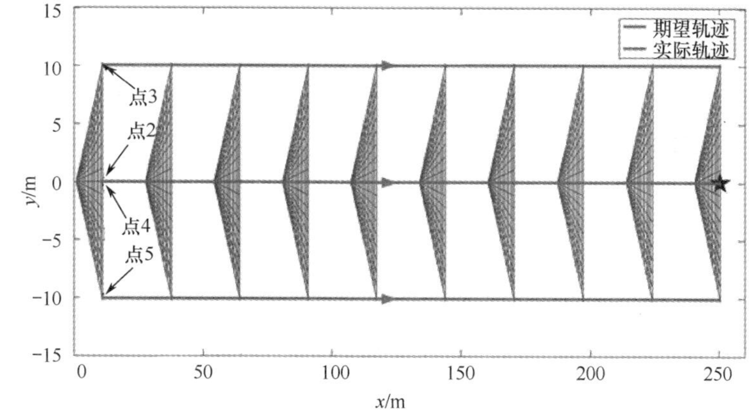

(b) 俯视图

图 7-13 理想受控条件下的运动轨迹

图 7-14 分别给出了理想受控条件下系统的运动轨迹和对应的控制指令。由图 7-13 可知，本章的控制器能够实现控制飞网机器人抓捕目标的任务，另外，由图 7-14 可以发现，在运动过程中，控制指令在两个层次之间波动，一个层次的大小约为 50mN，另一个层次约为 200mN，这主要是由于系统结构的不断变化造成的，当与节点 1 的连接系绳是松弛的时候，自主机动单元仅仅需要克服科氏力和万有引力的作用，而当与节点 1 的连接系绳是绷紧的时候，自主机动单元将还需要克服平台对于飞网的拉力。

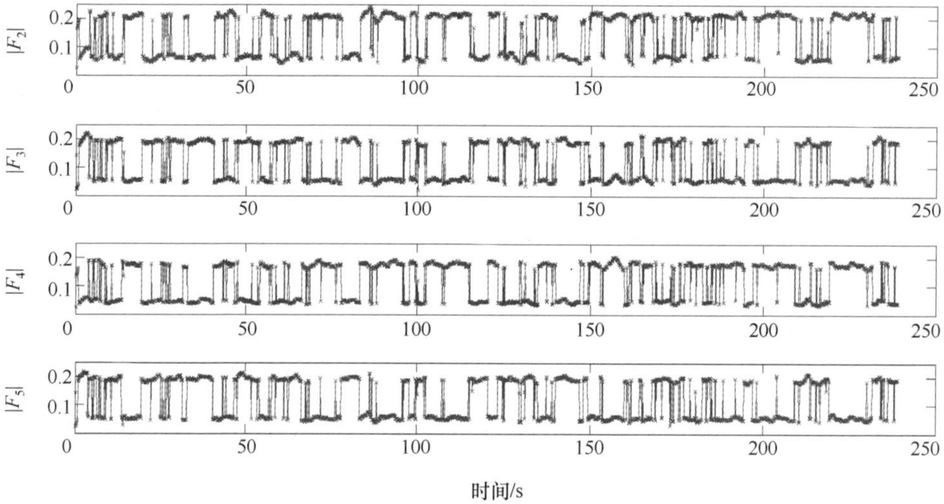

图 7-14 理想条件下的控制指令

算例 2：存在初始状态偏差条件下的受控运动。

由前面的分析可知，理想的初始发射偏角为 0°，为了验证控制器对于初始状态偏差的消除能力，设定真实的发射偏角为 30°，最终机器人系统的运动如图 7-15 所示。由图可知，在消除偏差的过程中，柔性飞网将会经历剧烈的形变：刚开始时，节点 1 位于网口的后面；然后，随着网口方向的不断调整，4 个自主机动单元具备了完全不同的速度，同时节点 1 也逐渐移动到网口的前方；最后，随着自主机动单元实现对于期望轨迹的稳定跟踪，柔性飞网也逐渐恢复了理想的形状。由上述的分析可知，本章所设计的控制器能够很好地消除初始状态偏差，从而大幅度降低了对于发射系统的精度要求。

算例 3：存在测量噪声条件下的受控运动

为了验证控制器的抗干扰能力，在所有测量值中都加入了的高斯白噪声，噪声的均值为 0，叠加在位置向量 $\boldsymbol{r}_N$ 、速度向量 $\dot{\boldsymbol{r}}_N$ 和系绳拉力 F_T 上的噪声的标准差分别为 1m、0.2m/s 和 50mN。图 7-16 和图 7-17 中分别给出了节点 2 和节点 3 的误差曲线，而由于对称的关系，节点 4 和节点 5 分别与节点 2 和节点 3 类似，由图可知，本章的控制器能够有效抵御测量噪声的影响，这也反映出闭环系统良好的稳定性。

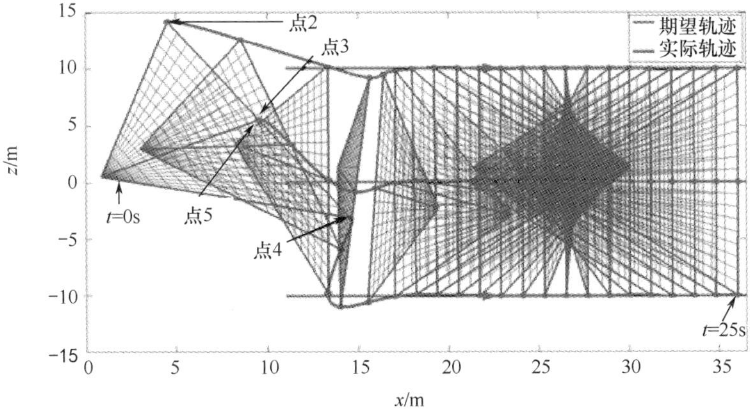

(a) 正视图

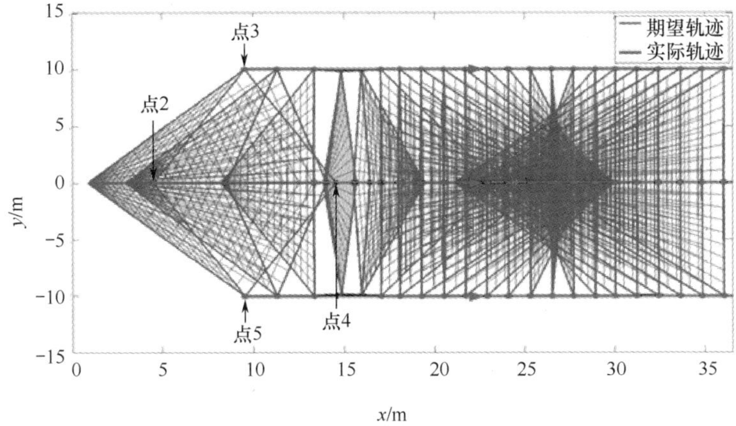

(b) 俯视图

图 7-15　存在初始状态偏差条件下的运动轨迹（见彩插）

算例 4：存在结构参数偏差条件下的受控运动

在理想情况下，逆动力学模块中的系统参数应当和动力学系统中参数一致，但在实际系统中完全的一致是很难达到的，为了验证系统的鲁棒性，在系统结构参数中引入 30%的偏差：在动力学计算中，柔性飞网和自主机动单元的质量分别为 8kg 和 10kg，而在逆动力学计算中，分别将它们设置为 10.4kg 和 7kg（不同方向的调整是为了进一步增大差异）。图 7-18 给出了理想情况与存在结构误差情况的位置误差对比，由图可知，30%的结构参数误差，仅仅引起了位置偏差上约 30%的增大，且误差的数值依然非常小，闭环系统的运行非常平稳，这表明系统有着良好的鲁棒性。

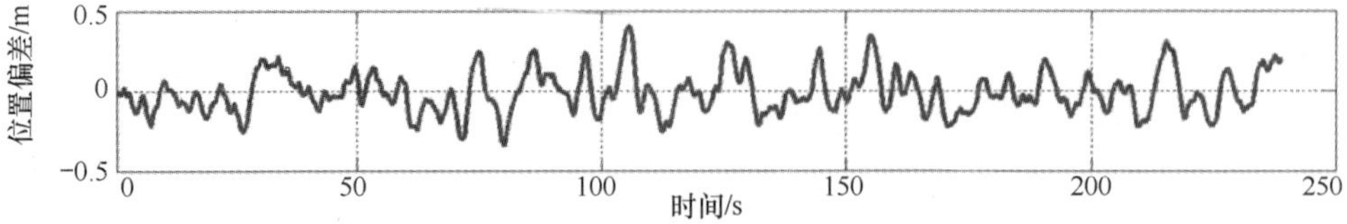

(a) *x*轴分量

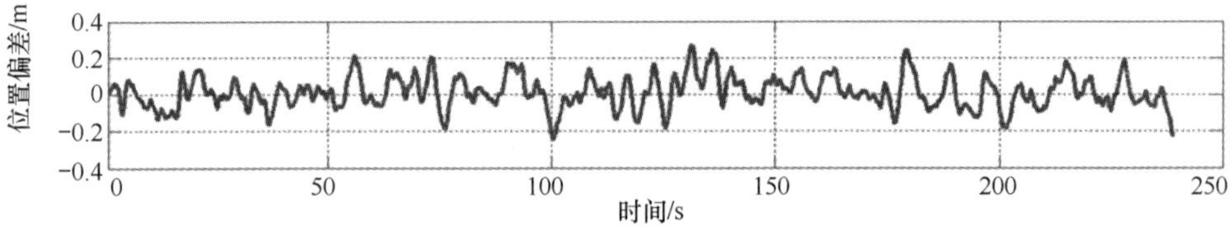

(b) *y*轴分量

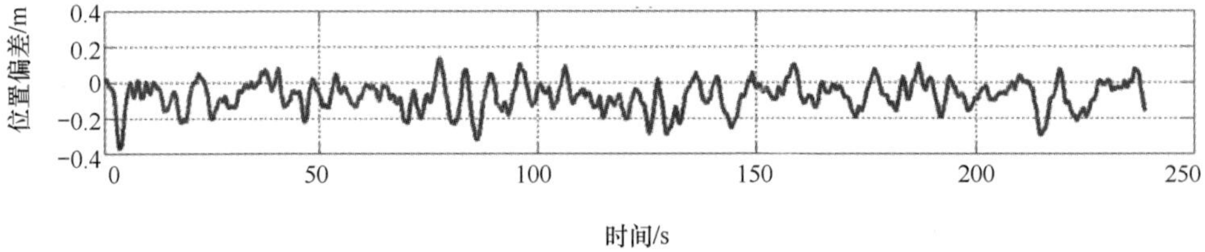

(c) *z*轴分量

图 7-16　节点 2 的位置偏差

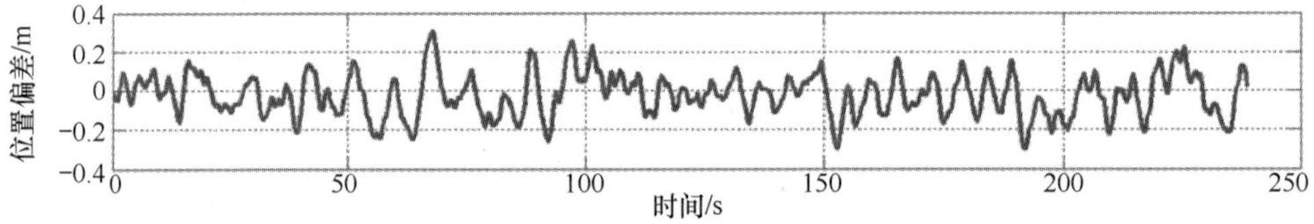

(a) *x*轴分量

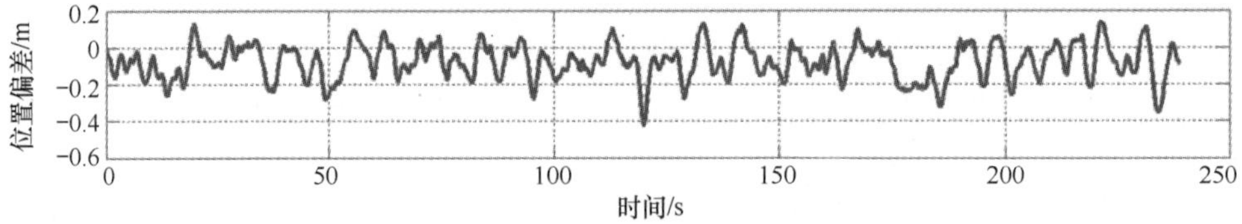

(b) *y*轴分量

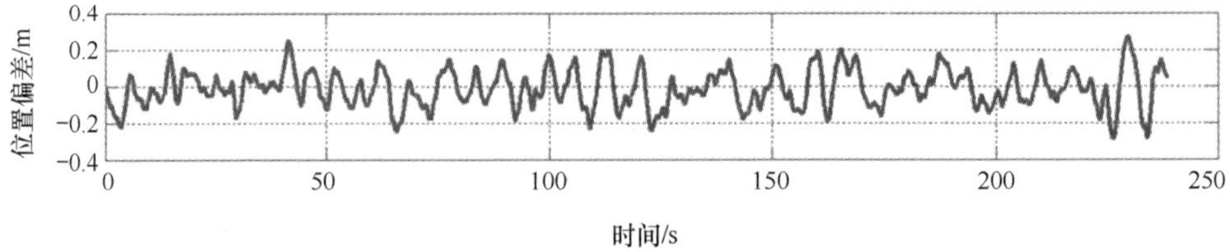

(c) *z*轴分量

图 7-17　节点 3 的位置偏差

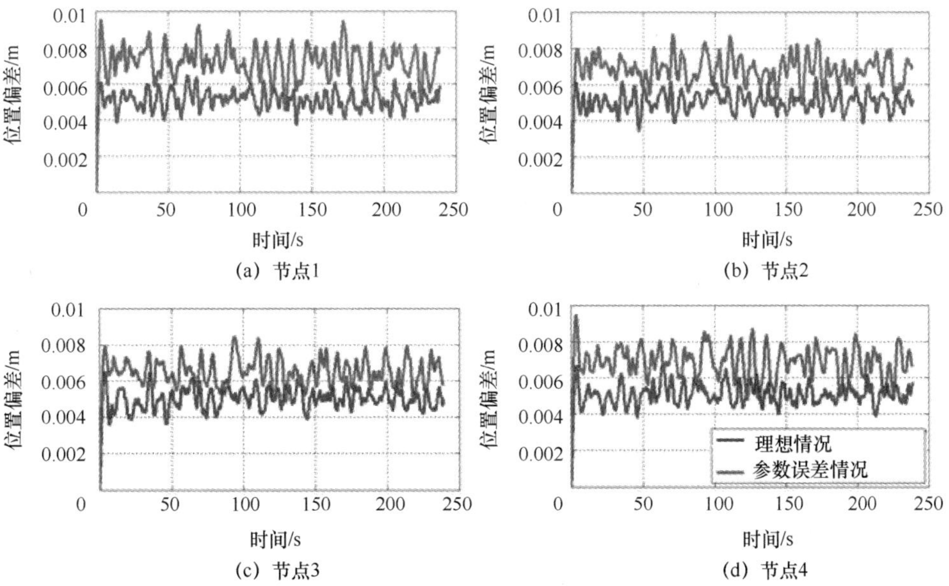

(a) 节点1　(b) 节点2　(c) 节点3　(d) 节点4

图 7-18　节点位置偏差的对比（见彩插）

参考文献

[1] Kessler D J, Cour-Palais B G. Collision frequency of artificial satellites: The creation of a debris belt[J]. Journal of Geophysical Research Space Physics, 1978, 83(A6):2637-2646.

[2] Guidelines B. Assessment Procedures for Limiting Orbital Debris[J]. NASA Safety Standard, 1995, 1740:1-14.

[3] Liou J C. An active debris removal parametric study for LEO environment remediation[J]. Advances in Space Research, 2011, 47(11):1865-1876.

[4] Reintsema D, Thaeter J, Rathke A, et al. DEOS–the German robotics approach to secure and de-orbit malfunctioned satellites from low earth orbits, August 29 - September 1, 2010[C]. Sapporo: Proceedings of the i-SAIRAS. Japan: Japan Aerospace Exploration Agency (JAXA), 2010.

[5] Boge T, Wimmer T, Ma O, et al. EPOS−A Robotics-Based Hardware-in-the-Loop Simulator for Simulating Satellite RvD Operations, August 29-September 1, 2010[C]. Köln: International Symposium on Artificial Intelligence, Robotics and Automation in Space, 2010.

[6] Debus T, Dougherty S. Overview and Performance of the Front-End Robotics Enabling Near-Term Demonstration (FREND) Robotic Arm, April 6-9, 2009[C]. Seattle, Washington: AIAA Infotech Aerospace Conference, 2009.

[7] Ellery A. A Robotics Perspective On Human Spaceflight[J]. Earth, Moon, and Planets, 1999, 87(3):173-190.

[8] Biesbroek R. The e. Deorbit CDF study, May 21-23, 2013[C]. Montréal: 6th IAASS conference, 2013.

[9] Chiesa A, GAMBACCIANI G, RENZONI D, et al. Enabling technologies for active space debris removal: the CADET (CApture and DEorbiting Technologies) project, June 6-8, 2016[C]. Paris: CNES 4th International Workshop on Space Debris Modelling and Remediation, 2016.

[10] Nakanishi H, Yoshida K. The TAKO (Target Collaborativize) Flyer: a New Concept for Future Satellite Servicing[J]. Technical Report of Ieice Sat, 2002, 100(638):9-15.

[11] Mcmahan W, Chitrakaran V, Csencsits M, et al. Field trials and testing of the OctArm continuum manipulator, May 15-19, 2006[C]. Orlando: IEEE International Conference on Robotics and Automation. IEEE Xplore, 2006.

[12] Bischof B. Roger - Robotic Geostationary Orbit Restorer, October 10-19, 2002[C]. Houston: COSPAR Scientific Assembly. 34th COSPAR Scientific Assembly, 2002.

[13] Huang P, Cai J, Meng Z, et al. Novel Method of Monocular Real-Time Feature Point Tracking

for Tethered Space Robots[J]. Journal of Aerospace Engineering, 2014, 27(6):04014039.

[14] Kasai T, Oda M, Suzuki T. Results of the ETS-7 Mission - Rendezvous Docking and Space Robotics Experiments[J]. 1999, 440:299.

[15] Kauderer A. NASA—Canadarm2 and the mobile servicing system[EB/OL]. Internet:http://www.nasa.gov/missionpages/station/structure/elements/mss.html, 2008.

[16] Whelan D A, Adler E A, Iii S B W, et al. DARPA Orbital Express program: effecting a revolution in space-based systems[J]. Proc Spie, 2000, 4136:48-56.

[17] Flores-Abad A, Ma O, Pham K, et al. A review of space robotics technologies for on-orbit servicing[J]. Progress in Aerospace Sciences, 2014, 68(8):1-26.

[18] Zebenay M, Lampariello R, Boge T, et al. A New Contact Dynamics Model Tool for Hardware-In-The-Loop Docking Simulation, September 4-7, 2012[C]. Turin: I-SAIRAS - International Symposium on Artificial Intelligence, Robotics and Automation in Space, 2012.

[19] Benninghoff H, Rems F, Boge T. Development and hardware-in-the-loop test of a guidance, navigation and control system for on-orbit servicing[J]. ACTA Astronautica, 2014, 102:67-80.

[20] Floresabad A, Wei Z, Ma O, et al. Optimal Control of a Space Robot to Approach a Tumbling Object for Capture with Uncertainties in the Boundary Conditions, August 19-22, 2013[C]. Boston: Aiaa Guidance, Navigation, and Control. 2013.

[21] Huang N P, Yuan N J, Xu N Y, et al. Approach Trajectory Planning of Space Robot for Impact Minimization, August 20-23, 2006[C]. Weihai: IEEE International Conference on Information Acquisition. IEEE Xplore, 2007.

[22] Yoshida K, Dimitrov D, Nakanishi H. On the Capture of Tumbling Satellite by a Space Robot, October 9-15, 2006[C]. Beijing: Ieee/rsj International Conference on Intelligent Robots and Systems. IEEE Xplore, 2007.

[23] Papadopoulos E, Paraskevas I. Design and Configuration Control of Space Robots Undergoing Impact, October 17-20, 2006[C]. Greece: 6th International ESA Conference on Guidance, Navigation and Control Systems. 2006.

[24] Larouche B P, Zhu Z H. Autonomous robotic capture of non-cooperative target using visual servoing and motion predictive control[J]. Autonomous Robots, 2014, 37(2):157-167.

[25] Nishida S I, Kawamoto S. Strategy for capturing of a tumbling space debris[J]. Acta Astronautica, 2011, 68(1-2):113-120.

[26] An X Y, Lu W, Ren Z. Compound Control of Attitude Synchronization for Autonomous Docking to a Tumbling Satellite[J]. Applied Mechanics & Materials, 2013, 394:470-476.

[27] Grissom, M D, Chitrakaran V, Dienno D, et al. Design and experimental testing of the OctArm soft robot manipulator[J]. Proceedings of SPIE, 2006, 6230(1): 1-12.

[28] Bischof B. Roger - Robotic Geostationary Orbit Restorer, September 29- October 3, 2003[C]. Germany: 54th International Astronautical Congress of the International Astronautical Federation, 2012.

[29] Reed J, Busquets J, White C. Grappling system for capturing heavy space debris, June 18-19, 2012[C]. Paris: 2nd European Workshop on Active Debris Removal. Centre National d'Etudes Spatiales, 2012.
[30] Tsiolkovsky K. Dreams of earth and sky[M]. America: Athena Books, Inc. 2004:32-37.
[31] Artsutanov Y. V kosmos na elektrovoze[J]. Komsomolskaya Pravda, 1960, 31: 946.
[32] Edwards B C. Design and Deployment of a Space Elevator [J]. Acta Astronautica, 2000, 47(10):735-744.
[33] Chen Y, Huang R, Ren X, et al. History of the Tether Concept and Tether Missions: A Review[J]. International Scholarly Research Notices, 2013, 2013(3711): 1-13.
[34] Huang P, Cai J, Meng Z, et al. Novel Method of Monocular Real-Time Feature Point Tracking for Tethered Space Robots[J]. Journal of Aerospace Engineering, 2014, 27(6):04014039.
[35] Cai J, Huang P, Wang D. Novel dynamic template matching of visual servoing for tethered space robot, April 26-28, 2014[C]. Shenzhen: IEEE International Conference on Information Science and Technology. IEEE, 2014.
[36] Wang D, Huang P, Cai J, et al. Coordinated control of tethered space robot using mobile tether attachment point in approaching phase[J]. Advances in Space Research, 2014, 54(6):1077-1091.
[37] Huang P, Hu Z, Meng Z. Coupling dynamics modelling and optimal coordinated control of tethered space robot[J]. Aerospace Science & Technology, 2015, 41:36-46.
[38] Huang P. Post-capture attitude control for a tethered space robot–target combination system[J]. Robotica, 2015, 33(4):898-919.
[39] Huang P, Wang D, Meng Z, et al. Adaptive Postcapture Backstepping Control for Tumbling Tethered Space Robot–Target Combination[J]. Journal of Guidance Control & Dynamics, 2015, 39(1):1-7.
[40] Wang D, Huang P, Cai J. Detumbling a tethered space robot-target combination using optimal control, April 26-28, 2014[C]. Shenzhen: IEEE International Conference on Information Science and Technology. IEEE, 2014.
[41] Wang D, Huang P, Meng Z. Coordinated stabilization of tumbling targets using tethered space manipulators[J]. IEEE Transactions on Aerospace & Electronic Systems, 2015, 51(3): 2420-2432.
[42] Huang P, Xu X, Meng Z. Optimal trajectory planning and coordinated tracking control method of tethered space robot based on velocity impulse[J]. International Journal of Advanced Robotic Systems, 2014, 11(9): 155.
[43] Xu X, Huang P. Coordinated control method of space-tethered robot system for tracking optimal trajectory[J]. International Journal of Control, Automation and Systems, 2015, 13(1):182-193.
[44] Meng Z, Huang P. Coordinated approach control method of tethered space robot system, June 19-21, 2013[C]. Melbourne: IEEE, Conference on Industrial Electronics and Applications. IEEE, 2013.

[45] Zhang F, Sharf I, Misra A, et al. On-line estimation of inertia parameters of space debris for its tether-assisted removal[J]. Acta Astronautica, 2015, 107:150-162.

[46] Aslanov V, Yudintsev V. Dynamics of large space debris removal using tethered space tug[J]. Acta Astronautica, 2013, 91(10):149-156.

[47] Biesbroek R, Innocenti L, Estable S, et al. The e. Deorbit mission: results of ESA's phase A studies for an active debris removal mission, October 12-16, 2015[C]. Jerusalem: Proc. 66th International Astronautical Congress. 2015.

[48] Biesbroek R, Innocenti L, Wolahan, A, et al. E.DEORBIT – ESA's Active Debris Removal Mission, April 18-21, 2017[C]. Germany: Proceedings of 7th European Conference on Space debris, 2017.

[49] Billot C, Ferraris S, Rembala R, et al. E. deorbit: feasibility study for an active debris removal, June 6-8, 2014[C]. Paris: 3rd European Workshop on Space Debris Modeling and Remediation, 2014.

[50] Alberto Medina, Lorenzo Cercós, Raluca M. Stefanescu, et al. Validation results of satellite mock-up capturing experiment using nets[J]. Acta Astronautica, 2017:314–332.

[51] Benvenuto R, Salvi S, Lavagna M. Dynamics analysis and GNC design of flexible systems for space debris active removal[J]. Acta Astronautica, 2015, 110:247-265.

[52] Lavagna M, Armellin R, Bombelli R, et al. Debris removal mechanism based on tethered nets, September 4-7, 2012[C]. Turin: Proceedings - International Symposium on Artificial Intelligence, Robotics and Automation in Space i - SAIRAS, 2012.

[53] Benvenuto R, Lavagna M R. Flexible capture devices for medium to large debris active removal: Simulations results to drive experiments, May 15-17, 2013[C]. Noordwijk: 12th Symposium on Advanced Space Technologies in Automation and Robotics, ASTRA. 2013.

[54] Benvenuto R, Carta R. Active debris removal system based on tethered-nets: experimental results, April 3-5, 2013[C]. Milan: Proceedings of the 9th PEGASUS-AIAA Student Conf. 2013.

[55] 陈小前，袁建平，姚雯，等. 航天器在轨服务技术[M]. 北京：中国宇航出版社，2009.

[56] Bischof B, Kerstein L, Starke J et al. Roger-Robotic Geostationary Orbit Restorer, September 29 - October 3, 2003[C]. Bremen: Symposium on Space Debris and Space Traffic Management, 2003.

[57] 梁斌，徐文福，李成，等. 地球静止轨道在轨服务技术研究现状与发展趋势[J]. 宇航学报，2010，31(1):1-13.

[58] Sorensen K. Conceptual design and analysis of an MXER tether boost station. July 8-11, 2001[C]. Salt Lake City: the 37th AIAA/ASME/SAE/ASEE Joint Propulsion Conference, 2001.

[59] Sorensen K. Momentum-Exchange Electrodynamic Reboost (MXER) Tether [R]. Alabama: NASA Marshall Space Flight Center, 2003.

[60] Nizhnik O. A low-cost launch assistance system for orbital launch vehicles [J]. International Journal of Aerospace Engineering, 2012(1):1-10.

[61] NASA. The Space Tether Experiment[EB/OL]. (2001-9-25). https://pwg.gsfc.nasa.gov/Education/wtether.html.

[62] Zinner N, Williamson A, Brenner K, et al. Junk Hunter: Autonomous Rendezvous, Capture, and De-Orbit of Orbital Debris, September 27 – 29, 2011[C]. Long Beach: AIAA SPACE 2011 Conference & Exposition, 2011.

[63] Tibert G, Gardsback M. Space Webs Final Report[R], ESA, Advanced Concepts Team, Report ACT-RPT-MAD-ARI-05-4109a, 2005.

[64] Medina, A., Cercós, L., Stefanescu, R. M., et al.. Validation results of satellite mock-up capturing experiment using nets[J]. Acta Astronautica, 2017, 134:314-332.

[65] LIU L, SHAN J, REN Y, et al. Deployment dynamics of throw-net for active debris removal, September 29 – October 3, 2014[C]. Toronto: 65th International Astronautical Congress, 2014.

[66] Mankala K K, Agrawal S K. Dynamic Modeling and Simulation of Satellite Tethered Systems[J]. Journal of Vibration & Acoustics, 2003, 127(2):144-156.

[67] Gao S, Yin Y, Sun X, et al. Dynamic simulation of fishing net based on Cubic B-Spline surface, October 27-30, 2012[C]. Berlin: Asian Simulation Conference. Springer, 2012: 141-148.

[68] Carter J T, Greene M. Deployment and retrieval simulation of a single tether satellite system, March 20-22, 1988[C]. Charlotte: System Theory, 1988. Proceedings of the Twentieth Southeastern Symposium on System Theory. IEEE Xplore, 1988.

[69] Sidorenko V V, Celletti A. A "Spring–mass" model of tethered satellite systems: properties of planar periodic motions[J]. Celestial Mechanics and Dynamical Astronomy, 2010, 107(1): 209-231.

[70] Koh C G, Rong Y. Dynamic analysis of large displacement cable motion with experimental verification[J]. Journal of Sound & Vibration, 2004, 272(1-2):187-206.

[71] Bessonneau J S, Marichal D. Study of the dynamics of submerged supple nets (applications to trawls)[J]. Ocean Engineering, 1998, 25(7):563-583.

[72] Zhang F, Huang P. Releasing Dynamics and Stability Control of Maneuverable Tethered Space Net[J]. IEEE/ASME Transactions on Mechatronics, 2016, 22(2): 983-993.

[73] Lavagna M R, Armellin R, Bombelli A, Benvenuto R, et al. Debris Removal Mechanism Based on Tethered Nets, September 4-7, 2012[C]. International Symposium on Artificial Intelligence, Robotics and Automation in Space, 2012.

[74] Johnson W, Rice S L. Impact strength of materials[M]. London: Edward Arnold, 1972.

[75] Hippmann G. An Algorithm for Compliant Contact between Complexly Shaped Surfaces in Multibody Dynamics[J]. Multibody System Dynamics, 2004, 12:345-362.

[76] Retat I, Bischof B. Net capture system: a potential orbital space debris removal system, June 18-19, 2012[C]. Paris: 2nd European Workshop on Active Debris Removal,. 2012.

[77] Huang P, Zhang F, Ma J, et al. Dynamics and configuration control of the Maneuvering-Net Space Robot System[J]. Advances in Space Research, 2015, 55(4):1004-1014.

[78] Huang P, Hu Z, Zhang F. Dynamic modelling and coordinated controller designing for the manoeuvrable tether-net space robot system[J]. Multibody System Dynamics, 2016, 36(2):115-141.

[79] Hearle J. High-performance fibers[M]. Cambridge: Woodhead publishing, 2001.

[80] Seely L, Zimmerman M, Mclaughlin J. The use of Zylon fibers in ULDB tendons[J]. Advances in Space Research, 2004, 33(10):1736-1740.

[81] Gittemeier K, Hawk C, Finckenor M, et al. Space Environmental Effects of Coated Tether Materials, July 10-13, 2005[C]. Tucson: 41st AIAA/ASME/SAE/ASEE Joint Propulsion Conference & Exhibit. 2005: 4433.

[82] toyobo Co. Ltd. PBO fiber Zylon (technical information, revised 2005.6), 5 July 2006[EB/OL]. Online Internet: http://www.toyobo.co.jp.

[83] Schürch H U, Hedgepath J M. Large low-frequency orbiting radio telescope[R]. NASA Technical Reports Server, NASA-CR-1201, 1968.

[84] Huang P., Zhang F., Jia C, et al., Dexterous Tethered Space Robot: Design, Measurement, Control and Experiment[J]. IEEE Transactions on Aerospace and Electronic Systems, 2017, 53(3): 1452-1468.

[85] Calladine C R. Buckminster Fuller's "Tensegrity" structures and Clerk Maxwell's rules for the construction of stiff frames[J]. International Journal of Solids & Structures, 1978, 14(2):161-172.

[86] Guest S. The stiffness of prestressed frameworks: A unifying approach[J]. International Journal of Solids & Structures, 2006, 43(3):842-854.

[87] Pellegrino S. Structural computations with the singular value decomposition of the equilibrium matrix[J]. International Journal of Solids & Structures, 1993, 30(21):3025-3035.

[88] Tibert G. Deployable Tensegrity Structures for Space Applications[D]. Stockolm:Royal Institute Technology, 2002.

[89] Banerjee A K. Dynamics of tethered payloads with deployment rate control[J]. Journal of Guidance Control & Dynamics, 1971, 13(4):759-762.

[90] Danilin A N, Grishanina T V, Shklyarchuk F N, et al. Dynamics of a space vehicle with elastic deploying tether[J]. Computers & Structures, 1999, 72(1-3):141-147.

[91] Paul B. Planar librations of an extensible dumbbell satellite[J]. AIAA journal, 1963, 1(2): 411-418.

[92] Gou X, Ma X, Shao C. Nonlinear dynamical characteristics analysis of tethered subsatellite in the presence of offset[J]. Journal of Spacecraft & Rockets, 1996, 33(6):829-835.

[93] Cosmo M L, Lorenzini E C, Gullahorn G E. Acceleration Levels and Dynamic Noise on SEDS End-Mass, April 10-14, 1995[C]. Washington DC: Tethers in Space, 1995.

[94] Poincare H. Calcul des Probabilite as[M]. Paris: Gauthier-Villars, 1912: 86-88.

[95] Khalil H K. Nonlinear Systems (3rd edition)[M]. America: Pearson Education, 2002: 1-768.

[96] Aslanov V S. Chaotic Behavior of the Biharmonic Dynamics System[J]. International Journal of

Mathematics & Mathematical Sciences, 2009: 1-18.
[97] Misra A K. Dynamics and control of tethered satellite systems[J]. Acta Astronautica, 1986, 63(11–12):1169-1177.
[98] Smith J. Notes on the history of origami (3rd edition)[M]. the First edition published as Booklet 1 in series by the British Origami Society, 1972.
[99] Demaine E D, O'Rourke J. Geometric Folding Algorithms: Linkages, Origami, Polyhedra[M]. Cambridge: Cambridge University Press, 2008.
[100] Emelyanov S, Variable Structure Control Systems[M]. Moscow: Nauka, 1967.
[101] Itkis U. Control Systems of Variable Structure[M]. New York: Wiley, 1976.
[102] Utkin V. Variable structure systems with sliding modes[J]. IEEE Transactions on Automatic Control, 1977, 22(2):212-222.
[103] Levant A. Sliding Order and Sliding Accuracy in Sliding Mode Control[J]. International Journal of Control, 1993, 58(6):1247-1263.
[104] Giorgio Bartolini, Alessandro Pisano, Elisabetta Punta, et al. A survey of applications of second-order sliding mode control to mechanical systems[J]. International Journal of Control, 2003, 76(9-10):875-892.
[105] Fridman L, Levant A. Higher order sliding modes[J]. Sliding mode control in engineering, 2002, 11: 53-102.
[106] Arie Levant. Higher-order sliding modes, differentiation and output-feedback control[J]. International Journal of Control, 2003, 76(9-10):924-941.
[107] Shtessel Y, Edwards C, Fridman L, et al. Sliding Mode Control and Observation[M]. New York: Springer, 2014: 1-42, 213-249.
[108] Khalil H. Nonlinear control[M]. New Jersey: Prentice-Hall, 1996.
[109] Yan X G, Spurgeon S K, Edwards C. Decentralized sliding mode control for multimachine power systems using only output information, November 2-6, 2003[C] Roanoke: IECON'03. 29th Annual Conference of the IEEE Industrial Electronics Society (IEEE Cat. No. 03CH37468). IEEE, 2003.
[110] Moreno J, Osorio M. Strict Lyapunov Functions for the Super-Twisting Algorithm[J]. IEEE Transactions on Automatic Control, 2012, 57(4):1035-1040.
[111] Nagesh I, Edwards C. Technical communique: A multivariable super-twisting sliding mode approach[J]. Automatica, 2014, 50(3):984-988.
[112] Wang Z. Adaptive smooth second-order sliding mode control method with application to missile guidance[J]. Transaction of the Institute of Measurement and Control, 2017, 39(6): 848-860.
[113] 潘永平. 非线性系统鲁棒自适应模糊控制研究[D]. 广州：华南理工大学, 2011.
[114] Wang L X, Mendel J M. Fuzzy basis functions, universal approximation, and orthogonal least-squares learning[J]. IEEE Transactions on Neural Networks, 1992, 3(5):807.

[115] Takagi T, Sugeno M. Fuzzy identification of systems and its applications to modeling and control[J]. IEEE transactions on systems, man, and cybernetics, 1985 (1): 116-132.

[116] Wang L X. Adaptive fuzzy systems and control: design and stability analysis[M]. Englewood Cliffs: Prentice Hall, 1994: 221-227.

[117] Jang J S R, Sun C T, Mizutani E. Neuro-fuzzy and soft computing: a computational approach to learning and machine intelligence[M]. New Jersey: Prentice-Hall, Inc. 1996:81.

[118] Hwang G C, Lin S C. A stability approach to fuzzy control design for nonlinear systems[J]. Fuzzy Sets & Systems, 1992, 48(3):279-287.

[119] Wang L X. Stable adaptive fuzzy control of nonlinear systems, December 16-18, 1992 [C]. Tucson: Proceedings of the 31st IEEE Conference on Decision and Control. IEEE, 1992.

[120] Palm R. Robust control by fuzzy sliding mode[J]. Automatica, 1994, 30(9):1429-1437.

[121] Yi S Y, Chung M J. Robustness of fuzzy logic control for an uncertain dynamic system[J]. IEEE Transactions on Fuzzy Systems, 1998, 6(2):216-225.

[122] Chang W, Park J B, Joo Y H, et al. Design of robust fuzzy-model-based controller with sliding mode control for SISO nonlinear systems[J]. Fuzzy Sets & Systems, 2002, 125(1):1-22.

[123] Liang C Y, Su J P. A new approach to the design of a fuzzy sliding mode controller[J]. Fuzzy Sets & Systems, 2003, 139(1):111-124.

[124] Bachtler J, Begg I. Fuzzy Controller Design : Theory and Applications[J]. Macromolecular Chemistry & Physics, 2006, 205(17):23–29.

[125] 胡玉玲，张立权，等. 模糊控制器设计理论与应用[M]. 北京：机械工业出版社, 2010.

[126] Shtessel Y B, Moreno J A, Plestan F, et al. Super-twisting adaptive sliding mode control: A Lyapunov design, December 15-17, 2010[C]. Atlanta: 49th IEEE Conference on Decision and Control (CDC). IEEE, 2010.

[127] Shtessel Y, Taleb M, Plestan F. A novel adaptive-gain supertwisting sliding mode controller: Methodology and application[J]. Automatica, 2012, 48(5):759–769.

[128] Moreno J, Osorio M. Strict Lyapunov Functions for the Super-Twisting Algorithm[J]. IEEE Transactions on Automatic Control, 2012, 57(4):1035-1040.

[129] Nagesh I, Edwards C. Technical communique: A multivariable super-twisting sliding mode approach[J]. Automatica, 2014, 50(3):984-988.

[130] Yu S, Yu X, Shirinzadeh B, et al. Continuous Finite-Time Control for Robotic Manipulators with Terminal Sliding Mode[J]. Automatica, 2005, 41(11): 1957-1964.

[131] 高为炳. 变结构控制理论基础[M]. 北京：中国科学技术出版社, 1990.

[132] Gao W, Hun J C, Variable Structure Control of Nonlinear Systems: A New Approach [J]. IEEE Transactions on Industrial Electronics, 1993, 40(1): 45-55.

[133] Shen Y J, Xia X H. Semi-Global Finite-Time Observer for Nonlinear Systems [J]. Automatica, 2008, 44(12): 3152-3156.

[134] Khalil H K. Nonlinear Systems [M]. 3rd Edition. New Jersey：Prentice-Hall, 2002.

[135] Shtessel Y B, Shkolnikov I A, Levant A. Smooth Second Modes: Missile Guidance Application [J]. Automatica, 2007, 43(8): 1470-1476.

[136] Levant A. Higher Order Sliding Modes, Differentiation and Output-Feedback Control [J]. International Journal of Control, 2003, 76(9-10): 924-941.

[137] Levant A. Sliding Order and Sliding Accuracy in Sliding Mode Control [J]. International Journal of Control, 1993, 58(6): 1247-1263.

[138] Levant A. Non-homogeneous finite-time-convergent differentiator, December 15-18, 2009[C]. Shanghai: Proceedings of the 48h IEEE Conference on Decision and Control (CDC) held jointly with 2009 28th Chinese Control Conference. IEEE, 2010.

[139] Khalil H. Nonlinear Control[M]. New Jersey: Prentice-Hall, 1996.

[140] Wang W, Yi J, Zhao D, et al. Design of a stable sliding-mode controller for a class of second-order underactuated systems[J]. IEE Proceedings - Control Theory and Applications, 2004, 151(6):683-690.

[141] Xu J X, Guo Z Q, Tong H L. A synthesized integral sliding mode controller for an underactuated unicycle, June 26-28, 2010[C]. Mexico City: International Workshop on Variable Structure Systems. IEEE, 2010.

[142] Nafa F, Labiod S, Chekireb H. A structured sliding mode controller for a class of underactuated mechanical systems, May 9-11, 2011[C]. Tipaza: International Workshop on Systems, Signal Processing and their Applications, WOSSPA. IEEE, 2011.

[143] Chiang C C, Hu C C. Output tracking control for uncertain underactuated systems based on fuzzy sliding mode control approach, June 10-15, 2012[C]. Brisbane: IEEE International Conference on Fuzzy Systems. IEEE, 2012.

[144] Zhang M, Tarn T. A hybrid switching control strategy for nonlinear and underactuated mechanical systems[J]. IEEE Transactions on Automatic Control, 2003, 48(10):1777-1782.

[145] Hussein I I, Bloch A M. Optimal Control of Underactuated Nonholonomic Mechanical Systems[J]. IEEE Transactions on Automatic Control, 2005, 53(3):668-682.

[146] Li T, Yu B, Hong B. A novel adaptive fuzzy design for path following for underactuated ships with actuator dynamics, May 25-27, 2009[C]. Xi'an: 2009 4th IEEE Conference on Industrial Electronics and Applications. IEEE, 2009.

[147] Fang Y, Ma B, Wang P, et al. A Motion Planning-Based Adaptive Control Method for an Underactuated Crane System[J]. IEEE Transactions on Control Systems Technology, 2012, 20(1):241-248.

[148] Lin C M, Mon Y J. Decoupling control by hierarchical fuzzy sliding-mode controller[J]. IEEE Transactions on Control Systems Technology, 2005, 13(4):593-598.

[149] Wang W, Liu X D, Yi J Q. Structure design of two types of sliding-mode controllers for a class of under-actuated mechanical systems[J]. Control Theory & Applications, IET, 2007, 1(1):163-172.

[150] Qian D, Yi J, Zhao D. Control of a class of under-actuated systems with saturation using hierarchical sliding mode, May 19-23, 2008[C]. Pasadena: IEEE International Conference on Robotics and Automation. IEEE, 2008.

[151] Martinez R, Alvarez J, Orlov Y. Hybrid Sliding-Mode-Based Control of Underactuated Systems With Dry Friction[J]. IEEE Transactions on Industrial Electronics, 2008, 55(11):3998-4003.

[152] Hwang C L, Chiang C C, Yeh Y W. Adaptive Fuzzy Hierarchical Sliding-Mode Control for the Trajectory Tracking of Uncertain Underactuated Nonlinear Dynamic Systems[J]. IEEE Transactions on Fuzzy Systems, 2014, 22(2):286-299.

[153] Wang L X. A course in fuzzy systems and control[M]. New Jersey: Prentice-Hall, Inc. 1996: 19-32.

[154] Li S, Du H, Lin X. Finite-time consensus algorithm for multi-agent systems with double-integrator dynamics[J]. Journal of Tianjin University of Technology, 2013, 47(8):1706-1712.

[155] Olfati-Saber R. Flocking for multi-agent dynamic systems: algorithms and theory[J]. IEEE Transactions on Automatic Control, 2006, 51(3):401-420.

[156] Shi G, Hong Y. Global target aggregation and state agreement of nonlinear multi-agent systems with switching topologies[J]. Automatica, 2009, 45(5):1165-1175.

[157] Scutari G, Barbarossa S, Pescosolido L. Distributed Decision Through Self-Synchronizing Sensor Networks in the Presence of Propagation Delays and Asymmetric Channels[J]. IEEE Transactions on Signal Processing, 2007, 56(4):1667-1684.

[158] Jeon I S, Lee J I, Tahk M J. Homing Guidance Law for Cooperative Attack of Multiple Missiles[J]. Journal of Guidance Control Dynamics, 2010, 33(1):275-280.

[159] Reynolds C W. Flocks, herds and schools: A distributed behavioral model[J]. Acm Siggraph Computer Graphics, 1987, 21(4):25-34.

[160] Vicsek T, Czirók A, Ben-Jacob E, et al. Novel type of phase transition in a system of self-driven particles[J]. Physical Review Letters, 1995, 75(6):1226.

[161] Jadbabaie A, Lin J, Morse A S. Erratum: Coordination of Groups of Mobile Autonomous Agents Using Nearest Neighbor Rules[J]. IEEE Transactions on Automatic Control, 2003, 48(9):1675-1675.

[162] Olfatisaber R, Murray R M. Consensus problems in networks of agents with switching topology and time-delays[J]. IEEE Transactions on Automatic Control, 2004, 49(9):1520-1533.

[163] Ren W, Beard R W. Consensus seeking in multiagent systems under dynamically changing interaction topologies[J]. IEEE Transactions on Automatic Control, 2005, 50(5):655-661.

[164] Ren W. On Consensus Algorithms for Double-Integrator Dynamics[J]. IEEE Transactions on Automatic Control, 2008, 53(6):1503-1509.

[165] Ren W. Multi-vehicle consensus with a time-varying reference state[J]. Systems & Control

Letters, 2007, 56(7-8):474-483.

[166] Honga Y. Technical communique: Distributed observers design for leader-following control of multi-agent networks[J]. Automatica, 2008, 44(3):846-850.

[167] Das A, Lewis F L. Distributed adaptive control for synchronization of unknown nonlinear networked systems[J]. Automatica, 2010, 46(12): 2014-2021.

[168] Zhang X, Liu L, Feng G. Leader–follower consensus of time-varying nonlinear multi-agent systems[J]. Automatica, 2015, 52: 8-14.

[169] Shi P, Shen Q. Cooperative control of multi-agent systems with unknown state-dependent controlling effects[J]. IEEE Transactions on Automation Science and Engineering, 2015, 12(3): 827-834.

[170] Li B, Hu Q, Yu Y, et al. Observer-based fault-tolerant attitude control for rigid spacecraft[J]. IEEE Transactions on Aerospace and Electronic Systems, 2017, 53(5): 2572-2582.

[171] Wu J, Shi Y. Consensus in multi-agent systems with random delays governed by a Markov chain[J]. Systems & Control Letters, 2011, 60(10): 863-870.

[172] Qu Z. Cooperative control of dynamical systems: applications to autonomous vehicles[M]. London: Springer Science & Business Media, 2009: 145-152.

[173] Polycarpou M M, Mears M J. Stable adaptive tracking of uncertain systems using nonlinearly parametrized on-line approximators[J]. International journal of control, 1998, 70(3): 363-384.

[174] Ge S S, Wang C. Adaptive neural control of uncertain MIMO nonlinear systems[J]. IEEE Transactions on Neural Networks, 2004, 15(3): 674-692.

[175] Zhang F, Huang P. Releasing dynamics and stability control of maneuverable tethered space net[J]. IEEE/ASME Transactions on Mechatronics, 2017, 22(2): 983-993.

[176] Ge S S, Liu X, Goh C H, et al. Formation tracking control of multiagents in constrained space[J]. IEEE Transactions on Control Systems Technology, 2016, 24(3): 992-1003.

[177] Merheb A R, Gazi V, Sezer-Uzol N. Implementation studies of robot swarm navigation using potential functions and panel methods[J]. IEEE/ASME Transactions on Mechatronics, 2016, 21(5): 2556-2567.

[178] Yao B, Tomizuka M. Adaptive robust control of SISO nonlinear systems in a semi-strict feedback form[J]. Automatica, 1997, 33(5): 893-900.

[179] Krstic M, Kanellakopoulos I, Kokotovic P V. Nonlinear and adaptive control design[M]. New York: Wiley, 1995.

[180] Tao G. A simple alternative to the Barbalat lemma[J]. IEEE Transactions on Automatic Control, 1997, 42(5): 698.

[181] Forg M, Pfeiffer F, Ulbrich H. Simulation of unilateral constrained systems with many bodies [J]. Multibody System Dynamics, 2005, 14(2): 137-154.

[182] Wriggers P, Zavarise G. Computational contact mechanics[M]. New Jersey: John Wiley & Sons, Ltd, 2002.

[183] Mansard N, Khatib O, Kheddar A. A unified approach to integrate unilateral constraints in the stack of tasks [J]. IEEE Transactions on Robotics. 2009, 25(3): 670-685.

[184] Kanoun O, Lamiraux F, Wieber P B, et al. Prioritizing linear equality and inequality systems: application to local motion planning for redundant robots, May 12-17, 2009[C]. Kobe: 2009 IEEE International Conference on Robotics and Automation. IEEE, 2009.

[185] Mankala K K, Agrawal S K. Dynamic modeling and simulation of impact in tether net/gripper systems[J]. Multibody System Dynamics, 2004, 11(3): 235-250.

[186] Mankala K K, Agrawal S K. Dynamic modeling of satellite tether systems using Newton's laws and Hamilton's principle[J]. Journal of Vibration and Acoustics, 2008, 130(1): 014501.

[187] Williams P, Yeo S, Blanksby C. Heating and modeling effects in tethered aerocapture missions[J]. Journal of guidance, control, and dynamics, 2003, 26(4): 643-654.

[188] Williams P, Blanksby C, Trivailo P, et al. In-plane payload capture using tethers [J]. Acta Astronautica, 2005, 57(10): 772-787.

[189] Zhai G, Qiu Y, Liang B, et al. On-orbit capture with flexible tether-net system [J]. Acta Astronautica, 2009, 65(5-6): 613-623.

[190] Yao Z. Circular Orbit Target Capture Using Space Tether-Net System[J]. Mathematical Problems in Engineering, 2013.

内容简介

空间飞网机器人是一种新型的空间非合作目标抓捕装置，结合了传统柔性飞网的大包络、易抓捕特性和绳系机器人的高机动能力，且在整个抓捕任务中不需要知道待抓捕目标的质量、转动惯量、尺寸、物理特征等信息，增加了可被抓捕目标的范围和抓捕可靠性。本书是国内第一本系统性讲述空间飞网机器人动力学与控制体系的著作。本书首先介绍了空间飞网机器人的典型任务场景和任务流程，以及系统构成，在此基础上推导了运动学和动力学模型，并讨论了飞网折叠和弹射方面的技术问题；重点论述了空间飞网机器人在释放后逼近阶段不同情况下的控制策略与控制方法。

本书可供从事空间垃圾清理以及空间在轨服务技术研究的工程技术人员参考，也可作为高等院校航天应用类相关专业研究生和本科生高年级学生的教材。

Space tethered net robot (STNR) is a new type of on-orbit service oriented on-orbit capture device, which is designed with easy-capture way from traditional flexible net, and maneuverability from space tethered robot. Due to its large envelope and easy-capture way, the information of target debris, such as mass, moment of inertia, size, and physical characteristics, are not request for the capture. This advantage significantly increases the reliability of the space capture. This is the first monograph detailed introduces dynamics and control of STNR. Firstly, the book introduces the concept, application, research topics, and typical mission scenarios of the STNR; based on the system composition, kinematics and dynamics are derived and analyzed. Besides the folding scheme and releasing scheme of the flexible net, the control strategies and controller design of the STNR, for approaching phase, in different conditions have been mainly discussed in the book.

The book can be the beginning of space enthusiasts, or a reference book for professional engineers and graduate students who work on space engineering, specifically the space debris removal and on-orbit service.

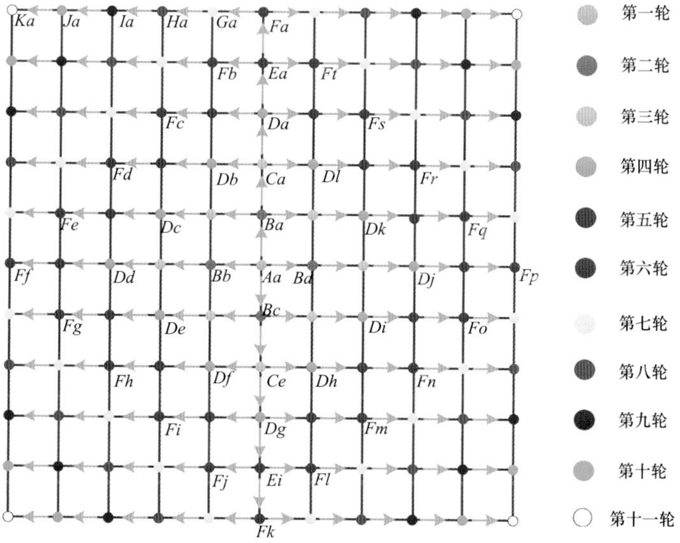

图 2-12　飞网网格计算顺序图

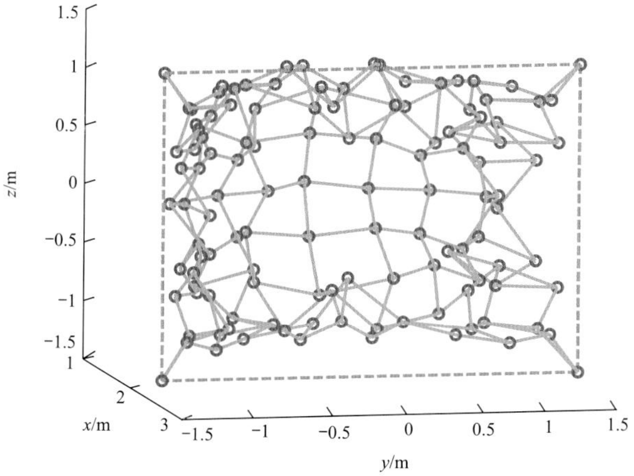

（a）t=38.09s

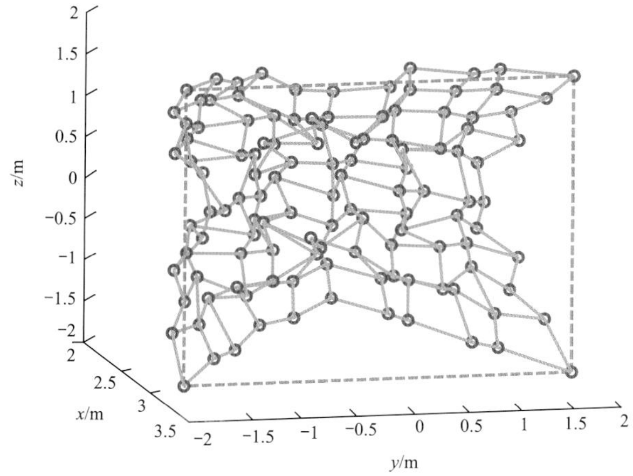

（b）t=60s

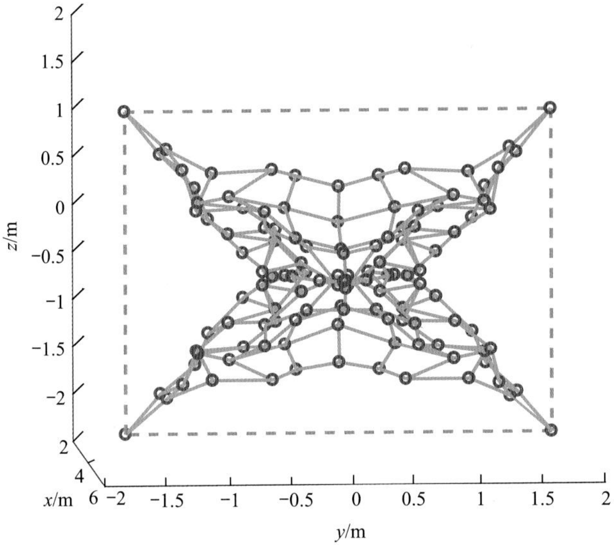

(c) t=60s

图 4-17　飞网构型

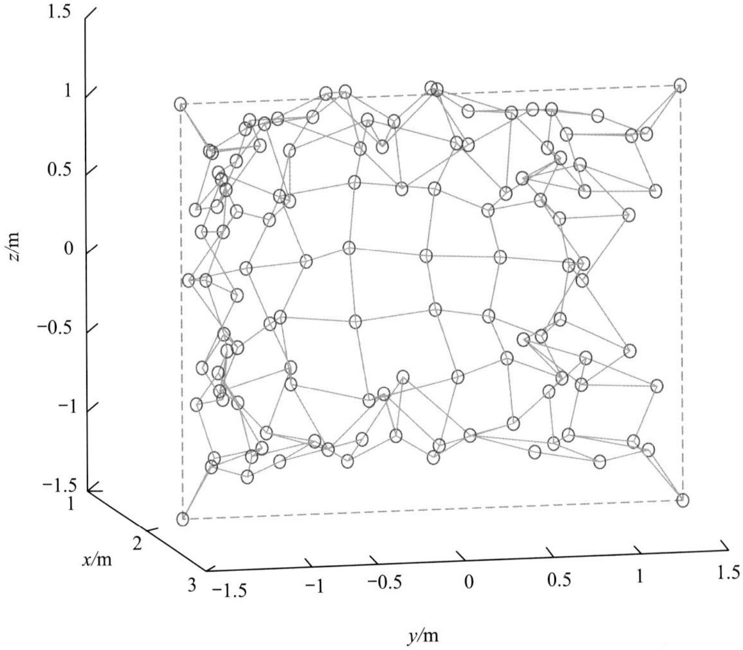

(a) t=38.09s

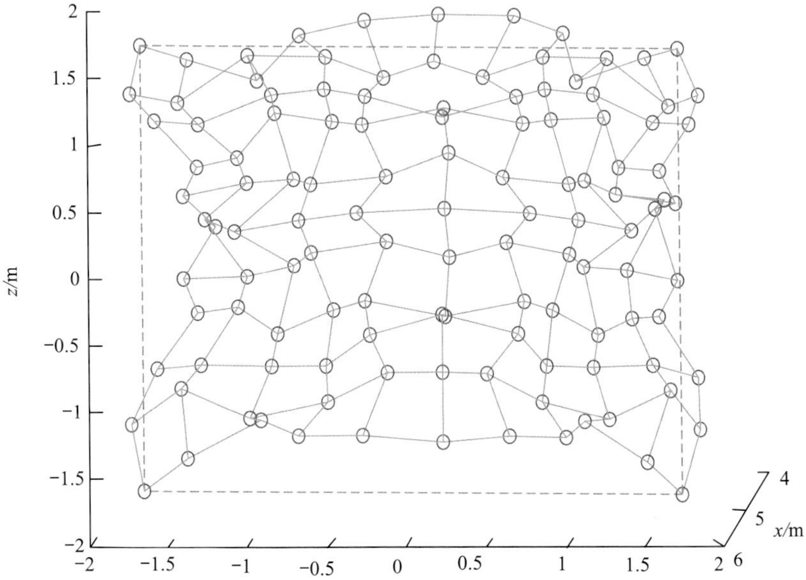

(b) t=80s

图 5-21 飞网构型

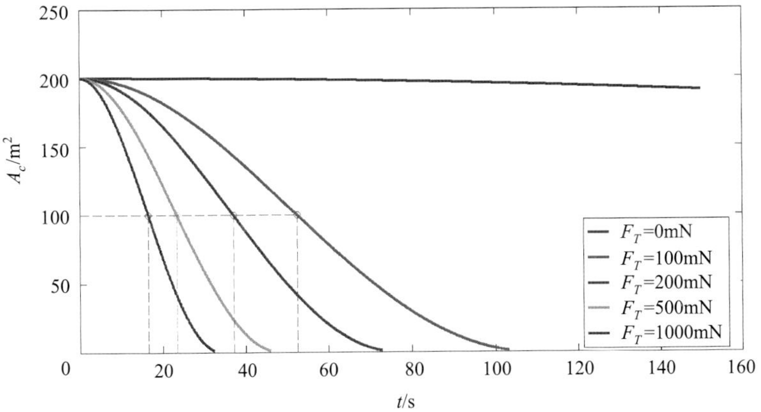

图 7-12 有效网口面积随时间的变化曲线

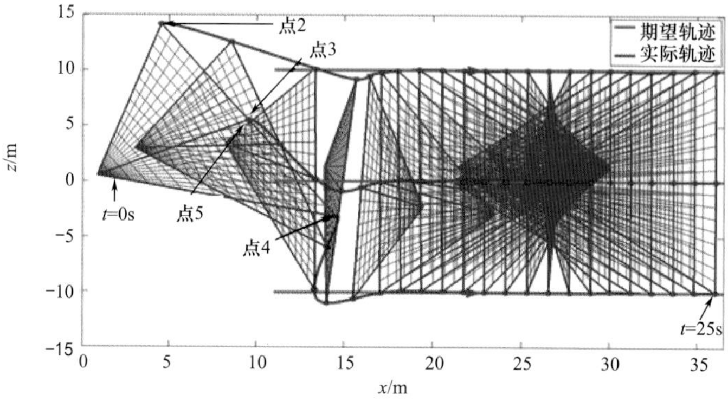

(a) 正视图

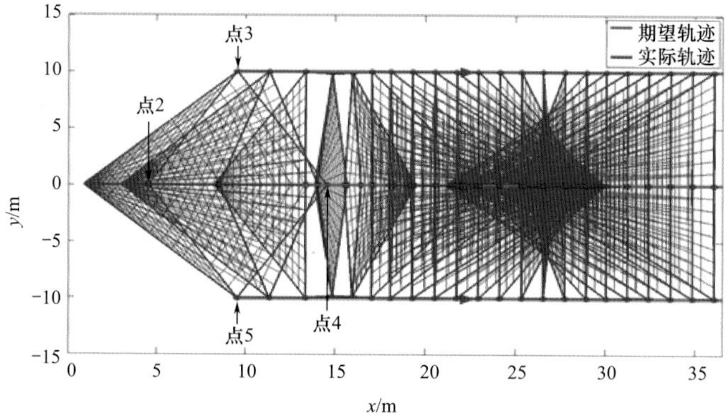

(b) 俯视图

图 7-15　存在初始状态偏差条件下的运动轨迹

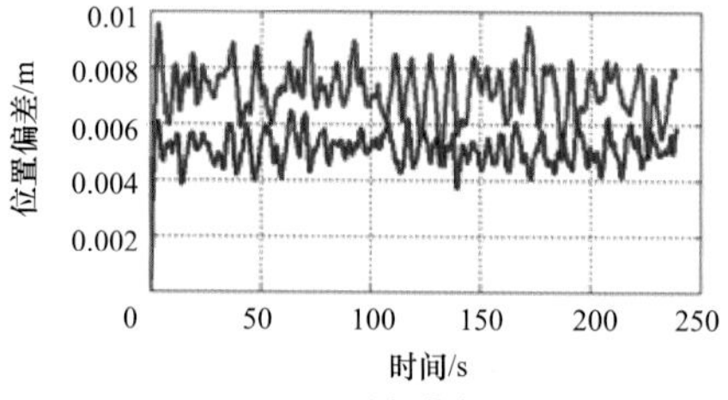

(a) 节点1

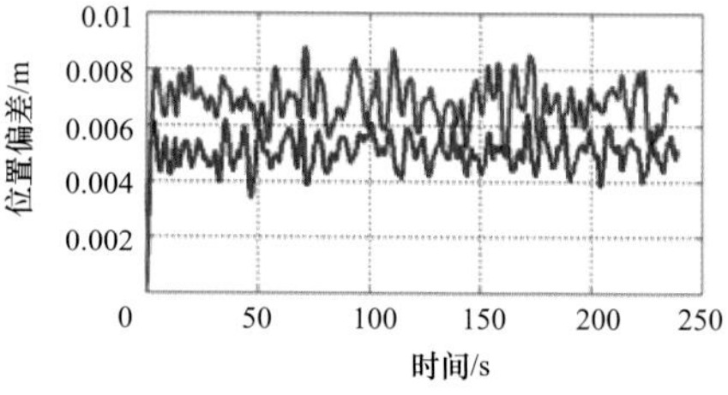

(b) 节点2

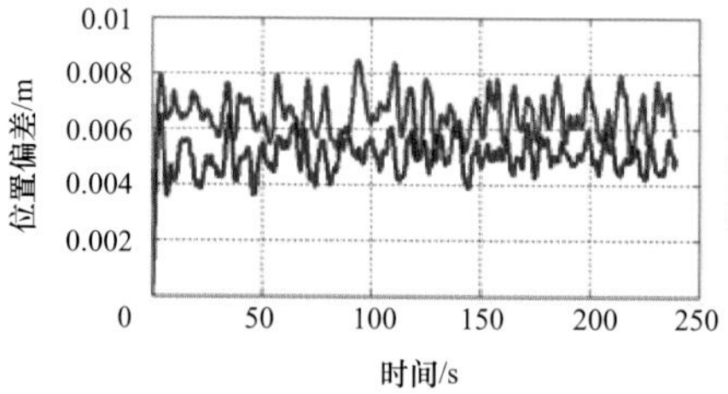

(c) 节点3

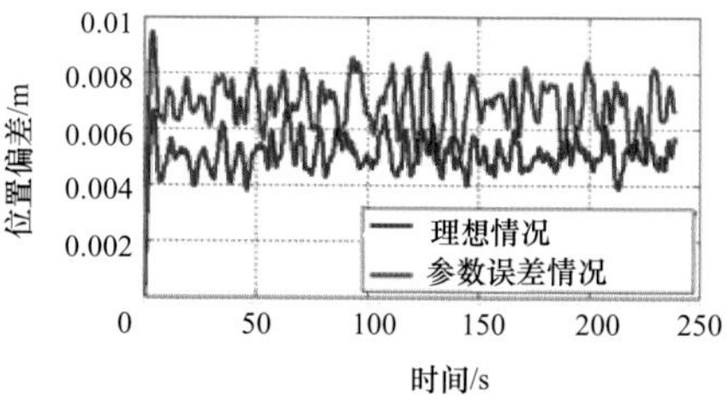

(d) 节点4

图 7-18　节点位置偏差的对比